Analytiker-Taschenbuch 16

Springer

Berlin
Heidelberg
New York
Barcelona
Budapest
Hongkong
London
Mailand
Paris
Santa Clara
Singapur
Tokio

Analytiker-Taschenbuch 16

Herausgegeben von

H. Günzler · A. M. Bahadir · R. Borsdorf

K. Danzer · W. Fresenius · R. Galensa · W. Huber

M. Linscheid · I. Lüderwald · G. Schwedt

G. Tölg · H. Wisser

Mit 107 Abbildungen und 23 Tabellen

 Springer

Dr. Helmut Günzler
Bismarckstr. 4
D-69469 Weinheim

Prof. Dr. Dr. A. Müfit Bahadir
Inst. f. Ökolog. Chemie
und Abfallanalytik
Technische Universität
Hagenring 30
D-38106 Braunschweig

Prof. Dr. Rolf Borsdorf
Universität Leipzig
Fachbereich Chemie
Talstr. 35
D-04103 Leipzig

Prof. Dr. Klaus Danzer
Institut für Anorganische
und Analytische Chemie
Chemische Fakultät
Friedrich-Schiller-Universität
Lessingstr. 8
D-07743 Jena

Prof. Dr. Wilhelm Fresenius
Institut Fresenius
Im Maisel
D-65232 Taunusstein

Prof. Dr. Rudolf Galensa
Inst. f. Lebensmittelwissenschaft und
Lebensmittelchemie der Rheinischen
Friedrich-Wilhelms-Universität Bonn
Endenicher Allee 11−13
D-53115 Bonn

Dr. Walter Huber
Weimarerstr. 69
D-67071 Ludwigshafen

Prof. Dr. Michael Linscheid
Institut für Spektrochemie
und Angewandte Spektroskopie
Postfach 101352
D-44013 Dortmund

Prof. Dr. Ingo Lüderwald
Boehringer Ingelheim GmbH
Core Div. Quality Assurance
D-55216 Ingelheim/Ruhr

Prof. Dr. Georg Schwedt
TU Clausthal-Zellerfeld
Inst. f. Analyt. u. Anorg. Chemie
Paul-Ernst-Str. 4
D-38678 Clausthal-Zellerfeld

Prof. Dr. Günter Tölg
Institut für Spektrochemie
und angewandte Spektroskopie
Postfach 101352
D-44013 Dortmund

Prof. Dr. Dr. Hermann Wisser
Robert-Bosch-Krankenhaus
Auerbachstr. 110
D-70376 Stuttgart

ISSN 0172-3596
ISBN-13:978-3-642-64489-4   e-ISBN-13:978-3-642-60643-4
DOI:10.1007/978-3-642-60643-4

CIP-Kurztitelaufnahme der Deutschen Bibliothek
Analytiker-Taschenbuch B. 16
Berlin, Heidelberg, New York: Springer, 1997

Umschlaggestaltung: *design & production GmbH*, Heidelberg

Satz: Fotosatz-Service Köhler OHG, Würzburg
SPIN: 10554580   52/3020 − 5 4 3 2 1 0 − Gedruckt auf säurefreiem Papier

Vorwort zu Band 16

Von der Analytischen Chemie wird Flexibilität erwartet, Anpassungsfähigkeit an die Realität neuer Aufgaben und Probleme. Dies sollte auch für das Analytiker Taschenbuch gelten. In der Regel streben die Herausgeber an, den Umfang der Beiträge auf etwa 30 bis 40 Seiten zu begrenzen; damit sollte eine Methode, ihre Grundlagen, Anwendungsmöglichkeiten, Vorzüge und Grenzen für einen ersten Überblick hinreichend ausführlich beschrieben werden können, vor allem, wenn weiterführende Literatur den an weiteren Details interessierten Leser auf ausführlichere Darstellungen hinweist. Aus dieser bewährten Regel soll jedoch kein starres Prinzip werden. Im vorliegenden Band 16 wurde sie gleich zweimal durchbrochen, weil die Herausgeber der Meinung sind, daß die Aktualität der betreffenden Methoden bzw. Anwendungen einen über das übliche Maß hinausgehenden Umfang rechtfertigen.

Zum einen betrifft dies die *Sekundärneutralteilchen-Massenspektrometrie*, die in neuerer Zeit als besonders nachweisstarke und im Vergleich weniger matrixabhängige Methode zur Oberflächen- und Tiefenprofilanalyse wie auch zur Mikrobereichsanalyse in der Materialanalytik große Bedeutung erlangt hat. Ein ausführlicher Übersichtsbeitrag erläutert die Grundlagen dieses Verfahrens und zeigt an Beispielen seine Eignung bei der quantitativen Tiefenprofilanalyse von metallischen Schichtsystemen, von Halbleitermaterialien und Hochtemperatursupraleiter, von Glas- und Keramikmaterialien, von Polymerschichten und Umweltpartikeln sowie bei der Untersuchung chemischer Angriffe auf Metalle.

Ein zweiter umfangreicherer Überblick gilt der Anwendung von *Laserverfahren in der Umweltanalytik*. Aus der seit der Konstruktion des ersten Lasers vorgeschlagenen Fülle an Methoden und Verfahren zur Spurenanalyse greift dieser Beitrag eine Auswahl wichtiger Anwendungen heraus und macht deutlich, welche völlig neue analytische Dimension der Einsatz spektroskopischer Verfahren mit Lasern in der Umweltanalytik durch Verbesserung der Nachweisgrenzen oder der Selektivität vor allem zum Nachweis bestimmter Analyten in komplexen Matrizes eröffnet hat.

Mit *Chemosensoren für Gase und Lösungsmitteldämpfe* wird der in Band 15 begonnene kritische Blick auf den heutigen Stand der Chemosensoren fortgesetzt. In diesem 2. Teil werden die wichtigsten Gassensoren beschrieben, sowohl solche, die bereits kommerziell angewendet werden wie auch solche, die sich noch im Stadium der Entwicklung befinden. Die Autoren zeigen an Beispielen, daß ein „Universal-Sensor" kaum realisierbar ist, daß aber die Entwicklung von Sensoren auch in Zukunft wichtig und sinnvoll ist.

Schließlich wird mit der *Ionenmobilitätsspektrometrie* eine noch junge analytische Methode vorgestellt, deren Prinzip und theoretische Grundlagen bis in das letzte Jahrhundert zurückreichen. Durch vielfältige Anwendungen zum Nachweis von chemischen Kampfstoffen, Sprengstoffen, Drogen und umweltrelevanten Verbindungen wie auch bei der Arbeitsplatzüberwachung hat sie in den zurückliegenden Jahren erhebliche Bedeutung erlangt. Für die Praxis sind sowohl fest installierte und auf ausgewählte Verbindungen programmierte Geräte wie auch solche für den mobilen Einsatz vor Ort verfügbar.

Mit jeweils ausführlichen Literaturnachweisen ist somit der vorliegende Band des Analytiker-Taschenbuchs methoden- und anwendungsorientiert. Er wird im Basisteil neben der Liste neuer Monographien auf dem Gebiet der analytischen Chemie und der krebserzeugenden Arbeitsstoffe ergänzt durch die überarbeitete Liste der Akronyme, in die neben der instrumentellen Analytik erstmalig auch Akronyme aus dem Bereich der Qualitätssicherung und Akkreditierung sowie der auf diesem Gebiet tätigen Institutionen und Gremien aufgenommen wurden.

Die Herausgeber

Autoren

Prof. Dr. Karl Cammann
Lehrstuhl für Analytische Chemie
Westfälische Wilhelms-Universität Münster
Wilhelm-Klemm-Str. 8
D-48149 Münster

Dr. Holger Jenett
Institut für Spektrochemie und angewandte Spektroskopie (ISAS)
Bunsen-Kirchhoff-Str. 11
Postfach 101352
D-44013 Dortmund

Prof. Dr. Reinhard Nießner
Institut für Wasserchemie und Chemische Balneologie
der Technischen Universität München
Marchioninistr. 17
D-81377 München

Dr. Ulrich Panne
Institut für Wasserchemie und Chemische Balneologie
der Technischen Universität München
Marchioninistr. 17
D-81377 München

Dipl.-Chem. Jörg Reinbold
Institut für Chemo- und Biosensorik
Mendelstr. 7
D-48149 Münster

Dr. Joachim Stach
BRUKER-Saxonia Analytik GmbH
Permoserstr. 15
D-04318 Leipzig

Inhaltsverzeichnis

I. Methoden

Chemosensoren für Gase und Lösungsmitteldämpfe
Chemosensoren – Ein kritischer Blick auf den heutigen Stand II

Jörg Reinbold und Karl Cammann

Lehrstuhl für Analytische Chemie, Westfälische Wilhelms-Universität Münster
Wilhelm-Klemm-Str. 8, D-48149 Münster
Institut für Chemo- und Biosensorik, Mendelstr. 7, D-48149 Münster

1 Einleitung

In Anlehnung an den in Band 16 erschienenen Beitrag über Chemo- und Biosensoren zur Messung in Flüssigphasen soll im folgenden eine einführende
Darstellung der wichtigsten Gassensoren gegeben werden. Es wurden dabei
solche Sensoren berücksichtigt, die zum einen kommerzielle Bedeutung
erlangt haben, zum anderen werden aber auch die Sensoren genannt, die sich,
dem derzeitigen Stand der Technik nach, noch weitgehend im Stadium von
Forschung und Entwicklung befinden.

Einleitend sollen verschiedene Kriterien diskutiert werden, warum sich
für den einen chemischen Sensor, in diesem Fall ein Gassensor, eine markt-
orientierte Anwendung findet und für andere wiederum nicht. Grundsätzlich
spielt das Anforderungsprofil, das der Sensor für den jeweiligen Aufgaben-
bereich erfüllen muß, eine besonders wichtige Rolle. So ist z. B. für klinische
Anwendungen (Messung von Blutgasen) und insbesondere „in-vivo"-Mes-
sungen die Sterilisierbarkeit des Sensormaterials eine grundlegende Voraussetzung für die Anwendbarkeit des Sensors, darüber hinaus müssen hier aus
Sicherheitsgründen bestimmte Fehlertoleranzen eingehalten werden. Völlig
anders gestaltet sich demgegenüber die Sauerstoffmessung in Kfz-Abgasen.
Der Sensor muß hierfür besonders robust ausgeführt sein, um bei einer

Betriebstemperatur bis zu 1200 °C in Millisekunden oder weniger auf Konzentrationsänderungen zu reagieren, um schließlich eine Lebensdauer von 1000 Stunden oder mehr zu erreichen. Gerade hier haben sich eine ganze Reihe ionenleitender Festkörper als sehr geeignete Sensormaterialien erwiesen. Ein besonders schwieriges Feld für Gassensoren scheint das der Umweltanalytik zu sein, da Gassensoren hier mit nahezu allen klassischen Gasanalysenmethoden konkurrieren müssen. Nachteilig für die sensorische Messung von z.B. Real-Luftproben sind die meist unbekannte Matrix, die hohe Anforderungen an die Selektivität des Sensors stellt; die oft nur sehr kleinen zu messenden Konzentrationen und Einflüsse der Umgebung, wie z.B. Temperatur- oder Luftfeuchteänderungen. Ein Anwendungsbeispiel hierfür wäre z.B. die Messung von anorganischen und organischen Schadstoffgasen im Fahrgastraum eines Kfz. Für den Fall einer erhöhten Schadstoffkonzentration, z.B. in einem Stau, könnte der Sensor das Schließen der Luftzufuhr in den Fahrgastraum bewirken.

Für diese Art von Messung beschränkt sich die Anwendung des Gassensors auf einen eher digitalen Charakter, d.h. einen Schwellwert-Meßgeber zur Auslösung eines Alarms bei Überschreitung einer Grenzkonzentration. Die Mehrzahl der handelsüblichen Gassensoren wird z.B. im Explosionsschutz oder zur Feststellung von Gas-Leckagen eingesetzt.

An diesen Beispielen wird deutlich, daß ein „Universal-Sensor", der mit den analytischen Meßmöglichkeiten eines Gaschromatographen oder eines on-line Gasanalysators, vergleichbar wäre, kaum realisierbar ist. Dennoch zeigt sich an einigen Beispielen, wie der Lambda-Sonde in einem geregelten Abgaskatalysator, die der derzeit meistverbreiteste kommerzielle Gassensor ist, wie wichtig und sinnvoll die Entwicklung von (Gas-)Sensoren auch in Zukunft sein wird.

Prinzipiell ist für die Entwicklung vieler chemischer (Gas-)Sensoren eine erhöhte Modifizierungsarbeit für die Meßaufgabe notwendig. Dies betrifft weniger die Meßwertwandler (Transduktoren), die im wesentlichen schon sehr ausgereift sind als vielmehr die Entwicklung einer geeigneten gassensitiven Schicht oder Membran. Hier liegt einer der Schwerpunkte in der Sensorforschung und -entwicklung. Es werden Materialien gesucht, die hochsensitiv und im Idealfall selektiv auf die gewünschte zu messende Spezies reagieren. Von elektronen- oder ionenleitenden Festkörpermaterialien einmal abgesehen, werden organische Materialien, insbesondere Polymere und Liganden, diesbezüglich am meisten untersucht. Darüber hinaus spielt die Auftragungstechnik dieser chemischen Filme eine weitere wichtige Rolle, da in der Regel ein gleichmäßig aufgetragener Film in gewünschter Schichtdicke die Voraussetzung für eine reproduzierbare Sensorherstellung darstellt.

Diese Anpassungsarbeit spielt z.B. für physikalische Sensoren eine nur untergeordnete Rolle; ein Grund, warum Sensoren zur Messung physikalischer Größen, wie z.B. Drücken, Kräften, Temperatur etc., heute vollständig auf dem Markt etabliert sind. Auch neuere Technologien aus den Bereichen der Mikrosystemtechnik und Prozessortechnologie konnten erfolgreich in die

Produktion physikalischer Sensoren integriert werden, wodurch eine Vielzahl dieser Sensoren bereits als „intelligente" und miniaturisierte Versionen vorliegen. Ähnliche Anstrengungen werden derzeit auch für Gassensoren unternommen, es konnten auch verschiedene Funktionsmuster erfolgreich ausgeführt werden, jedoch würde sich eine Massenproduktion erst bei einem entsprechenden Bedarf dieser (Gas-)Sensoren rentieren. Ein großer Vorteil der Miniaturisierung von (Gas-)Sensoren besteht in der Herstellung von Multisensoranordnungen. Im Umgang mit diesen sog. (Gas-)Sensorarrays hat sich in jüngster Zeit ein wichtiger Trend herauskristallisiert: die Anwendung chemometrischer Auswertemethoden zur Erkennung von Gaskomponenten und damit zur Steigerung der Sensorselektivität. Dadurch werden andere theoretische Methoden, wie z. B. die rechnerunterstützte Maßschneiderung von selektiv wechselwirkenden Rezeptormolekülen (molecular modelling), sinnvoll ergänzt. Letztendlich stellt sich die Frage, ob ein Sensor- oder ein Sensorsystem nur dann seine Daseinsberechtigung hat, wenn er bis zur Marktreife vordringt. Lassen sich aus der Anwendung neuer Produktionstechnologien, der Entwicklung von neuen theoretischen Ansätzen zur Datenbewertung oder der Schaffung neuer selektiver Rezeptormembranen nicht die interdisziplinären Kenntnisse gewinnen, die die Forschung so attraktiv machen?

2 Klassifizierung

Beschränkt man sich auf das eigentliche Sensorelement eines chemischen Gassensors, so besteht seine Aufgabe darin, die Konzentration des Analytgases in eine proportionale elektrische Größe (Abb. 1) zu wandeln. Dieser Vorgang läßt sich als Transduktion bezeichnen.

Entsprechend den physikalisch-chemischen Änderungen, die aus der Wechselwirkung zwischen der Gaskomponente und der aktiven Meßober-

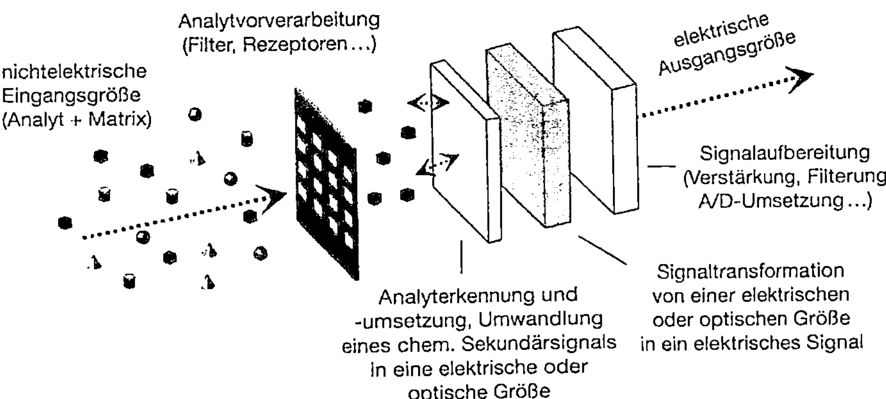

Abb. 1. Schematische Darstellung des Aufbaus eines Gas-Chemosensors

Tabelle 1. Methoden der Meßwertwandlung als Klassifizierungsmerkmal für Gassensoren

Sensortyp	Physik.-chem. Prozeß	Transducersignal
Elektrisch-Konduktometrisch	Ladungsänderungen an der Oberfläche oder im Inneren eines halbleitenden Festkörpers	σ Leitfähigkeit des Materials zwischen zwei Elektroden
Elektrochemisch-Amperometrisch	Elektrochem. Reaktionen in einem konstanten E-Feld, d.h. bei angelegtem äußerem Potential	I Grenzstrom, der im Plateaubereich der angelegten Spannung gemessen wird
Elektrochemisch-Potentiometrisch	Potentialänderungen an Phasengrenzen durch Ladungsverschiebungen	E Potentialdifferenz, die sich an der Phasengrenze Probegas/Sensor einstellt
Optisch	Änderung optischer Eigenschaften des den Sensor umgebenden Mediums, z.B. Brechungsindex, Lichtintensität	Absorption, Fluoreszenz, Änderungen der Ausbreitungsgeschwindigkeit von Licht
Thermisch	Enthalpieänderungen durch Adsorption oder Absorbtion des Analyten mit einer chemisch aktivierten Sensoroberfläche	Messung einer Thermospannung (Seebeck-Effekt) oder thermisch abhängige Leitfähigkeit eines Leiters, z.B. eines Metalldrahtes
Gravimetrisch	Masseänderungen durch Adsorption oder Absorption des Analyten mit einer chemisch aktivierten Sensoroberfläche	Bei piezoelektrischen Transducern Messung einer Verschiebung der Resonanzfrequenz (Hz)
Magnetisch	Wechselwirkung von paramagnetischen Gasen (nahezu ausschließlich Sauerstoff) in einem inhomogenen Magnetfeld	thermomagnetisch, magnetopneumatisch (Quincke-Methode), magnetomechanisch

fläche des Sensors resultieren, stehen mehrere Möglichkeiten der Meßwertwandlung zur Verfügung. Die dazu verwendeten Bausteine werden als Transduktoren (engl. Transducer) bezeichnet (Tabelle 1).

Eine eingehende Beschreibung dieser und weiterer Möglichkeiten der Meßwertwandlung gibt Middelhoek [1]. Wie in Tabelle 1 dargestellt, kann die Art des Transducers als Klassifizierungsmerkmal herangezogen werden. Weiterhin, oder ergänzend, können Gassensoren, wie Sensoren im allgemeinen, nach folgenden Kriterien beschrieben werden:

— nach ihren Material- und Aufbaueigenschaften, z.B. Festkörpergassensoren, Gaselektroden, etc.;
— nach der Art des zu detektierenden Analyten, z.B. Sauerstoffsensoren, Chlorgassensoren, Ammoniaksensoren etc.;
— nach der Größe und Art ihrer Ausführung, z.B. ein Multisensorsystem (Array), eine Mikro-Kathederelektrode, ein Sensor entsprechend einer Industrienorm, etc.

Es sei schon an dieser Stelle erwähnt, daß das Sensorelement ein Teil eines kompletten Meßaufbaus ist, der sich zumeist erheblich komplexer gestaltet. Von der chemischen Seite aus betrachtet, betrifft dies z.B. die

Probenahme, bzw. die Zuführung des Probengases. So läßt sich eine Gasprobe aktiv mittels einer Pumpe oder eines Injektionsventils dem Sensor zuführen, oder passiv durch Diffusionsbarrieren wie Sintermetalle oder poröse Keramiken. Da der Einfluß von Luftfeuchtigkeit oder Staubpartikeln die Lebensdauer der aktiven Sensoroberfläche drastisch reduzieren kann, sind dem Sensor oft Schutzfilter vorgeschaltet. Ähnliches gilt für Temperaturschwankungen der Umgebung, die zu erheblichen Drifterscheinungen der Grundlinien- und Meßsignale führen können. Die Mehrzahl kommerziell eingesetzter Sensormeßzellen, insbesondere im Außenluftbereich, ist daher thermostatisiert.

Interessante Möglichkeiten der Einflußnahme auf die Sensorfunktion ergeben sich durch nachgeschaltete elektronische Maßnahmen. Dies kann meßtechnisch die Verbesserung des Signal-Rausch-Verhältnisses sein, z. B. durch „Lock-In-Techniken" in Kombination mit Phasenregelkreisen [17], oder eine Datenvorverarbeitung, wie z. B. eine Off-Set-Addition/-subtraktion, eine Relativ-/Differenzsignalbildung, eine Mittelwertbildung, etc. Die elektrische Meßgröße wird hierdurch in eine zur Weiterverarbeitung geeignete Form gebracht. In der Regel schließt sich daran eine Analog-Digital-Umsetzung des Signals an (A/D-Wandler), die die Meßsignale der elektronischen Datenverarbeitung zugänglich macht (Mikrocomputer, PC) [18, 19]. Hierdurch eröffnen sich weitere Möglichkeiten, z. B. der Berechnung zusätzlicher Größen, der Datenspeicherung und -bewertung [16, 19]. Insbesondere eine Bewertung der eingehenden chemischen Daten mittels sog. chemometrischer Methoden hat in letzter Zeit zu interessanten Ansätzen bezüglich der Komponentenerkennung von Sensoren geführt [20−22]. Anwendungsfelder sind hier z. B. die Qualitätskontrolle von Aromen [23, 24] oder Frischekriterien von Lebensmitteln [25]. Gardner gibt hier einen Überblick über verschiedene theoretische Ansätze von chemometrischen Auswertealgorithmen und Anwendungsbeispiele [26]. Nicht zuletzt sei noch die Kalibrierung der Gassensoren genannt, der für die Richtigkeit der erzielten Meßergebnisse große Bedeutung zukommt. Die Praxis zeigt, daß die Empfindlichkeit bei der Mehrzahl der Gassensoren mit zunehmender Beanspruchung abnimmt, sie sind daher in regelmäßigen Zeitabständen neu zu kalibrieren. Kaltenmeier beschreibt verschiedene Methoden der Prüfgasgenerierung und Kalibrierung von Gassensoren [27].

Im folgenden sollen einige Grundprinzipien von Gassensoren unter Berücksichtigung ihrer Bedeutung in Industrie, Labor und Forschung näher erläutert werden. Wie einleitend beschrieben, sind die Kriterien, die der Anwendung und Verbreitung von Gassensoren in diesen einzelnen Bereichen zugrundeliegen, dabei recht unterschiedlich. Aufgrund der Bedeutung von Festkörpergassensoren für industrielle und Routineanwendungen, insbesondere der Hochtemperatur-Sauerstoffmessung in Abgasen, wird einleitend diese Sensorgruppe beschrieben. Eine weitere wichtige Klasse sind die Gaselektroden, die meist nach einem amperometrischen Prinzip arbeiten und eine routinemäßige Detektion elektrochemisch aktiver Gase ermögli-

Tabelle 2. Geschätzter jährlicher Bedarf ausgewählter Gassensoren, (weltweit, Stand 1987) [28]

Senor	Stückzahl
O_2-Sensoren (ZrO$_2$-Ionenleiter)	3 000 000
Halbleitersensoren für reduzierende Gase	2 500 000
Feuchtesensoren	70 000
Wärmetönungssensoren (Pellistoren)	25 000
Ammoniaksensoren	12 000
Amperometrische O_2-Flüssigkeitssensoren	10 000

Tabelle 3. Literaturrecherche zu Sensorpublikationen, geordnet nach Transducern, Quelle: CAS [29]

Publikationsthema	1985–89	1990–91	1992–93	% v. Ges*
Konduktometrisch	66	101	126	12,1
Amperometrisch	96	210	208	19,9
Potentiometrisch	419	309	260	24,9
Optisch	62	142	312	29,9
Thermisch	6	15	12	1,1
Gravimetrisch	21	40	126	12,1
Gesamt	670/a	817/a	1044/a	

* von 1992 bis 1993.

chen. Sie sind in tabellarischer Form zusammengefaßt (Tabelle 5). An diesen eher klassischen Gassensoren soll ein besonders wichtiger Trend, die Miniaturisierung, und die damit verbundenen Möglichkeiten von Multisensoranordnungen, aufgezeigt werden (Kap. 5). Vergleicht man diese, auch kommerziell wichtigen Sensortypen (Tabelle 2) mit den in wissenschaftlichen Journalen (1985–1993) erschienenen Veröffentlichungen zu Sensoren allgemein, ergibt sich eine ungefähre Gleichverteilung der in Tabelle 1 beschriebenen Transducerprinzipien mit einer stetigen Zunahme optischer Transducer (Tabelle 3). Die wichtigsten Sensorprinzipien hierzu werden in Kap. 6 behandelt.

Abschließend werden noch weitere interessante Möglichkeiten zur Gassensorik vorgestellt, die sich mit thermometrischen, impediometrischen (dielektrischen) und massensensitiven Transducern ergeben. Abgesehen von Feuchtesensoren, die oft aufgebaut sind wie impediometrische Gassensoren, sind diese Transducer überwiegend Gegenstand von Forschung und Entwicklung. Für einen detaillierten Einblick in die verschiedenen Gassensoren, deren Transducer, Funktionen und Anwendungen sei auf die einschlägigen Standardwerke [1–15] und die weiterführende Literatur verwiesen.

Tabelle 4. Sensor-Publikationen 1980–90, geordnet nach Anwendungsfeldern. Quelle: Analytical Abstracts, ohne Ionenselektive Elektroden [30]

Anwendungsfeld	Anzahl
Blut	334
Wasser	260
Gas	34
Umwelt	14

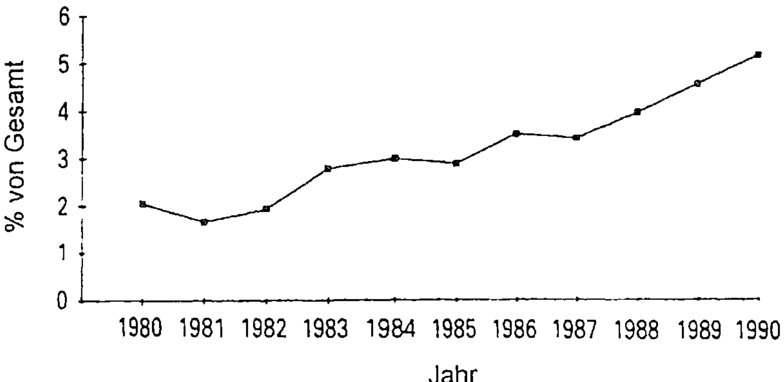

Abb. 2. Relative Änderung der jährlich erschienenen Veröffentlichungen zu Sensoren, bezogen auf die Gesamtanzahl der pro Jahr erschienenen Sensorpublikationen, Zeitraum 1980–1990; Quelle: Analytical Abstracts [30]

3 Festkörper-Gassensoren [31–45]

Die größte und bislang wichtigste Gruppe bilden die sog. Festkörper-Gassensoren. Der Aufbau der Sensorelemente als auch die Kontaktierung dieser Sensoren erfolgt ausschließlich mit festen Materialien, wodurch ein robuster Aufbau und eine Lebensdauer von mehreren Jahren erreicht wird. Man unterteilt diese Gruppe weiter in ionenleitende und elektronenleitende sowie thermokatalytische Sensoren. Typisch für Festelektrolyt-Gassensoren ist ihre geringe Leitfähigkeit bei Raumtemperatur; sie werden daher beheizt. Ein Überblick der Leitfähigkeitseigenschaften dieser Sensor-Festphasen wird in Abb. 3 gegeben.

Aufgrund dieser Einteilung erfolgt auch die Auswahl der nachfolgend vorgestellten Festkörper-Sensorklassen nach ihren Leitfähigkeitseigenschaften.

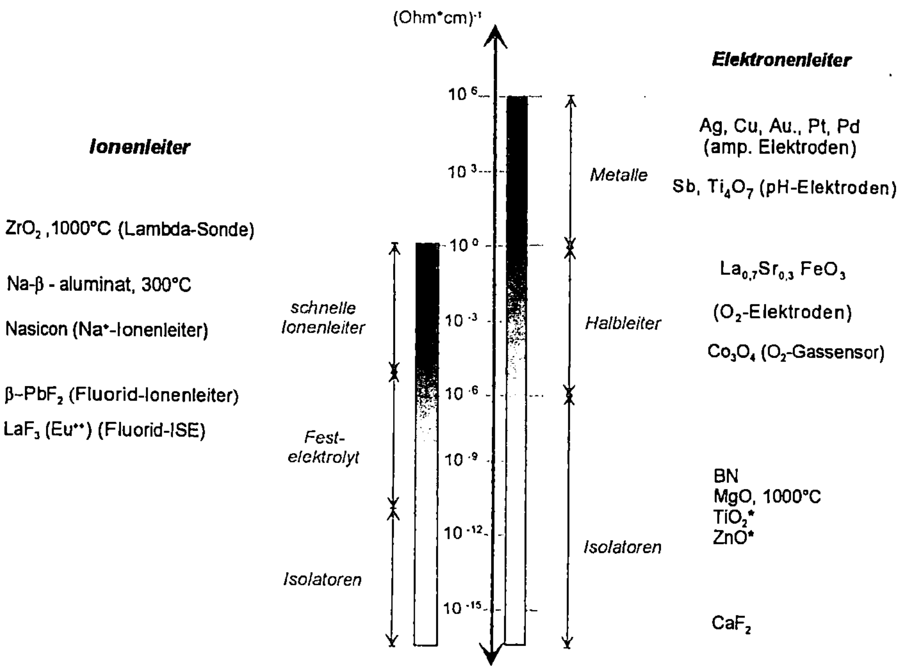

Abb. 3. Leitfähigkeitsspektrum ionen- und elektronenleitender Sensormaterialien [13, 38]

3.1 Sauerstoff-Gassensoren [46–60]

Der bekannteste und wichtigste Vertreter unter den Sauerstoffsensoren ist die
λ-(Lambda)-Sonde (Abb. 4, 5) [54, 55, 59]. Das Sensormaterial besteht aus
O^{2-}-leitenden Zirkondioxid (dotiert mit Yttrium-, Calcium oder Magne-
siumoxid [46–48], das beidseitig mit einer porösen Platinschicht als Elektroden bedampft ist. Die Betriebstemperatur beträgt ca. 600 °C, wodurch auf das
Platin auftreffende Sauerstoffmoleküle katalytisch zu O^{2-}-Ionen umgesetzt
werden, die sich an der Phasengrenze in der ZrO_2-Festphase lösen. In Abhängigkeit von der Sauerstoffkonzentration stellt sich an beiden Phasengrenzen
ein Gleichgewichtsgalvanipotential ϕ ein (potentiometrischer Betrieb). Wird
die Sauerstoffkonzentration (üblicherweise wird der Partialdruck des Luft-
sauerstoff als Bezugsgröße gewählt) an der einen Phasengrenze konstant
gehalten, so hängt die Spannungsdifferenz beider Elektroden nur noch von
der Sauerstoffkonzentration an der anderen Phasengrenze ab und es ergibt
sich für das Gleichgewichtsspannungspotential:

$$E = E^0 + \frac{RT}{4F} \ln \frac{p(O_{2,\text{probe}})}{p(O_{2,\text{ref.}})} \tag{1}$$

Potentiometrischer Betrieb [60, 64].

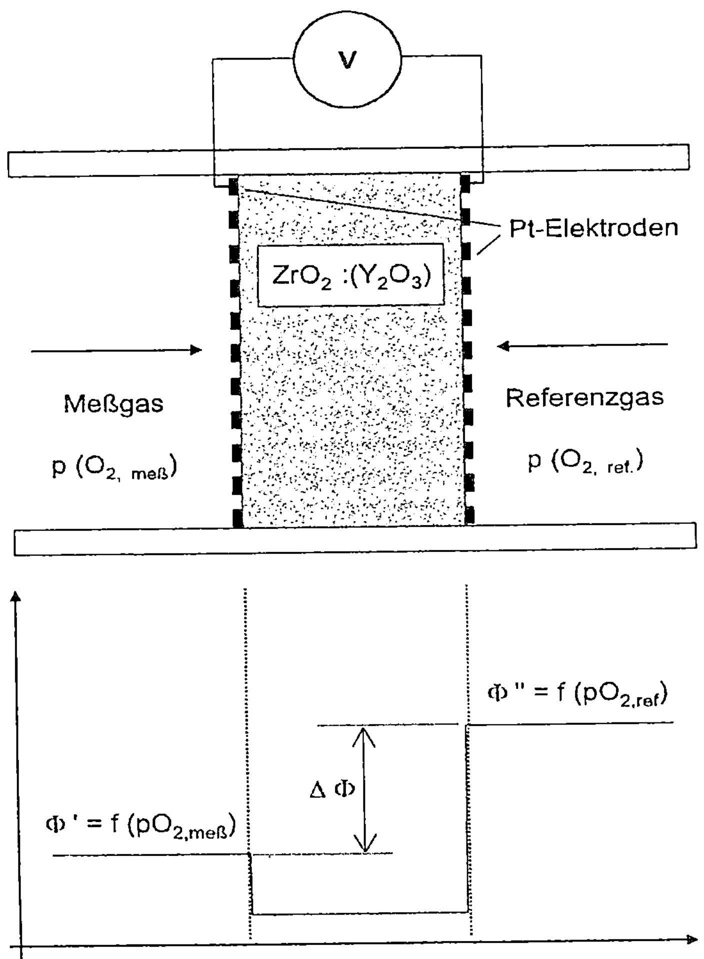

Abb. 4. Schematischer Aufbau einer potentiometrischen Sauerstoff-λ-Sonde [13]

Wird die λ-Sonde im amperometrischen Modus betrieben (Abb. 5), so wird zwischen beiden Elektroden eine äußere Spannung angelegt, die zu einer Reduktion des Sauerstoff an der Kathode (2) und einer Oxidation an der Anode (3) führt:

$$\text{Kathode:} \quad O_2 + 4\,e^- \rightleftharpoons 2\,O^{2-} \qquad (2)$$

$$\text{Anode:} \quad 2\,O^{2-} \rightleftharpoons O_2 + 4\,e^- \qquad (3)$$

Elektrodenreaktionen im amperometrischen Betrieb [59].

Die Diffusion von O^{2-}-Ionen im Festkörperelektrolyten bewirkt dabei einen Sauerstoffpumpeffekt. Wichtig ist eine diffusionskontrollierte Sauerstoffzufuhr auf der Seite des Meßgases (z. B. durch Anbringen poröser Keramiken) und die richtige Wahl der angelegten Spannung. Es ergibt sich dann ein

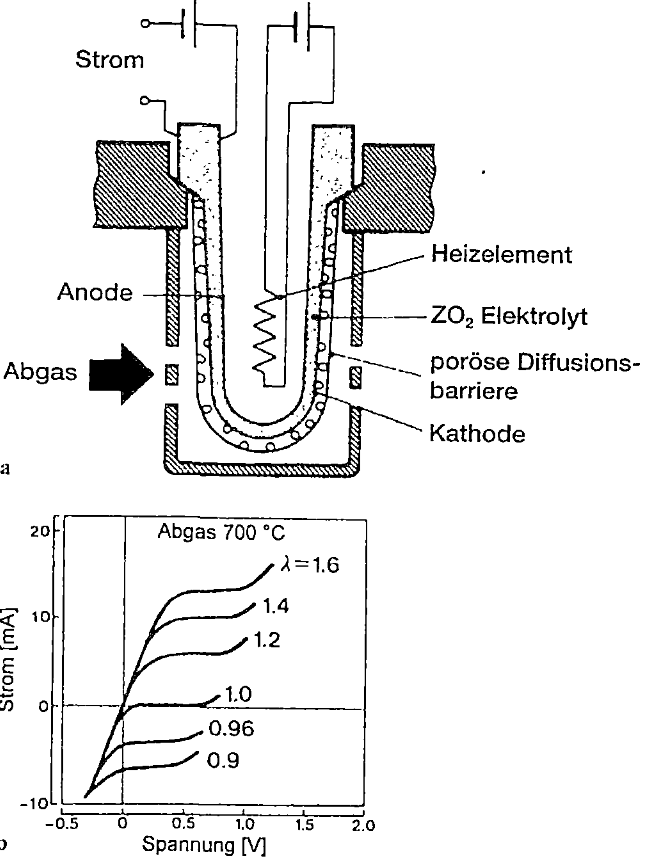

Abb. 5. a Schematischer Aufbau einer amperometrischen λ-Sonde [59]. b Zusammenhang zwischen Sauerstoffkonzentration und Begrenzungsstrom in einem Abgas-Gemisch bei 700 °C [59]

linearer Zusammenhang zwischen dem Sauerstoffpartialdruck und dem Begrenzungsstrom (Abb. 5 b). Durch die Arbeitsweise im Sättigungsbereich des Stromes bezeichnet man diese Sonden auch als Grenzstromsonden.

Mit einer Fertigungsstückzahl von mehr als 4,5 Mio./a hat dieser Sensor auch große kommerzielle Bedeutung. Er wird zur Messung des Sauerstoffpartialdruckes in Kfz-Abgasanlagen und zur Optimierung des Verbrennungsprozesses (λ-Wert) eingesetzt.

3.2 Festelektrolyt-Gassensoren mit Hilfsphasen [61–72]

Auch diese Gruppe von Festelektrolyt-Gassensoren basiert auf Ionenleitern, jedoch sind die Ionen des zu messenden Gases andere als die des Elektrolyten. Der prinzipielle Aufbau ist in Abb. 6 schematisch dargestellt [13].

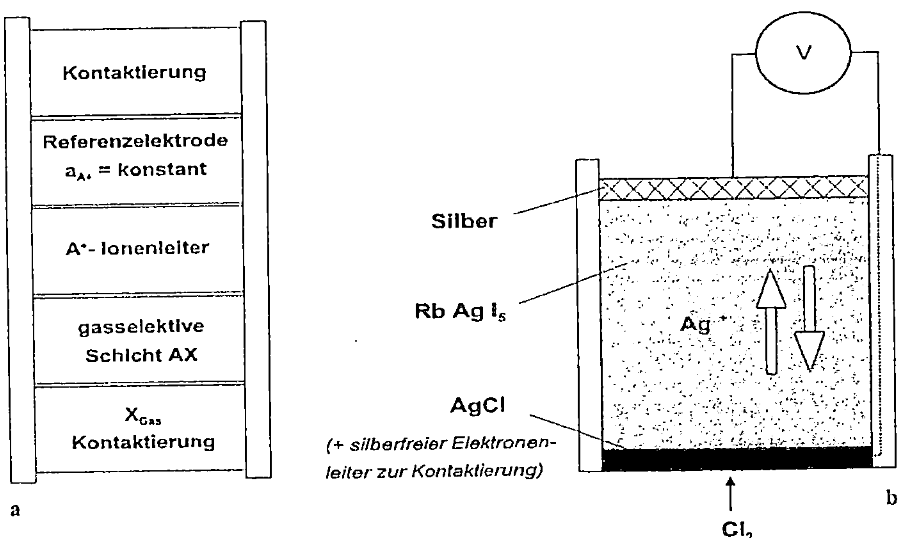

Abb. 6. a Aufbauprinzip von Festelektrolyt-Sensoren mit Hilfsphasen. **b** Potentiometrischer pCl$_2$-Festelektrolyt-Gassensor

Als Ionenleiter dient u.a. das silberleitende Rubidiumsilberiodid RbAg$_4$I$_5$ mit AgCl als Hilfsphase. Eine feste Silberphase mit einer Silberaktivität $a_{Ag^+} = 1$ bildet die Referenzelektrode. Wie zuvor beschrieben können auch diese Sensoren nach dem potentiometrischen [61–67] oder amperometrischen Meßprinzip betrieben werden [68]. Im amperometrischen Meßbetrieb ist die AgCl-Schicht zusätzlich mit einem Platinnetz versehen und durch Anlegen einer externen Spannung als Kathode geschaltet. An dieser Kathode und der Silberanode laufen folgende Elektrodenreaktionen ab [13]:

$$\text{Kathode:} \quad Cl_2 + 2\,Ag^+_{(AgI)} + 2\,e^- \rightleftharpoons 2\,AgCl \tag{4}$$

$$\text{Anode:} \quad 2\,Ag \rightleftharpoons 2\,Ag^+_{(AgI)} + 2\,e^- \tag{5}$$

Elektrodenreaktionen im amperometrischen Betrieb [68].

Im sub-ppb-Bereich der Cl$_2$-Konzentration ergibt sich für diesen Sensor auch ohne Diffusionsbarriere eine lineare Abhängigkeit des Stromes von der Meßkonzentration.

Es sind noch eine Vielzahl weiterer Festphasen-Ionenleiter für verschiedene Gase untersucht. Die wichtigsten potentiometrischen Festelektrolyt-Gassensoren sind in der nachfolgenden Tabelle beschrieben.

Tabelle 5. Potentiometrische Festelektrolyt-Gassensoren [61] (ME: Meßelektrode, RE: Referenzelektrode)

Gas	Meßzelle	Temperatur-Bereich [°C]	Konzentrations-Bereich [atm]	Abweichung $\Delta P/P$ [%]
Cl_2	$Ag \mid SrCl_2 - KCl - AgCl \mid ME, Pt, Cl_2$ Ref.: $Ag \mid Ag^+$; ME: Graphit, RuO_2	100–450	$10^{-6} - 1$	< 5
SO_2/SO_3	$Ref \mid K_2SO_4 \mid ME, SO_2 + SO_3 + O_2$ $Ag \mid K_2SO_4 - Ag_2SO_4 \mid ME, SO_2 + SO_3 + O_2$ Luft, $Pt \mid ZrO_2 - CaO \mid K_2SO_4 \mid ME, SO_3$, Luft	700–900	$> 10^{-6}$	3
H_2	Ref. $\mid$ H.U.P.* $\mid$ ME, H_2 Ref: Pd or $Pt - H_2$, PdH_x	20	$10^{-4} - 10^{-1}$	15
CO	$O_2 + CO$, $RE \mid ZrO_2 - Y_2O_3 \mid ME, O_2 + CO$ RE: $Al_2O_3 - Pt$, ME: Pt	250–350	$0 - 5 \cdot 10^{-6}$	30
NO_2	$Ag \mid Ba(NO_3)_2 - AgCl \mid Pt, NO_2$ Ref.: $Ag \mid Ag^+$	500	$> 10^{-6}$	n. A.
I_2	$Ag \mid KAg_4I_5 \mid Pt, I_2$	40	$> 10^{-7}$	3

* H.U.P.: Wasserstoff-Uranyl-Phosphat.

3.3 Halbleitersensoren mit Volumenleitfähigkeit [69–84]

In bestimmten Halbleitermaterialien, wie Titandioxid (TiO_2) [58, 78], Gallium(III)oxid (Ga_2O_3) [79, 80, 84], Spinellen ($MgCoO_4$) [75] oder Titanaten (Perowskite wie z. B. $BaTiO_3$ oder $SrTiO_3$) [69, 70, 73, 76, 77, 81], treten bei erhöhten Temperaturen zwischen 700 °C bis $\approx$ 1200 °C Defektstrukturen auf. Der wichtigste Defekttyp ist die Sauerstofflücke, deren Ausbildung resp. Anzahl vom Sauerstoffpartialdruck ($p_{(O2)}$) abhängig ist und die eine Änderung der stöchiometrischen Zusammensetzung des Materials bewirkt. Entspricht die Zusammensetzung von z. B. TiO_2 bei 900 °C und $p_{(O2)} = 1$ bar einer 1 : 2-Stöchiometrie, so ändert sich diese mit abnehmendem O_2-Partialdruck (10^{-10} bar) und es bildet sich eine O^{2-}-Defizitstruktur (TiO_{2-x}). Hier sind nun nicht mehr alle Sauerstoffplätze besetzt, bzw. es sind Ti^{3+}-Ionen entstanden. In einem elektrischen Feld kommt es dadurch zu ladungsausgleichenden Transportvorgängen und damit zu einer Leitfähigkeitsänderung, die eine exponentielle Abhängigkeit vom Sauerstoff-Partialdruck zeigt. Volumleitende Sauerstoffsensoren zeichnen sich durch extrem schnelle Ansprechzeiten (ms-Bereich) und eine geringe Querempfindlichkeit gegenüber anderen Gasen aus. Sie arbeiten ohne Bezugsgas über Meßbereiche bis zu 30 Sauerstoffpartialdruck-Dekaden und können in Temperaturbereichen bis 1200 °C eingesetzt werden. Die Leitfähigkeit hängt jedoch auch von der Temperatur ab, so daß hier eine sorgfältige Kompensation erforderlich wird [13]. Es werden derzeit verschiedene Anstrengungen unternommen, diese Sensoren für den Kfz-Bereich, zur Verbrennungsoptimierung durch eine schnelle Abgas-O_2-Messung in unmittelbarer Nähe hinter dem Verbrennungsraum, zu entwickeln [59, 78, 79].

3.4 Halbleitersensoren mit Oberflächenleitfähigkeit [85−102]

Ausgangsmaterialien zur Entwicklung dieser Halbleiter-Sensoren waren polykristalline Metalloxide, die bei Temperaturen von 250−500 °C eine elektronenbedingte Leitfähigkeit zwischen den Korngrenzen der Oberflächenpartikel aufweisen [85−89]. Dieses elektrische Verhalten wird in hohem Maße von der Konzentration bestimmter Gase beeinflußt. So nimmt der elektrische Widerstand von n-Typ-Elektronenleitern wie z. B. SnO_2, ZnO, Fe_2O_3 bei 250−500 °C durch die Anwesenheit oxidierbarer Gase (z. B. H_2, CH_4, CO, C_2H_5, H_2S) ab, d. h. ihr Leitwert (G) nimmt zu. Entsprechend reagieren p-Halbleiter (CuO, NiO, CoO) auf reduzierbare Gase wie O_2, NO_2, Cl_2 oder Ozon. Obwohl eine Vielzahl experimenteller Daten und theoretischer Ansätze vorliegen [90−99], scheint der Mechanismus dieser Vorgänge noch nicht vollständig geklärt zu sein. Die bekanntesten Sensoren dieser Art sind die sog. Taguchi-Sensoren (TGS), die auch als Figaro-Sensoren bekannt sind. Eine typische Ausführungsform ist in der nachfolgenden Abbildung gezeigt.

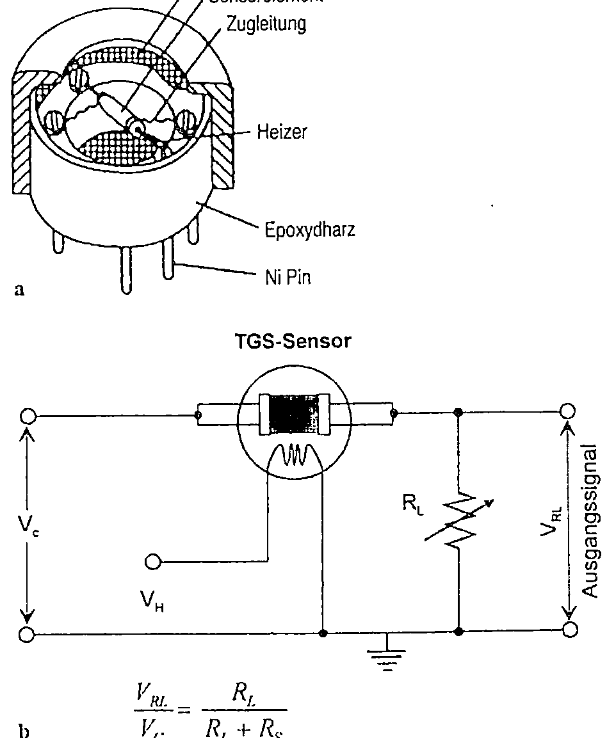

$$\frac{V_{RL}}{V_C} = \frac{R_L}{R_L + R_S}$$

Abb. 7. a Typische Bauform eines TGS-Sensors. **b** Einfacher Schaltkreis zur Signalerfassung, V_C Betriebsspannung (5−100 V AC/DC), V_H Heizspannung (1−5 V AC oder DC), V_{RL} Ausgangsspannungssignal, R_L Lastwiderstand, R_S elektrischer Widerstand des Sensor

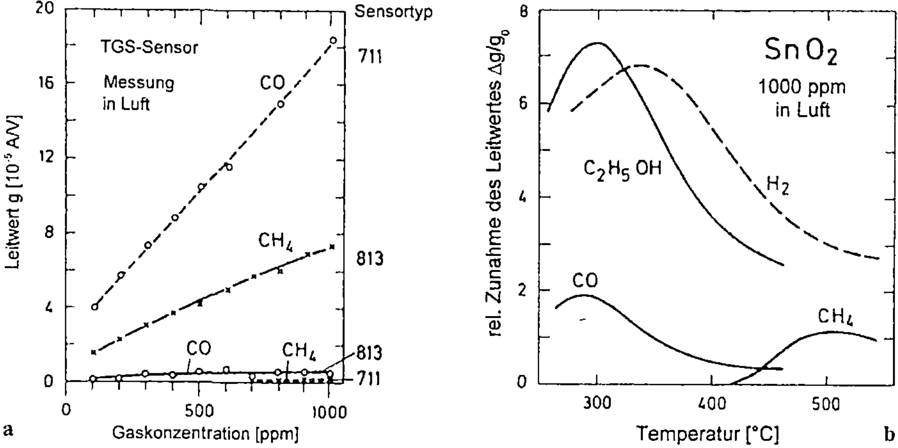

Abb. 8. a Signal-Konzentrations-Verlauf kommerzieller SnO_2-Sensoren auf die Gase Methan (TGS 813) und Kohlenmonoxid (TGS 711) [94]. **b** Beeinflussung der Gassensitivität von TGS-Sensoren durch die Wahl der Betriebstemperatur [94]

TGS-Sensoren bestehen aus gesinterten SnO_2-Röhrchen oder -Tabletten wobei das SnO_2 zur Verbesserung der allgemein geringen Selektivität dieser Sensoren oft mit Fremdzusätzen, wie Pd, Pt, Cu, Au (zur Reaktionsaktivierung) oder Oxiden (zur Steuerung des Korngrößenwachstums) dotiert ist [89, 90]. Sie werden vorwiegend in Japan zur Erkennung von Erdgasleckagen in Häusern oder Schwefelwasserstoffleckagen in Raffinerien eingesetzt [100, 101]. Der Zusammenhang zwischen dem Leitwert G und dem Partialdruck des Meßgases erfolgt prinzipiell nach $G \approx (p_i/p)^{n_i}$; wobei n_i eine empirische Konstante ist. Eine typische Ansprechkurve zweier kommerzieller SnO_2-Sensoren auf verschiedene Methan- und Kohlenmonoxid-Konzentrationen ist in Abb. 8 gezeigt.

Es lassen sich deutliche Sensitivitätsunterschiede beider Sensoren auf die untersuchten Gase erkennen, was sich in gewissen Grenzen über eine Variierung der Betriebstemperatur beeinflussen läßt (Abb. 8b). Mit einer Fertigungsstückzahl von > 1 Mio./a gehören die TGS-Sensoren nach der λ-Sonde zu den meistverbreiteten Gassensoren.

3.5 Thermokatalytische Sensoren [103–115]

Das Prinzip thermokatalytischer Sensoren basiert auf einer katalysierten Verbrennung oxidierbarer Gase wie Kohlenwasserstoffen (CH_4, Propan, Butan, Ethen), Wasserstoff, CO oder NH_3, deren Reaktionswärme zu einer Temperaturerhöhung führt, die wiederum mit temperaturabhängigen Widerständen gemessen werden kann. Die typische „Pellistor"-Bauform (Abb. 9a) besteht aus einem Sinterkörper, durch dessen Kern aus inertem γ-Al_2O_3 ein gewen-

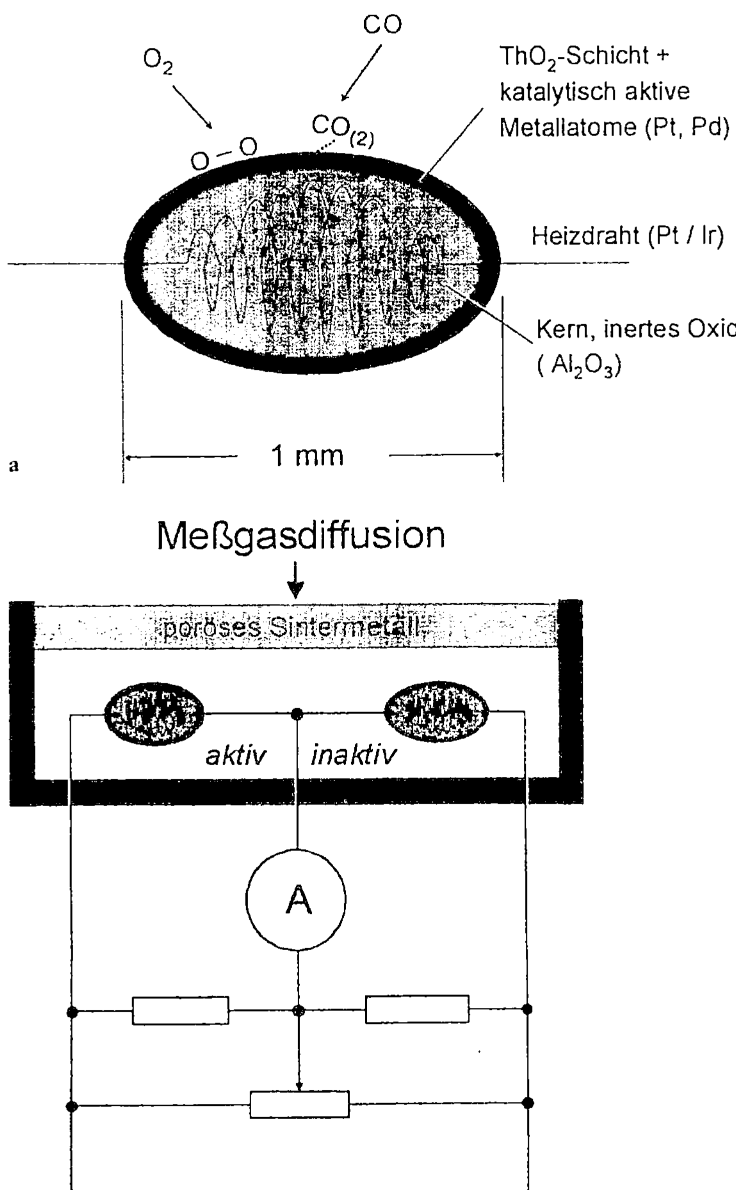

Abb. 9. a Schematischer Aufbau eines thermokatalytischen Gassensors (Pellistor). **b** Typische Meßanordnung für thermokatalytische Gassensoren: Brückenschaltung zur Messung der Widerstandsänderungen. Die Sensoren sind durch einen Flammschutz (poröses gasdurchlässiges Sintermetall) von der sie umgebenden Atmosphäre getrennt. Das Gas tritt durch Diffusion in den Sensor-Probenraum ein

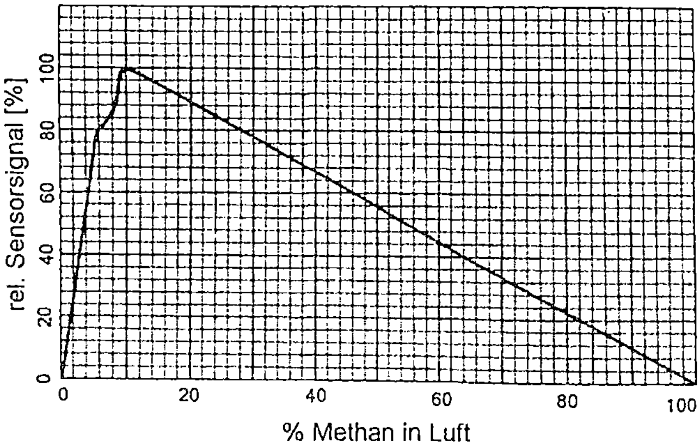

Abb. 10. Signal-Konzentrations-Verlauf eines Methan-Pellistors

delter Platindraht als Heizelement und gleichzeitig temperaturabhängiger Widerstand geführt ist. Die Oberfläche ist mit katalytisch aktiven Metallen (Pt, Pd oder Rh) oder Oxidgemischen belegt.

Bei einer Betriebstemperatur von etwa 500 °C zeigen Pellistoren für Bereiche kleiner Konzentrationen eine nahezu lineare Signal-Konzentrations-Funktion, die mit ansteigender Meßgaskonzentration ein Maximum durchläuft, da höherkonzentrierte Gemische meist nicht mehr zündfähig sind und keine vollständige katalytische Verbrennung mehr stattfindet (Abb. 10).

Meßtechnisch können Pellistoren in zwei Arbeitsweisen betrieben werden (nicht-isotherm oder isotherm). Bei der nicht-isothermen Technik wird ein katalytisch aktiver und ein zweiter katalytisch inaktiver Pellistor in einer Brückenschaltung betrieben, die über ein poröses Sintermetall als Flammschutz vom Probenraum getrennt sind (Abb. 9b). In Gegenwart des Meßgases tritt eine Widerstandsänderung des aktiven Pellistors ein und es fließt ein Brückenstrom, der als Spannungssignal gemessen werden kann. Bei der isothermen Meßtechnik wird die Sensortemperatur durch Reduzierung der Heizspannung in einer Regelschaltung konstant gehalten, diese Regelspannung kann als Maß für die Meßgaskonzentration ausgewertet werden. Das Hauptanwendungsgebiet von thermokatalytischen Sensoren liegt im Explosionsschutz, d.h. die Bildung explosiver Gas-Luft-Gemische (brennbare Gase wie z.B. Methan, Propan, n-Butan, Wasserstoff etc. im Gemisch mit Luft) soll überwacht werden. Je nach Zuführung des Probengases, ob aktiv mit einer Pumpe oder durch Diffusion, liegen die Ansprechzeiten im Bereich von 1 s bis 10 s. Die untere Nachweisgrenze beträgt in der Regel 10 % des UEG-Wertes (*U*ntere *E*xplosions-*G*renze). Problematisch jedoch zeigt sich die Anwesenheit von Katalysatorgiften, insbesondere Silanen oder chlorierten Kohlenwasserstoffen, die den Sensor relativ schnell und oft irreversibel desaktivieren. Die geschätzte Vertriebsstückzahl dieser Wärmetönungssensoren beträgt jährlich ca. 25 000 [13].

4 Gaselektroden [116–126]

Die meistangewandten Gaselektroden arbeiten nach einem amperometrischen oder potentiometrischen Meßprinzip. Der Aufbau dieser Elektroden unterscheidet sich lediglich durch eine gasdurchlässige Membranbedeckung von denen zur Ionendetektion in Flüssigphase und kann in Band 16 dieser Reihe, Kap. 1 und 2 nachgelesen werden. Weiterhin sind dort auch Bezugsquellen kommerziell erhältlicher Gaselektroden genannt. Grundbestandteil beider Elektroden (pot./amp.) ist eine gasdurchlässige Membran, die den Flüssigelektrolyten der Elektrode von der Umgebung abtrennt. Da nur Gase durch diese Membran diffundieren können, sind diese Elektroden zur Messung von Gelöst-Gasen in Flüssigkeiten oder der direkten Messung in Gasphasen gleichermaßen geeignet.

Amperometrische Elektroden eignen sich zur Messung solcher Gase, die sich elektrochemisch unter Stromfluß umsetzen lassen. Die Hauptanwendung ist die Gelöst-Sauerstoffmessung, bei der sich die Konzentration des Sauerstoffs in Lösung nach dem Henryschen Gesetz einstellt: $p = k'c$ (p: Sauerstoff-Partialdruck; k': Sauerstoffspezifische Konstante; c: Sauerstoff-Konzentration in Lösung).

Das Meßprinzip und der schematische Aufbau einer amperometrischen Meßelektrode nach Clark ist in Tabelle 6 beschrieben.

Potentiometrische Gaselektroden sind ionenselektive Elektroden, die mit einer gasdurchlässigen Membran bedeckt sind. Im allgemeinen lassen sich solche Gase messen, die mit dem Innenelektrolyten in einer Gleichgewichtsreaktion sauer oder basisch reagieren, d.h. zu einer pH-Wert-Änderung führen. Diese pH-Änderung wird dann potentiometisch, z.B. mit einer pH-Einstabmeßkette, gemessen. Die Konzentration des zu messenden Gases wird dann indirekt, über ein vorgelagertes Gleichgewicht, bestimmt (Tabelle 6).

Tabelle 6. Übersicht der wichtigsten Gaselektroden

Sensor	Aufbau/Prinzip	Transducerprinzip	Anwendungsfeld	Analyt, Konz.-Bereich, Eigenschaften
Amperometrischer Sauerstoffsensor (Clark-O_2-Elektrode) Messung des Stromes bei konstantem Potential in Abhängigkeit von der O_2-Konzentration	Ag/AgCl-Anode Elektrolyt Membran Edelmetallkathode	amperometrisch mit flüssiger Hilfsphase, Elektrodenreaktionen für saure Elektrolyten: Kathode: $O_2 + H^+ + 2e^- \rightleftharpoons H_2O_2$ Anode: $2Ag + 2Cl^- \rightleftharpoons 2AgCl + 2e^-$	hauptsächlich zur Messung von Gelöstsauerstoff in Wässern, Einsatz als Sauerstoff-Gassensor ist auch möglich	0–100% Sauerstoff, schnelle Ansprechzeiten und gute Reversibilität durch Stoffumsatz des Analyten innerhalb der Innenlösung, für basische Elektrolyte laufen folgende Elektroden-Reaktionen ab: Lit. [116–120] Arbeitselektrode (Kathode, Pt): $O_2 + H_2O + 4e^- \rightleftharpoons 4OH^-$ Gegenelektrode (Anode): $4Ag + 4Cl^- \rightleftharpoons 4AgCl + 4e^-$ Membran: gasdurchlässige, hydrophobe Teflonmembran Jährlicher Bedarf dieser Sensoren: ca. 10000 Stück
Amperometrische Gassensoren: Messung des Stromes bei konstantem Potential in Abhängigkeit von der Gaskonzentration	Prinzip ähnlich der amperom. O_2-Elektrode, jedoch sind die Arbeitselektroden und Innenlösungen oft modifiziert: Katalytische Aktivierung der Arbeitselektrode, z.B. mit Pt oder Verwendung von organisch-chemischen Innenlösungen, evtl. mit leitenden Zusätzen	amperometrisch, mit flüssiger Hilfsphase Elektrodenreaktion am Beispiel eines SO_2-Sensors Kathode (Pt): $O_2 + 4H^+ + 4e^- \rightleftharpoons 2H_2O$ Anode (Au): $SO_2 + 2H_2O \rightleftharpoons$ $H_2SO_4 + 2H^+ + 2e^-$	Messung toxischer Gase und Dämpfe, einige Beispiele mit Angaben des Konz.-Bereich der Hersteller sind rechts aufgeführt [12, 116]	Ammoniak/0…75 ppm Arsin/0…100 ppb Chlor/0…15 mg/m³, 0…3 ppm Cyanwasserstoff/0…30 ppm Hydrazin/0–10 ppm Kohlenmoxid/0…520 ppm Phosgen/0…5 mg/m³, 0…5 ppm Schwefelwasserstoff/0…10 ppm Schwefeldioxid/0…15 ppb Stickstoffdioxid/0…15 ppb
Potentiometrische Gassensoren: Stromlose Messung des Meßions im Elektrolyten nach erfolgter Gaskonzentration	Meßprinzip am Beispiel CO_2 CO_2 löst sich in H_2O nach: $CO_2 + H_2O \rightleftharpoons H_2CO_3 \rightleftharpoons$ $H^+ + HCO_3^-$ pH-Wert abhängiges Gleichgewicht, Messung der pH-Wertänderung mit einer pH-Einstabmeßkette	potentiometrisch mit flüssiger Hilfsphase, indirekte Messung der Gaskonzentration durch vorgelagertes Elektrolytgleichgewicht	Messung toxischer Gase und Dämpfe CO_2, NH_3, SO_2 NO_2 (NO), HF [117]	schnelle Ansprechzeiten, aber sehr lange Rückstellzeiten durch diffusionsbedingtes Verteilungsgleichgewicht des Analyten zwischen Außenluft und Innenlösung

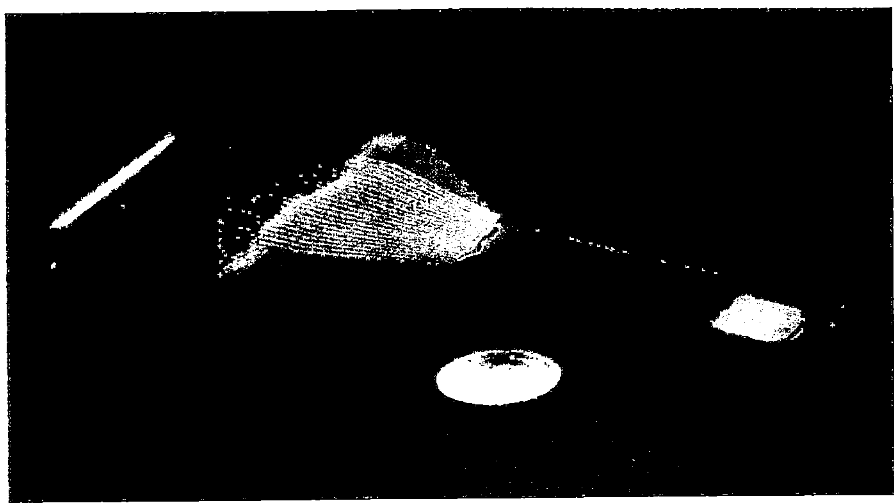

Abb. 11. Amperometrisches Multisensorarray mit integriertem Multiplexer und PC-kompatiblem Anschlußstecker (entwickelt am Fraunhofer-Institut für Mikroelektronische Schaltungen und Systeme, Duisburg/BRD) [140]

5 Miniaturisierung [127–140]

Es werden derzeit verschiedene Anstrengungen unternommen, um die Funktionsfähigkeit von (Gas)-Sensoren durch Miniaturisierungstechnologien zu verbessern [127–132]. Durch verschiedene Herstellungsprozesse, wie z. B. Halbleiter-, Dickschicht-, Dünnschicht-, Keramik-, Aufbau-, und Verbindungstechnologien, die sich unter dem Begriff „Chip-Technologien" zusammenfassen lassen, sind miniaturisierte (Gas)-Sensoren [133–138] mikroelektronik-kompatibel [139] und in großen Stückzahlen (und damit erheblich kostengünstiger) mit reproduzierbaren Funktionsparametern herstellbar. Darüber hinaus lassen sich Multisensoranordnungen, sog. Sensorarrays, realisieren, die sich aus einer Vielzahl von Einzelsensoren (4 bis > 1000) auf kleinstem Raum zusammensetzen. Die Ansteuer-, Schalt-, und Auswerteelektronik ist hierbei oft schon mit auf dem Chip integriert. In Abb. 11 ist ein amperometrisch arbeitendes Multisensorarray mit 400 Einzelsensoren für eine flächenprofilmäßige Sauerstoffmessung gezeigt.

Ein weiteres Beispiel für eine Miniaturisierung der in Kap. 3.4 beschriebenen Halbleitergassensoren ist in Abb. 12 gezeigt. Hier sind vier SnO_2-Sensoren auf Si-Subtraten in einer Brückenschaltung mit integrierter Heizung (Mäander) und Temperaturfühler auf einem Multisensor-Chip zusammengefaßt. Der Sensor ist in Dünnschichttechnik aufgebaut und besteht i. d. R. aus einem Mehrschichtsystem mit aktiven und passiven Schichten auf einem mechanischen Träger (Si). Wie in Kap. 3.4 genannt, kann der Sensor zur Messung oxidierbarer Gase wie CO_x, No_x, CH_4,C_2H_5, H_2 und NH_3 ausgelegt werden.

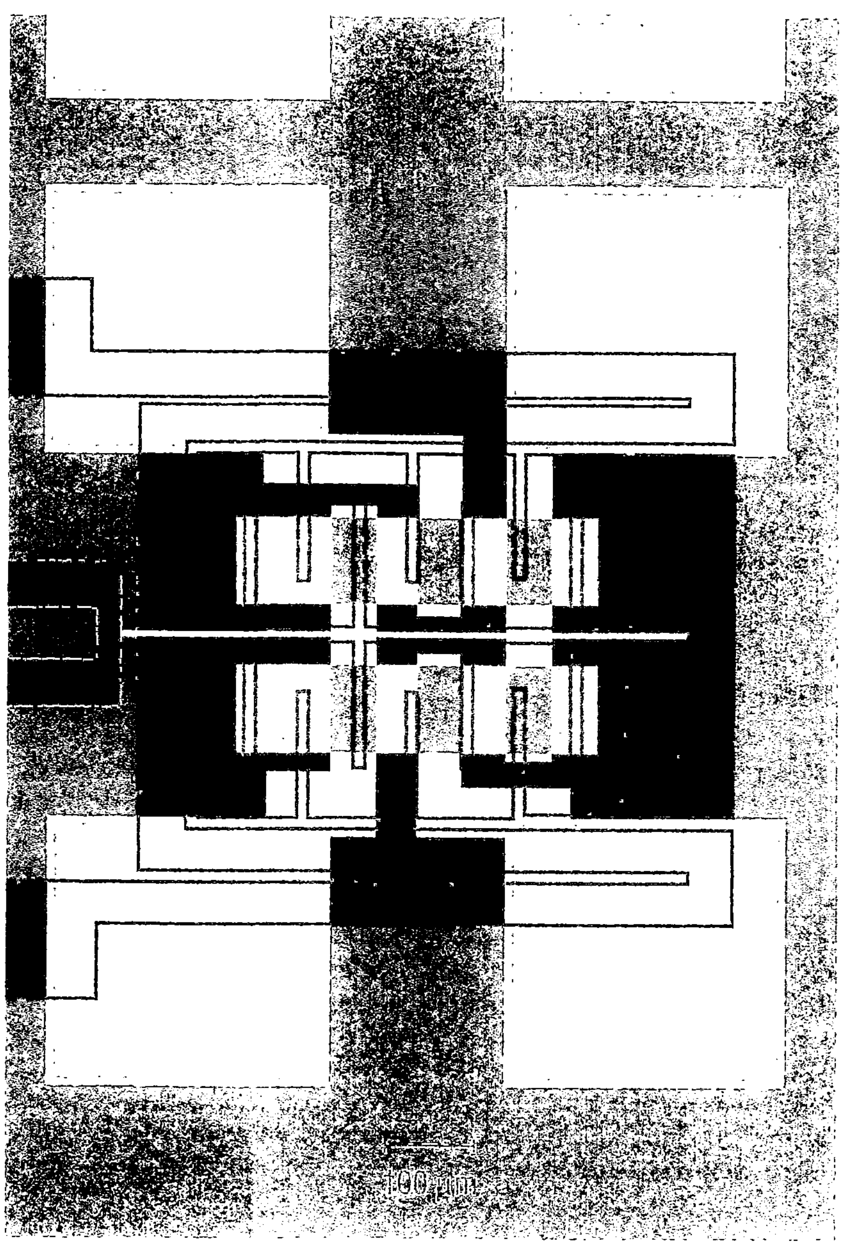

Abb. 12. Brückenschaltung mit vier SnO_2-Sensoren auf Si-Substraten (blau) mit integrierter Heizung (Mäander) und Temperaturfühler (gelbe Linie in Chipmitte), zu sehen sind vier von acht Pt-Bondflecken (weiß), die sensitivten Bereiche sind links und rechts neben dem Temperaturfühler zu erkennen [136] (mit freundlicher Genehmigung der VDI/VDE-Technologiezentrum Informationstechnik GmbH und des BMBF)

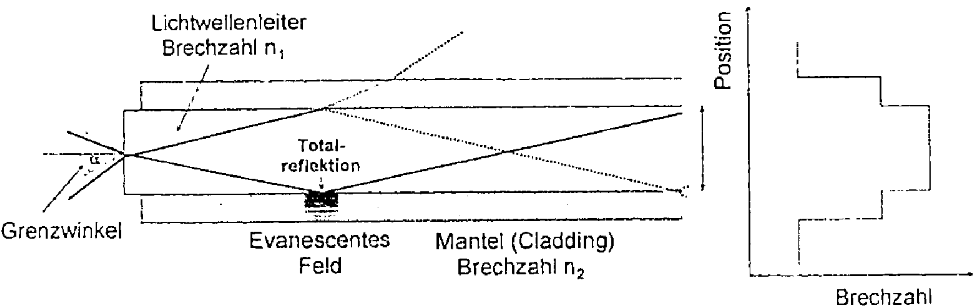

Abb. 13. Prinzip der Lichtwellenausbreitung im Lichtleiter, $n_1 < n_2$, Licht mit Einfallswinkel > Grenzwinkel α wird nicht eingekoppelt [145]

6 Optische Methoden zur Gasmessung [141–190]

In den letzten Jahren haben optische Methoden, auch zur Gasmessung, zunehmend an Bedeutung gewonnen. Generelle Vorteile optischer Sensoren gegenüber den elektrischen und elektrochemischen Transducern sind vor allem in der Unempfindlichkeit des optischen Primärsignals gegenüber elektrischen Störfeldern, den geringen Übertragungsverlusten und den guten Miniaturisierungsmöglichkeiten zu sehen. Oft wird jedoch das Signal durch Umgebungslicht beeinflußt und es können Inkompatibilitäten zwischen optischen und elektronischen Bauteilen auftreten [13]. Die Basis optischer Sensoren bilden verschiedene Arten von Lichtleitern, z.B. Fasern (Stufenindexfaser, Gradientenindexfaser, Monomodefaser), in Substrate eingebettete Lichtleiter mit Y-Form oder Strahlteiler, wie sie z.B. für integriert-optische Interferometer verwendet werden. Je nach eingestrahltem Winkel unterliegt das im Leiter geführte Licht unterschiedlichen physikalischen Phänomenen (Abb. 13), für faseroptische Sensoren wird das Licht in Totalreflektion geführt.

Generell werden die zur Sensorik eingesetzten optischen Methoden in zwei grundlegende Kategorien unterteilt: Extrinsische und intrinsische Sensoren (Abb. 14) [141–143].

Die extrinsischen Sensoren nutzen Glasfasern nur als Lichtleiter, die mit ihnen registrierten oder gemessenen Reaktionen selbst, z.B. die Verschiebung einer Absorptionswellenlänge oder die Änderung des Fluoreszenzlichtes von Indikatormolekülen, finden außerhalb statt. Die Messungen erfolgt in Reflektion, d.h. das eingestrahlte Licht und das reflektierte oder emittierte austretende Licht werden durch Ein- oder Zweifaseroptiken herein- und herausgeführt (Abb. 14 b). Bei intrinsischen Anordnungen wird die Lichtausbreitung im Lichtleiter selbst beeinflußt, z.B. wenn Moleküle direkt außen am Lichtleiter angelagert oder in bestimmten sensitiven Schichtmaterialien, die auf dem Lichtleiter aufgebracht sind, eingelagert (absorbiert) werden. Hierdurch kann eine Änderung des Brechungsindex des den Lichtleiter umgebenden Mediums ein-

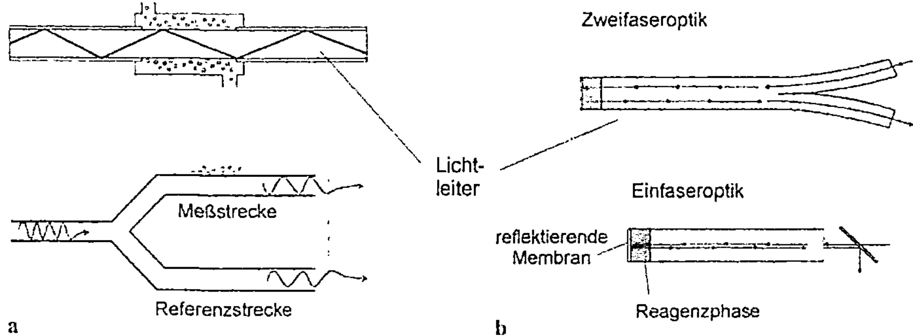

Abb. 14. a Schematische Darstellung optisch-intrinsischer Sensoren. **b** Extrinsische Sensoren (Optoden), Zweifaseroptik mit geteiltem Lichtleiter und Einfaseroptik mit halbdurchlässigem Spiegel zur Strahltrennung

treten oder die Lichtintensität geschwächt werden. Beide Effekte führen zu einer Änderung der Ausbreitungsgeschwindigkeit des Lichtes im Leiter. Entsprechend der Meßanordnung können optische Gassensoren weiter unterteilt werden in:

- extrinsische faseroptische Sensoren (Kolorimetrische/Fluorimetrische Opt(r)oden) [148–153];
- intrinisische Faseroptische Sensoren [154–163]/Evaneszenzfeldanordnungen [164–169];
- reflektometrische Interferenz-Spektroskopie [170–172];
- integriert optische Sensoren: Mach-Zehnder-Interferometer [165, 167, 169], Gitterkopplerprinzip [173–177];
- Oberflächenplasmonenresonanzspektroskopie (SPR-Sensoren) [178–185];
- nicht-dispersive Infrarot-Analysatoren (NDIR), IR-Sensoren [186–190].

Zur Detektion anorganischer Gase, insbesondere von Säure- und Laugendämpfen, werden vorwiegend solche chemischen Materialien eingesetzt, die unter Einwirkung des Analyten ihre Absorptions- oder Fluoreszenzeigenschaften ändern. Eine Auswahl der in der Literatur beschriebenen Reagenzphasen ist in Tabelle 7 zusammengefaßt. Zur Messung organischer Analyten

Tabelle 7. Gassensitive Materialien zur Verwendung in optischen Sensoren [9]

Gasart	Reagenzphase	Meßprinzip	Intr./Extr.	Konz.-Bereich	Lit.
O_2	Pyrenbuttersäure	Fluoreszenz	Extrinisisch	0–20%	[150]
H_2	Pd/WO_3	Absorption	Intrinsisch	20–1000 ppm	[6, 169]
NO	Co-Porphyrin	Absorption	Extrinsisch	10–10000 ppm	[169]
NH_3, HCl	Thymolblau	Absorption	Intrinsisch	10–1000 ppm	[163]
Luftfeuchte	Perylendibutyrat	Fluoreszenz	Extrinsisch	0–100%	[151]
Halothan	Polycyclische aromatische Kohlenwasserstoffe	Fluoreszenz	Extrinisisch	1–4%	[152]

Tabelle 8. Optische Methoden: Chemosensoren unter Verwendung elektromagnetischer Strahlung

Transducerprinzip	Bauelement	Beschreibung des Prinzips
Extrinsischer Fasersensor: Kolorimetrische und Fluorometrische Fasersensoren (Optoden)		Kombination eines Lichtleiters (Einfaser- oder Zweifaseroptik) mit Farbindikatoren als Reagenzphase, die auf pH-Wertänderungen ansprechen und ihre Farbe wechseln. Solche pH-Optoden können mit Gasen reagieren, die in der feuchtehaltigen Indikatorphase sauer oder basisch reagieren und damit auch das Indikatorgleichgewicht ändern. Die Farbänderung bewirkt eine Verschiebung der Absorptionswellenlänge, die als Signal ausgewertet werden kann. Gut untersuchte Beispiele sind SO_2-, NH_3- [148, 149], CO_2-Gassensoren.
Intrinsischer Fasersensor: Kolorimetrische und Fluorometrische Fasersensoren, Messung der Lichtschwächung		Intrinsischer Gassensor, dessen Faseroptik innerhalb der Meßkammer verschieden modifiziert sein kann: a) Beschichtungen mit Farb- oder Fluoreszenzindikatoren zur Detektion von sauer oder basisch reagierenden Gasen (s. o.) b) Adsorption von Gasmolekülen (z.B. Alkanen) direkt auf der Faser: die Änderung des Brechungsindex führt zu einer Schwächung der austretenden Lichtintensität, die als Signal ausgewertet werden kann.
Oberflächenplasmonen-Resonanzspektroskopie Faser-Gassensoren: Messung der Änderung der Resonanzwellenlänge		Optisch-intrinsischer Fasersensor, bei dem in der Grenzfläche Metall/Polymer Oberflächenplasmonen zur Schwingung angeregt werden und hierdurch eine bestimmte Wellenlänge des eingestrahlten Weißlichtes absorbiert wird. Im Absorptionsspektrum bildet sich ein charakteristisches Minimum aus. Durch refraktive Änderungen oder Schichtdickenänderungen der Polymerschicht bei Einwirkung eines Analyten tritt eine Änderung der Resonanz- bzw. Absorptionswellenlänge auf, die als Verschiebung des Intensitätsminimums mit einer CCD-Zeilenkamera gemessen werden kann.

Tabelle 8 (Fortsetzung)

Transducerprinzip	Bauelement	Beschreibung des Prinzips
Interferometrische Meßanordnung: Interferenzspektrosk. Messung von Weglängendifferenzen reflektierten Lichtes an dünnen Schichten		Interferometrische Reflektionsspektrometrie: Das Prinzip der Messung besteht in der multiplen Reflektion von Weißlicht an dünnen Schichten. Diese können z.B. gassensitive Polymerfilme sein. Durch Einwirkung des Analyten ändern sich die optischen Eigenschaften des Films, was wiederum zu einer Änderung in den Reflektionseigenschaften führt. Es resultieren Weglängenlängenunterschiede in den reflektierten Teilstrahlen, die Interferenzspektroskopisch ausgewertet werden können [170–172].
Integriert optische Interferometer: Mach-Zehnder-Interferometer, Änderung und Messung der Wellenausbreitungseigenschaften zwischen Meß- und Ref.-Strecke		Integriert optisches Interferometer (Mach-Zehnder-Struktur). Der Lichtstrahl durchläuft beide Teilstrecken, wobei ein kleiner Teil der elektromagnetischen Welle auch in das unmittelbar umgebende Medium eindringt (evaneszentes Feld). Die refraktive Änderung durch Einwirkung des Analyten in diesem oberflächennahen Bereich ändert die Ausbreitungsgeschwindigkeit des Lichtes in diesem Leiterarm. Aus der Überlagerung mit der Referenzwellenlänge resultiert eine Phasenverschiebung, die als Signal ausgewertet werden kann. In Kombination mit Polymerfilmen lassen sich organische Analyten bis in den ppm-Bereich nachweisen.
Integriert optische Interferometer: Y-Wellenleiter: Änderung und Messung der Wellenausbreitungseigenschaften in beiden Armen		Y-Wellenleiter, ähnlich dem Mach-Zehnder-Interferometer, bestehend aus einer Meß- und einer Referenzstrecke. Das evaneszente Feld des Lichtstrahls dringt in die dünne (nm-Bereich) WO_3-Schicht ein. Je nach Konzentration wird eine bestimmte Menge an H_2 in der angrenzenden Pd-Schicht dissoziiert, die das WO_3 (gelb) reduziert unter Bildung der blauen Wolframbronze $H_x WO_3$, wodurch eine erhöhte Absorption der evaneszenten Welle durch das WO_3 eintritt. Als Folge resultieren zwei unterschiedlich schnelle Teilstrahlen [6, 169].

haben sich Polymere, z.B. Polydimethylsiloxan, die als sehr dünne Filme auf die Substrate aufgebracht werden können, bewährt.

Als direkte Gas-Meßmethode sei noch die Infrarotspektroskopie genannt, eine spektralphotometrische Methode, mit der als dispersiver oder nicht-dispersiver Anordnung (NDIR) zahlreiche anorganische und insbesondere organische Gase bzw. Dämpfe bis in den sub-ppm-Bereich detektiert werden können. Auch hier stehen zur Gasdetektion mehrere Meßmethoden zur Verfügung [186]. Da heute bereits miniaturisierte Analysatorversionen herge-stellt werden können, lassen sich diese Anordnungen im weitesten Sinn auch als Sensoren auffassen.

7 Weitere Transducer zur Messung von Gasen und Dämpfen

Zur Messung von Gasen und Dämpfen können noch eine Vielzahl weiterer Transducer eingesetzt werden, die im wesentlichen in Kombination mit Rezeptormaterialien organischen Ursprungs eingesetzt werden. Diese können Käfigverbindungen, Molekülverbindungen, Polymere, aber auch Zeolithe oder Langmuir-Blodgett-Filme sein. Im allgemeinen also solche Stoffe, die bei Einwirkung des Analyten charakteristische Merkmale, beispielsweise ihre Masse, elektrischen oder dielektrischen Eigenschaften, ändern [191–205]. Eine Auswahl solcher chemischen Materialien unter Angabe ihrer bevorzug-ten Gassensitivität ist in Abb. 15 gezeigt:

Mit einem entsprechenden Transducer kann die Änderung dieses Merk-mals dann in ein konzentrationsabhängiges Signal gewandelt werden [199]. Besonders wichtig für die Sensorfunktion ist die Reversibilität der Analyt-Rezeptor-Wechselwirkung. Je nach sterischer, elektronischer und lipophiler Komplementarität zwischen Analyt und Rezeptormolekül/-schicht können diese Sensoren im Idealfall hochselektiv arbeiten. Dies ist jedoch eher die Ausnahme; in der Regel wurden bislang nahezu alle potentiellen Schicht-materialien per „trial and error" auf ihre chemische Sensitivität getestet, und es ist mehr ein Zufall, wenn man eine für sensorische Anwendungen wirklich selektive Polymer- oder Käfigverbindung erhält. Auch theoretiche Methoden zur gezielten Synthese gasselektiver Rezeptormoleküle, z.B. durch „Mole-cular Modeling", sind mehr als flankierende Maßnahmen für bereits funk-tionierende Schichtmoleküle anzusehen, als eine „ab initio" Methode zum gezielten Sensor-Moleküldesign. Einen kritischen theoretischen und expe-rimentellen Vergleich zwischen dem Sensitivitätsverhalten von gassensitiven Rezeptormolekülen (Cavitanden) und Polymerfilmen, gibt Grate, Abraham et al. [205].

Die gebräuchlichsten Transducer, die in Kombination mit den vorstehend genannten Schichtmaterialien verwendet werden, sind in Tabelle 9 beschrie-ben. Es handelt sich hierbei im Wesentlichen um (di)elektrische, thermome-trische und massensensitive Methoden. Für eine detaillierte Beschreibung sei auf die weiterführende Literatur verwiesen.

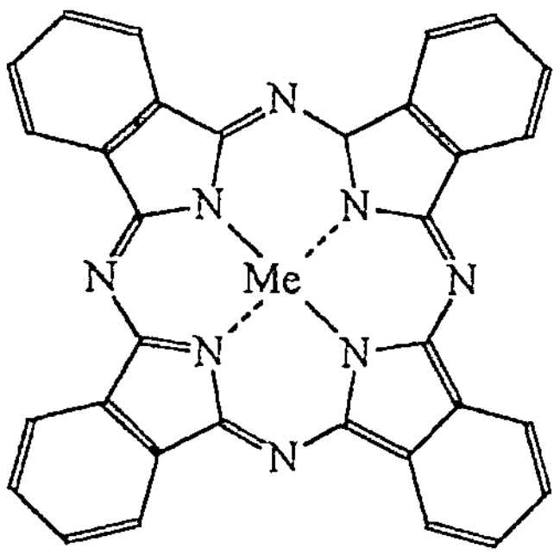

Me (II) Phthalocyanine (NO$_2$)
Me = Cu [202, 204]

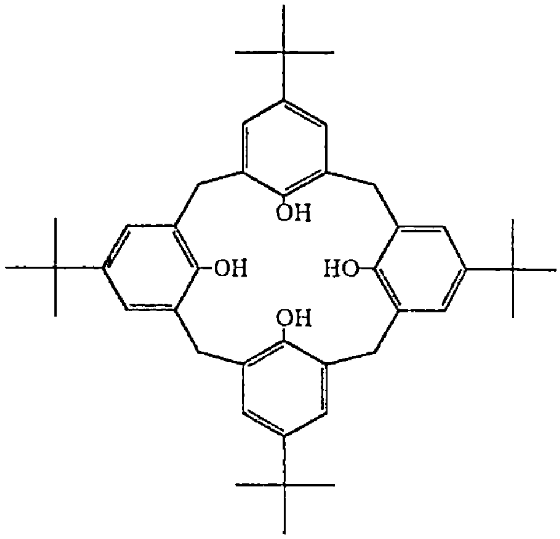

4-tert.-Butyl-Calix [4] arene
(C$_2$Cl$_4$, CHCl$_3$),   [191]

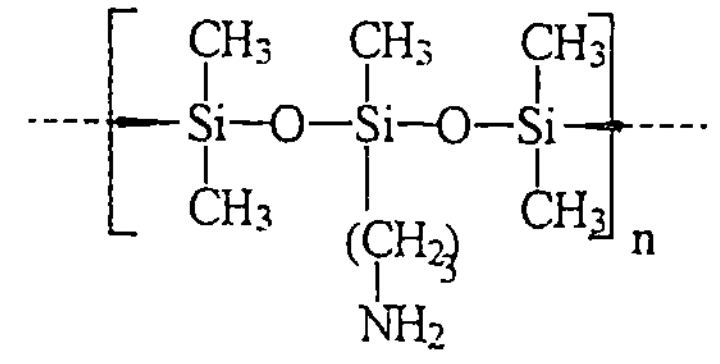

Poly(aminopropyl)methylsiloxane
(PAPMS) (Toluen)

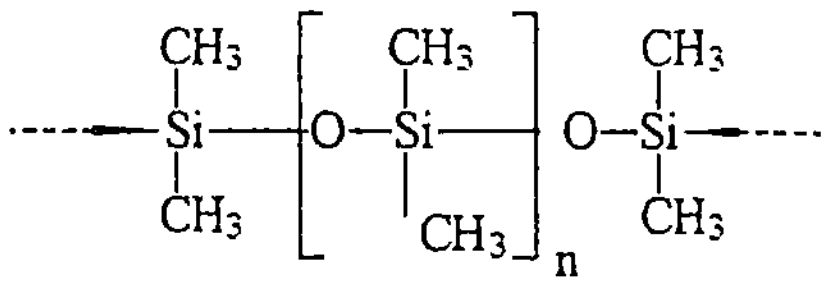

Polydimethylsiloxan (PDMS)
(Toluen),   [191,203]

Abb. 15. Verschiedene gassensitive Materialien (Polymere, Cavitanden und hohlraumbildende Moleküle/Käfigverbindungen)

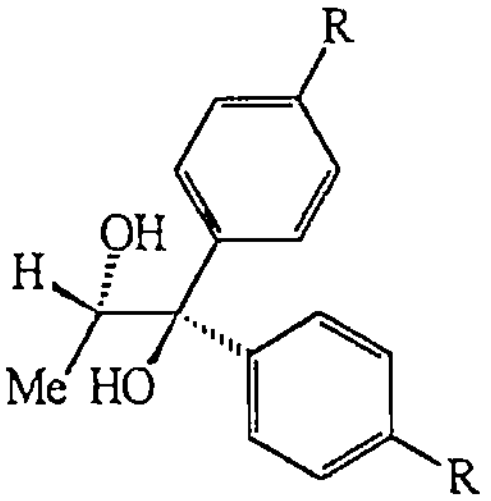

Derivat der natürlichen Milchsäure
R = H, CH3; (n-Butanol, 1,4-Dioxan)
[195,196]

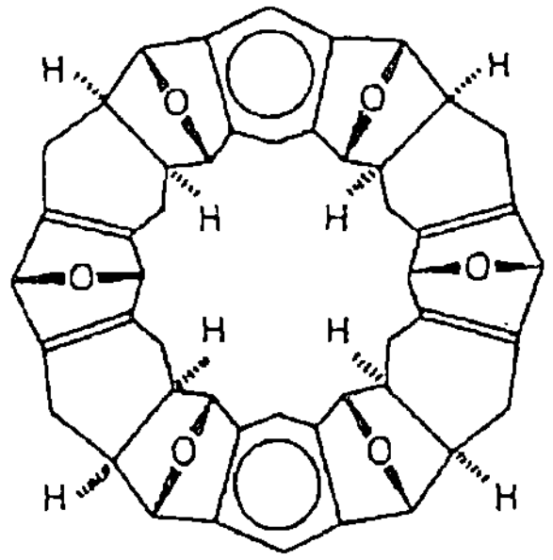

Hexaepoxyoctacosahydro [12]
cyclacene, (Nitrobenzen) [194]

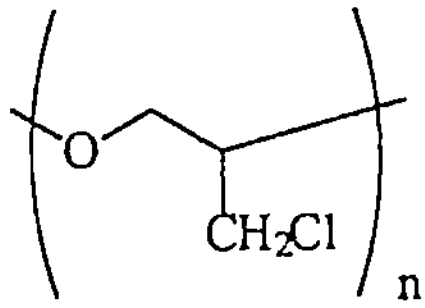

Poly(epychlorhydrin), (PECH)
(Toluen), [192,193,205]

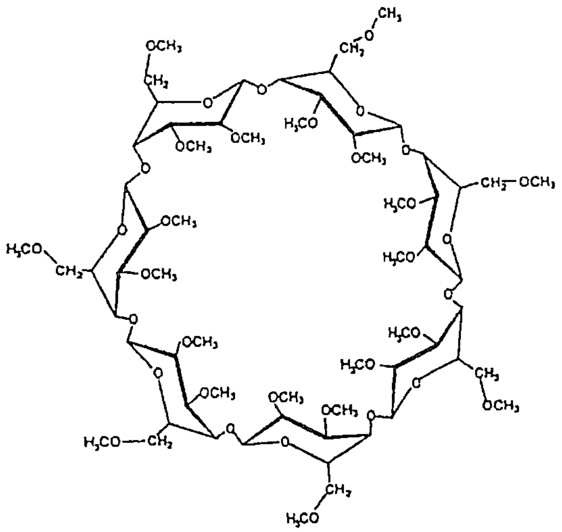

β-Cyclodextrin [199-201]

Abb. 15 (Fortsetzung)

Tabelle 9. Weitere Transducer, die zur Gasmessung eingesetzt werden (thermometrisch, organische Halbleiter und Interdigitalstrukturen)

Transducerprinzip	Bauelement	Beschreibung des Prinzips
Thermometrische Sensoren Messung kalorimetrischer Größen (ΔT)	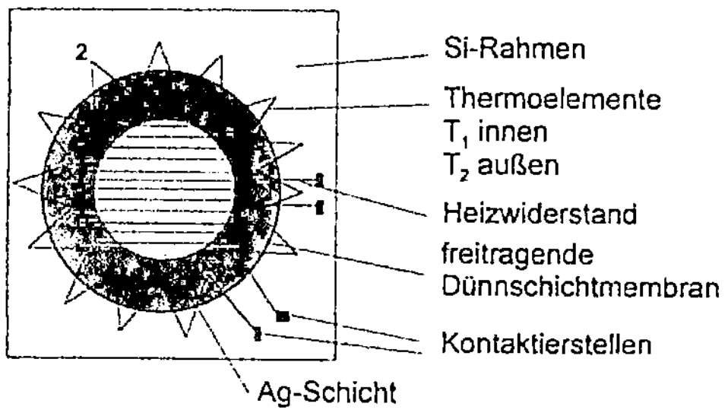	Basierend auf dem Seebeck-Effekt (vgl. Tabelle 1) werden eine Vielzahl von Thermopaaren so angeordnet, daß die Meßkontakte (Metall 1/Metall 2) innen liegen (T1) und die Referenzkontakte (T2) außen. Die chemisch sensitive Membran ist innenzentriert, die entstehende Reaktionswärme, z. B. eine Absorptionsenthalpie bei Einwirkung des Analyten auf die Membran führt zu einer Temp.-Differenz zwischen den Meß- und Ref.-Kontakten. Die Summe aller entstehenden Thermospannungen kann als Signal ausgewertet werden [206–208].
Organische Halbleiter-Sensoren Messung von Leitfähigkeitsänderungen in einem organisch-halbleitenden Film	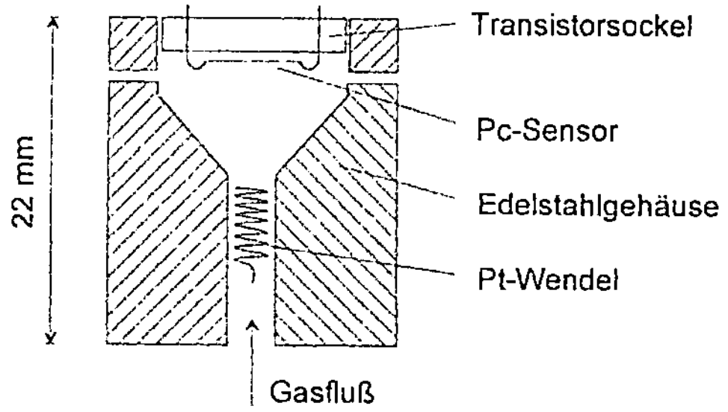	Typische organische Halbleitermaterialien sind aromatische Kohlenwasserstoffliganden. Besonders p-leitende Phthalocyanine (CuPc, ZnPc, NiPc, PbPc) eignen sich zur Detektion oxidierender Gase wie z. B. NO_2, Halogenen und halogenhaltigen Verbindungen. Bei etwa 700 °C werden die halogenhaltigen Moleküle an der Pt-Wendel dissoziiert, die oxidierenden Radikale erhöhen die Leitfähigkeit des Pc-Films. Mit CuPc können Konz. bis ca. 1 ppm CCl_4 in Luft nachgewiesen werden [209–217].
Interdigital-kondensatoren Messung von Leitfähigkeits-änderungen in einer chemisch sensitiven Membran	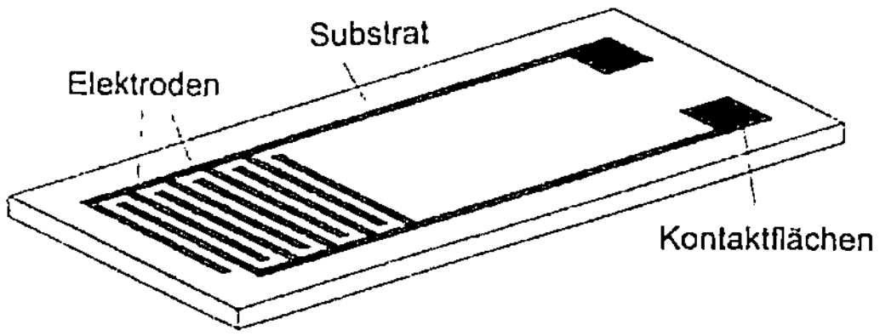	Beschichtung der Elektroden mit einer gassensitiven Membran, z. B. einem Polymer, die das Dielektrikum bildet. Durch Anlegen einer Wechselspannung, z. B. 100 kHz, entsteht zwischen und über den Elektroden ein elektrisches Wechselfeld. Die Absorption von Gasen ändert die dielektrischen Eigenschaften des Films und somit die Kapazität und den Widerstand. Durch die phasensensitive Messung der Impedanz für eine gegebene Frequenz können Widerstandsänderungen (Realteil der Impedanz) und kapazitive Änderungen (Imaginäranteil) direkt als Sensorsignal ausgewertet werden [218–223].

Tabelle 9 (Fortsetzung) Massensensitive Vorrichtungen als Gassensoren [211–214]

Transducerprinzip	Bauelement	Beschreibung des Prinzips
Quarz-Mikrowaage QMW (Bulk acousic wave, BAW) Messung von Masseänderungen (Δm), Signal: Resonanzfrequenz	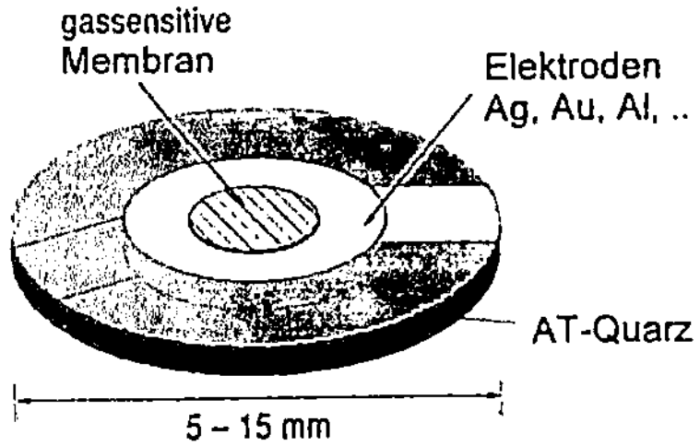	Der Schwingquarz wird als externes, frequenzbestimmendes Glied einer Oszillatorschaltung betrieben. Die Resonanzfrequenz des Quarzes (für sensorische Anwendungen 1–30 MHz) ist sehr empfindlich von der Gesamtmasse des Quarzes abhängig (SAUERBREY-Gleichung: $\Delta f = -C \cdot \Delta m$). Wird der Quarz mit einer gassensitiven Schicht versehen, so tritt zunächst eine konstante Frequenzverschiebung ein, die der aufgebrachten Masse proportional ist. Durch eine weitere, reversible Einlagerung von Analytmolekülen in diese Schicht tritt eine Resonanzverschiebung auf, die direkt als Sensorsignal ausgewertet werden kann [223–234].
Oberflächenwellenleiter -Bauelemente (Surface Acoustic Wave, SAW) Messung von Masseänderungen (Δm) Signal: Resonanzfrequenz	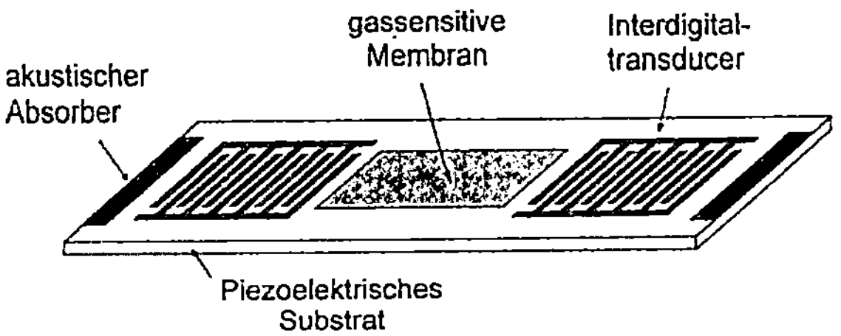	Massen- und Schichtsensitive Anordnung, die meist in höheren Frequenzbereichen als Schwingquarze betrieben werden (bis 600 MHz). Zwischen einem IDT als Sender und dem anderen als Empfänger wird eine fortlaufende Welle in das piezoelektrische Substrat (Quarz oder $LiNbO_3$) eingekoppelt, deren Ausbreitungscharakteristika von den Eigenschaften der aufgebrachten gassensensitiven Schicht (Membran) abhängen. Auch hier wird in der Regel die Resonanzfrequenz als Meßsignal ausgewertet [224–228, 236–243].
Lamb Wave – Sensoren (LW) Messung von Masseänderungen	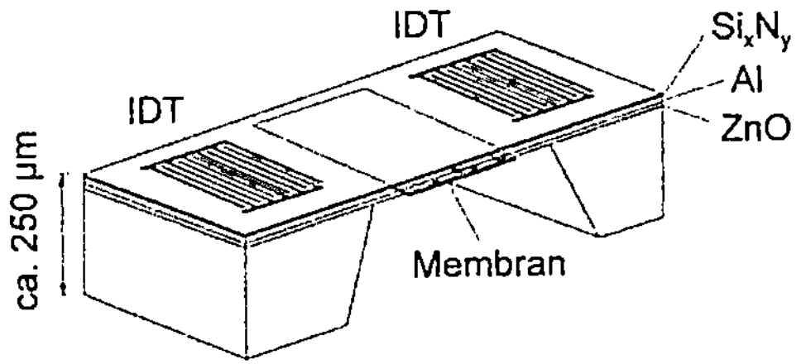	Ähnliche Anordnung wie die SAW-Struktur, jedoch breitet sich die Oberflächenwelle (Lamb-Wellen) innerhalb einer wenigen µm-dicken Membran aus. Die Betriebsfrequenzen liegen bei 1–10 kHz, wodurch die Strukturen deutlich unempfindlicher gegenüber äußeren Störfeldern sind. Als piezoelektrische Schicht ist ZnO aufgesputtert. Die IDT sind rückseitig plaziert und kommen mit dem Meßmedium nicht in Kontakt. LW-Anordnungen zeigen höhere Empfindlichkeiten als SAW und Schwingquarze, sind jedoch erheblich aufwendiger in ihrer Herstellung [225, 226, 244–247].

8 Literatur

zu Kapitel 1 und 2: Einführung und Klassifizierung

Standardlehrwerke zu Sensoren (allg.) und Gassensoren

1. Middelhoek S, Noorlag DJW (1982) Signal Conversion in Solid-State Transucers. Sensors and Actuator 2:211−228
2. Sensors-A comprehensive Survey (eds: Göpel W, Hesse J, Zemel JN) Vol 1: Fundamentals and General Aspects (Vol eds: Grandke T, Ko WH)
3. Sensors-A comprehensive Survey (eds: Göpel W, Hesse J, Zempel, JN), Vol 2: Chemical and Biochemical Sensors, Part I (Vol eds: Göpel W, Jones TA, Kleitz M, Lundström I, Seiyama T) VCH Verlagsgesellschaft mbH, Weinheim 1991
4. Sensors-A comprehensive Survey (eds: Göpel W, Hesse J, Zemel JN) Vol 3: Chemical and Biochemical Sensors, Part II (Vol eds: Göpel W, Jones TA, Kleitz M, Lundström I, Seiyama T) VCH Verlagsgesellschaft mbH, Weinheim 1991
5. Ullmann's Encyclopedia of Industrial Chemistry, Vol B 6: Chemical and Biochemical Sensors. VCH Verlagsgesellschaft mbH, Weinheim 1994
6. Chemical Sensor Technology, Vol 1 (ed Seiyama T) Kodansha Ltd., Tokyo, 1988 and Elsevier Science Publisher B., Amsterdam 1988
7. Chemical Sensor Technology, Vol 4, (ed Yamauchi S), Kodansha Ltd., Tokyo, 1992 and Elsevier Science Publishers BV, Amsterdam 1992
8. Janata, J Principles of Chemical Sensors, Plenum Press, New York and London 1989
9. Gas Sensors: Principles, Operation and Development (ed Sberveglieri G), Kluwer Academic Publishers, Dordrecht, Boston, London 1992
10. Moseley PT, Norris JOW, Williams DE (1991) Technology and Mechanisms of Gas Sensors, Hilger: Bristol, UK
11. Hauptmann P (1990) Sensoren-Prinzipien und Anwendungen, Carl Hanser, München, Wien
12. Oehme F (1991) Chemische Sensoren, Vieweg, Braunschweig
13. Dransfeld I, Behrens R, Weiß T (1992) Handbuch zum Kurs „Chemo- und Biosensorik". Bd I, 2. Aufl, Astec: Agentur für Sensor-Technologie GmbH, Münster-Roxel
14. Cammann K, Lemke U, Rohen A, Sander J, Wilken H, Winter B (1991) Chemical Sensors and Biosensors-Principles and Applications. Angew Chem Int Ed Engl 30 (5):516−539
15. Dickert F (1992) Chemosensoren für Gase und Lösungsmitteldämpfe. Chemie in unserer Zeit 3:138−143

Originalmitteilungen und Monographien

16. Sensoren und Mikroelektronik (1993) Wegweisende, serienreife neue Produkte und Verfahren (Hrsg. Bonfig KW), Expert, Ehningen bei Böblingen
17. Best R (1987) Theorie und Anwendungen des Phased-locked Loops. AT, Aarau
18. Schulz D (1992) PC-Gestützte Mess- und Regeltechnik. 2. Aufl, Franzis, München
19. Tränkler H-R. Signal Processing. In [2], Chapter 10, S 280−311
20. Buydens LMC, Melssen JW (1994) (eds) Chemometrics: Exploring and exploiting chemical information. Katholieke Univeriteit Nijmegen
21. Gardner JW, Bartlett PN, Dodd GH, Shurmer HV (1990) In: Chemosensory Information Processing (Schild D, ed), Springer, Berlin, pp 131−173
22. Di Natale C, Davide F, D'Amico A (1995) Pattern recognition in gas sensing: well-stated techniques and advances, Sensors and Actuators B, 23:11−118
23. Gardner JW (1991) Detection of vapours and odours from a mulisensor array using pattern recognition. Sensors and Actuators B 4:109−115
24. Gardner JW, Shurmer HV, Tan TT (1992) Application of an electronic nose to the discrimination of coffees'. Sensors and Actuators B 6:71−75
25. Schweizer-Berberich P-M, Vaihinger S, Goepel W (1994) Characterization of food freshness with sensor arrays. Sensors and Actuators B 18:282−290

26. Gardner JW, Bartlett PN (1992) Sensors and Sensory Systems for an Electronic Nose. Nato ASI Series, Kluwer
27. Kaltenmaier K. Calibration of Gas Sensors, in [4], Chapter 16, S 847–866
28. Göpel W, Oehme F (1987/3) Chemische Feldeffekttransistoren. Hard & Soft, Fachbeilage Mikroperipherik, I
29. Janata J, Josowicz M, De Vaney DM (1994) Chemical Sensors, in: Anal Chem 66:207 R–228 R
30. Encyclopedia of Analytical Science (ed.-in-chief Alan Townshend), Volume 8, Sensors, S 4590; Academic Press, Harcourt Brace & Company, Publishers, London, San Diego New York, Boston, Sydney, Tokyo, Toronto

zu Kapitel 3: Festkörper-Gassensoren

31. Farrington GC (1981) Solid Ionic Conductors. Sensors and Actuators 1:329–346
32. Green M (1981) Lectures on Gas-Solid Interactions, Sensors and Actuators 1:379–391
33. Tuller HL (1983) Review of Electrical Properties of Metal Oxides as Applied to Temperature and Chemical Sensing. Sensors and Actuators 4:679–688
34. Göpel W (1985) Entwicklung chemischer Sensoren: Empirische Kunst oder systematische Forschung? Techn Messen 52, Teil I: Heft 2/47–58, Teil II: Heft 3/92–105, Teil III: Heft 5/175–182
35. Solid State Gas Sensors (Moseley P, Tofield BC, eds) (1987) Adam Hilger, Bristol and Philadelphia
36. Weppner W (1987) Solid-State Electrochemical Gas Sensors. Sensors and Actuators 12:117–119
37. Kudo T, Fueki K (eds) (1990) Solid State Ionics. Kodansha, Tokyo und VCH-Verlag, Weinheim, New York, Basel, Cambridge,
38. Göpel W (8–9/1988) Bio-/Chemische Sensorik, Hard & Soft, Fachbeilage Mikroperipherik X
39. Pohl JP (1987) Sensorkonzepte mit festen Ionenleitern. GIT Fachz Lab 31:379
40. Wiemhöfer H-D (1987) Elektronen- und Ionenleitende Sensoren, in: Chemische und biochemische Sensoren. Berichtsband AMA-Seminar
41. Kleitz M, Siebert E, Fabry P, Fouletier J. Solid-State Electrochemical Sensors, in Ref [3], Chapter 8, S 343–428
42. Geistlinger H (1993) Electronic theory of thin-film gas sensors, Sensors and Actuators B 17:47–60
43. Sberveglieri G (1995) Recent developments in semiconducting thin-film gas sensors. Sensors and Actuators B 23:103–109
44. Meixner H, Gerblinger J, Lampe U, Fleischer M (1995) Thin-film gas sensors based on semiconducting metal oxides. Sensors and Actuators B 23:119–125
45. Yamazoe N, Miura N. New Approaches in the Design of Gas Sensors, in Ref [9], Chapter 1, S 1–42

zu Kapitel 3.1: Sauerstoff-Gassensoren

46. Kocache RMA. Applictions of Oxygen-ion-conducting Solid Electrolytes, in: Ref. [35], Chapter 1; S 1–16
47. Leonhard V, Tschulena G, Batelle Institut e.V., Frankfurt/M in: VDI/VDE Technologiezentrum Informationstechnik GmbH (Hrsg.) Band 6: Keramik für chemische Sensoren
48. Velasco G, Schnell JPh, Croset M (1982) Thin Solid State Electrochemical Gas Sensors, Sensors and Actuators 2:371–384
49. Igarashi I (1985) New Technologies of Automotive Sensors Digest of Technical Papers. Int Conf Solid State Sensors and Actuators. Transducers 85 IEEE (Library of Congress 84–62799) p 246–249
50. Isenberg AO (1984) Sensor cell structure for oxygen combustible gas mixture sensor, US-Patent Specification 4428817
51. Velasco GV, Schnell JPh (1983) Gas sensors and their applications in the automotive industry, J Phys E: Sci Instrum 16:973–977

52. Kocache RMA, Swan J, Holman DF (1984) A miniature rugged and accurate solid electrolyte oxygen sensor. J Phys E: Sci Instrum 17:379–387

53. Fouletier J, Mantel E, Kleitz M (1982) Performance characteristics of conventional oxygen gauges. Solid State Ionics 6:1–13

54. Dueker H, Friese KH, Haeker WD (1975) Ceramic aspects of the Bosch Lambda sensor. SAE-Paper 750223, SAE-Automotive Engineering Congress, Detroit, USA, pp 807–824

55. Wiedenmann HM (1986) Aufbau und Funktion von Lambda-Sonden für mageres Abgas. VDI-Berichte 578, 129

56. Gauthier M, Chamberland A (1977) Solid-state detectors for the potentiometric determination of gaseous oxides. I. Measurements in air. J Electrochem Soc 124:1579–1583

57. Logothetis EM, Kaiser J (1983) TiO_2 Film Oxygen Sensors made by Chemical Vapour Deposition from Organometallics. Sensors and Actuators 4:333–340

58. Franx C (1985) A Dynamic Oxygen Sensor With Zero Temperature Coeffizient. Sensors and Actuators 7:263–270

59. Takeuchi T (1988) Oxygen Sensors. Sensors and Actuators 14:109–124

60. Mari CM, Barbi GB. Solid Electrolyte Potentiometric Oxygen Gas Sensors, in [6], S 99–110

zu Kapitel 3.2: Festelektrolyt-Gassensoren mit Hilfsphasen

61. Fouletier J (1982/83) Gas Analysis with Potentiometric Sensors. A Review', Sensors and Actuators 3:295–314

62. Hötzel G, Weppener W (1986) Potentionmetric Gas Sensors Based on Fast Solid Electrolytes, in: Proc. 2nd Int Meet Chem Sens, Bordeaux 285

63. Gauthier M, Chamberland A, Belanger A, Poirier M (1977) Solid-state detectors for the potentiometric determination of gaseous oxides. II. Measurements in oxygen-variable gases in the SO_2, SO_3, O_2, Pt/SO_4^{2-} system. J Electrochem Soc 124:1584–1587

64. Gauthier M, Bellemare R, Belanger A (1981) Progress in the development of solid-state sulfate detectors for sulfur oxides. J Electrochem Soc 128:371–378

65. Pelloux A, Fabry P, Durante P (1985) Design and Testing of a Potentiometric Chlorine Gauge. Sensors and Actuators 7:245–252

66. Möbius H-H. Solid State Electrochemical Potentiometric Sensors for Gas Analysis, in [4], Chapter 25, S 1105–1154

67. Akila R, Jacob KT (1989) An SO_x (x = 2, 3) Sensor Using β-Alumina/Na_2SO_4 Couple'. Sensors and Actuators 16:311–323

68. Hötzel G, Weppner W (1989) Application of Fast Ionic Conductors in Solid Galvanic Cells for Gas Sensors. Solid State Ionics 18 & 19:1223

zu Kapitel 3.3: Halbleitersensoren mit Volumenleitfähigkeit

69. Gerblinger J, Haerdtl KH, Meixner H, Aigner R (1995) High-Temperature Microsensors, Chapter 6, S 182–219, in: Sensors-A comprehensive Survey (eds: Göpel W, Hesse J, Zemel JN) Vol 8: Micro- and Nanosensor-Technology/Trends in sensor Markets (Vol eds: Meixner H, Jones R) VCH Verlagsgesellschaft mbH, s. [127] Weinheim, New York, Basel, Cambridge, Tokyo

70. Yu C, Shimizu Y, Arai H (1988) Mg-doped $SrTiO_3$ as a lean-burn oxygen sensor. Sensors and Actuators 14:309–318

71. Shimizu Y, Fukuyama Y, Yu C, Arai H (1988) A lean-burn oxygen sensor consisting of a dual-disc semiconductor. Sensors and Actuators 14:319–330

72. Shimizu Y, Fukuyama Y, Arai H (1985) Application of a dual-disc semiconductor to a lean-burn oxygen sensor. Chem Lett 1831–1834

73. Yu C, Shimizu Y, Arai H (1986) Investigation on a lean-burn oxygen sensor using perovskite-type oxides. Chem Lett 563–566

74. Logothetis EM, Park K, Meitzler AH, Laud KR (1975) Oxygen sensor using CoO ceramics. Appl Phys Lett 26:209–211

75. Park K, Logothetis EM (1977) Oxygen sensor with $Co_{1-x}Mg_xO$ ceramics. J Electrochem Soc 124:1443–1446

76. Fukuyama Y, Yu C, Shimizu Y, Arai H, Seiyama T (1985) Application of Peroskite-type oxides to a lean-burn oxygen sensor. Proc. 5th Sensor Symp, Japan, pp 139–142

77. Shimizu Y, Fukuyama Y, Narikiyo T, Arai H, Seiyama T (1985) Perovskite-type oxides having semiconductivity as oxygen sensors. Chem Lett 377–380

78. Tien TY, Stadler HL, Gibbons EF, Zacmanidis (1975) PJ TiO_2 as an air-to fuel ratio sensor for automobile exhausts. Ceram Bull 54:280–283

79. Lampe U, Fleischer M, Meixner H (1994) Lambda measurement with Ga_2O_3. Sensors and Actuators B 17:187–196

80. Fleischer M, Meixner H (1992) Oxygen sensing with long-term stable Ga_2O_3 thin films. Sensors and Actuators B 5:115

81. Gerblinger J, Lampe U, Meixner H, Perczel IV, Giber J (1994) Cross sensitivity of various doped strontium titanate films to CO, CO_2, H_2, H_2O and CH_4. Sensors and Actuators B 18–19:529–534

82. Gerblinger J, Lohwasser W, Lampe U, Meixner H (1995) High temperature oxygen sensor based on sputtered cerium oxide, Sensors and Actuators B 26–27:93–96

83. Lampe U, Gerblinger J, Meixner H (1995) Nitrogen oxide sensors based on thin films of $BaSnO_3$. Sensors and Actuators B 26–27:97–98

84. Fleischer M, Meixner H (1995) Sensitive, selective and stable CH_4 detection using semiconducting Ga_2O_3 thin films. Sensors and Actuators B 26–27:81–84

zu Kapitel 3.4: Halbleitersensoren mit Oberflächenleitfähigkeit

85. Taguchi N. Japan Patent 45–38200 (applied in 1962)

86. Seiyama T, Kato A, Fujiishi K, Nagatani M (1962) Anal Chem 34:1502

87. Shaver PJ (1967) Activated tungsten oxide gas detectors. Appl Phys Lett 11 (8):255–257

88. Loh JC. Japan Patent 43–28560, Fr. 1545292 (applied in 1967)

89. Chiba A. Development of the TGS Gas Sensor, in: [7], Chapter 1, pp 1–18

90. Yamazoe N, Miura N. Some Basic Aspects of Semiconductor Gas Sensors, in: [7], Chapter 2, pp 19–41

91. Jones TA. Characterisation of Semiconductor Gas Sensors, in: [35], Chapter 4, pp 51–70

92. Williams DE. Conduction and Gas Response of Semiconductor Gas Sensors, in: [35], Chapter 5, pp 71–123

93. Morrison SR (1982) Semiconductor Gas Sensors. Sensors and Actuators 2:329–341

94. Heiland G (1982) Homogeneous Semiconducting Gas Sensors. Sensors and Actuators 2:343–361

95. Yamazoe N, Krakowa Y, Seiyama T (1983) Effects of Additives on Semiconductor Gas Sensors. Sensors and Actuators 4:283

96. Willett MJ. Spectroscopy of Surface Reactions, in: [10], Chapter 3, pp 61–107

97. Matsushima S, Teraoka Y, Miura N, Yamazoe N (1988) Electronic interaction between metal additves and tin dioxide in tin dioxide-based gas sensors. Jpn J Appl Phys 27:1798–1802

98. Nita M, Kanefusa S, Ohtani S, Haradome M (1979) Oscillation waveforms of tin (IV) oxide-based thick film carbon monoxide sensor. J Electrochem Soc 126:627–633

99. Windischmann H, Mark P (1979) A model for the operation of a thin-film tin oxide (SnO_x) conductance-modulation carbon monoxide sensor. J Electrochem Soc 126:627–633

100. Tamaki J. Chemical sensors 1993/1994: Semiconductor gas sensor. Chem Sens 1994, 10 (4):138–143, Combustible gas sensors, Chem Sens 1994, 10 (4), 133–137

101. Tamaki J. Chemical sensors 1992: Semiconductor gas senso', Chem Sens 1993, 9 (4):137–142. Combustible gas sensors, Chem Sens 1993, 9 (4):133–136

102. Göpel W, Schierbaum K-D Electronic Conductance and Capacitance Sensors, in [3], Chapter 9, S 430–466

zu Kapitel 3.5: Thermokatalytische Sensoren

103. Jones E. The Pellistor Catalytic Gas Detector, in [35], Chapter 2, S 17–31

104. Symons EA. Catalytic Gas Sensors, in: [9], S 169–186

105. Jones TA, Walsh, PT. Calorimetric Chemical Sensors, in: [3], Chapter 11, S 529–563

106. Gentry SJ, Walsh PT. The Theory of Poisoning of Catalytic Flammable Gas-Sensing Elements, in: [35], Chapter 3, S 32–50
107. Gentry SJ (1988) Catalyric Devices, in: Chemical Sensors (ed: Edmonds TE), Blackie, Glasgow, London
108. Gentry SJ, Jones TA (1983) A Comparison of Metal Oxide Semiconductor and Catalytic Gas Sensors. Sensors and Actuators 4:581–586
109. Gentry SJ, Walsh PT (1984) Poison-Resistant Catalytic Flammable-Gas Sensing Elements. Sensors and Actuators 5:239–251
110. Gentry SJ, Jones TA (1986) The Role of Catalysis in Solid-State Gas Sensors. Sensors and Actuators 10:141–163
111. Dabill DW, Gentry SJ, Walsh PT (1987) A Fast-Response Catalytic Sensor For Flammable Gases. Sensors and Actuators 11:135–143
112. Marcinkowska K, McGauley MP, Symons EA (1991) A new carbon monoxide sensor based on a hydrophobic CO oxidation catalyst. Sensors and Actuators B 5:91–96
113. Sommer V, Rongen R, Tobias P, Kohl D (1992) Detection of methane/butane mixtures in air by a set of two microcalorimetric sensors. Sensors and Actuators B 6:262–265
114. Sommer V, Tobias P, Kohl D (1993) Methane and butane concentrations in a mixture with air determined by microcalorimetric sensors and neural networks. Sensors and Actuators B 12:147–152
115. Futata H. Miniaturisation of Catalytic Combustion Sensors, in: [7], pp 85–97

zu Kapitel 4: Gaselektroden

116. Oehme F, Schuler P (1983) Gelöst-Sauerstoff-Messung: physikal. Grundlagen; Meß- und Analysentechnik, Anwendungen. Hüthig, Heidelberg
117. Oehme F. Liquid Electrolyte Sensors: Potentiometry, Amperometry, and Conductometry, in [2], Chapter 7.1.6, S 285–340
118. Schweizer Patent 364916, Erf. Clark LC Anmeldung 31.8.1957
119. Mancy KH, Westgarth WC (1962) Journ Water Poll Contrl Fed 34:1037
120. Brunet JE, Gardiazabal JI, Schrebler R (1981) Design of an oxygen monitor for laboratory tests. Quim Nova 4:5–6
121. Brunet JE, Gardiazabal JI, Schrebler R (1983) An inexpensive electrode and cell for measurement of oxygen uptake in chemical and biochamical systems. J Chem Educ 60:677–678
122. Evans J, Pletcher D (1989) Amperometric sensor for carbon dioxide: design, characteristics, and performance. Anal Chem 61:577–580
123. Albery WJ, Barron P (1982) A membrane electrode for the determination of CO_2 and O_2. J Electroanal Chem 138:79–87
124. Severinghaus W, Bradley AF (1958) Journ Appl Physiol 13:515
125. Ruzika J, Hansen E (1974) Anal Chim Acta 69:129
126. Hara H, Okabe Y, Kotagawa T (1992) Flow determination of dissolved inorganic carbon using the alternate washing system equipped with a potentiometric gas electrode. Anal Chem 64 (20):2393–2397

zu Kapitel 5: Miniaturisierung

127. Sensors-A comprehensive Survey (1995) (eds Göpel W, Hesse J, Zemel JN) Vol 8: Micro- and Nanosensor-Technology/Trends in Sensor Markets (Vol eds Meixner H, Jones R) VCH Verlagsgesellschaft mbH, Weinheim, New York, Basel, Cambridge, Tokyo
128. Smith RL, Collins SC. Sensor Design and Packaging, in [2], Chapter 4, S 79–106
129. Chang S-C, Ko WH. Thin and Thick Films, in [2], Chapter 4, S 79–106
130. Ko WH, Suminto JT. Semiconductor Integrated Circuit Technology and Micromachining, in [2], Chapter 5, S 108–168
131. Büttgenbach S (1991) Mikromechanik. Teubner, Stuttgart, S 39
132. Heuberger A (1991) (Hrsg) Mikromechanik. Springer-Verlag, Heidelberg, New York, London, Paris, Tokyo, Hong Kong, Barcelona

133. Chemical sensors and microinstrumentation (ACS symposium series 403, eds Murray RW, Dessy RE, Heineman WR, Janata J, Seitz WR) American Chemical Society, Washington, DC 1989
134. Prudenziati M (1994) (eds); Handbook of Sensors and Actuators 1 – Thick Film Sensors, from Series: Handbook of Sensors and Actuators (Middelhoek S, series ed) Elsevier, Amsterdam, Lausanne; New York, Oxford, Shannon, Tokyo
135. Liu CC, Zhang Z (1992) Research and development of chemical sensors using microfabrication techniques. Sel Electrode Rev 14:147–167
136. MST Infobörse, Intelligente Gassensoren. Informationsreihe der VDI/VDE-Technologiezentrum Informationstechnik GmbH, Nr 8–1995, Förderung durch das BMBF
137. Lambeck PV (1992) Integrated opto-chemical sensors, Sensors and Actuators B 8:103–116
138. Van den Berg A, Koudelka-Hep M, Van den Schot BH, De Rooij NF, Verney-Norberg E, Grisel A (1992) Silicon-based chlorine sensor with on-wafer deposited chemically anchored diffusion membrane. Part I. Basic sensor concept. Anal Chim Acta 269 (1):75–82
139. Enderlein R (1993) Mikroelektronik; eine allgemeinverständliche Einführung in die Welt der Mikrochips, ihre Funktionen, Herstellung und Anwendung. Spektrum Akad, Heidelberg, Berlin, Oxford
140. Meyer H, Drewer H, Gründig B, Cammann K, Kakerow R, Manoli Y, Mokwa W, Rospert M (1995) Two-Dimensional Imaging of O_2, H_2O_2, and Glucose Distributions by an Array of 400 Individually Addressable Microelectrodes. Anal Chem 67, 1164–1170

zu Kapitel 6: Optische Methoden zur Gasmessung

Monographien und Übersichtsartikel

141. Wolfbeis O, Boisde GE, Gauglitz G. Optochemical Sensors, in: [2], Chapter 12, S 573–645
142. Gauglitz G, Brecht A, Ingenhoff J, Kraus G (1994) Optische Chemo- und Biosensoren für die Umwelt- und Bioanalytik, Spektrum der Wissenschaft
143. Fiber Optic Chemical Sensors and Biosensors (1991) (ed Wolfbeis OS) Vol I and II, CRC Press, Boca Raton, FL
144. Syms R, Cozens J (1992) Optical Guided Waves and Devices. Mc Graw Hill, London
145. Norris JOW Optical Fibre Gas Sensing, in [9], Chapter 11, pp 260–280
146. Sensoren Schaumburg H (Hrsg) Teubner, Stuttgart 1992, Kap 6, Optische Sensoren; S 307–373
147. Seitz WR (1984) Chemical sensors based on fiber optics. Anal Chem 56, 16 A

Extrinsisch

148. Arnold MA, Ostler TJ (1986) Fiber Optic ammonia gas sensing probe. Anal Chem 58: 1137–1140
149. Wolfbeis OS, Posch HE (1986) Fibre-optic fluorosensor for ammonia. Anal Chim Acta 185:321–327
150. Opitz N, Graf H-J, Lübbers DW (1988) Oxygen Sensor for the Temperature Range 300 to 500 K Based on Fluorescence Quenching of Indicator-Treated Silicone Rubber Membranes. Sensors and Actuators 13:159–163
151. Posch HE, Wolfbeis OS (1988) Fibre-Optic Humidity Sensor Based on Flurorescence Quenching. Sensors and Actuators 15:77–83
152. Wolfbeis OS, Posch HE, Kroneis HW (1985) Fiber optical fluorosensor for the determination of halothane and or oxygen. Anal Chem 57:2556–2561
153. Posch HE, Wolfbeis OS, Pusterhofer J (1988) Optic and fibre-optic sensors for vapours of polar solvents. Talanta 35:89–94

Intrinsisch

154. Lieberman RA (1991) Intrinsic fiber optic chemical sensors, in: Fiber Optic Chemical sensors and Biosensors (ed Wolfbeis OS) Boca Raton, Vol 1, S 193, 235
155. Lieberman RA (1991) Recent progress in intrinsic fiber-optic chemical sensing. Proc SPIE-Int Soc Opt Eng (Chem Biochem Environ Fiber Sens 2) 15–24

156. Lieberman RA (1993) Recent progress in intrinsic fiber-optic chemical sensing II, Sensors and Actuators B 11:43−55

157. Lieberman RA, Blyler LL, Cohen L (1990) A distributed fiber optic sensor based on cladding fluorescence, IEEE J Lightwave Technol LT-8 (2):212

158. Blyler LL, Lieberman RA, Cohen LG, Ferrara JA, MacChesney JB (1989) Optical fiber chemical sensors utilizing dye-doped silicone polymer claddings. Polymer Eng Sci 29 (17): 1215

159. Blyler LL, LG, Ferrara JA, MacChesney JB (1988) A plastic clad silica fiber chemical sensor. Proc Int Conf Opt Fib Commun/Opt Fib Sensors (OFC/OFS 88), Opt Soc Am, p 369

160. Shahriari MR, Zhou Q, Sigel GH (1988) Porous optical fibers for high-sensitivity ammonia-vapor sensors. Opt Lett 13 (5):407

161. Zhou Q, Sigel GH (1989) Detection of carbon monoxide with a porous polymer optical fibre, Int J Optoelectron 4 (5):415−523

162. Muto S, Fukasawa T, Ogawa M, Morisawa M, Ito H (1990) Breathing monitor using dyedoped optical fiber. Jpn J Appl Phys 29 (8):1618−1619

163. Muto S, Ando A, Ochiai T, Ito H, Sawada H, Tanaka (1989) A Simple gas sensor using dyedoped plastic fibers. Jpn J Appl Phys, Part 1, 28:125−127

Wellenleiteranordnungen

164. MacCraith BD (1992) Chemical sensing using evanescent waves on optical fibers. 1st European Conf. Optical Chemical Sensors and Biosensors, Europt(r)ode, 1, Graz, Austria, April 12−15

165. Stewart G, Muhammad FA, Culshaw B (1993) Sensitivity improvement for evanescent-wave gas sensors. Sensors and Actuators B 11:521−524

166. Frishman G, Gabor G (1994) Surface characteristics of optical chemical sensors. Sensors and Actuators B 17:227−232

167. Giuliani J, Wohltjen H, Jarvis N (1983) Reversible optical waveguide sensor for ammonia vapors. Opt Lett 8:54

168. Farahi F, Akhavan Leilabady P, Jones DC, Jackson DA (1987) Optical-fibre flammable gas sensor. J Phys E: Sci Instrum 20:435

169. Arai H, Eguchi K, Hashiguchi T (1992) Chem Lett 1988, 521. Hydrogen detection basec on coloration of anodic tungsten oxide film. Appl Phys Lett 60:938−940

Interferometrische Meßanordnungen

170. Gauglitz G, Brecht A, Kraus G (1995) Interferometric biochemical and chemical sensors. Proc SPIE-Int Soc Opt Eng 2508 (Chemical, Biochemical, and Environmental Fiber Sensors VIII) 41−48

171. Seemann J, Kraus G, Gauglitz G (1995) Online monitoring of volatile organic compounds with multiplexed reflectometric sensors. Proc SPIE-Int Soc Opt Eng 2507:106−112

172. Gauglitz G (1995) Interferometric and evanescent-field sensors. Nachr Chem Tech Lab 43: 316−318

Gitterkoppler

173. Brandenburg A, Gombert A (1993) Grating couplers as chemical sensors: a new optical configuration. Sensors and Actuators B 17:35−40

174. Tiefenthaler K, Lukosz W (1984) Integrated optical switches and gas sensors Opt Lett 9:137−139

175. Tiefenthaler K, Lukosz W (1984) Integrated optical humidity and gas sensors. Proc SPIE-Int Soc Opt Eng, 514 (Conf Proc OFS '84, Int Conf Opt Fiber Sens, 2nd) 215−218

176. Tiefenthaler K, Lukosz W (1985) Grating couplers as integrated optical humidity and gas sensors. Thin Solid Films 126:205−211

177. Tiefenthaler K, Lukosz W (1989) Sensitivity of Grating couplers as integrated optical chemical sensors. J Opt Soc Am B: Opt Phys 6:209−220

SPR-Gassensor

178. Nylander C, Liedberg B, Lind T (1982/83) Gas Detection by Means of Surface Plasmon Resonance. Sensors and Actuators 3 : 79–88
179. Chadwick B, Tann J, Brungs M, Gal M (1994) A hydrogen sensor based on the optical generation of surface plasmons in a palladium alloy. Sensors and Actuators B 17 : 215–220
180. Zhang L, Uttamchandani (1988) Optical chemical sensing employing surface plasmon resonance, Electron Lett 24 : 1469–1470
181. Jory MJ, Vukusic PS, Sambles JR (1994) Development of a prototype gas sensor using surface plasmon resonance on gratings. Sensors and Actuators B 17 : 203–209
182. Vukusic PS, Bryan-Brown GP, Sambles JR (1992) Surface plasmon resonance on gratings as a novel means for gas sensing. Sensors and Actuators B 8 : 155–160
183. Niggemann M, Katerkamp A, Pellmann M, Bolsmann P, Reinbold J, Cammann K (1995) Intrinsic fibre optical gas sensor based on surface plasmon resonance spectroscopy. Spie-The International Society for Optical Engineering, Conf Proc SPIE Vol 2508, 303–311
184. Niggemann M, Katerkamp A, Pellmann M, Bolsmann P, Reinbold J, Cammann K (1996) Remote sensing of tetrachloroethylene with a micro-fibre optical gas sensor based on surface plasmon resonance spectroscopy. Sensors and Actuators B 34: 328–333
185. Harris RD, Wilkinson JS (1995) Waveguide surface plasmon resonance sensors. Sensors and Actuators B 29 : 261–267

IR

186. Van Ewyk R, Willatt BM. Infrared Gas Detection, in [9], Chapter 10, pp 234–259
187. Edwards HO, Dakin JP (1993) Gas Sensors Using Correlation Spectroscopy Compatible with Fibre-Optic Operation. Sensors and Actuators B 11 : 9–19
188. Stuart AD (1993) Some Applications of Infrared Optical Sensing. Sensors and Actuators B 11 : 185–193
189. De Frutos J, Rodriguez JM, Lopez F, De Castro AJ, Melendez J, Meneses J (1994) Electro-optical infrared compact gas sensor. Sensors and Actuators B 18–19 : 682–686
190. Mizaikoff B, Göbel R, Krska R, Taga K, Kellner R, Tacke M, Katzir A (1995) Infrared fiber-optical chemical sensors with reactive surface coatings. Sensors and Actuators B 29 : 58–63

zu Kapitel 7: Weitere Transducer zur Messung von Gasen

Gassenorschichten

191. Schierbaum K (1994) Application of organic supramolecular and polymeric compounds for chemical sensors. Sensors and Actuators B 18–19 : 71–76
192. McGill RA, Abraham MH, Grate JW (1994) Choosing plymers coatings for chemical sensors. Chemtech 24 : 27–37
193. Amati D, Arn D, Blom N, Ehrat M, Saunois J, Widmer HM (1992) Sensitivity and selectivity of surface acoustic wave sensors for organic solvent vapour detection. Sensors and Actuators B 7 : 587–591
194. Elmosalamy MAF, Moody GJ, Thomas GDR, Kohnke FA, Stoddart JF (1989) Studies on Two Epoxyoctacosahydro[12]cyclaene Derivatives as Sensor Coatings on Quartz Piezoelectric Crystals for Detecting Aromatic Vapours. Analytical Proceedings, London 26 : 12–15
195. Ehlen A, Wimmer C, Werber E, Bargon J (1993) Organic Clathrates as Sensor Coatings for Gravimetric Detection of VOC's. Angew Chem Int Ed Engl 32 : 110–112; Angew Chem 105 : 116 : 117
196. Reinbold J, Buhlmann K, Cammann K, Wierig A, Wimmer C, Weber E (1994) Inclusion of organic solvent vapours by crystalline hosts. Chemical-sensitive coatings for sensor applications. Sensors and Actuators B 18–19 : 77–81
197. Alberti K, Haas J, Plog C, Fetting F (1991) Zeolithe coated interdigital capacitors as a new type of gas sensor. Catal Today 8 (4) : 509–513
198. Alberti K, Fetting F (1994) Zeolithes as sensitive materials for dielectric gas sensors. Sensors and Actuators B 21 : 39–50

199. Fujii S, Fujii T, Hamada Y, Kuroki K. Gas sensors. Patent JP 90-46237 900227
200. Yamaguchi H, Enmanji K, Nishama I, Takahashi K. Sensors for gases with odors, Patent JP 91-62966 910327
201. Ide J, Nakamoto T, Moriizumi T (1995) Discrimination of aromatic optical isomers using quartz-resonator sensor. Sensors and Actuators A 49:73–78
202. Nieuwenhuizen MS, Barendsz AW (1987) Processes involved at the chemical interface of a SAW chemosensor. Sensors and Actuators 11:45–62
203. Haug M, Schierbaum KD, Gauglitz G, Göpel W (1993) Chemical sensors based upon polysiloxanes: comparison between optical, quartz microbalance, calorimetric, and capacitance sensors. Sensors and Actuators B 11:383–391
204. Nieuwenhuizen MS, Nederlof AJ (1988) Surface acoustic wave gas sensor for nitrogen dioxide using phthalocyanines as chemical interfaces. Effects of nitric oxide, halogen gases and prolonged heat treatment. Anal Chem 60:236–240
205. Grate JW, Patrash SJ, Abraham MH, Chau MD (1996) Selective Vapor Sorption by Polymers and Cavitands on Acoustic Wave Sensors: Is This Molecular Recognition? Anal Chem 68: 913–917

Thermometrische Vorrichtungen

206. Nieveld GD (1982/83) Thermopiles Fabricated using Silicon Planar Technology. Sensors and Actuators 3:179–183
207. Gardner JW, Pike A, de Rooij NF, Koudelka-Hep M, Clerc PA, Hierlemann A, Göpel W (1995) Integrated array sensor for detecting organic solvents. Sensors and Actuators B 26:135–139
208. Lerchner J, Seidel J, Wolf G (1996) Calorimetric Detection of Organic Vapours using Inclusion Reaktions with Organic Coating Materials. Sensors and Actuators, in press

Organische Halbleitersensoren

209. Bott B, Jones TA (1984) A Highly Sensitive NO_2-Sensor Based on Electrical Conductivity Changes in Phthalocyanine Films. Sensors and Actuators 4:43–53
210. Mockert H, Schmeisser D, Göpel W (1989) Lead Phthalocyanine as Prototype Organic Material for Gas Sensors: Comparative Electrical and Spectroscopic Studies to Optimize O_2 and NO_2 Sensing. Sensors and Actuators 19:159
211. Sadaoka Y, Jones TA, Revell GS, Göpel W (1990) Effects of Morphology on NO_2 Detection in Air at Room Temperature with Phthalocyanine Thin Films. J Material Science 25:5267–5268
212. Sadaoka Y. Organic Semiconductor Gas Sensors, in [8], pp 187–218
213. Meier H (1974) Organic Semiconductors. Verlag Chemie, Weinheim
214. Wright JD, Chadwick AV, Meadows B, Miasik JJ (1983) Chemical and structural influences on effects of adsorbed gases on semiconductivity organic films, Mol Cryst Liq Cryst 93:315–325
215. Archer PBM, Chadwick AV, Miasik JJ, Tamizi M, Wright JD (1989) Kinetic Factors in the Response of Organometallic Semiconductor Gas Sensors. Sensors and Actuators 16:379–392
216. Gentry SJ, Walsh PT (1986) The detection of chlorinated hydrocarbons using lead phthalocyanine films, Proc. 2nd Int Meet on Chem Sensors. Bordeaux, July 7–10, pp 209–212
217. Kaufhold J, Hauffe K (1965) Über das Leitfähigkeitsverhalten verschiedener Phthalocyanine im Vakuum und unter dem Einfluß von Gasen. Ber Bunsenges Phys Chem 69:168

Interdigitalkondensatoren

218. Endres H-E (1989) Kapazitive Gassensoren mit sensitiven Schichten aus Heteropolysiloxanen. Dissertation, München
219. Haug M, Schierbaum K-D, Endres HE, Drost S, Göpel W (1992) Controlled selctivity of polysiloxane coatings: their use in capacitance sensors. Sensors and Actuators A 32:326–332

220. Endres H-E, Drost S, Hutter F (1990) Impedance spectroscopy on dielectric gas sensors. Proc 3rd Int Meet Chemical Sensors, Cleveland, OH, USA, Sept 24–26,

221. Barker PS, Chen JR, Agbor NE, Monkman AP, Mars P, Petty MC (1994) Vapour recognition using organic films and artivicial neural networks. Sensors and Actuators B 17:143–147

222. Lacquet BM, Swart PL (1993) A new electrical model for porous dielectric humidity sensors. Sensors and Actuators B 17:41–46

223. Buhlmann K, Reinbold J, Cammann K, Shul'ga AA, Sundermeier C, Knoll M, Wierig A, Weber E (1995) Clathrates as coating materials for dielectric transducers with regard to organic solvent vapours. Sensors and Actuators B 26–27:158–161

Massensensitive Vorrichtungen

QMW

224. Nieuwenhuizen MS, Venema A. Mass-Sensitive Devices, in: [3], Chapter 13, pp 652–680

225. Reinbold J. Mass Sensitive Devices; in: [5], Chapter 2.2.3, pp 166–186

226. Bastiaans GJ (1992) Piezoelectric Biosensors; in [7]: Chemical Sensor Technology (ed: S Yamauchi), Elsevier, pp 181–204

227. Janata J (1989) Mass sensors; in [8]; Chapter 3, pp 55–80, Plenum Press, New York and London

228. Fischerauer G, Mauder A, Müller R. Acoustic Wave Devices; Ch. 6 in [127], pp 134–180

229. Sauerbrey G (1959) Verwendung von Schwingquarzen zur Wägung dünner Schichten und zur Mikrowägung. Z Phys 155:206–222

230. Guibault GG (1984) Applications of Quartz Crystal Microbalances in Analytical Chemistry; Chapter 8 in: Methods and Phenomena, Vol 7, Applications of Piezoelectric Quartz Crystal Microbalances (C Lu and AW Czanderna, eds) Elsevier 1984, pp 251–280

231. King Jr WH (1964) Piezoelectric Sorption Detector. Anal Chem 36:1735–1739

232. King Jr WH (1965) US Patent 3 164 004

233. Thompson M, Kipling AL, Duncan-Hewitt WC, Rajakovic LV, Cavic-Vlasak, B (1991) A 'Thickness-shear-mode acoustic wave sensors in the liquid phase'. Analyst 116:(1991) 881–890

234. Kindlund A, Sundgren H, Lundström I (1984) 'Quartz crystal gas monitor with a gas concentrating stage'. Sensors and Acutators 6:1–17

235. Kindlund A, Lundström I (1982/83) Physical Studies of quartz Crystal Sorption Detectors. Sensors and Actuators 3:63–77

SAW

236. Fox CG, Alder JF (1991) Surface Acoustic Wave Sensors for Atmospheric Gas Monitoring, Ch. 13, in: Techniques and Mechanism in Gas Sensing (eds. Moseley PT, Jorris J, De Williams) Adam Hilger, Bristol, Philadelphia, New York

237. Byrant A, Poirier M, Riley G, Lee, DL, Vetelino JF (1983) Gas detectin using surface acoustic wave delay lines. Sensors and Actuators 4:105–111

238. Bryant A, Lee DL, Vetelino JF (1981) Proc IEEE Ultrasonics Symp, Chicago; New York: IEEE, pp 171–174

239. Damico A, Palma A, Verona E (1982/83) Surface Acoustic Wave Hydrogen Sensor. Sensors and Actuators 3:31–39

240. Nieuwenhuizen MS, Nederlof AJ, Vellekoop MJ, Venema A (1989) Preliminary results with a silicon-based surface acoustic wave chemical sensor for nitrogen dioxide. Sensors and Actuators 19:385–392

241. Wohltjen H (1984) Mechanism of operation and design considerations for surface acoustic wave device vapor sensors. Sensors and Actuators 5:307–325

242. Nieuwenhuizen MS, Nederlof AJ, Barendsz AW (1988) Metallophthalocyanines as chemical interfaces on a surface acoustic wave gas sensor for nitrogen dioxide. Anal Chem 60:230–235

243. Von Schickfus M, Stanzel R, Kammereck T, Weiskat D, Dittrich W (1994) Improving the SAW gas sensor: device, electronics and sensor layer. Sensors and Actuators B 18–19:443–447

LW

244. Chang CT, White RM (1982) Excitation and propagation of plate mode in an acoustically thin
     membrane. Proc IEEE Ultrasonics Symp, pp 295–298
245. White RM, Wicher PW, Wenzel SW, Zellers ET (1987) Plate-mode ultrasonic oscillator
     sensors. IEEE Trans Ultrason Dev Ferrelectr Freq Contr, UFFC-34:162–171
246. Gisler TG, Meyer J-U (1992) Fachbeilage Mikroperipherik. Bd 6 XLVI
247. Rajendran V, Koike M, Hashimoto K, Yamaguchi M (1992) Lamb wave devices employing
     zinc oxide film/aluminium foil composite structure. Jpn J Appl Phys, Part 1, 31 (Suppl.
     31-1), 216–18

Sekundärneutralteilchen-Massenspektrometrie (Plasma-SNMS)

Holger Jenett

Institut für Spektrochemie und angewandte Spektroskopie (ISAS),
Bunsen-Kirchhoff-Str. 11, Postfach 101352, D-44013 Dortmund

1 Einführung

Die Sekundärneutralteilchen-Massenspektrometrie (engl. auch: Sputtered Neutrals Mass Spectrometry) ist eine unter vielen anderen physikalischen Direktbestimmungsmethoden der Oberflächen- und Tiefenprofilanalytik, deren Grundprinzip sich anhand des gebräuchlichen In-/Output-Schemas leicht erläutern läßt (s. Abb. 1, [1, 2, 3]): Die Oberfläche des zu analysierenden Festkörpers wird mit energiereichen „Primär-"Ionen beschossen und unter anderem zur Emission von elektrisch neutralen „Sekundär-"Teilchen angeregt (vor allem Atome, auch Molekülbruchstücke). Diese Sekundärneutralteilchen (SN) werden teilweise einer Nachionisation unterzogen und dadurch einer massenspektrometrischen (MS-)Analyse zugänglich (s. Abb. 2; vgl. [2, 4, 5]). In den z. Zt. wichtigsten, i. allg. ein Ultrahochvakuum (UHV, Druck $p < 10^{-5}$ Pa) erfordernden Techniken erfolgt die Nachionisation von SN durch (vgl. Kap. 6, Tabelle 8)

1. Stoß mit Elektronen

   a) eines Elektronenstrahls [6, 7] oder
   b) eines Hochfrequenz-angeregten Niederdruckplasmas [8] (p im Bereich von 0,1 Pa),

2. Photoionisation durch Photonen aus Lasern [9, 10] für

   a) resonante und
   b) nichtresonante Anregung sowie auch durch

3. Penning-Ionisation durch angeregte Atome aus einer Glimmentladung bei 10–1000 Pa; diese Methode wird üblicherweise nicht unter die SNMS-Techniken gefaßt, sondern mit Glimmentladungs-Massenspektrometrie (GDMS) bezeichnet [4].

SNMS unterscheidet sich von den anderen etablierten Methoden der Oberflächen- und Tiefenprofilanalytik in folgenden Punkten:

– Als massenspektrometrische Methode besitzt sie ein im μmol/mol-Bereich liegendes Nachweisvermögen und ist damit um zwei bis drei Größenordnungen empfindlicher als die elektronenspektroskopischen Verfahren [1] ESCA/XPS [11] und AES [12] (s. Abb. 1). Letztere erfordern hingegen nicht prinzipiell einen Abtrag von Probenmaterial, d. h. sie sind in erster Näherung zerstörungsfrei und erlauben eine nur durch die Stabilität apparativer Parameter begrenzte (sog. statische) Analyse der Zusammen-

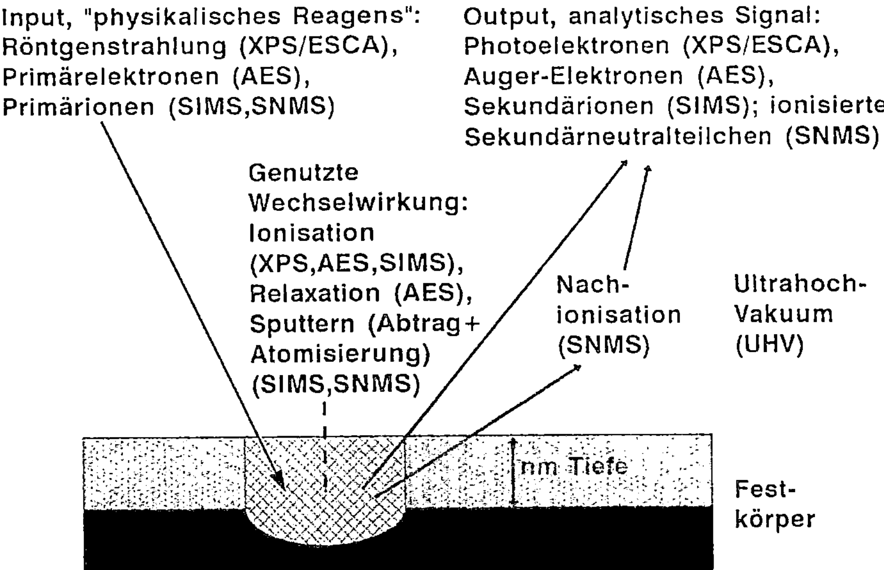

Abb. 1. Grundprinzip einiger instrumenteller Methoden der Oberflächenanalytik (XPS: X-ray Photoelectron Spectromety = ESCA: Elektronenspektrometrie für die Chemische Analyse, AES: Auger-Elektronenspektrometrie)

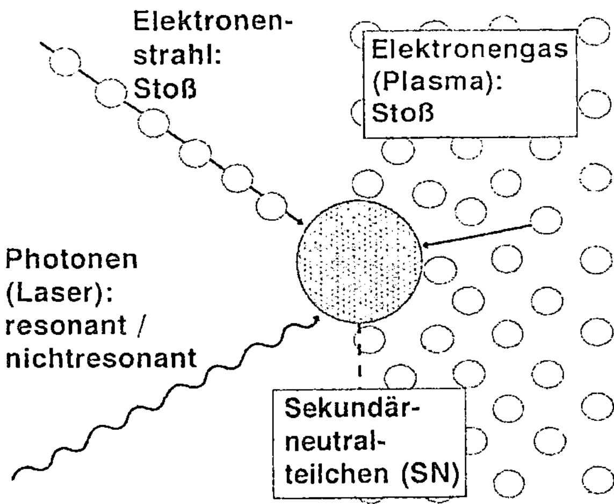

Abb. 2. Nachionisations-möglichkeiten (Schema)

setzung der obersten Atomlagen. Ferner ist insbesondere in der AES durch Feinstfokussierung des anregenden Elektronenstrahls eine Lokalanalyse bis in den Bereich einiger 10 nm möglich – eine Größenordnung, die in SNMS und SIMS (Sekundärionen-Massenspektrometrie [2, 13, 14]) aus physikalischen Gründen (Bündelung eines Strahles massereicher Teilchen) nur mit relativ hohem Aufwand erreichbar ist.

– Signalintensitäten in der SNMS sind in erheblich geringerem Maße matrixabhängig[1] und daher zunächst deutlich leichter quantifizierbar als in der SIMS. Die Ursache liegt in den Unterschieden bei der Ionisation der signalgebenden Probenteilchen begründet (hier im wesentlichen Atome): In der SIMS werden nur die direkt beim Materialabtrag (Ionenbeschuß/-Sputtern) entstandenen Ionen detektiert. Die Austrittswahrscheinlichkeit von Metallionen liegt z. B. bei einem Oxid typischerweise um Größenordnungen über der eines Metalls. (Eine SIMS-Quantifizierung erfolgt angesichts dieses drastischen Matrixeffekts durch vergleichende Messungen an matrixnahen Standards bzw. durch das Sputtern mit Cluster bildenden Metallionen, z. B. Cs^+, mit chemisch reaktiven O_2-oder O-Ionen oder unter O_2 als Begleitgas.) – In der SNMS hingegen findet der Signalanregungsschritt – die Ionisation – zeitlich und räumlich erst nach der Atomisierung statt und ist somit zunächst als völlig matrixunabhängig zu betrachten (Abb. 1). Da auch die von chemischen Verbindungen gesputterten Atome und Molekülbruchstücke zu einem erheblichen Anteil – meist überwiegend – neutral sind, variieren relative SNMS-Intensitäten matrixabhängig in der Regel nur innerhalb einer Größenordnung aufgrund von Effekten, die im folgenden zu diskutieren sind.

Der besondere Nutzen der SNMS besteht also in ihrer Nachweisempfindlichkeit, in ihrer Quantifizierbarkeit und in ihrer damit kombinierbaren Möglichkeit, im Bereich einiger nm bis µm Tiefe Element-Tiefenprofile mit hoher Tiefenauflösung (s. Abschn. 2.3.1) aufzunehmen. Die folgende Diskussion wird sich auf die von OECHSNER entwickelte Plasma-SNMS beschränken [8, 17], deren Prinzip auch in einem kommerziellen Seriengerät verwirklicht ist (INA3, SPECS Berlin).

Die Nachionisation mit einem Elektronenstrahl eng definierter Energie erfolgt ähnlich der in 2.2 diskutierten Nachionisation durch ein Elektronengas mit Maxwell-Boltzmann-Verteilung; die Nachionisation mit Photonen ist in [9, 10] beschrieben. Einen ersten Überblick über die Plasma-SNMS können nach Abschn. 2.1 die zusammenfassenden Sätze am Ende von Abschn. 2.2, 2.3.1 und 2.3.2 sowie die Abschn. 2.4.3, 2.5.4, 3, 4.1, Kap. 5 und 6 liefern.

---

[1] Zu den Begriffen Matrixabhängigkeit bzw. -effekt vgl. [15] und [16]: [16] diskutiert nur AES und SIMS und bei dieser nur die Ionisationswahrscheinlichkeit (vgl. Abschn. 3.1); für die chemische Analyse ist jedoch der Einfluß aller physikalischen Prozesse – Verdampfung, Transport, Atomisierung, Ionisation und Anregung – auf das quantitative Ergebnis von Interesse und als „Matrixeffekt" definiert [15].

2 Physikalische Grundlagen und Instrumentierung

2.1 Übersicht

Eine schematische Übersicht über physikalische Vorgänge und Instrumentierung der Plasma-SNMS gibt Abb. 3: Eine zylindrische, UHV-dichte Kammer mit keramischem Mantel von 10 cm Länge und 15 cm Durchmesser enthält ein Edelgas unter niedrigem Druck. Die übrigen Wandflächen sind metallisch und liegen auf Erdpotential (Referenzelektrode). Über eine außen anliegende, einwindige Lastkreisspule wird die für die Aufrechterhaltung des Plasmas notwendige Hochfrequenz-(HF-)Leistung induktiv eingekoppelt. Ermöglicht wird dies wird durch ein homogenes Magnetfeld. Eine in die Mitte des Plasmas eingeführte Probe liegt auf dem negativen Potential einiger 100 V. Dadurch werden positive Edelgasionen zur Probenoberfläche beschleunigt; die Primärteilchenenergien reichen dazu aus, Sputterprozesse auszulösen. Das abgesputterte Probenmaterial besteht vorwiegend aus neutralen Atomen. Sie gelangen – je nach Flugrichtung – zum Teil ins Plasma, wo einige von ihnen durch Elektronenstoß zu positiven Ionen werden. Dies ermöglicht ihre elektrostatische Energiefilterung und massenspektrometrische Separierung im HF-Feld eines Quadrupol-Stabsystems. Das Meßsignal besteht schließlich in einem Puls von Elektronen, der nach Umwandlung an einer Konversionsdynode in einem Vervielfacher (Multiplier) entsteht.

Der methodische Vorteil der SNMS – die Trennung von Atomisierung (Sputtern) und Anregung (Ionisierung) – bedarf hinsichtlich der in Abschn. 3.1 eingehender diskutierten Quantifizierung einer genaueren Betrachtung des Atomisierungsverhaltens verschiedener Materialien in Abschn. 2.3: Elementare Festkörper (Metalle, Abschn. 2.3.1) emittieren beim Beschuß mit Edelgasionen auf relativ gut berechenbare Weise vorwiegend atomare SN mit Energien einiger eV. Nachionisation und Quantifizierung sind bei Metallen daher weitgehend matrixunabhängig. Technische Weiterentwicklungen, insbesondere das Hochfrequenzsputtern (Abschn. 4.2), ermöglichen jedoch auch den Sputterabtrag von elektrischen Isolatoren und damit aller festen chemischen Verbindungen (Abschn. 2.3.2), deren Emissions- und Ionisationsverhalten sich komplexer darstellt. Beispielsweise können bestimmte Sputtervorgänge zu niederenergetischen SN-Emissionen führen (Abb. 17, Abschn. 2.3.1), die vom Energiefilter zusammen mit den bei der Entstehung thermischen Ionen des Plasmagases unterdrückt werden (vgl. Abb. 22 in Abschn. 2.5.1 mit Si als SN). Dies kann bei der Quantifizierung (Abschn. 3.1) zu deutlich matrixabhängigen Detektionsfaktoren führen, so daß in der praktischen Anwendung der Methode (s. Kap. 5) ohne matrixnahe Standards exakte Konzentrationsbestimmungen schwierig werden (s. z. B. Abb. 29–31).

Bevor auf diese Themen eingegangen wird, ist eine Darstellung des „physikalischen Reagens" (Abb. 1, [18]) Niederdruck-HF-Edelgasplasma

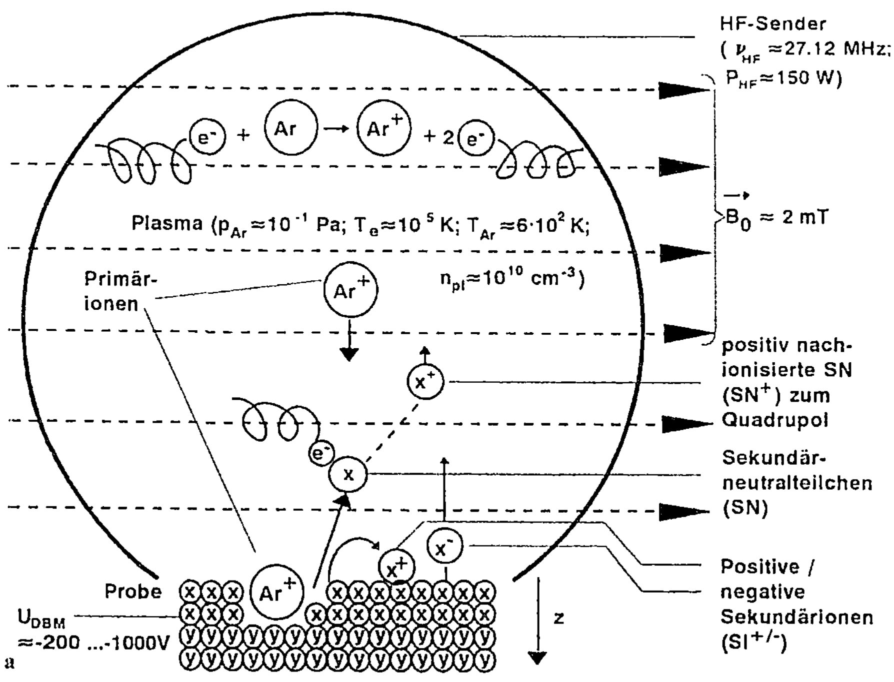

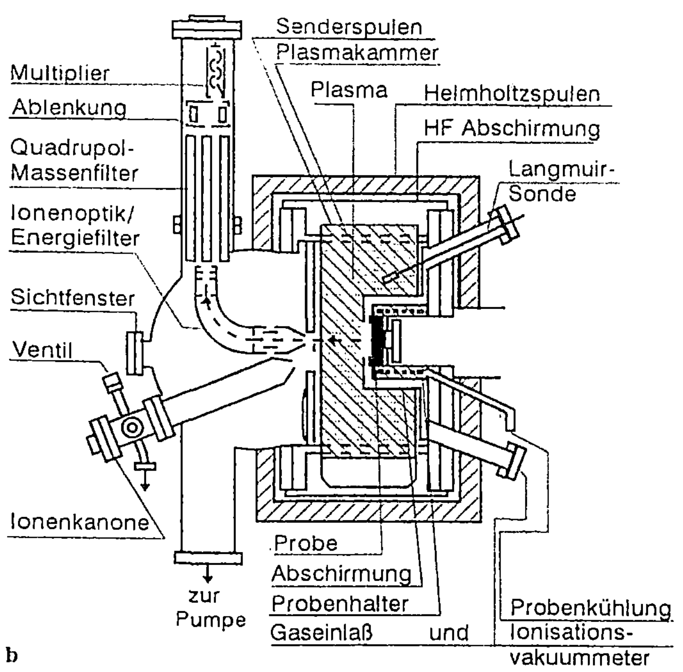

Abb. 3. Schemata **a** des physikalischen Grundprinzips, **b** der Instrumentierung der Plasma-SNMS

(Abschn. 2.2) geboten. Ihm kommt bei dieser Methode eine zentrale Rolle zu, da es gleichermaßen mit seiner Ionenkomponente zu Materialabtrag bzw. Atomisierung und mit seinem Elektronengas zur Nachionisation der gesputterten Teilchen genutzt wird (Abb. 3a). Diskutiert wird zunächst nur der für die Praxis wichtigste sog. **Direktbeschußmodus (DBM)**; sonstige s. Abschn. 4.2, 4.3.

2.2 Niederdruck-HF-Plasma

Dieser Abschnitt soll die wichtigsten Aspekte des Edelgas-HF-Plasmas möglichst einfach darstellen und für den Umgang damit eine Arbeitsgrundlage liefern. Hierzu dienen auch einige Gleichungen und Zahlenbeispiele, die in einigen Fällen nur die praxisrelevante Größenordnung angeben. Trotz einiger, nicht immer als solche gekennzeichneter Vereinfachungen läßt sich zeigen, daß die im folgenden dargestellte „erste Näherung" bereits zu einer gewissen Selbstkonsistenz der Daten führt. Eine allgemeine Einführung in die Physik von Niederdruck-HF-Plasmen wird somit nicht gegeben.

Voraussetzung für Existenz und Nutzbarkeit dieses Plasmas ist zunächst das Vorhandensein eines Edelgases (häufig Ar) unter einem Druck von einigen 0,1 Pa. Nach der kinetischen Gastheorie beträgt darin z. B. bei 0,14 Pa und 600 K die mittlere freie Weglänge der Ar-Atome 9 cm. Da auch die Kammerdimensionen in dieser Größenordnung liegen (s. u.), können Stöße schwerer Teilchen (Atome, Ionen) untereinander in erster Näherung vernachlässigt werden. Die Neutralteilchenkomponente des Plasmas wird also nur als Reservoir für die Primärionenproduktion sowie als Wärmequelle berücksichtigt.

Für die Elektronenkomponente – das sog. Elektronengas – kann nach [19] eine MAXWELL-BOLTZMANN-Verteilung

$$f(v_e) = \frac{4\,v_e^2}{\sqrt{\pi}} \left[\frac{m_e}{2\,kT_e} \right]^{3/2} \exp\left[-\frac{m_e v_e^2}{2\,kT_e} \right] \tag{1}$$

v_e, m_e, T_e: Elektronengeschwindigkeit, -masse, -temperatur
k: BOLTZMANN-Konstante

mit der häufigsten Geschwindigkeit $(2\,kT_e/m_e)^{1/2}$ (z. B. 1740 km/s für $T_e = 10^5$ K) bzw. Energie $1/2 \cdot kT_e$ angenommen werden (z. B. 4,3 eV, vgl. Kurve in Abb. 20b, Abschn. 2.4.1). Durch Elektronenstoß an Gasatomen G gemäß $G^0 + e^- \rightarrow G^+ + 2\,e^-$ werden ständig neue Ladungsträgerpaare mit der Ionisationsrate g_{G^+} [20, 21]

$$g_{G^+} = n_{pl} V_{pl}\, n_G\, F_{G^+}\;;\quad F_{G^+} = \int_{v_{e,I}}^{\infty} f(v_e)\, v_e\, \sigma_G(v_e)\, dv_e \tag{2}$$

n_{pl}: Teilchendichte im Plasmainnern (Anzahl e^- = Anzahl G^+ je Vol.-einheit),
V_{pl}: Plasmavolumen (INA3: 1,26 dm³),

$n_G = p_G/(kT_G)$: Teilchendichte der neutralen Plasmagasatome, mit

p_G, T_G: Gasdruck und -temperatur (letztere für Atome und Ionen etwa gleich),

F_{G+}:   Ionisationsratenkonstante für Plasmagasatome,

σ_G: Elektronenstoß-Ionisationswirkungsquerschnitt für Plasmagasatome,

$v_{e,I}$:   die der ersten Ionisierungsenergie (dem Ionisationspotential, IP) des Plasmagases entsprechende v_e

erzeugt[2]. Eine einfache Berechnungsformel für den Wirkungsquerschnitt σ_G ist [22]:

$$\sigma_G(E_e) \simeq 4\pi C_\sigma a_0^2 q_{I,G} \left(\frac{R_H}{E_e}\right)^2 \left(\frac{E_e}{E_{I,G}} - 1\right) \; ; \; E_e \geq E_{I,G} \tag{3}$$

C_σ: Anpassungsfaktor,

$a_0 =$ 0,0529 nm (BOHR-Radius),

$q_{I,G}$:   Anzahl der Elektronen im höchsten, für die Erstionisierung relevanten Niveau (3 p für Ar; $q_{I,G} = 6$ für alle Edelgase außer He),

$R_H =$ 13,6 eV (RYDBERG-Konstante),

E_e: Elektronenenergie,

$E_{I,G}$: erste Ionisierungsenergie (IP; Ar: 15,755 eV).

Im Falle von Ar erhält man mit einem $C_\sigma = 0,5$ die gleichen σ_G wie nach der in [20, 23] verwendeten, komplizierteren LOTZ-Formel [24]. Deren Übereinstimmung mit experimentellen Werten für Edelgase liegt bei etwa 10 % [24]. – Praxisnahe Plasmadaten sind z.B. $T_e = 10^5$ K, $n_{pl} = 2,5 \cdot 10^{10}$ cm^{-3}, $p_{Ar} = 0,14$ Pa (experimentell, aus [20]) und $T_{Ar} = 600$ K ($\triangleq$ 0,05 eV, vgl. [25]). Damit erhält man $g_{Ar}^+ = 6,7 \cdot 10^{18}$ s^{-1} bzw., mit $e_0 \cdot E_{3p}$ multipliziert (e_0: Elementarladung), eine durch den reinen Plasma-Ionisationsprozeß absorbierte Leistung von 17 W.

Das Plasma wird durch ständige Energiezufuhr aus einem Hochfrequenzsender aufrechterhalten ($v_{HF} = 27,12$ MHz; vgl. Abb. 3 a). Prinzipiell behindert jedoch der Skin-Effekt, der auch in Metallen wirksam ist, die Einkopplung einer HF-Leistung in das Volumen eines freien Plasma-Elektronengases: Durch Selbstinduktion entstehen Wirbelfelder bzw. Elektronenbewegungen, die das äußere elektrische Feld zum Inneren des Leiters (hier: Plasmas) hin stark schwächen. Im Falle des hier vorgestellten Niederdruck-HF-Plasmas beschränkt jedoch ein äußeres, konstantes, homogenes Magnetfeld B_0 die Bewegungsfreiheit der Elektronen, so

---

[2] Die Anzahl $f(v_e)\, dv_e \cdot n_{pl} \cdot \Delta V$ Elektronen der Volumeneinheit $\Delta V = \Delta A \cdot \Delta s$ (Querschnitt der Einheitsfläche ΔA, Länge der Einheit Δs) durchstreift in jeder Zeiteinheit Δt auf einer Strecke von $v_e \Delta t$ das Volumen $v_e \Delta t \Delta A$ mit $n_G v_e \Delta t \Delta A$ Gasatomen darin, von denen jedes einzelne eine für die Stoßionisation wirksame, Energie- bzw. v_e-abhängige Fläche $\sigma_G(v_e)$ darbietet. Deren Gesamtheit $n_G v_e \Delta t \Delta A \sigma_G(v_e)$ ist zur Ermittlung der relativen Stoß*zahl* durch die erfaßte Flächeneinheit ΔA zu teilen und die auf das Gesamtvolumen V_{pl} hochgerechnete absolute Stoß*häufigkeit* = Stoßzahl/Δt = $f(v_e)\, dv_e n_{pl} V_{pl} n_G v_e \sigma_G(v_e)$ über alle v_e oberhalb des Ionisationslevels $v_{e,I}$ zu integrieren.

daß das HF-Wechselfeld mit dem gesamten Plasma wechselwirken kann [26]. B_0 erhöht ferner dessen Brechungsindex für diese elektromagnetische Strahlung dermaßen, daß deren Wellenlänge, die im Vakuum 11 m beträgt, innerhalb des Plasmas mit dessen Ausdehnung annähernd übereinstimmt (INA3-Kammerdurchmesser $d_{pl} = 0,15$ m). Dies ermöglich eine stehende Welle in der Plasmakammer und somit Elektronenzyklotron-Wellenresonanz (ECWR). Die Bedingung hierfür lautet vereinfacht [26]:

$$\frac{X^3}{C_{res} n_{pl}} - X^2 \left(\frac{d_{pl}}{Z_\kappa}\right)^2 - \frac{kT_e}{4\, m_e v_{HF}^2} = 0 \; ; \tag{4a}$$

$$X \equiv \frac{e_0 B_0}{2\pi m_e v_{HF}} - 1 \simeq C_{res} n_{pl} \left(\frac{d_{pl}}{Z_\kappa}\right)^2 \tag{4b}$$

$C_{res} = 3,6 \cdot 10^{-15}\,$m [26],
$Z_\kappa = 2\,\kappa + 1$ für $\kappa = 0;\ 1;\ 2;\ldots$: Resonanz κ-ter Ordnung,
B_0: magnetische Flußdichte.

[Die zweite Gleichsetzung in Gl. (4b)] ergibt sich durch Vernachlässigung des dritten Terms in a) für praxistypische $T_e \approx 10^5\,$K.) Im ECWR-Fall wird die Plasmadichte n_{pl} zusammen mit der durch das Plasma aufgenommenen Senderleistung P_{HF} maximal. Da v_{HF} apparativ festliegt, nähert man sich der Resonanz in der Praxis durch Variation von B_0 über den Magnetstrom I_M, der durch zwei planparallele HELMHOLTZ-Spulen mit jeweils 184 Windungen fließt (vgl. Abb. 3b). Der Abstand zwischen ihnen beträgt 0,25 m. Der Resonanzfall würde nach Gl. 4 mit $n_{pl} = 2,5 \cdot 10^{10}\,$cm^{-3} und $Z_\kappa = 1,2$ (Z_κ-Anpassung für ein Plasma endlicher Ausdehnung [26]) ein $B_0 = 2,35$ mT erfordern; das zugehörige I_M liegt größenordnungsmäßig im Bereich von wenigen A. Dieses Magnetfeld zwingt Elektronen der Temperatur $T_e \approx 10^5\,$K auf Kreisbewegungen mit dem LARMOR-Radius $(2\,kT_e m_e)^{1/2} (e_0 B_0) = 4,2$ mm bei einer Zyklotronfrequenz $e_0 B_0/(2\,\pi m_e) = 66$ MHz (Gl. 4b). Hierdurch wird von den Elektronen ein um den Faktor $\tan\alpha$ verlängerter Weg in der Plasmakammer zurückgelegt (α: Winkel zwischen Bewegungs-und Magnetfeldrichtung).

Die Edelgasionen des Plasmas sind, vor allem aufgrund ihrer erheblich größeren Massen, erheblich langsamer als die Elektronen. Dies betrifft auch die zum Plasmarand gerichteten Geschwindigkeitskomponenten und bewirkt eine positive Aufladung des Plasmas. Sein Mittenpotential gegenüber der geerdeten Kammerwand beträgt daher U_{pl} [25, 19, 20] und ist, mit einer Ungenauigkeit von $\approx \Delta U_{pl}$ (s.u.), über die kinetische Energie von Plasmagasionen zugänglich (s. Abschn. 2.5.2, Abb. 22). Von der Wand $x_s \approx 0,1-1$ mm entfernt befindet sich, schematisch betrachtet, der Plasmarand

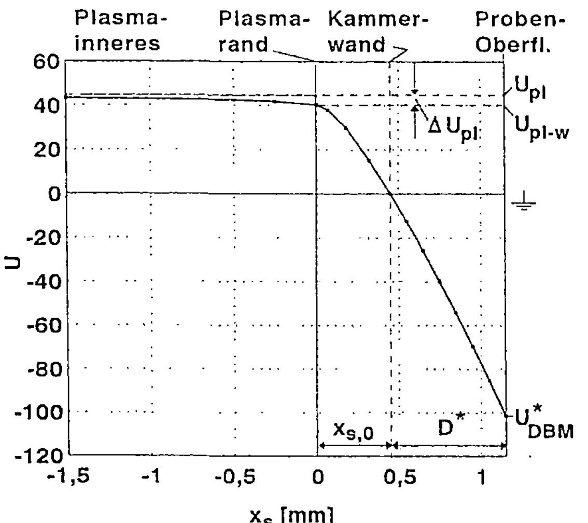

Abb. 4. Ausschnitt eines beispielhaften Potentialverlaufs am Rande eines Niederdruck-HF-Plasmas

(Abb. 4). Sein Potential U_{pl-w} ist etwas kleiner als U_{pl}; die Differenz ΔU_{pl} fällt innerhalb des Plasmas ab:

$$U_{pl} = \Delta U_{pl} + U_{pl-w} \tag{5a}$$

$$\Delta U_{pl} = \frac{kT_e}{2\,e_0} \tag{5b}$$

$$U_{pl-w} = \frac{kT_e}{2\,e_0} \ln \frac{m_G}{2\,\pi m_e} \tag{5c}$$

m_G: Masse eines Plasmagasatoms.

Analog zu dem mit der Höhe abnehmenden Atmosphärendruck in einem Schwerefeld verringert sich die Dichte des Plasmas nach außen hin aufgrund der Wirkung von ΔU_{pl}. Am Rand beträgt sie daher näherungsweise $n_{pl} \cdot \exp\left[-e_0 \Delta U_{pl}/(kT_e)\right] = n_{pl}/\sqrt{e}$ [25]. U_{pl} nimmt z. B. für $T_e = 10^5\,K$ einen Wert von 44,6 V an, wobei der größte Teil auf U_{pl-w} entfällt (40,3 V in diesem Beispiel). Im Plasmainneren existieren somit nur schwache, an seinem Rand hingegen starke elektrische Felder. ΔU_{pl} beschleunigt ständig Gasionen aus dem Inneren nach außen auf die Wand[3]:

---

[3] Vereinfachend wird für *alle* Gasionen, d.h. auch die nicht direkt aus der Mitte stammenden $(E_G < e_0 \Delta U_{pl})$, die Geschwindigkeit $v = ds/dt = (2e_0 \Delta U_{pl}/m_G)^{1/2}$ angenommen. Damit und mit Gl. (5b) tritt je Zeitelement dt ein $dQ = e_0 \cdot dV \cdot n_{pl}/\sqrt{e}$ Ladungen enthaltendes Rand-Volumenelement dV durch die Fläche dA. Ferner gilt ds = dV/dA; die resultierende Ionenstromdichte ist $j_{G+} = dQ/(dA \cdot dt)$. Der Faktor $1/\sqrt{e} = 0,61$ kann in der Praxis auch Werte zwischen 0,53 [43] und etwas unter 1 [19] annehmen.

Es fließt ein kontinuierlicher Ionenstrom, dessen Dichte (= Strom/Fläche) sich mit Gl. (5b) zu [25]

$$j_{G^+} = e_0\, n_{pl} \sqrt{\frac{kT_e}{e\,m_G}} \qquad (6)$$

$e = 2{,}71828\dots$ (EULERsche Zahl)

ergibt. – Das Plasma würde in kurzer Zeit aufhören zu existieren, wenn nicht dieser Abfluß von positiven Ladungen durch die betragsmäßig gleiche, sog. Elektronenanlaufstromdichte

$$j_e = -\, e_0\, n_{pl} \sqrt{\frac{kT_e}{2\,p\,m_e}}\, \exp\left[-\frac{e_0\,\Delta U(t)}{kT_e}\right]\, ; \quad \Delta U(t) = U_{pl} - U(t)\, , \qquad (7)$$

ausgeglichen würde. Im hier diskutierten Gleichspannungsfall gilt für sie: $\Delta U(t) = U_{pl}$ [vgl. jedoch Gl. (40) in Abschn. 4.2]. – Der Randbereich ($x_s > 0$, Abb. 4) zeichnet sich – im Gegensatz zum quasineutralen Plasmainneren – durch einen stationären Überschuß an positiven Ladungsträgern aus. Gegen das Potential dieser positiven Raumladungsschicht müssen Elektronen auf dem Wege zur Wand anlaufen. – Für die erwähnten Plasmaparameter wird $j_{Ar^+} = -j_e = 1{,}1\ \mathrm{mA/cm^2}$. Es bezieht sich auf die emittierende Außenfläche des Plasmas, stellt eine charakteristische, nicht zu überschreitende Konstante des jeweiligen Plasmas dar („Ionensättigungsstrom*dichte*") und fließt an jeder Stelle durch die Randschicht hindurch auf die Wand, d.h. auch auf die Oberfläche einer eingeführten Probe oder auf eine sog. Langmuir-Sonde (s.u.; Ionensättigungs*ströme* können über begrenzten Flächenelementen, z.B. der Probe, durch Krümmung der Plasmagrenze und damit veränderter emittierender Fläche jedoch variieren, s.u.). Der in Abb. 4 skizzierte Zusammenhang zwischen dem Potential U, der Dicke x_s der parallelen Randschicht und den wichtigsten Plasmaparametern n_{pl} und T_e ergibt sich, wenn man das für die gegebenen Verhältnisse formulierte CHILD-LANGMUIR-Gesetz [Gl. (8)] [25, 27]

$$j_{G^+} = \frac{4\,\varepsilon_0}{9\,x_s^2} \sqrt{\frac{2\,e_0}{m_G}}\, [\Delta U(x_s)]^3\, ; \quad \Delta U(x_s) = U_{pl-w} - U(x_s) \qquad (8)$$

ε_0: elektrische Feldkonstante,

x_s: Abstand eines auf dem Potential $U(x_s)$ liegenden Wandelements von der Plasmagrenze (Potential U_{pl-w}),

mit Gl. (6) gleichsetzt [19]:

$$U(x_s, n_{pl}, T_e) = U_{pl-w} - \sqrt[3]{C_{pl}\, x_s^4\, n_{pl}^2\, T_e}\, ; \quad C_{pl} = \frac{81\,e_0\,k}{32\,e\,\varepsilon_0^2} \qquad (9)$$

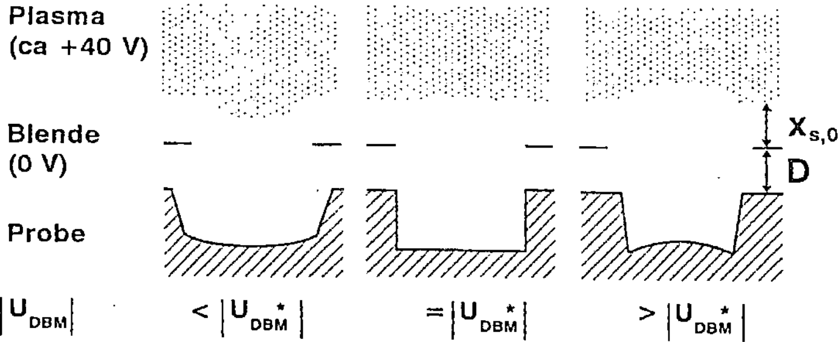

Abb. 5. Plasmagrenze und Kraterprofil bei verschiedenen U_{DBM} (schematisch, nach [19])

Man erhält dadurch z. B. mit $T_e = 10^5\,K$, $n_{pl} = 2,5 \cdot 10^{10}\,cm^{-3}$, $\Delta U(x_s) = U_{pl-w} = 40,3\,V$ und $U = 0\,V$ den Abstand $x_{s,0} = 0,45$ mm des Plasmarands von der geerdeten Wand. Mit einem Abstand $D^* = 3,2$ mm zwischen der Probenoberfläche und der vor ihr unterbrochenen Front der Kammerwand (Abb. 5) und $x_s^* = x_{s,0} + D^*$ läßt sich ferner die optimale Beschleunigungsspannung für die Primärionen („Planspannung") $U_{DBM}^* = U(x_s^*, n_{pl}, T_e) = -516\,V$ errechnen, denn Gl. (9) beschreibt die für gute Tiefenauflösung (vgl. Abb. 15, 16) wichtige Bedingung für eine planparallel zur Probenoberfläche verlaufende Plasmagrenze: Bei konstanten Plasmaparametern n_{pl} und T_e bewirkt eine gegenüber $|U_{DBM}^*|$ kleinere negative Spannung $|U_{DBM}| = |U(x_s)|$ an der Probenoberfläche ein entsprechend geringeres $x_s < x_{s,0} + D^*$ – der Plasmarand und damit auch das Profil des Sputterkraters verbiegen sich in Richtung der Probe (Abb. 5). Auch das Umgekehrte ist erreichbar, wünschenswert hingegen nur $U_{DBM} = U_{DBM}^* = U(x_s^*)$. (In Abb. 4 ist eine kleinere D^*-U_{DBM}^*-Kombination dargestellt.)

U_{DBM} muß einige $-100\,V$ betragen, um in nennenswertem Umfang Sputtervorgänge auszulösen, denn die Energien zwischen $e_0 U_{pl-w}$ und $e_0 U_{pl}$, mit denen die G^+-Ionen des Plasmas von sich aus auf die Oberfläche einer eingeführten Probe treffen, reichen zu effektivem Materialabtrag nicht aus [Schwellenwert bei ca. $20-60\,eV$, s. Gl. (14), Abschn. 2.3.1]. Die Energie E_p der auf die Probe beschleunigten Primärionen beträgt

$$E_p = e_0 \left[-U_{DBM} + (U_{pl-w} \ldots U_{pl}) \right] ; \tag{10}$$

($E_p = 556-560$ eV im obigen Beispiel; durch den Faktor e_0 wird V zu eV); die unterschiedlichen Ursprungsorte bedingen die relativ kleine Unbestimmtheit in Höhe von $e_0 \Delta U_{pl}$.

Die beiden wichtigsten Plasmaparameter n_{pl} und T_e sind über technisch steuerbare Größen veränderbar: Die Dichte n_{pl} geladener Teilchenpaare wird durch die vom Plasma aufgenommene Leistung P_{HF} bestimmt[4]:

$$P_{HF} = n_{pl} A_{pl} \sqrt{\frac{kT_e}{em_G}} \cdot \left(E_{I,G} + e_0 U_{pl} + \frac{3}{2} kT_e \right) \tag{11}$$

A_{pl}: Innenfläche der Plasmakammer (INA3: 0,1 m^2).

Die o. g. experimentellen T_e und n_{pl} ließen sich hiernach mit einer Leistungsaufnahme von $P_{HF} = 81$ W erreichen. Der reine Ionisationsanteil, repräsentiert durch den ersten Term in der Klammer, gleicht in diesem Beispiel mit seinen 17 W dem nach Gl. (2) berechneten. – Die Elektronentemperatur T_e läßt sich indirekt mit dem Gasdruck p_G verändern. Dies ergibt sich aus der erforderlichen Gleichsetzung der Ionisationsrate g_{G^+} [Gl. (2)] mit dem Gesamt-Teilchenstrom $A_{pl} j_{G^+}/e_0$ [Gl. (6)] der Plasmagasionen zur Wand [20]:

$$\frac{p_G}{kT_G} \simeq \sqrt{\frac{kT_e}{em_G}} \left[\frac{V_{pl}}{A_{pl}} F_{G^+}(T_e) \right]^{-1} \tag{12}$$

Gl. (12) beschreibt die Abhängigkeit der zur Aufrechterhaltung des Plasmas notwendigen Gasteilchendichte $n_G = p_G/(kT_G)$ von der Elektronentemperatur T_e. Implizit enthält Gl. (12) die Funktion $T_e(p_G)$, und numerisch erhält man daraus z. B. $p_{Ar} = 0,14$ Pa für $T_e = 10^5$ K bei $T_{Ar} = 600$ K. Zusammen mit experimentellen Daten aus der Literatur sind einige berechnete Isothermen in Abb. 6 dargestellt. Der Vergleich zeigt, daß in der Praxis T_G bei variiertem p_G nicht notwendigerweise als konstant anzunehmen ist und möglicherweise zusätzliche Faktoren, z. B. Änderung der räumlich unterschiedlichen T_e-Verteilung [20], zu berücksichtigen sind.

Man erhält die zentrale Größe $n_{pl} \sqrt{T_e}$ [s. Gln. (6, 9, 11)] – bzw. nach allen Vereinfachungen zumindest ein Maß dafür – mit Hilfe des Ionensättigungsstroms $j_{G^+} \cdot A_{pr}$ [Gl. (6), Abb. 7], den man durch Anlegen einer negativen Spannung an eine in das Plasma ragende Drahtspitze bekannter Maße zieht (LANGMUIR-Sonde). Eine serienmäßige, z. B. $l_{pr} = 3$ mm lange und $d_{pr} = 1$ mm dicke, zylindrische Sonde erhält bei -100 V – mit $x_{s,pr} = 1,14$ mm nach Gln. (6, 9) und Abb. 7 näherungsweise abgeschätzt – einen Ionenstrom von $I_{pr} = 516\,\mu$A aus einem Plasma mit $n_{pl} = 2,5 \cdot 10^{10}$ cm^{-3} und $T_e = 10^5$ K. Bei entsprechender Wahl der Sondenmaße im Zusammenhang mit einem standardmäßig eingestellten D* läßt sich somit der Betrag der Planspannung U_{DBM}^* direkt an der Stromsonde ablesen.

---

[4] Dies ergibt sich nach [20] daraus, daß der nach Gl. (6) zu berechnende Gesamtteilchenstrom $A_{pl} \cdot j_{G^+}/e_0$ der Plasmagasionen zu den Wänden dem der Elektronen aus Neutralitätsgründen gleich sein muß, jedes Ion (mit U_{pl} auf die Wand beschleunigt) mindestens $E_{I,G} + e_0 \cdot U_{pl}$, jedes Elektron (abgebremst) jedoch nur seine mittlere thermische Energie $3/2\,kT_e$ davonträgt und dieser Gesamtverlust je Zeiteinheit durch P_{HF} aufzubringen ist. Strahlungsverluste durch angeregte Atome bleiben hierdurch jedoch ebenso unberücksichtigt wie Abfluß von Wärme und eine gewisse Leistungsaufnahme durch G$^+$ und Kammerwand.

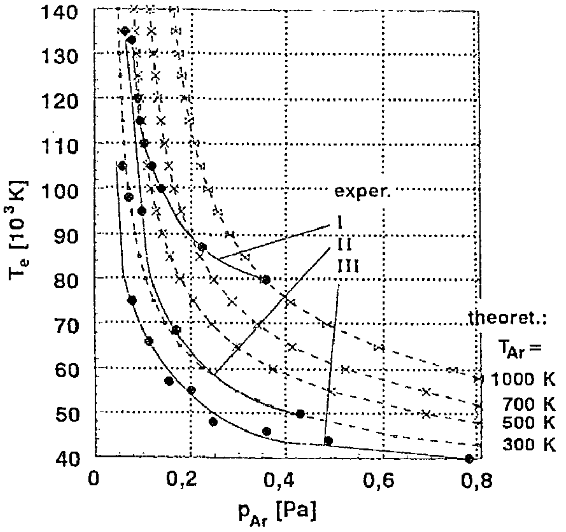

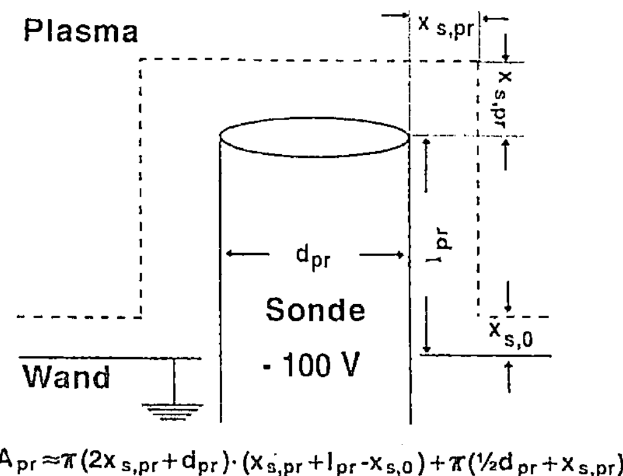

$$A_{pr} \approx \pi \, (2x_{s,pr} + d_{pr}) \cdot (x_{s,pr} + l_{pr} - x_{s,0}) + \pi \, (\tfrac{1}{2} d_{pr} + x_{s,pr})^2$$

Abb. 6. Nach Gl. (12) berechnete $T_e(p_{Ar}, T_{Ar})$-Verläufe. Experimentelle Werte (keine spezifizierte T_{Ar}): I [20], II [19], III [28a]

Abb. 7. Vereinfachte geometrische Verhältnisse an einer Langmuir-Sonde („probe"), A_{pr}: auf die Sonde emittierende Plasmafläche

Zusammenfassend läßt sich feststellen: Die optimalen Beschußbedingungen in der Plasma-SNMS – ebene Plasmagrenze, dadurch ebener Boden des Sputterkraters – hängen entscheidend von einer Abstimmung der Beschußspannung U_{DBM} sowie des Abstands der Probe von der Plasmagrenze $(D + x_{s,0})$ auf die Parameter Plasmadichte n_{pl} und Elektronentemperatur T_e bzw. auf das Produkt $n_{pl}\sqrt{T_e}$ ab. T_e und n_{pl} sind über den Gasdruck und die Senderleistung variierbar und können mit Hilfe eines Plasmagas-Energiespektrums bzw. einer Sonden-Strommessung ermittelt werden; letztere reicht für die Abschätzung von $n_{pl}\sqrt{T_e}$. – Plasmagasionen besitzen Energien einiger 10 meV (thermisch) zuzüglich ca. 30–40 eV (Beschleunigung durch das positive Plasmapotential).

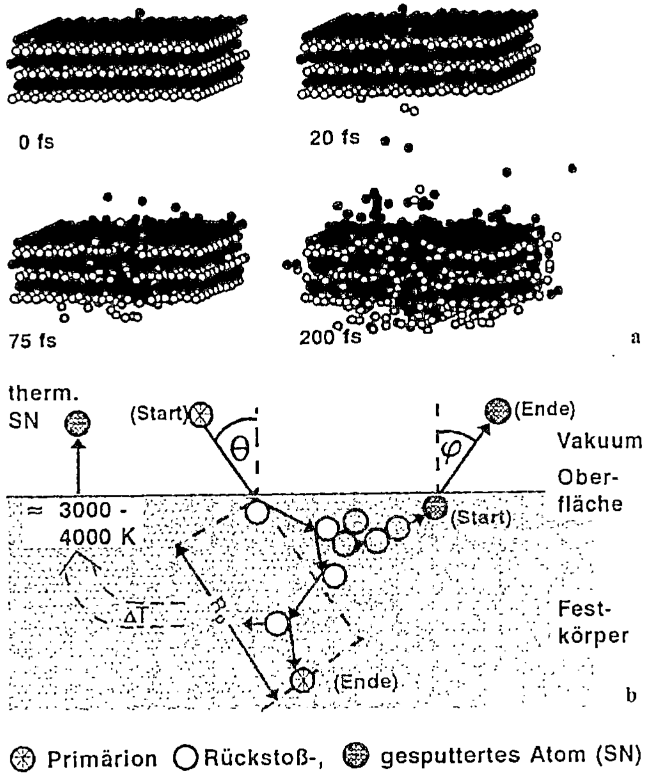

Abb. 8. a Simulation der Stoßkaskaden eines 2 keV-Ar$^+$-Ions in einem Rh-Gitter [30]. **b** Schema der physikalischen Vorgänge beim Sputtern

2.3 Sputtern

2.3.1 Grundlagen, Reinelementtargets (Metalle)

Kaskadenmodell, emittierte Spezies

Die Wechselwirkung zwischen den zunächst sehr energiereichen Primär-teilchen ($E_p = 10^2 - 10^3$ eV) und den Festkörperatomen kann durch Kaskaden von klassisch-mechanischen *elastischen* Stößen beschrieben werden [13, 27, 29] (vgl. Abb. 8). Diese Wechselwirkung wird auch als „nuklear" bezeichnet, da die Masse im Atomkern konzentriert ist und dessen positive, durch die Elektronen nicht vollständig abgeschirmte Ladung die Ursache für die gegenseitige Abstoßung der am Sputterprozeß beteiligten Atome darstellt. Diese Abstoßungspotentiale sind als Näherungen berechenbar. Das Modell beinhaltet weitere Vereinfachungen. So wird z. B. nur von

Zweierstößen zwischen den Teilchen ausgegangen; unberücksichtigt bleiben ferner „Spikes", bei denen unter bestimmten Bedingungen – relativ kleine Targetatommassen, relativ hohe E_p – voneinander isolierte Stoßkaskaden in die flüssigkeitsähnliche Bewegung ganzer Bereiche übergehen [13, 29]. Bei relativ niedrigen E_p unter 1 keV entstehen „flache" Stoßkaskaden, deren Anisotropie sich meßbar auswirkt; im Falle großer E_p ($\geq 10^1$ keV) sind ferner unelastische Stöße zu berücksichtigen, bei denen durch Wechselwirkung der Elektronenhüllen (Anregung, Ionisierung) Energie vom Primärteilchen auf das Target übertragen wird. – Alle Zahlenwerte dieses Abschnitts können somit nur beispielhafte Näherungen darstellen.

Zur Diskussion des Modells wird in diesem Abschnitt zunächst, wenn nicht anders angegeben, von senkrechtem Einfall der Primärionen mit größenordnungsmäßig 0,1–1 keV Energie auf amorphe oder polykristalline, elementare Targets ausgegangen und die Emission von neutralen Atomen im elektronischen Grundzustand diskutiert. Im Unterschied zu chemischen Verbindungen (s. Abschn. 2.3.2) ist dies aus folgenden Gründen realistisch:

– Sekundär*neutral*teilchen (SN) bilden deswegen den überwiegenden Anteil am Fluß gesputterter Teilchen, weil negative Sekundär*ionen* (SI⁻) von Metallen aufgrund ihrer geringen Elektronenaffinität, positive (SI⁺) hingegen wegen der leichten Verfügbarkeit von Elektronen des metalleigenen Elektronengases nur in geringem Umfang emittiert werden (s. „Elektronen-Tunnel-Modell" [31]; relative Bildungswahrscheinlichkeit von SI⁺: $\approx 10^{-3}$ [13]).

– Die Emission von *mehr*-(n-)atomigen Sekundärneutralteilchen X_n (Clustern) aus elementaren Festkörpern, d.h. v.a. aus Metallen und Halbmetallen, erfolgt Modellvorstellungen zufolge wenige Atomdurchmesser außerhalb des Festkörpers durch statistisches Zusammentreffen von Teilchen [32], die aus derselben Stoßkaskade stammen und nach Betrag und Richtung ähnliche Geschwindigkeiten besitzen. Diese Bedingung ist am wahrscheinlichsten für Atome erfüllt, die schon im Festkörper Nachbarn waren [33]. Die Bildungswahrscheinlichkeit folgt einem Exponentialgesetz $Y(X_n)/Y(X) \propto n^{-a}$ mit $a = 4-9$. Sie nimmt demnach für kleine n um jeweils etwa 1–2 Größenordnungen ab und liegt für n = 2 bereits im unteren Prozentbereich [34, 35, 36].

– Gesputterte neutrale Atome von reinen Metalloberflächen befinden sich nahezu ausschließlich im elektronischen Grundzustand [37].

Primärionen-Eindringtiefe

Abbildung 8 veranschaulicht das den folgenden Überlegungen zugrunde liegende Kaskadenmodell: Das energiereiche Primärion schlägt so oft Gitteratome von ihren Plätzen, bis seine Energie verbraucht ist und es am Ende eines Zickzackweges mit einer mittleren, auf die Einfallsrichtung projizierten Länge R_p in der Probe zur Ruhe kommt [13]:

$$R_p = C_1(\mu) \, \frac{M_s}{\rho_s} \left[\frac{(Z_p^{2/3} + Z_s^{2/3})}{Z_p Z_s} \, E_p \right]^{2/3} \tag{13}$$

$Z, M, _{p/s}$: Ordnungszahl, rel. Atommasse des Primärions/Substratatoms,

$\mu \quad = \quad M_s/M_p$: relative Teilchenmasse,

$C_1(\mu) = \quad (6{,}6 \cdot 10^{-5} \cdot \mu^{-1{,}85} + 0{,}0153 \cdot \mu^{-0{,}042})$ g·cm^{-3}eV$^{-2/3}$ nm für μ zwischen 0,1 und 10, (Primärion → Target-Kombinationen Kr$^+$→ Be und Ne$^+$→ Bi; nach Graphik in [13]),

ρ_s: Dichte des Probenmaterials.

Numerisch ergibt Gl. (13) z.B. 1,7 nm für 560 eV-Ar$^+$→ Si und 0,13 nm ($^1/_2$ Atomlage) für nur vom Plasmapotential beschleunigte 44,6 eV-Ar$^+$→ Cu^5 (vgl. Abschn. 2.2). Höhere E_p von z.B. 5 oder 10 keV, wie sie zum Bündeln von Primärteilchenstrahlen aus Ionenkanonen vonnöten sind, bewirken deutlich höhere R_p, für Ar$^+$→ Si z.B. 6 bzw. 10 nm. Die Möglichkeit, in der Plasma-SNMS durch niedrige Primärionenenergien das Schädigungsprofil der untersuchten Festkörperschicht klein zu halten, ist einer der größten inhärenten Vorteile dieser Methode.

Die hohe Energie der unmittelbar vom Primärion getroffenen Gitteratome („Rückstoßatome", s. Abb. 8b) macht diese ihrerseits zu Überträgern der Stoßkaskade und damit zu den wichtigsten Schadensverursachern. Das entstehende Störungsprofil nähert sich mit zunehmendem M_s/M_p-Verhältnis μ dem Implantationsprofil der Primärteilchen an; umgekehrt stoßen schwere Primärionen leichte Probenatome weiter in das Gitter hinein: Der mittlere Streuwinkel für Primärteilchen wächst mit μ. – Der größte Teil der Rückstoßatome kommt im Bereich der Implantationsschicht auf fremden Gitterplätzen oder interstitiell wieder zu Ruhe. Dies erklärt die beobachtete Amorphisierung kristalliner Targets im Schadensbereich [13].

Sputter-Schwellenwert

Zur Ausbildung einer Stoßkaskade – und damit für die Auslösung eines Sputtervorganges – muß die Primärenergie die minimale („threshold"-)Energie E_{thr} zur Entfernung eines Atoms von seinem Platz *innerhalb des Gitters* über-

---

[5] Bei dieser Größenordnung der Teilchenenergie endet die Gültigkeit des Kaskadenmodells, das ausschließlich von Zweierstößen ausgeht: Im 10-eV-Bereich und darunter gewinnen Stöße mit mehreren Partnern an Bedeutung. Wegen der Annäherung von E_p an die Sputter-Schwellenenergie (s.u.) werden ferner nur geringe Energien an Targetatome übertragen, woraus eine entsprechend kleine Zahl verursachter Stöße folgt („single knockon" [29]).

Tabelle 1. Sublimationsenthalpien $\Delta H^\circ_{sub}/eV$ (für Gl.14; $\Delta H^\circ_{sub} \approx U_0$)

Ac	4,51	[38]	Cu	3,50	[39]	Li	1,65	[39]	Po	1,50	[38]	Sr	1,70	[39]
Ag	2,85	[40]	Dy	2,89	[38]	Lu	4,29	[38]	Pr	3,71	[38]	Ta	8,11	[39]
Al	3,42	[39]	Er	3,06	[38]	Mg	1,52	[39]	Pt	5,77	[40]	Tb	3,89	[38]
As	1,22	[40]	Eu	1,85	[38]	Mn	2,94	[39]	Pu	3,98	[38]	Tc	6,60	[38]
Au	3,93	[40]	Fe	4,31	[39]	Mo	6,83	[39]	Ra	1,82	[38]	Te	1,78	[40]
B	5,20	[39]	Ga	2,82	[39]	Na	1,11	[39]	Rb	0,84	[39]	Th	5,97	[40]
Ba	1,86	[39]	Gd	3,58	[38]	Nb	7,60	[39]	Re	8,08	[40]	Ti	4,91	[39]
Be	3,36	[39]	Ge	4,08	[40]	Nd	3,35	[40]	Rh	5,76	[40]	Tl	1,88	[40]
Bi	2,15	[40]	Hf	6,41	[39]	Ni	4,46	[39]	Ru	6,73	[40]	Tm	2,52	[38]
C[a]	7,43	[39]	Hg	0,64	[39]	Np	4,90	[38]	S[a]	2,87	[39]	U	4,75	[40]
Ca	1,84	[39]	Ho	3,05	[38]	Os	8,13	[38]	Sb	2,72	[38]	V	5,34	[39]
Cd	1,16	[40]	I_2[a]	0,65	[39]	P[a]	3,28	[39]	Sc	3,90	[40]	W	8,82	[39]
Ce	4,22	[40]	In	2,52	[40]	Pa	5,73	[38]	Se	2,14	[38]	Y	4,40	[40]
Co	4,42	[39]	Ir	6,94	[40]	Pb	2,02	[39]	Si	4,66	[39]	Yb	1,74	[38]
Cr	4,12	[39]	K	0,92	[39]	Pd	3,91	[40]	40	2,15	[40]	Zn	1,35	[39]
Cs	0,79	[39]	La	4,38	[40]	Pm	2,78	[38]	Sn	3,13	[40]	Zr	6,32	[39]

[a] U_0-Werte für Nichtmetalle sind nur der Vollständigkeit halber angegeben; bei Sputterprozessen mit Nichtmetallen können zusätzliche Mechanismen eine Rolle spielen (s. Abschn. 2.3.2).

steigen. Dieser Sputter-Schwellenwert läßt sich nach [29] für Reinelementargets und $\mu = 0{,}1\text{-}10$ mit

$$E_{thr} = 8\,U_0 \cdot \mu^{-1/3} \qquad (14)$$

U_0: Oberflächenbindungsenergie; für Halbmetalle und Metalle: $U_0 \approx \Delta H^\circ_{sub}$

abschätzen (experimentelle Abweichungen i.a. $\leq 50\%$). So ergeben sich z.B. für Ar^+-Beschuß von Si, Fe, Cu und Ta mit $U_0 = 4{,}7$; $4{,}3$; $3{,}5$ und $8{,}1$ eV (s. Tabelle 1) realistische [29] $E_{thr} = 42$, 31, 24 und 39 eV. Ein Niederdruck-HF-Plasma mit einem Mittenpotential von z.B. $44{,}6$ V ist demnach bei einigen Materialien in der Lage, ohne Anlegen einer Beschleunigungsspannung in geringem Umfang Atome abzutragen. Daher sollte die Kammerwand aus schwer sputterbarem Material (z.B. Ta, Quarzglas) bestehen, um Plasmakontamination zu vermeiden.

Sputterausbeute bei $\theta = 0°$

Die Stoßkaskaden bewirken im einfachsten Modellfall [41] im Innern des Festkörpers eine isotrope Geschwindigkeitsverteilung der in Bewegung geratenen Atome. Durch eine gedachte Fläche A_i (in Abb. 9 auf der Zeichenebene stehend) bewegt sich hiernach je Zeiteinheit eine Anzahl von Atomen, die $\cos \varphi_i$ proportional ist (vgl. Pfeildichte an A_i) u.a. auf die Oberfläche zu. Die Oberfläche vermindert die senkrecht zu ihr gerichtete Geschwindigkeitskomponente $v_{i\perp}$ um einen Anteil $v_{i\perp} - v_\perp$, welcher der Energie U_0 entspricht („U_0-Barriere"). Dadurch werden die Teilchentrajektorien von der Oberfläche weggebrochen. Die in φ-Richtung (Abb. 8b, 9) wirksame Ausbeute Y an emittierten Atomen je senkrecht einfallendem keV-Primärion läßt sich dann

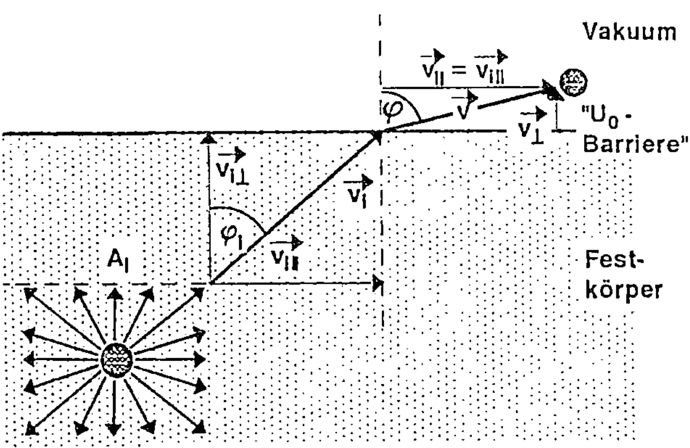

Abb. 9. Schema der geometrischen Verhältnisse beim Sputtern: cos-Winkelverteilung an einer virtuellen Fläche A_i im Innern, Brechung an der „U_0-Barriere"

für isolierte Stoßkaskaden näherungsweise auf folgende Weise berechnen [13, 29, 42]:

$$Y = Y(\theta = 0°) = \frac{C_Y}{2\,U_0}\, f_\varphi\; ;\quad C_Y = \frac{3\,\alpha_\mu S_n}{2\,\pi^2 C_0}\; ; \tag{15a}$$

$$f_\varphi = \frac{1}{3}\cos\varphi\,(2\cos^2_\varphi + 1)\quad \text{bzw.}\quad f_\varphi = \cos\varphi \tag{15b}$$

$\alpha_\mu = 0{,}14 + 0{,}12 \cdot \mu^{0{,}75}$ (Anpassungsfunktion für experimentelle Werte in [13,29]),

$C_0 = 0{,}0181\ \text{nm}^2.$

Die reale Anisotropieeffekte berücksichtigende Winkelverteilung [Gl. (15b)] ([42]; s.w.u.) wird im vereinfachten Modellfall oft durch $\cos\varphi$ [41] angenähert. – S_n ist die nukleare Bremskraft, die das Probenmaterial aufgrund von Kern-Kern-Stößen dem Primärpartikel entgegensetzt („nuclear stopping power", Dimension: Energie · Fläche [13]):

$$S_n = \frac{e_0}{\varepsilon_0}\, a_L\, \frac{Z_p Z_s M_p}{M_p + M_s} \cdot \frac{\ln(1 + \epsilon)}{2\,\epsilon + 0.28\,\epsilon^{0.42}}\; ; \tag{16a}$$

$$a_L = \frac{0.8853\, a_0}{\sqrt{Z_p^{1/3} + Z_s^{1/3}}}\; ; \tag{16b}$$

$$\epsilon = \frac{4\,\pi\varepsilon_0}{e_0} \cdot \frac{a_L E_p M_s}{Z_p Z_s (M_p + M_s)} \tag{16c}$$

a_L: Lindhard-Abschirmradius;

ϵ: relative Energie in eV;

$a_0 = 0{,}0529$ nm: BOHR-Radius.

Besonders für „flache" Stoßkaskaden bei $E_p < 1\,keV$ stellt Gl. (15b) nur eine größenordnungsmäßig richtige Abschätzung dar. Numerisch erhält man mit $S_n = 5{,}42\,eVnm^2$ z. B. $Y(560\,eV\text{-}Ar^+ \rightarrow Si) = 1{,}1$ (experimentell: 0,53 [29]).

Energie- und Winkelverteilung bei $\theta = 0°$

In Übereinstimmung mit dem Experiment [41, 42, 43] liefert das Kaskadenmodell für die Teilchenenergien $E_{SN,i}$ im *Innern* des Festkörpers eine $E_{SN,i}^{-2}$-Verteilung. Daraus folgt für die Energie- und Winkelverteilungen der das Substrat verlassenden, d. h. zu detektierenden Atome (Abb. 8, 9 [42, 43])

$$f(E_{SN}, \varphi) = \frac{dY}{dE_{SN}} = C_Y \, \frac{E_{SN}}{(E_{SN} + U_0)^4} \, (E_{SN}\cos^2\varphi + U_0) \qquad (17a)$$

$$f^*(E_{SN}, \varphi = 0°) = \frac{27}{4} \cdot \frac{E_{SN}'}{(E_{SN}' + 1)^3} \qquad (17b)$$

$$
\begin{aligned}
f^*(E_{SN}, \varphi = 0°) &= f(E_{SN}, \varphi = 0°)/f_{max}(E_{SN}, \varphi = 0°); \\
f_{max}(E_{SN}, \varphi = 0°) &= 4/27 \cdot C_Y \cdot U_0^{-2}; \\
E_{SN}' &= E_{SN}/U_0.
\end{aligned}
$$

Die Integration von Gl. (17a) ergibt Gl. (15). Hiernach hängt nur die absolute Höhe, nicht aber die Form der SN-Energieverteilung von der Primärionenenergie ab. Zwischen $\varphi = 0°$ und $90°$ verschiebt sich die häufigste Energie $E_{SN,max}$ von $U_0/2$ nach $U_0/3$ [42], und für $E_{SN} \gg U_0$ wird $f(E_{SN}) \propto E_{SN}^{-2}$. – Cluster besitzen eine engere Energieverteilung im unteren eV-Bereich [44]. Berechnungen fordern für Dimere einen anfänglichen Anstieg der Molekülausbeute $Y(X_2)$ mit E_{SN}^2 und nach Erreichen eines Maximums wie in Abb. 10a einen, verglichen mit Monomeren, steileren Abfall mit $E_{SN}^{-2x-0,5}$ mit $1 \le x \le 2$ [45]. Derartige Werte wurden experimentell bestätigt [35, 46].

Die Winkelverteilung f_φ [Gl. (15b)] wirkt sich bei der Quantifizierung auf den Geometriefaktor W_X aus (s. Abschn. 2.4.1, 3.1). In den Energiebereichen $E_{SN} \approx 10^x\,eV$ (x = 1; 2; 3) gilt näherungsweise $f_\varphi \propto \cos^{x+1}\varphi$ [42]. Diese mit E_{SN} wachsende Anisotropie erklärt sich leicht daraus, daß SN mit hohen Energien weniger Stöße vom ersten Rückstoßatom „entfernt" sind und deshalb größere Anteile seines dem Primärioneneinfall entgegengerichteten Impulses übernommen haben [29] – ein Effekt, der sich insbesondere bei schiefwinkligem Sputtern bemerkbar macht (s. u.).

Schräger Primärioneneinfall

Primärpartikel können auch anders als senkrecht auf die Oberfläche treffen, z. B. wenn sie aus einer separaten Ionenkanone stammen ($\theta > 0°$, s. Abschn. 4.3, Abbn. 3b, 8b). Dann wächst Y zunächst ungefähr proportional mit $1/\cos\theta$: Die parallel zur Oberfläche gerichtete Impulskomponente löst effektivere Sputterkaskaden aus als die senkrecht in die Probe hinein gerichte-

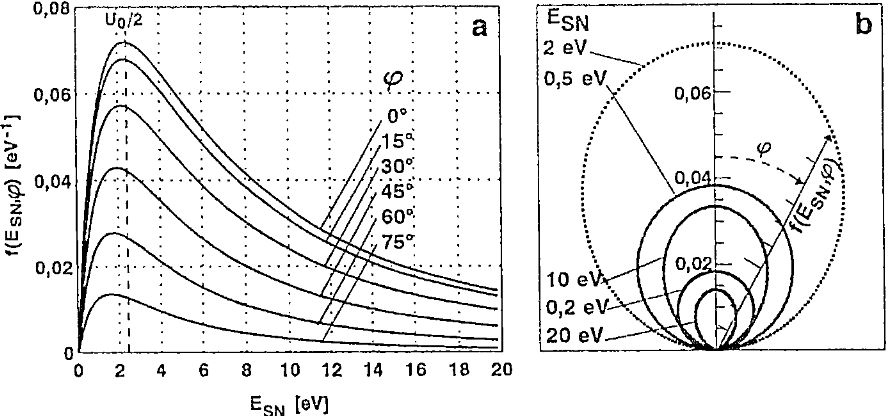

Abb. 10. Nach Gl. (17a) berechnete SN-Energie- **a** und Winkelverteilungen **b** in Polarkoordinaten) für 560 eV-Ar$^+ \to$ Si

te [47]. Damit geht auch eine Änderung der Energieverteilung einher: Mit wachsendem θ gelangen zunehmend energiereiche Rückstoßatome, d.h. solche, die vom Primärpartikel direkt getroffen worden sind (Abb. 8b), unter immer kleinerem Austrittswinkel ins Vakuum [48]. Bei sehr flachem Einfall gewinnen jedoch zunehmend Prozesse in der obersten Atomlage, wie z.B. Primärionenreflexion, an Bedeutung, die keine Sekundärteilchenemission mehr bewirken können. Daher folgt die Gesamt-Sputterausbeute unter schiefwinkligem Beschuß der Funktion[6] [47]

$$\frac{Y(\theta)}{Y(0°)} = 1 + \frac{F_{\theta'} C_\theta S_n}{Y(\theta) d_s^2 U_0} = 1 + \frac{4\pi^2 C_\theta C_0}{3\alpha_\mu d_s^2} \tag{18}$$

$F_{\theta'} \approx 1{,}2 \cdot \theta'^2 - 0{,}22 \cdot \theta'^{8,2}$;

$\theta' = \theta/\theta_{max}$; θ_{max}: Einfallswinkel mit höchstem Y (66 $\pm$ 5° [47]);

$C_\theta = 0{,}065$;

$d_s = n_s^{-1/3}$: Atomabstand (-durchmesser; s. Gl. 20c).

Da, wie oben erwähnt, $Y(0°)$ durch Gl. (15) oft nur halbquantitativ abgeschätzt wird, empfiehlt sich die Verwendung experimenteller $Y(0°)$ und des mittleren Teils von Gl. (18). Dies ist für Abb. 11 geschehen. Bei Verwendung des Mittelwerts für den optimalen Einfallswinkel $\theta_{max} = 66 \pm 5°$ [47] sowie durch gelegentlich abnorm hohe $Y(\theta_{max})$ können ähnlich hohe Abschätzungsfehler entstehen wie bei der Verwendung von $1/\cos\theta$ anstelle von Gl. (18) (vgl. A1 in Abb. 11). $-$ $Y(30°)$ liegt nach Gl. (18) für das Beispielsystem Ar$^+ \to$ Si um 50% über $Y(0°)$.

---

[6] S_n ersetzt hier das in [47] verwendete Produkt aus Stoß-Wirkungsquerschnitt, Energieübertragungsfaktor und E_p; entsprechend ist hier $Y(\theta_{max}) - Y(0°) = C_\theta S_n/(d_s^2 U_0)$.

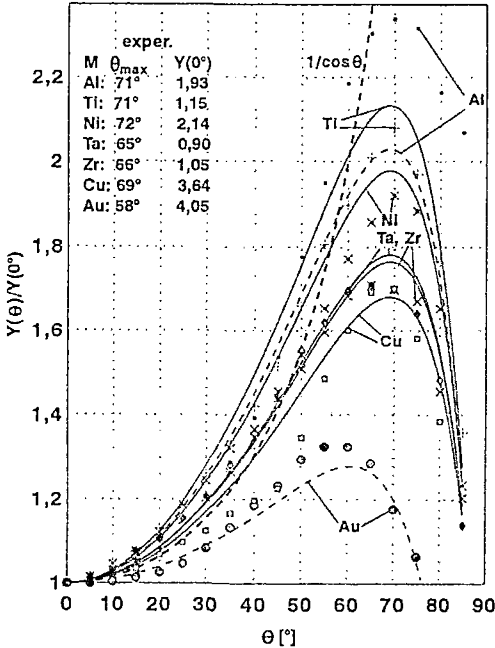

Abb. 11. $Y(\theta)/Y(0°)$ für 1,05 keV-$Ar^+ \to M$. Experimentelle Daten (Punkte, θ_{max}) aus [47]; maximale Abweichung der Kurven [Gl. (18), experimentell θ_{max}, $1/\cos\theta$]: ---: $> 10\%$; —: $< 10\%$

Abb. 12. REM-Bild der ursprünglich polierten Oberfläche von poly-kristallinem Cu nach einer Fluenz von 10^{18} 560 eV-Ar^+

Besondere Bedeutung gewinnt das Problem unterschiedlicher Einfalls-winkel beim Beschuß polykristalliner Materialien. Abhängig von der Kristall-orientierung sind Y-Variationen möglich, die zwischen einem Faktor 2 und einer Größenordnung liegen können (s. Ordinate in Abb. 11 [13, 49]). Nach entsprechenden Fluenzen, d. h. $> 10^{17}$ Primärionen/cm^2 oder ca. 10 nm Materialabtrag, beginnt deshalb Oberflächenaufrauhung (Facettierung) im Bereich der Kristallitgröße ($\approx \mu m$) der gesputterten Oberfläche (Abb. 12).

Während mit Gl. (18) bislang die *gesamte* je Primärion emittierte Anzahl der Targetatome diskutiert worden ist, ist nunmehr derjenige φ-abhängige

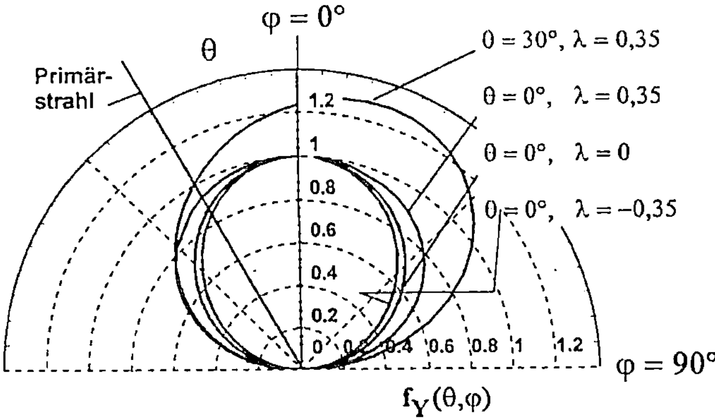

Abb. 13. Emissionswinkelabhängigkeit der Sputterausbeute n. Gl. (19). Der Formfaktor $\lambda = 0{,}35$ gilt für 8 keV-$Ar^+ \rightarrow$ Si [13]

Anteil zu betrachten, der in ein bestimmtes Raumwinkelelement $\Delta\Omega$, charakteristisch z. B. für die Akzeptanz eines Ionennachweissystems, gesandt wird. Infinitesimal gilt hierfür im einfachsten Fall die Cosinusverteilung $dY = Y_0 \cos\varphi\, d\varphi$ mit $Y_0 = Y(\varphi = 0°)$[7]. Benutzt man für die θ-abhängige Ausbeutesteigerung statt Gl. (18) vereinfachend $1/\cos\theta$, so läßt sich die für das Winkelelement $d\varphi$ wirksame Sputterausbeute $dY(\varphi)$ folgendermaßen berechnen [13]:

$$f_Y(\theta, \varphi) = \frac{dY(\varphi)}{d\varphi}\frac{1}{Y_0} = \frac{\cos\varphi}{\cos\theta}\frac{1-\lambda\cos(\theta+\varphi)}{1-\lambda} \tag{19}$$

Hierin stellt λ einen empirischen, von E_p unabhängigen [50], zwischen -1 (keulenförmig) und $+1$ (abgeplattet) liegenden Parameter für die Form der emittierten Verteilung im Polarkoordinatensystem dar [13]. Für $\theta = 0°$ und $\lambda < 0$ wird $Y/Y_0 = \int f_Y\, d\varphi$ folgerichtig < 1, für $\lambda > 0$ hingegen >1, und für $\lambda = 0$ geht Gl. (19) in die o. g. Cosinusverteilung über. Mit dem in Abb. 13 verwendeten $\lambda = 0{,}35$ würde bei Einsatz einer unter $\theta = 30°$ sputternden Ar^+-Kanone der entlang der Probennormalen ($\theta = 0°$) emittierte SN-Fluß um 24 % über demjenigen liegen, der unter $\theta = 0°$ bei gleicher E_p zustande käme; 15 % dieser Erhöhung wären allein durch die hier mit $1/\cos\theta$ angenäherte Erhöhung der Gesamtausbeute bedingt.

Gestörte Schicht

Weiter oben wurden die Effekte der Primärionen- und Rückstoßimplantation, d. h. der Gitterstörung, sowie der Emission von Substratatomen, d. h. des Fest-

---

[7] In bezug auf das dreidimensionale Raumwinkelelement $d\Omega$ wird hier der Einfachheit halber die Integration über den gesamten Azimuthwinkel von 360° (Rotation um die Ordinate in Abb. 13) als vollzogen angenommen. Ferner sei $f_\varphi = \cos\varphi$ [Gl. (15 b)].

körperabbaus, jeweils für sich beschrieben. Real treten sie jedoch gleichzeitig auf. So werden z. B. die in der Probe begrabenen Primärteilchen von der zurückweichenden Oberfläche bald erreicht und dann selbst als Bestandteil der veränderten Schicht gesputtert. Die maximale Tiefe des Implantationsprofils liegt bei senkrechtem Einfall bei $z' = 2\,R_p$ unterhalb der aktuellen Oberfläche ([13], Abb. 14). Bis hierhin kann in erster Näherung für nicht zu kleine $\mu\,(> 0{,}1\,[13])$ auch die Festkörperstruktur als gestört angesehen werden. Erst nach der Zeit $t = t^*$, in der mit einer Primärionenfluenz F^* (Teilchen je Flächeneinheit) eine Substratschicht der Dicke z^* gemäß

$$F^* = \frac{j_p\, t^*}{e_0}\; ; \tag{20a}$$

$$z^* = F^*\, \frac{Y}{n_s} = 2\,R_p\; ; \tag{20b}$$

$$n_s = \frac{\rho_s\, N_A}{M_s} \tag{20c}$$

j_p: Primärionenstromdichte an der Probenoberfläche ($= j_{G+}$ für U^*_{DBM}),
n_s: Atomdichte (Teilchen je Volumeneinheit) des Probenmaterials,
N_A: Avogadro-Konstante,

(vgl. Abschn. 3.2) entfernt worden ist, wird ein stationärer Zustand erreicht, in dem das Implantationsprofil erhalten bleibt. Halb so groß wie

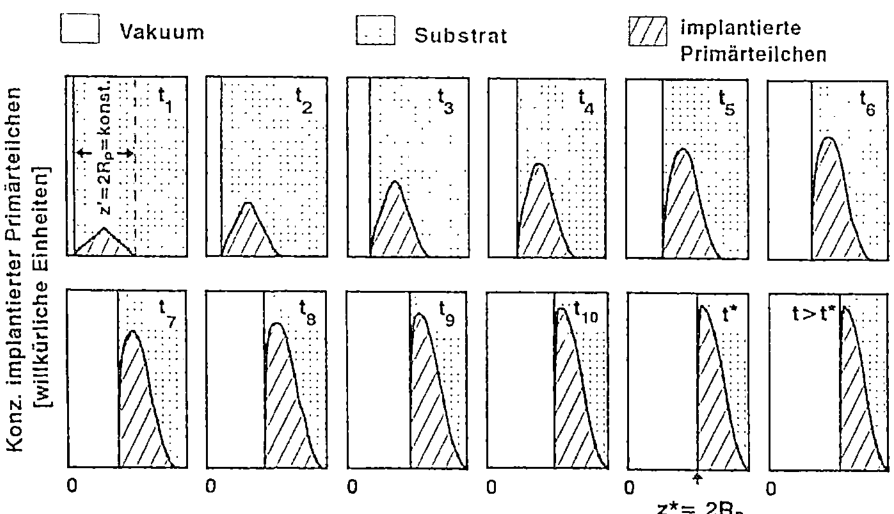

Abb. 14. Ausbildung eines Primärteilchen-Implantationsprofils unter zurückweichender Probenoberfläche, nach [13]

F* ist die von t* an ständig unterhalb der aktuellen Oberfläche vorhandene implantierte Fluenz F_{sat}. Nach Gl. (20) ergeben sich z.B. für stationär in Si implantierte 560 eV-Ar$^-$-Primärionen mit $z^* = 3,5$ nm ($= 13$ Atomlagen) die Werte $t^* = 2,5$ s und $F^* = 8,6 \cdot 10^{15}$ cm^{-2} bzw. im Bereich $z' = 0 - 2 R_p$ im Mittel 5% implantiertes Ar. Unterhalb dieser Sputtertiefe bzw. -zeit ist nicht mit stabilen, d.h. quantifizierbaren SN-Emissionen zu rechnen.

Austrittstiefe und Tiefenauflösung

Wendet man Gl. (13) hilfsweise (vgl. Anm. 5) auf die Bewegung eines energiereichen *Substrat*ions oder -atoms *im* Festkörper kurz vor seiner Emission daraus an („Si$^+ \rightarrow$ Si", $E_p = E_{SN,i}$), so läßt sich die SN-Austrittstiefe abschätzen: Für $E_{Si,i} = E_{Si,max} + U_0 = 3/2 \cdot U_0 = 7$ eV wird R_p z.B. 0,1 nm. Dies ist weniger als ein halber Atomdurchmesser, d.h. SN stammen in der Regel aus der obersten Atomlage. Aufgrund der Kaskadendurchmischung ist der Tiefenbereich, der die chemisch relevante Information liefert, in der Regel jedoch eher mit R_p bzw. der Tiefenauflösung Δz anzusetzen. Diese definiert sich auf folgende Weise: Liegen im Target verschiedene Elemente übereinandergeschichtet vor, so bewirken Rückstoßkaskaden eine Durchmischung der Grenzflächen. Prinzipiell kann ein durch Sputtern erhaltenes Tiefenprofil ohne Entfaltungsrechnungen nur angenähert das vor dem Einsetzen des Sputterns wirklich vorhandene wiedergeben, wie in [13] zitierte Modellrechnungen zeigen. Selbst im Idealfall eines durch Kaskadendurchmischung ungestörten Schicht-für-Schicht-Abtrages einzelner Atomlagen der Dicke d_s (Modell des „sequential layer sputtering") bewirkt das statistische Auftreffen von Primärionen teils auf bislang unberührte, teils auf bereits – evtl. sogar mehrfach – getroffene Bereiche $\Delta z > d_s$ (vgl. Abb. 15; σ steht hier für die Standardabweichung der Normalverteilung). Berücksichtigt man beide Ef-

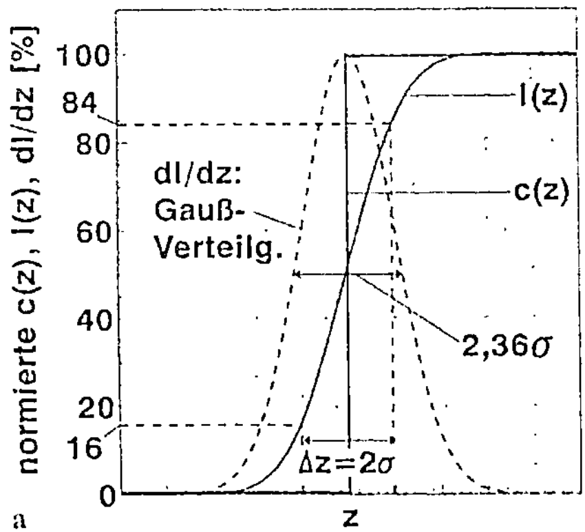

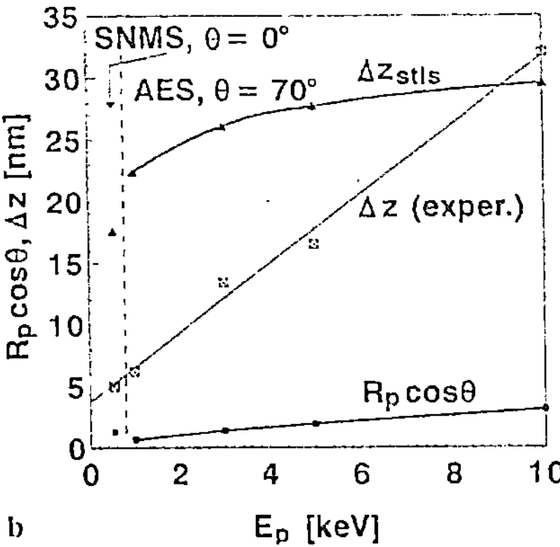

Abb. 15. Tiefenauflösung Δz: **a** Definition (s. Text), **b** Vergleich experimenteller [51] und theoretischer Daten

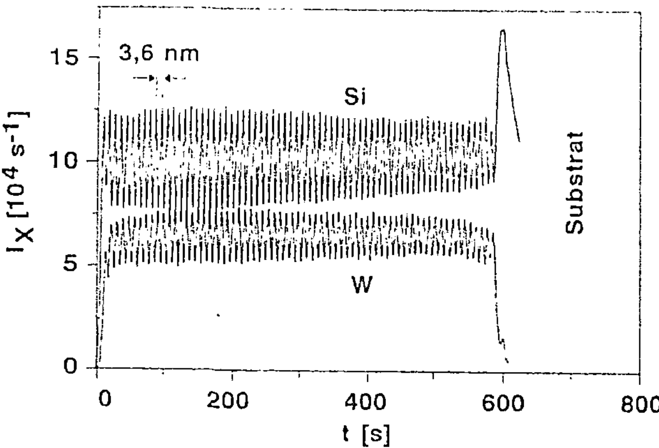

Abb. 16. Tiefenauflösung der Plasma-SNMS: HFM (s. Abschn. 4.2) an 68 W/Si-Doppelschichten auf Glas [52]. Die ursprüngliche Oberfläche liegt bei t = 0 s Sputterzeit

fekte zusammen („statistical layer sputtering" [13]), so läßt sich die Tiefenauflösung folgendermaßen abschätzen:

$$\Delta z_{stls} = 2\sqrt{d_s z(1+Y)} \,. \tag{21}$$

Durch rauheitsbedingte Verminderung der Oberflächenbindungsenergie können geringere, durch zusätzliche Aufrauhungseffekte, z.B. an polykristallinem Material (s.o.), jedoch auch höhere Δz erhalten werden. Experimentell ist Δz aus Tiefenprofilen zu ermitteln, indem man die z-Werte von 84 und 16% der untergrundbereinigten Maximal- bzw. Plateauintensität voneinander subtrahiert (Abb. 15a). – Wie Abb. 15b zeigt, liegen typische experimentelle Werte (für P an InP/InGaAs, nach [51]) zwischen $R_p \cos\theta$, dem Näherungswert für die Dicke der gestörten Schicht, und Δz_{stls}. Die niedrige Beschußenergie der Plasma-SNMS bewirkt erwartungsgemäß minimale Δz im unteren nm-Bereich, während auch bei nicht senkrechtem Einfall, d.h. durchaus niedrigen $R_p \cos\theta$, die notwendigerweise hohen Beschleunigungsspannungen von Ionenkanonen höhere Δz verursachen (in Abb. 15b anhand von Werten aus AES-Tiefenprofilen demonstriert [51]). Abbildung 16 zeigt das Plasma-SNMS-Tiefenprofil eines Vielfachschichtsystems auf Glas, in dem jeweils 68 W-Si-Doppelschichten von je 3,6 nm Dicke noch aufgelöst werden konnten (Einzelschichtdicken-Verhältnis W:Si $\approx$ 1:3 [52, 53]).

Thermische Sputtereffekte

Es gibt zwei thermische Effekte beim Sputtern [54, 55, 56]:

1. „spike": Im Anschluß an die einige 10^{-13} s dauernde Stoßkaskade (Abb. 8a, 1 fs $= 10^{-15}$ s) ist in ihrer Umgebung $10^{-12} - 10^{-10}$ s lang mit Temperaturerhöhungen im Bereich $10^3 - 10^4$ K zu rechnen, da eine große

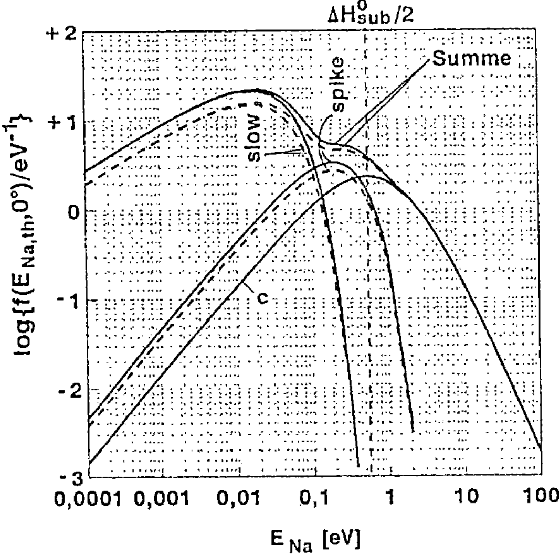

Abb. 17. $f(E_{SN,th})$ von 50 µA/cm² 20 keVAr⁺ → Na (370 K) für thermische Prozesse th relativ zu c (Kaskade, Y = 8,8); ---: ber. (Gl. (22–24)), —: experimentell [57]; Summe: von c, spike und slow

Anzahl von Atomen vorübergehend in Bewegung geraten ist (Abb. 8b). Dieser Effekt wird auch *promptes* thermisches Sputtern genannt und mit einer Expansion des lokal entstandenen idealen Gases aus einem zylindrischen Verdampfungsvolumen heraus beschrieben [54]. Ausbeuten lassen sich abschätzen nach

$$Y_{sp} = 0,048\, C_{th} \left(\frac{E_p}{U_0 R_p}\right)^2 \left(1 + \frac{T_a}{T_{sp}}\right)^4 \exp\left(-\frac{U_0}{k(T_a + T_{sp})}\right) \qquad (22)$$

C_{th} = 0,0115 nm² [s. a. Gl. (23 d)],
T_a: Umgebungstemperatur (makroskopische Probentemperatur),
T_{sp}: Anfangstemperatur im „spike"-Volumen.

Für 20 keV-Ar⁺ → Na (370 K) erhält man mit R_p = 42 nm [Gl. (13)] für T_a = 370 K und T_{sp} = 2300 K (aus Energiespektren [57]) ein Y_{sp} = 1,5, d.h. 17 % von Y = 8,8 [Gl. (15 a)], der durchschnittlichen Ausbeute einer „normalen" Stoßkaskade. Experimentell wurden 14 % gefunden [57]. – Die Energien prompt thermisch gesputterter Atome liegen, T_{sp} entsprechend, im 0,1-eV-Bereich (s. Abb. 17).

2. „slow": Im Anschluß an die „spike"-Phase bewirkt die relativ langsame Dissipation der Primärionenenergie eine leichte Erhöhung der Probentemperatur. Dies führt nur dann zu einer weiteren Erhöhung der Sputterausbeute durch *Verdampfen*, wenn die Probentemperatur bereits knapp unterhalb des Schmelzpunkts liegt. In dessen Nähe tritt also eine leichte

Erhöhung der bereits beträchtlichen Verdampfungsrate auf – ein schwer meßbarer Effekt, der zu widersprüchlichen Ergebnissen in der Literatur geführt hat (vgl. Diskussion in [54]). Der Effekt des „slow thermal sputtering" spielt, was Elementsubstrate anbetrifft, allenfalls bei niedrigschmelzenden Metallen wie z. B. Na [57] eine Rolle. Die Ausbeute kann folgendermaßen abgeschätzt werden [54]:

$$Y_{sl} = \frac{e_0}{j_p} \ [\Phi(T_a + \Delta T_{sl}) - \Phi(T_a)] \ ; \tag{23a}$$

$$\Phi(T) = p_s (2\pi m_s kT)^{-1/2} \quad \text{bzw.} \tag{23b}$$

$$\Phi(T) = n_s \ \sqrt{\frac{kT}{2\pi m_s}} \ \exp\left(-\frac{U_0}{kT}\right) \tag{23b'}$$

$$\Delta T_{sl} = 2\,E_p \ \frac{j_{Ar^+}}{e_0} \ \sqrt{\frac{t_{max}}{\pi \Lambda C_s(T)}} \ ; \tag{23c}$$

$$\Lambda = \frac{25\,k}{32\,C_{th}} \ \sqrt{\frac{kT}{\pi m_s}} \tag{23d}$$

Φ: Teilchenfluß (Dimension z. B. $\text{cm}^{-2}\,\text{s}^{-1}$) von der Oberfläche;
ΔT_{sl}:   effektive Erhöhung der Substrattemperatur,
p_s: Dampfdruck des Substrats [58],
m_s: Masse eines Substratatoms,
t_{max}:   maximale Dissipationszeit der Primärionenenergie (≤ 1 s in [54]),
Λ: Wärmeleitfähigkeit nach [54],
$C_s(T)$:   Wärmekapazität des Festkörpers [58].

Für das o. g. Beispiel 20 keV $Ar^+ \rightarrow Na$ (370 K) erhält man mit $j_p = 50\,\mu\text{A/cm}^2$ [57] und $C_s = 1{,}23$ J/(cm^3 K) [58] ein $\Delta T_{sl} = 23$ K. Da für Na aus [59] schmelzpunktsnahe Dampfdrücke extrapolierbar sind ($1{,}26 \cdot 10^{-4}$ Pa für 393 K und $1{,}35 \cdot 10^{-5}$ Pa für 370 K), empfiehlt sich die Anwendung von Gl. (23b)[8] [55] anstelle der in Gl. (23b') gegebenen Abschätzung [54], und man erhält mit Gl. (23a) $Y_{sl} = 1{,}0$. Diese 11% des Kaskadenanteils ($Y = 8{,}8$) befinden sich in Übereinstimmung mit dem experimentellen Wert in [57]. (Diese Übereinstimmung kann nicht als typisch gelten; die Datenbasis für zuverlässig untersuchte thermische Sputtereffekte ist klein. – Durch Lock-in-Technik wurden

---

[8] Effekte des sputterverstärkten Verdampfens werden vereinfachend zunächst als Verdampfung im Gleichgewicht bei einem Druck von p_s betrachtet. Dann kann die Verdampfungsrate der Kondensationsrate gleichgesetzt werden; diese ist nach der kinetischen Gastheorie wiederum gleich dem Produkt aus Flächenstoßrate $p_s(2\pi m_s kT)^{-1/2}$ und Kondensationskoeffizienten (hier $\equiv 1$). Ferner geht man davon aus, daß sich die Verdampfung auch bei ausbleibender Kondensation in gleich berechenbarer Weise fortsetzt [55].

in [57] Beiträge sputterunabhängiger Verdampfung ausgeschlossen.) – Die SN-Energien liegen im 0,01-eV-Bereich.

Formuliert man wie folgt [55] die Energieverteilungen für die thermischen Anteile gesputterter Teilchen $f(E_{SN,th})$, so befindet man sich in Übereinstimmung den experimentellen Befunden in [60] („thermal sputtering" steht sowohl für „spike" als auch für „slow"; vgl. Abb. 17):

$$f(E_{SN,th}) = \frac{dY_{th}}{dE_{SN,th}}$$

$$= Y_{th} \frac{1}{\Gamma(n+1)\,(kT_{th})^{n+1}}\; E_{SN,th}^{n}\, \exp\left(-\frac{E_{SN,th}}{kT_{th}}\right) \qquad (24)$$

$n = 1$ für th = sp; $n = 1/2$ für th = sl;
Γ: Gamma-Fkt.[9]:
$\Gamma(1/2) = \sqrt{\pi}$,
$\Gamma(3/2) = 1/2 \cdot \sqrt{\pi}$;
$T_{sl} = T_a + \Delta T_{sl}$.

Sonstige Sputtereffekte

Besondere Bedingungen gelten für das Sputtern von Einkristallen [13, 29, 42, 61]. Werden z. B. ihre Kanäle getroffen, so können Primärteilchen erheblich tiefer in das Target vordringen („Channeling"). Ausbeuten, Energie- und Winkelverteilungen sind in besonderem Maße vom Primärionen-Einfallswinkel und der Kristallorientierung abhängig.

Bei $E_p = 1{-}10$ keV werden von den meisten Materialien größenordnungsmäßig 0,1–1 Elektronen freigesetzt – von der z. B. in Dynodenverstärkern (s. Abschn. 2.5.3) verwendeten Cu-Be-Legierung jedoch etwa zehnmal so viel. Ähnlich hohe Sekundärelektronenausbeuten wurden an oxidierten Metalloberflächen unter O_2^+-Beschuß gefunden [62]. Von der Probe abfließende bzw. durch U_{DBM} hinwegbeschleunigte Sekundärelektronen täuschen zu hohe positive Ionenströme zur Probe vor.

Schwer sputterbare Verunreinigungen bewirken die Ausbildung von oft µm-hohen Erhebungen (Sputterconen, vgl. Abb. 18); Wellenmuster bilden sich bei schrägem Primärioneneinfall nach hohen Fluenzen aus [13, 49].

Zusammenfassung

Bei näherer Betrachtung des Sputterprozesses mit Primärionen von 0,1–1 keV Energie erweist sich die Emission von Substratatomen als nur ein

---

[9] Die Integration des auf Y_{th} folgenden Ausdrucks ergibt jeweils 1. Er schließt außerdem eine MAXWELL-BOLTZMANN-Energieverteilung $f(E)\,dE = (2/\sqrt{\pi}) \cdot (kT)^{-3/2} \cdot \sqrt{E} \cdot \exp(-E/kT)\,dE$ (umgeformte Gl. (1) in allgemeiner Formulierung) als Spezialfall ein [55].

Abb. 18. REM-Bild einer mit ca. 10^{20} $560\,eV\text{-}Ar^+/cm^2$ gesputterten Al-Oberfläche. Der höchste Al_2O_3-Überrest (hell, links) ist ca. 20 µm lang

Effekt unter anderen, zu denen z. B. nm-tiefe Implantation von Primärteilchen und im Zusammenhang damit Durchmischung atomar scharfer Grenzflächen gehören. Alle drei Vorgänge sind von Primärionenenergie E_p, -einfallswinkel θ und -masse M_p abhängig: Je schwerer das Primärion, je größer θ und je kleiner E_p ist, desto dünner ist in erster Näherung die gestörte Schicht. Die Sputterausbeute Y hingegen wächst mit E_p, θ und M_p. Polykristalline Substrate erfahren durch den Winkeleffekt eine Aufrauhung. Gesputterte Atome (SN), die aus typischen Stoßkaskaden stammen, besitzen eine Vorzugsrichtung, die grob einer Primärionenreflexion ähnelt, sowie eine Energieverteilung im eV-Bereich. Thermische Sputterprozesse, die bei Metallen i. a. unwesentlich sind, führen zu SN-Energien einiger 10–100 meV.

2.3.2 Legierungen, Verbindungen

Allgemeines

Es ist, wie erwähnt, die Entkopplung der Atomisierung bzw. des Sputterns von der Ionisation bzw. Signalanregung, die den einfachen Quantifizierungsansatz der SNMS ermöglicht (s. Abschn. 3.1). Dieser prinzipielle methodische Vorteil wird allerdings durch instrumentelle Gegebenheiten eingeschränkt. So ist z. B. das Nachweissystem der Plasma-SNMS auf kaskadentypische Teilchenenergien (eV) eingestellt, während thermische (meV) ausgefiltert werden (s. Abschn. 2.5.1; Energien aufgrund der Beschleunigung durch das Plasmapotential unberücksichtigt). Falls es also beim Sputtern von Verbindungen zu untypischen Energie- oder auch Winkelverteilungen kommt, ist trotz jener Entkopplung mit Matrixeffekten bei der Quantifizierung zu rechnen. Solche können ferner durch molekulare Emissionen verursacht werden, die zu Lasten der atomaren gehen; sie sind zwar bei Elementen untypisch, bei Verbindungen jedoch häufiger, wie im folgenden gezeigt werden soll.

Das Kaskadenmodell beschreibt weiterhin den grundlegenden Stoßmechanismus im Innern des Materials. Zur Abschätzung von R_p nach Gl. (13) kann für Verbindungen bei nur geringem Fehler ($< 15\%$ für Molmassenverhältnisse < 5) mit gewichteten Mittelwerten von Z und M gerechnet werden [13], so daß sich z.B. für $560\,eV\text{-}Ar^+ \rightarrow SiO_2$ (Quarzglas, $\rho_s = 2,1\,g/cm^{-3}$) ein $R_p = 1,65\,nm$ ergibt. Das Kaskadenmodell impliziert in Festkörpern mit verschiedenen Atommassen jedoch auch unterschiedliche Energieübertragungsfaktoren sowie Reichweiten gestoßener Atome. Noch größeren Einfluß auf die – weiterhin i.a. direkt von der Oberfläche ausgehende – Teilchenemission haben nun ferner matrixabhängige, d.h. v.a. chemisch-physikalische Eigenschaften des gesputterten Materials[10], z.B. die jeweilige Oberflächenbindungsenergie U_0 des Legierungs- bzw. Verbindungselements [64] und dessen Oxidationszustand [31]. Mit starken Einschränkungen (Abweichung um Faktor 2 [65]) kann U_0 im Falle von Legierungen auch weiterhin mit der Sublimationsenthalpie ΔH°_{sub} angenähert werden (Tabelle 1). Im Falle von Verbindungen steht jedoch für die unter Normalbedingungen gasförmigen Elemente ebensowenig eine realistische, allgemein anwendbare Datenbasis zur Verfügung wie für ihre metallischen oder halbmetallischen Partner.

Die Emission angeregter und geladener Atome kann bei chemischen Verbindungen beträchtliche Ausmaße annehmen, was nach dem Bindungsbruchmodell auf den Zerfall unmittelbar emittierter „Quasimoleküle" z.B. gemäß

$$[AB^*]^{\neq} \rightarrow A^* + B\,;\ [AB^*]^{\neq} \rightarrow A + B^*\,;\ [AB^*]^{\neq} \rightarrow A^+ + B^-\,;\ \dots \quad (25)$$

zurückgeführt wird [31]. Hiernach entstehen nicht nur elektronisch angeregte Atome mit Lebensdauern dieses Zustands im ns-Bereich – d.h. Eintritt ins Plasma im Grundzustand – sondern auch in metastabilen Anregungszuständen, deren hohe Lebensdauern ($>$ ms [31]) die Ionisation im Plasma erleichtern würden. Das Aufkommen von elektronisch angeregten Teilchen, also auch von Metastabilen, ist allerdings proportional zu $\exp(-E_i)$ (E_i: Energieniveau), so daß sehr hoch angeregte und damit sehr leicht zu ionisierende metastabile Zustände zunächst nur als gering populiert anzunehmen sind [31, 44].

---

[10] Es wird somit angenommen, daß der Sputter-Emissionsprozesses von Verbindungen v.a. durch die chemische Beschaffenheit der *Oberfläche* bestimmt ist. Dies rechtfertigt weitgehend die im folgenden häufig vorgenommene Übertragung von Ergebnissen aus Experimenten mit (Halb-)Metallen, die nur oberflächlich modifiziert worden sind (Chemisorption, Beschuß mit Ionen chemisch reaktiver Elemente, z.B. $O_2^+ \rightarrow Si$), auf die entsprechende Verbindung (SiO_2) oder gar Verbindungsklasse (Oxide) überhaupt. Derartige Schlußfolgerungen sind nur solange gültig, wie keine oberflächliche An- oder Abreicherung einer Komponente erfolgt, z.B. Metall aus Halogenid oder O aus Oxid [63]. – Die vorliegende Übersicht stellt eine vereinfachte „Momentaufnahme" eines bislang nur teilweise bearbeiteten Forschungsgebietes dar.

Eine größere Stabilität von „Quasimolekülen" bewirkt ein u. U. beträchtliches Aufkommen an detektierten Molekülen. Hiermit ist dann zu rechnen, wenn, einem einfachen *Direkt-Emissionsmodell* (DEM) zufolge, für eine binäre Legierung oder Verbindung AB folgende Forderung erfüllt ist [44][11]:

$$U_{0,AB} \leq E_{DEM} \equiv E_{b,AB} \left(1 + \frac{m_A}{m_B} \right); \quad m_A > m_B \tag{26}$$

$U_{0,AB}, E_{b,AB}$: Oberflächenbindungsenergie bzw. Bindungsstärke (Dissoziationsenergie) eines AB-Moleküls.

Numerische Werte für den rechten Teil von Gl. (26) und damit für E_{DEM} sind leicht zugänglich ($E_{b,AB}$ aus [58]); $U_{0,AB}$ hingegen muß aus Daten für Metalle (Tabelle 1) bzw. Oxide (7–20 eV [66]) oder aus experimentellen Energieverteilungen abgeschätzt werden. – Seiner Elektronenaffinität entsprechend trägt das direkt emittierte Molekül eine negative Ladung davon [67]; die Wahrscheinlichkeit hierfür gilt, verglichen mit der Emission neutraler Moleküle, als in der Regel relativ gering. Moleküle machen häufig den größten Teil des SI^--Spektrums aus und stellen einen guten Indikator für die chemischen Verhältnisse an der freigelegten Oberfläche dar [68, 69]. Dies gilt im übrigen auch für neutrale Moleküle [70].

Für jede emittierte Spezies – Atom oder Molekül, SN oder $SI^\pm$ – gilt nun im Prinzip eine andere Energiebarriere U_0; damit erhalten die jeweiligen Sputterausbeuten unterschiedliche Werte [vgl. Gl. (15)]. Bei Beginn des Sputtervorgangs wird zunächst das Element mit der größten Ausbeute bevorzugt abgetragen (präferentielles Sputtern). Dadurch entsteht eine stöchiometrisch *veränderte* Schicht, für deren Dicke im einfachsten Fall – Ausschluß von Diffusion u. a. Effekten, reiner Kaskadenprozeß – näherungsweise R_p genommen werden kann [65]. Wie bei der durch das Eindringen von Primärteilchen in ein Reinelement *gestörten* Schicht (s. Abschn. 2.3.1, Abb. 14) entsprechen die Dosis bzw. die Zeit bis zum Erreichen des stationären Zustands ungefähr den Werten, die für ihren Abtrag notwendig sind.

Als zusätzliche Erklärungen für präferentielles Sputtern werden in [55, 65] auch thermische bzw. thermodynamische Effekte diskutiert. Während sie für Legierungen bei Raumtemperatur nahezu ausnahmslos vernachlässigt werden können, wird für ihr Wirksamwerden in [55] das Kriterium eines Dampfdrucks von 1–100 MPa bei einer Spiketemperatur von ca. 4000 K genannt. Es ist insbesondere dann leicht erfüllt, wenn die Zersetzungs-

---

[11] Eine Stoßkaskade trifft ein schweres (z. B. Metall-)Atom A, welches dadurch noch im Festkörper eine für die spätere gemeinsame AB-Sputteremission mehr als hinreichende Energie erhält. Ein direkt an A gebundenes, leichteres B-Teilchen erhält nun durch unelastischen Stoß soviel Energie übertragen, daß sich noch im Festkörper selbst ein AB-Molekül mit der Energie $E_{AB,i}$ in Bewegung setzt. Auf B entfällt dabei der Anteil $E_{B,i} = E_{AB,i} m_B/(m_A + m_B)$. Dieser sollte nicht größer sein als die Bindungsenergie des AB-Moleküls $E_{b,AB}$, da es sonst sofort wieder zerfällt. Nun muß noch die Oberflächen-Energiebarriere von AB, $U_{0,AB}$, überwunden werden, so daß als beobachtbare SN-Energie $E_{AB} = E_{AB,i} - U_{0,AB}$ verbleibt. E_{AB} muß Werte größer null annehmen.

temperatur einer Verbindung im Bereich von 2000–4000 K liegt. Für den Spike am Ende der Sputterkaskade kann kein lokales thermisches Gleichgewicht unterstellt werden, da das „Quenching" des Hochtemperatur-Übergangszustands mit einer Größenordnung von 10^{14} K/s erfolgt [71]. Vielmehr ist davon auszugehen, daß in dem heißen, ca. 2 nm ausgedehnten Bereich an der Einschlagstelle des Primärions innerhalb des Zeitraums von ca. 10^{-11} s sich thermodynamisch begünstigte Verbindungen bevorzugt bilden. Insbesondere wird in [72] die Rolle von energetisch bestimmten Vorgängen am Ende von oberflächennah auslaufenden Stoßkaskaden diskutiert: Flüchtige Komponenten werden – so die Schlußfolgerung aus dem Experiment – solange emittiert, bis die verbleibenden Atome eine Enthalpie*erhöhung* von 0,6–0,8 eV je Atom gegenüber ihrem thermodynamischen „Normalzustand" erhalten haben: Dieser energetisch weitestgehenden Zustandsänderung des oberflächennahen Bereichs entspricht die neue Stöchiometrie der stationär veränderten Schicht im sog. Sputtergleichgewicht.

Nach der Beendigung des übergangsweisen präferentiellen Sputterns beginnt also die Existenz der stationär veränderten Schicht. Sie emittiert vakuumseitig insgesamt, d.h. über alle Spezies addiert, permanent im stöchiometrisch richtigen Verhältnis, obwohl sie es selbst nicht aufweist, und wird substratseitig kontinuierlich nachgebildet. Dies geschieht solange, wie die ursprüngliche Schichtstöchiometrie erhalten bleibt bzw. gültig ist.

Die korrekte Wiedergabe der Stöchiometrie c_X im (idealerweise) atomaren SN-Fluß [$Y_X = Y \cdot c_X$, Gl. (33a), Abschn. 3.1], aus dem die SNMS ihr Signal bezieht, steht im Gegensatz zur Analyse der veränderten Schicht selbst, wie sie z.B. in AES und XPS vollzogen wird. Mit diesen Methoden ist man andererseits im Idealfalle in der Lage, zerstörungsfrei, d.h. ohne zu sputtern, einen Schichtdickenbereich von einigen Atomlagen zu analysieren, der zur Herstellung des stationär stöchiometrischen SN-Flusses erst abgetragen werden muß (vgl. analog Abschn. 2.3.1, „Gestörte Schicht", Abb. 14). – Am Ende einer Schicht mit homogener Stöchiometrie erfolgt der Abbau des alten Konzentrationsmikroprofils zugunsten eines neuen. Hier ist eine einfache Quantifizierung ebensowenig möglich wie bei der anfänglichen Einstellung des „Sputtergleichgewichts" (vgl. Abb. 19, „Oxide").

Kaskadenprozesse dürften beim Sputtern im stationären Zustand dominieren; es ist jedoch auch davon auszugehen, daß diejenigen – matrixabhängigen – Prozesse nicht völlig außer Kraft sind, die beim präferentiellen Sputtern, d.h. beim anfänglichen Aufbau der veränderten Schicht, eine Rolle gespielt haben. – Durch Diffusions- und Migrationsprozesse, z.B. von leicht beweglichen Alkaliionen in Glas unter dem Einfluß von Energie bzw. Ladung des Primärionenstrahls [73], kann die so zusätzlich veränderte Schicht noch erheblich dicker als etwa R_p werden.

Molekül-Sputterausbeuten Y_{AB} sind E_p-abhängig: Abgesehen von der absoluten Erhöhung mit steigender Primärenergie wächst auch ihr relativer Anteil, bezogen auf die atomare SN-Emission [vgl. Gl. (15, 16)] [34, 74]. Die Ausbeuten direkt emittierter Moleküle (nach DEM) befolgen dabei nicht die lineare Abhängigkeit $Y_{AB} \propto Y^2$, die für die Clusterbildung durch – angenähert – statistisches Zusammentreffen unabhängig gesputterter Atome charakteristisch ist ([70], s. Abschn. 2.3.1).

Die Winkelverteilungen von atomaren SN großer Massenunterschiede können sich besonders bei den in der Plasma-SNMS niedrigen E_p von einigen hundert eV deutlich unterscheiden. Die Ursache hierfür liegt darin, daß niedrige E_p relativ oberflächennahe Rückstoßkaskaden auslösen (kleine R_p, Abschn. 2.3.1). Die Modellvoraussetzung isotroper und – zwischen Stoßpartnern unterschiedlicher Masse – ausgeglichener Impulsverteilungen im Innern ist dann in geringerem Maße erfüllt als bei „tieferen" Kaskaden. „Direktere" Rückstoßeffekte bei senkrechtem Einfall relativ energiearmer Primärionen können daher dafür verantwortlich gemacht werden, daß ein leichteres Atom mit höherer Wahrscheinlichkeit in Richtung der Flächennormalen emittiert als sein schwererer Nachbar [65].

Emittierte positive bzw. negative Sekundärionen $SI^{\pm}$ erfahren in der Plasma-SNMS durch das betragsmäßig $(U^*_{DBM} + U_{pl-w})/(D + x_{s,0})$ starke elektrische Feld (z.B. 556 V/3,65 mm, vgl. Abschn. 2.2) zwischen Probenoberfläche und Plasmarand je nach Ladung unterschiedliche Ablenkungen. So läßt sich für dieses Beispiel leicht abschätzen, daß ursprünglich unter $\varphi = 45°$ emittierte 2,3 eV-O^- auf $\varphi' = 2,5°$ gebündelt werden. Hingegen kehren SI^+ zur Oberfläche zurück, und zwar typischerweise mit µm-Abständen von der Emissionsstelle (2,3 eV-Si^+ mit $\varphi = 45°$ bei 152 kV/m – s.o. – rechnerisch innerhalb von 7,6 µm). Diese Annullierung des SI^+-Beitrags zu Y führt im wenig häufigen Falle hoher SI^+-Ausbeuten zu deutlich verringerten Sputterraten dz/dt [13] und trägt entscheidend zur relativ guten Quantifizierbarkeit der Plasma-SNMS bei.

Legierungen [65]

Nach [75] kann beim Kaskadensputtern von Legierungen die Größe $C_Y \propto Y \cdot U_0$ als Maß für die an der Oberfläche wirksame Rückstoßenergiedichte betrachtet werden (vgl. Gl. 15a). Wenn C_Y für zwei Elemente A und B annähernd gleich ist, so ist aus deren Element-Y-Verhältnis die oberflächliche Anreicherung der schwerer sputterbaren Komponente ablesbar (letztere besitzt in der Regel die absolut größere $\Delta H^°_{sub}$); wenn nicht, so wird die massereichere angereichert (s. Tabelle 2), weil die leichtere bei direkter Kollision mit einem Primärteilchen in größere Tiefen zurückgestoßen wird („Rückstoßteilchen" in Abb. 8b). – Hervorzuheben ist ferner, daß eine homogene Metallphase (feste Lösung) entsprechend homogen gesputtert wird und schnell den stationären Zustand der veränderten Schicht erreicht, während eine mikrokristalline heterogene Mischung hingegen sich für eine längere Zeit, die etwa dem Abtrag eines Mikrokristalls der schlechter sputterbaren Komponente entspricht, in einem Übergangszustand befindet (als Extremfall vgl. Abb. 18). – Y ändert sich im einfachsten Falle homogener binärer Legierungen mit den Molenbrüchen c_A und c_B zwischen Y_A und Y_B; jedoch sind auch Gesamtausbeuten beobachtet worden, die höher als jede einzelne

Tabelle 2. Beispiele für oberflächliche Anreicherungen beim Sputtern von binären Legierungen (vgl. Tabelle 1)

A–B	Mg-Al	Pb-Sn	Ag-Au	Ag-Cu	Cu-Ni	Au-Cu	Cr-Fe	Fe-Ni	Ni-Al	Cr-Al	Be-Cu
$C_{Y,A}/C_{Y,B}$[a]	0,95	1,00	1,00	1,09	1,01	1,09	0,97	0,98	1,37	1,30	0,34
Y_A/Y_B[a]	2,1	1,6	1,4	1,3	1,3	1,0	1,0	1,0	1,0	1,1	0,35
angereichert:[b]		Komponente mit kleinerem Y							schwerere Kompon.		
	Al	Sn	Au	Cu	Ni	---	---	---	Ni	Cr	Cu

[a] n. Gl. (15) für Ar^+, $E_p = 560$ eV, $\theta = \varphi = 0°$ und $U_0 = \Delta H^\circ_{sub}$ berechnet;
[b] experimentell, n. [65], ---: keine Anreicherung beobachtet.

der beiden Komponenten sind. – Bezüglich U_0 treten ggf. konzentrationsabhängige Verschiebungen in den Grenzen der beiden ΔH°_{sub}-Werte auf, ohne daß U_0 jedoch für beide Partner den gleichen Wert annehmen muß [76].

Metallhalogenide

Insbesondere bei Alkalihalogeniden ist von erheblicher, wenn nicht überwiegender $SI^\pm$-Emission auszugehen [61]. Die Cl^-- und CN^--Ausbeute je 3 keV-Ar^+-Ion ($\theta = 70°$) von HCl- bzw. HCN-behandelter Ag-Oberfläche vor Erreichen der stationär veränderten Schicht wurde in [82] zu 1, 3 bzw. 6 bestimmt – die gleiche Größenordnung wie $Y = 8$ für reines Ag. Für Halogenide ist bekannt, daß Elektronenstrahlen mit $E_e > 5-10$ eV sputterwirksame Excitonen (Paare aus Löchern im Valenzband und freien Elektronen) erzeugen können (z. B. größenordnungsmäßig $1-10$ Atome je 500 eV-e^- [83]). Vor diesem Hintergrund wird unterstellt, daß auch der Primärionenstrahl Kristalldefekte verursacht, deren Relaxation zur Emission thermischer Halogenatome führt [63, 80, 83, 84]. Je nach Schmelz- bzw. Siedetemperatur kann das verbleibende Metall dann über Stoßkaskaden, durch Spikes oder Verdampfen emittiert werden (Abschn. 2.3.1). Wie am Beispiel von NaCl anhand von Energieverteilungen demonstriert wurde [78], wachsen dabei die Kaskaden- und Spike-Anteile von Na mit der Primärionenmasse ($He^+ - Xe^+$) von ca. 10 auf ca. 50 % (Kaskade) bzw. 25 % (Spike), während der Anteil langsam verdampfter Atome von ca. 80 % auf ca. 20 % zurückgeht. – Sowohl für die Metall(M)- als auch die Halogenatome (X) werden dabei relativ geringe U_0 im Bereich $0,1-1$ eV beobachtet [63, 79, 80, 81]. Für M liegen sie in der Regel unter den ΔH°_{sub}-Werten, selbst im Falle der Alkalimetalle (vgl. Tabelle 1). Aus X-Energieverteilungen lassen sich Spike- bzw. Verdampfungstemperaturen im Bereich von $1000-2000$ bzw. $300-600$ K ablesen, wobei Verdampfung hier mit Exciton-initiierter Emission gleichbedeutend ist. – Auch in der Plasma-SNMS wurden Hinweise auf niederenergetische Alkalimetallatome gefunden [85].

Tabelle 3 faßt das stationäre SN-Emissionsverhalten einiger Halogenide zusammen. Die Kaskadenanteile überwiegen in der Regel, jedoch nicht immer; Fluoride scheinen, ihrem thermochemischen Verhalten ensprechend,

Tabelle 3. SN-Emissionen einiger Halogenide MX bei Raumtemperatur*

$\downarrow$M–X$\rightarrow$		F	Cl	Br	I
Na	Na	+/–/–[a]	21/13/66[b]		+/?/+[c]
	X		+/?/?[a]		66/10/24[d] NaI[a]
K	K		+/–/–[a]	+/–/–[a]	+/–/–[a]
	X		+/+/–	+/?/?	+/+/+ KI,I$_2$
Rb	Rb		81/14/5[d]	77/16/7[d]	70/17/13[d]
	X		53/29/18	63/27/10	+/+/–
Cs	Cs		+/?/?[a]	?/?/+[a]	?/?/+[a]
	X		+/?/? CsCl	+/?/?	
Ag	Ag	+/–/–[e]		+/–/–[e]	
	X	+/–/– AgF		+/–/– AgBr, Br$_2$	
Ca**	Ca	+/–/–[f]			
	F	?[f]			
Cd**	Cd				40/43/17[e]
I					57/29/14 CdI
Pb**	Pb				76/21/3[e]
	I				70/17/13

* Anteile: Kaskade/spike/slow bzw. Exciton; +: nachgewiesen, ?: keine Angaben, –: nicht nachgewiesen, bzw. jeweils %-Angabe; in der 2. Zeile ggf. auch Angabe über nachgewiesene molekulare Emission (diese in [e]: > 10% relative Intensität).
** MX$_2$.
[a] [77], 6keV Ar⁺; [b] [78], 20 keV Ar⁺; [c] [79], 10–30 keV Ar⁺; [d] [80], 6 keV Xe⁺; [e] [81], 6 keV Xe⁺; [f] [63], 15 keV Ar⁺.

eine geringe Verdampfungstendenz in Spikes oder durch Excitonen aufzuweisen. Hohes MX-Aufkommen ist auch, aber nicht ausschließlich mit hohen Massendifferenzen zwischen M und X und damit hohen E_{DEM} verknüpft (vgl. AgF und LiJ [85] z.B. mit AgBr). X_2-Emissionen sind in der Regel rein thermisch.

Metall- und Halbmetalloxide

Sputterausbeuten von Oxiden liegen in der Regel deutlich, d.h. um einen Faktor zwischen 2 [86] und 8 [44], unter denen der entsprechenden Metalle. Das Sputterverhalten von Oxiden richtet sich weitgehend nach deren chemisch und thermodynamisch bedingtem Reaktionsverhalten unter Energiezufuhr. Die experimentellen Befunde zum Sputterverhalten in Tabelle 4 bestätigen zumeist die unter „Allgemeines" genannte Regel der bedingten Energieerhöhung von Oberflächenatomen: Durch die oberflächennah auslaufende Stoßkaskade mit Energien im unteren eV-Bereich sinkt der oberflächliche O-Anteil, bis die Atome des entstehenden niedereren Oxids einen um bis zu $0{,}7 \pm 0{,}1$ eV höheren Zustand – ggf. natürlich auch einen energieärmeren – eingenommen haben. Ist ein solcher nicht vorhanden, so wird „kongruent" gesputtert (s. z.B. die MO$_x$ der II. u. III. Haupt- und Nebengruppen in Tabelle 4). Als Maß dient die in der Regel leicht zugängliche Standard-

Tabelle 4. Standardbildungsenthalpien je Atom $\Delta H^\circ_f/n$ und Sputterverhalten (SV) einiger Oxide M_mO_x ($n = m + x$; Lit.: [55, 58, 65, 72, 90])

M_mO_x	$-\Delta H^\circ_f / (n \cdot eV)$	SV[a]
Ag$_2$O	0,11	↑
AgO	0,07	↑
Al$_2$O$_3$	3,5	−
Au$_2$O$_3$	0,02	↑
B$_2$O	4,4	
B$_2$O$_3$	2,6	−
BaO	2,9	−
BeO	3,1	−
BiO	1,1	
Bi$_2$O$_3$	1,2	↑
CaO	3,3	−
CdO	1,4	−
Ce$_2$O$_3$	3,8	
CeO$_2$	3,6	↑
CoO	1,2	−
Co$_2$O$_3$		↑
Co$_3$O$_4$	1,3	↑

M_mO_x	$-\Delta H^\circ_f / (n \cdot eV)$	SV
Cr$_2$O$_3$	2,4	−
CrO$_2$	2,1	
CrO$_3$	1,5	
Cu$_2$O	0,6	−
CuO	0,8	↑
FeO	1,4	−
Fe$_3$O$_4$	1,7	↑
Fe$_2$O$_3$	1,7	↑
Ga$_2$O	1,2	
Ga$_2$O$_3$	2,2	−
GeO	1,3	
GeO$_2$	1,9	−
HfO$_2$	3,9	↑
In$_2$O$_3$	1,9	−
IrO$_2$	0,6	↑
La$_2$O$_3$	3,7	−
MgO	3,1	−

M_mO_x	$-\Delta H^\circ_f / (n \cdot eV)$	SV
MnO	2,0	−
Mn$_2$O$_3$	2,0	↑
MnO$_2$	2,7	↑
MoO$_2$	1,9	−
MoO$_3$	2,0	↑
NbO		−
NbO$_2$	2,8	↑
Nb$_2$O$_5$	2,8	↑
NiO	1,3	↑
PbO	1,2	↑
PbO$_2$	1,0	↑
PdO		↑
RuO$_2$	0,8	↑
Sc$_2$O$_3$	3,6	−
SiO$_2$	3,0	−
SnO	1,5	−
SnO$_2$	2,1	↑

M_mO_x	$-\Delta H^\circ_f / (n \cdot eV)$	SV
SrO	3,1	−
Ta$_2$O$_5$	3,1	↑
ThO$_2$	4,3	↑
TiO	2,7	↑
Ti$_2$O$_3$	3,1	−
TiO$_2$	3,3	↑
UO$_2$	3,8	−
U$_3$O$_8$	3,4	↑
VO	2,2	−
V$_2$O$_3$	2,6	−
V$_2$O$_5$	2,4	↑
WO$_2$	2,0	↑
WO$_3$	2,2	↑
Y$_2$O$_3$	3,6	−
ZnO	1,8	−
ZrO$_2$	3,8	↑

[a] ↑: Reduktion, −: keine Änderung des Oxidationszustands; (leer): keine Angaben in der Lit.

bildungsenthalpie ΔH°_f [72]. Für größere Reduktionssprünge als um 0,8 eV/Atom gibt es zumeist plausible chemische Erklärungen: Die IV. und V. Nebengruppe mit ihrer Vielfalt an Oxidationsstufen und in ihrer Koordinationschemie (z. B. TaO$_{2-2,5}$: Ta-Atome auf Ta$_2$O$_5$-Zwischengitterplätzen) bieten zusätzliche Möglichkeiten zu sputterinduzierter Reduktion, die aus den ΔH°_f-Daten nicht unmittelbar ersichtlich sind. Diese sind außerdem nicht für alle Zustände greifbar (z. B. auch nicht für Th(III)). Das Sputterverhalten von NiO, PbO und WO$_2$ erklärt sich schließlich aus thermischer Zersetzung: Die extrapolierten Dampfdrücke bei 4000 K hypothetischer Spiketemperatur liegen für diese Oxide lt. [55] bei 300, 9 bzw. 200 MPa.

Diese v. a. thermodynamischen Triebkräfte können eine genaue Quantifizierung von SNMS-Tiefenprofilen erschweren. In dem in Abb. 19 gezeigten Beispiel wird zuoberst zunächst bevorzugt O abgetragen, wobei Ti(IV) in niedrigere Oxidationsstufen übergeht (Nachweis mit XPS in [87]) und sich anreichert **a**. Dies wird erst kurz vor Erreichen des TiO$_2$/Al$_2$O$_3$-Interfaces

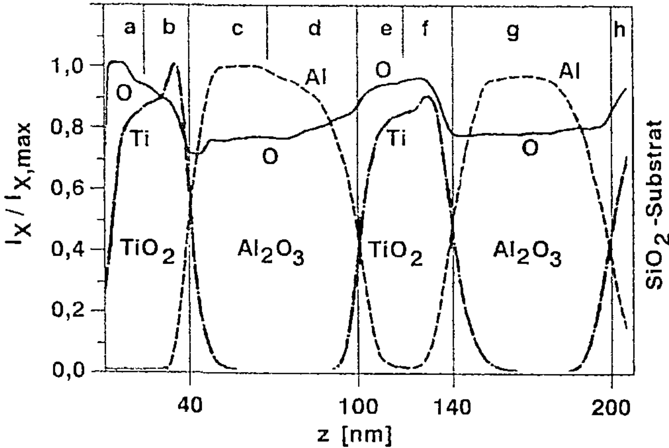

Abb. 19. e$^-$-Strahl-SNMS-Tiefenprofil an einem Mehrschicht-Oxid [87]

Tabelle 5. Sekundärionenausbeuten oberflächlich oxidierter Metalle (statische SIMS[12] [82, 91])

Element	Y(M$^+$)	Y(MO$^+$)	ΣY(SI$^+$)	ΣY(SI$^-$)	Y(M)[a]
Al	2,0	–	–	–	5
Cr	1,1	0,15	1,25	0,2	6
Cu	0,0045	–	–	–	7
Fe	0,38	–	–	–	6
Mg	0,16	–	–	–	10
Nb	0,05	0,3	0,5	0,05	·3
Ni	0,02	–	–	–	6
Ta	0,002	0,02	0,03	0,02	3
V	0,3	0,55	0,9	0,02	4

[a] n. Gl. (15, 18) abgeschätzte Vergleichswerte für SN-Ausbeuten an nichtoxidiertem Metall unter gleichen Bedingungen (3 keV Ar$^+$ → M, θ = 70°).

sichtbar **b**, wo die dergestalt veränderte Schicht beseitigt wird. In Al$_2$O$_3$ gibt es kein präferentielles O-Sputtern, so daß das I$_{Al}$/I$_O$-Verhältnis zunächst konstant ist **c**. In der Al$_2$O$_3$-Schicht tritt nun nach und nach Durchmischung mit dem darunterliegenden TiO$_2$ auf, von dem zunächst nur vermehrt O emittiert wird **d**; das in der veränderten Schicht angereicherte Ti kommt wiederum erst bei ihrer Zerstörung in **f** zum Vorschein. Die in **g** folgende Al$_2$O$_3$-Lage zeigt im Gegensatz zu **d** weitgehend konstante Intensitätsverhältnisse, weil das darunter liegende Substrat aus SiO$_2$ besteht. Dieses emittiert, ähnlich wie Al$_2$O$_3$, kaum bevorzugt Sauerstoff.

---

[12] SIMS unter „statischen" Bedingungen: Die Primärionenfluenz (Teilchen/Fläche) ist noch so gering, daß jedes eintreffende Primärteilchen statistisch einen noch ungestörten Oberflächenbereich trifft – ein Zustand weit vor Erreichen der stationär veränderten Schicht, deren SI-Ausbeuten von den angegebenen Werten deutlich verschieden sein können.

Experimentelle Ergebnisse zur Frage der matrixabhängigen MO-Emissionen sowie der Energieverteilungen emittierter Spezies, insbesondere von Sauerstoff aus thermischer Zersetzung bei Spike-Temperaturen, sind bislang spärlich. Für niederenergetische O-Anteile wurden in [88] Hinweise gefunden. Das Auftreten von MO-Dimeren mit großer Massendifferenz zwischen M und O wurde als dem Direktemissionsmodell (DEM) gemäß befunden [44]: Ein hoher Anteil an gesputterten neutralen Molekülen führt zu MO-Intensitäten, die über denen der Metallatome M liegen (z. B. TaO und NbO aus M_2O_5 [44], $E_{DEM} = 100$ bzw. 53 eV). Aber auch für geringere Massendifferenzen wurden MO-Emissionen im 10%-Bereich abgeschätzt: SiO: 30% [6], TiO: 50% [89]; E_{DEM}: 23 bzw. 28eV). NbO- und TaO- sowie die entsprechenden Nb- und Ta-Energiespektren, in denen Peakverschiebungen $\leq 2{,}5$ eV gefunden wurden, erfordern keinen über das DEM hinausgehenden Emissionsmechanismus [44]. Dies ist bei anderen Oxiden möglicherweise anders [86]: An Ca- und Cr-Oberflächen steigt mit zunehmender O-Belegung der Anteil elektronisch bis hin zur Ionisation angeregter Teilchen stark an. Die Energieverteilungen von Metallatomen im Grundzustand verschieben sich zu deutlich höheren Werten bzw. verbreitern sich. So wurde das Maximum für Ca unter $3 \cdot 10^{-5}$ Pa O_2 bei 2,8 eV gefunden (ohne O_2: 0,7 eV). Für die direkte Emission von M-Atomen aus sieben ausgewählten Oxiden wurden theoretisch U_0-Werte abgeschätzt, die das 2-9fache der Metall-ΔH°_{sub}-Werte ausmachen können [66, 92] (experimentell: Faktor 3–5 [37, 92]). Für Sauerstoff ergeben sich $U_{0,O}$ zwischen 5 und 13 eV [66], und für $U_{0,MO}$ schließlich Werte, die ebenfalls um ein Mehrfaches über der ΔH°_{sub} des Metalls liegen können (z. B. 8,4 eV für CaO). Höherenergetische Beiträge in M-Energieverteilungen könnten also auch von atomaren Bruchstücken aus energiereichen MO-Dimeren stammen, die, z. T. auch aufgrund ihrer hohen elektronischen Anregung, von selbst oder im Nachionisationsschritt zerfallen sind (s. Abschn. 2.4.2). Überprüfungen durch entsprechende Energiespektren stehen für O und die meisten MO und M noch aus.

Die SI-Ausbeuten von Oxiden sind unterschiedlich: An O-belegtem Si wurde ein Verhältnis $Si^+ : Si^0 = 45 : 55$ gefunden; stöchiometrisches SiO_2 liefert einen noch höheren Wert [6]. In [63] wird ein Anteil von $\leq 25\%$ bei oxidiertem Cr genannt, in größenordnungsmäßiger Übereinstimmung mit den absoluten, an ungestörten Oberflächen gewonnenen SI^+-Ausbeuten in Tabelle 5. – Das Gesamtaufkommen an SI^- ist nach den vorliegenden Daten in der Regel vernachlässigbar (Tabelle 5, Sp. 5).

Metall- und Halbmetallnitride

Analog zu Oberflächen nach O_2-Chemisorption vervielfacht sich bei solchen, die mit NH_3 bzw. N_2 belegt wurden, die Emission von elektronisch angeregten M-Atomen (M = Cr, Ti, „MN-Oberfläche"), während sich die derjenigen im Grundzustand drastisch verringert (um ca. 90% bei Cr [93] bzw. 40% bei Ti [92]); für neutrale Ti-Atome wurde ein $U_0 = 12$ eV gefunden. Beides deutet auf einen Bruch von MN-Quasimolekülen hin, wie analog für Oxide diskutiert. Als E_{DEM} erhält man 18, 22 und 9 eV für die beispielhaft gewählten AB-Moleküle CrN, TiN und NB (exper.: $U_{0,\,TiN} = 12$ eV [92]), woraus sich für CrN und TiN geringe und für BN vernachlässigbare Stabilitäten emittierter MN-Moleküle abschätzen lassen. Entsprechend gering sind gemessene MN-Intensitäten; ferner gibt es analog zu den Oxiden Hinweise auf niederenergetische N-Anteile [88].

Carbide, Boride

Im Gegensatz zu Halogeniden, Oxiden und Nitriden gibt es bei Carbiden und Boriden keine als Element flüchtige Komponente. Diese beiden werkstoffrelevanten Substanzklassen weisen daher häufig Parallelen mit Legierungen auf. So wurde für Cr aus Cr_3C_2 ein U_0-Wert von 3 eV gefunden [94], die C-Energieverteilung in SiC entspricht qualitativ der von Si [88], und das relative Aufkommen an C-Clustern aus SiC gleicht weitgehend dem aus Graphit bzw. Glaskohlenstoff [95]. An B_4C jedoch finden sich für C-Atome Anteile mit relativ geringen Energien [88], die mit dem relativ niedrigen Siedepunkt von ca. 2700 K in Verbindung gebracht wurden.

H-Verbindungen

Wasserstoff tritt in Festkörpern zumeist an die Elemente X = C, N, O und S gebunden auf. Die entsprechenden E_{DEM} zwischen 46 eV (CH) und 118 eV (SH) legen hohe XH-Emissionen nahe, die in der Plasma-SNMS auch beobachtet und zur chemischen Spezifizierung genutzt werden [96]. Derartige Signale sind, wie an amorphem Si mit einem H-Gehalt von 0–20 at-% demonstriert [97], auch quantitativ auswertbar. Da die geringe Masse von H (M = 1) am Rande der Nachweismöglichkeit des handelsüblichen Quadrupols (s. Abschn. 2.5.2) liegt, empfiehlt sich bei diesem Massenspektrometer die Aufnahme von H-Tiefenprofilen anhand der XH-Bruchstücke. XH-Emissionen gehen jedoch zu Lasten der atomaren X-Signale; auch ist ggf. zu berücksichtigen, daß H an verschiedene Partner gebunden sein kann. Das interferenzarme, weil fast nur atomare Signale enthaltende Plasma-SNMS-Spektrum erleichtert die XH-Auswertung.

Oxosalze [71]

Das eingehend untersuchte Verhalten von Carbonaten, Nitraten, Sulfaten und Salzen mit Nebengruppen-Oxoanionen läßt sich weitgehend wie das der Oxide beschreiben, wobei jedoch zu diesen auch Unterschiede sichtbar werden und das Spike-Modell plausible Erklärungen für eindeutige experimentelle Befunde liefert. So wird z. B. mit XPS an Carbonaten, Nitraten und Sulfaten immer der Verlust flüchtiger XO_x (X = C, N, S) in der veränderten Schicht sowie bevorzugte Metalloxidbildung detektiert – neben geringen Gehalten an Carbiden, Sulfiden, Sulfiten und Nitriten. Nitride werden nicht gebildet, weil dies thermodynamisch benachteiligt ist; Nitrite und Sulfite sind

Tabelle 6. Reaktionen mit höchsten Dissoziationsdampfdrucken p bei 3333K [71]

Reaktion	$\dfrac{p}{MPa}$	Reduktion[a]?
a　$Na_2CrO_4(l) \rightleftarrows 1/2\ Cr_2O_3(l) + 2\ Na(g) + 5/4\ O_2(g)$	0,1	ja
b　$Na_2CrO_4(l) \rightleftarrows 2Na(g) + Cr(l) + 2\ O_2(g)$	0,03	nein
c　$Na_2MoO_4(l) \rightleftarrows 1/2\ Mo(s) + 2Na(g) + 1/2\ MoO_3(g) + 5/4\ O_2(g)$	0,05	ja
d　$MoO_2(l) \rightleftarrows 1/3\ Mo(l) + 2/3\ MoO_3(g)$	0,1	nein

[a] des Nebengruppen-Metallatoms zur Oxidationsstufe 0 gemäß XPS-Spektrum.

statistisch weniger begünstigt, weil ihre Existenz den Zusammenhalt bestimmter Atome in der ordnungslosen Stoßkaskade erfordert. – Manche XO_x sind in Plasma-SNMS-Spektren bereits detektiert worden, so z. B. SO mit unerwartet hohen 50% der S-Intensität [85]; das auf rein physikalischen Stoßprozessen basierende DEM hätte mit $E_{DEM} = 16\ eV$ ein deutlich geringeres Aufkommen nahegelegt. Ob die flüchtigen XO_x erwartungsgemäß mit thermischen Energien auftreten, ist noch weitgehend unklar; die O-Quantifizierung erwies sich bei Oxosalzen mit einem Hauptgruppen-Zentralatom jedoch als stark anionenabhängig [85]. – Ammoniumsalze mit Hauptgruppen-Oxoanionen zeigen keine Ausprägung einer stöchiometrisch deutlich veränderten Schicht, weil bei den anzunehmenden Spike-Temperaturen nur flüchtige (thermische?) Spezies entstehen.

Ist das Zentralatom des Oxoanions ein Nebengruppen-Metallatom M^a, so ist die Bildung flüchtiger Spezies zwar nicht völlig ausgeschlossen (z. B. $MoO_3\uparrow$, s. u.) häufiger jedoch bilden sich stabile Mª-Oxide, während v. a. die bei hohen Temperaturen (> 2000 K) leicht flüchtigen Alkalioxide thermisch abgereichert werden [71]. Die Bevorzugung von Reaktionen mit hohem Dissoziationsdampfdruck $p \geq 0,1 MPa$ bei ca. 3000 K dient dabei als experimentell zumeist verifizierter Mechanismus. Beispielhaft hierfür stehen die Reaktionen a und b in Tabelle 6, während c und d dem widersprechen. Als zusätzliches Kriterium wird die Ionizität der M^a-O-Bindung vorgeschlagen: Die Energiedissipation sei, so [71], in kovalenten Systemen geringer, d. h. die Spike-Energiedichte höher, als bei Ionen- oder Metallbindungen. Da das Mo-Atom im Molybdation deutlich kovalenter ist als in MoO_2, erhält es dort Energien, die auch eine Reduktion bis zur Stufe 0 bewirken können.

Zum qualitativ-chemisch sehr aussagekräftigen, quantitativ auch hier eher vernachlässigbaren SI^--Aufkommen von Oxosalzen siehe die Ausführungen und Beispiele in [72, 82, 85, 98].

Zusammenfassung

Beim Ionenbeschuß von Legierungen und chemischen Verbindungen bildet sich aufgrund von bevorzugter Emission der leichter sputterbaren Komponente anfänglich (innerhalb einiger s bzw. nm) eine stöchiometrisch veränderte Schicht. Deren stationäre Existenz stellt die Voraussetzung für eine stöchiometrisch „richtige" Teilchenemission dar, die die Grundlage für die relativ einfache SNMS-Quantifizierung bietet. Bisherige Ergebnisse deuten darauf hin, daß bei vielen Verbindungen, insbesondere solchen mit einem elementar gasförmigen Bestandteil, Teilchen mit thermischen Energien in nicht vernachlässigbarem Ausmaße auftreten. Ferner kommt es bei großen Massenunterschieden zwischen Legierungs- bzw. Verbindungspartnern zu erheblichen Molekülemissionen sowie zu Abweichungen von üblichen Winkelverteilungen.

2.4 Nachionisation

2.4.1 Allgemeines, atomare SN

Nur diejenigen SN können detektionswirksam nachionisiert werden, die in den in Abb. 20a skizzierten, $D + l_{pl} \approx (3,2 + 30)$ mm langen und $d_s \approx d_f = 5$ mm breiten Kanal hinein emittiert werden. Das Verhältnis des Integrals von $f_\varphi \approx \cos\varphi$ über den entsprechenden Winkel zu dem Integral über die gesamte Emissionshemisphäre ergibt einen Geometriefaktor $W_X \approx 7,5\%$ (vgl. Abb. 10b u. Abschn. 3.1). Hinzu kommt eine Auffächerung des SN^+-Strahls durch den konvexen Plasmarand vor dem Energiefilter, die noch nicht quantifiziert worden ist (Abb. 20a [99]). Die einfache Abschätzung des detektierbaren SN-Anteils W_X dürfte daher eher zu hoch liegen.

Abbildung 20b zeigt für ein typisches Plasma die MAXWELL-BOLTZMANN-Energieverteilung des Elektronengases und die 1. Ionisierungsenergien (IP) einiger Metalle, Nichtmetalle und Edelgase [s. Gl. (1), Plasmawerte aus Abschn. 2.2]: Kein Element des Periodensystems ist vom Prozeß $SN + e^- \rightarrow SN^+ + 2\,e^-$ grundsätzlich ausgeschlossen. Doppel- bzw. Zweitionisation ist hingegen wegen der hohen erforderlichen Elektronenenergien – i.a. zwischen ca. 10 und 30 eV – bzw. der großen freien SN-Weglängen (s. Abschn. 2.2) unwahrscheinlich. Die Bildung negativer Ionen durch Elektronenanlagerung erfolgt nur bei thermischen $E_e \approx 10^{-2}$ eV in nennenswertem Umfang [100].

Die Wahrscheinlichkeit α_X^0 der Elektronenstoß-Nachionisation des Elements X kann in erster Näherung als proportional angenommen werden zu [101]

– der mittleren Verweildauer Δt_X eines gesputterten X-Atoms im Nachionisationsvolumen bzw. auf der etwa l_{pl} langen Trajektorie (vgl. Abb. 20a),
– dem Ionisationswirkungsquerschnitt $s_X(\langle E_e \rangle)$ für den Stoß von X mit einem Elektron der mittleren Energie $\langle E_e \rangle = \frac{1}{2} m_e \langle v_e \rangle^2$ [Gl. (3) für X anstelle von G],
– der mittleren Elektronengeschwindigkeit $\langle v_e \rangle$ [gemäß kinetischer Gastheorie; vgl. Gl. (2) und Anm. 2] und

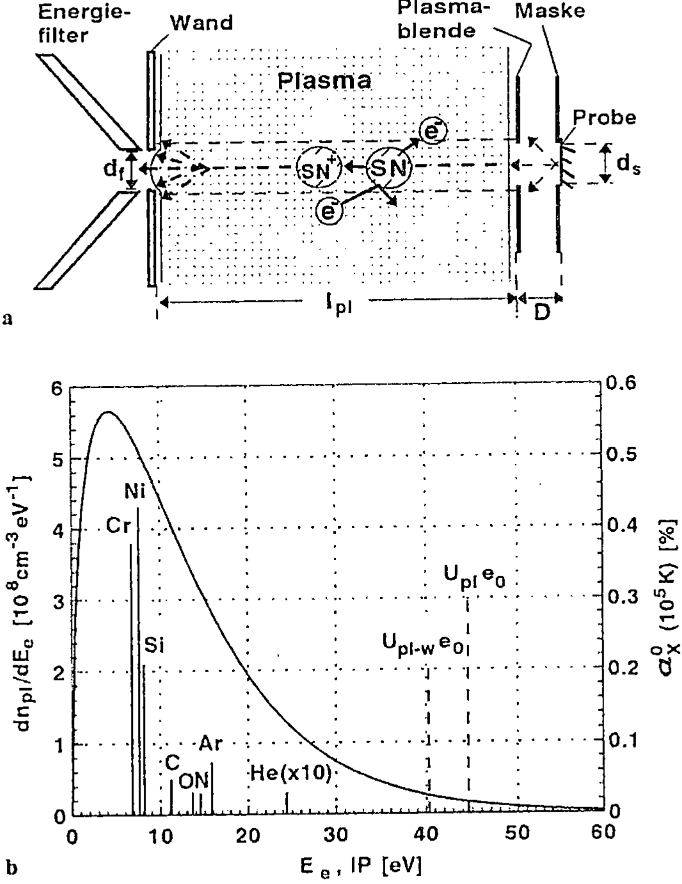

Abb. 20. Veranschaulichung der **a** geometrischen, **b** energetischen Gegebenheiten bei der Nachionisation

— der Plasmadichte n_{pl}:

$$\alpha_X^0 = \Delta t_X \, \sigma_X \, \langle v_e \rangle \, n_{pl} \; ; \tag{27a}$$

$$\Delta t_X = \int_0^\infty f(v_X) \, \frac{l_{pl}}{v_X} \, dv_X = \frac{\pi}{4} \, l_{pl} \, \sqrt{\frac{m_X}{2\,U_0}} \; ; \tag{27b}$$

$$\langle v_e \rangle = \sqrt{\frac{8\,k T_e}{\pi m_e}} \tag{27c}$$

$f(v_X)$: umformulierte Gl. (17a) mit $\varphi = 0°$, $E_{SN} = E_X$ und
$v_X = (2\,E_X/m_X)$,
m_X: Masse eines X-Atoms.

Zahlenbeispiel für $T_e = 10^5 K$, $n_{pl} = 2,5 \cdot 10^{10}\,cm^{-3}$: $\sigma_{Si} = 0,037\,nm^2$ [Gl. (3), $C_s = 1$], $\alpha_X^0 = 0,75\%$. – Vorteilhaft können anhand von Gl. (27) die Einflüsse der Sputteremission und damit der Matrix auf das quantitative Ergebnis diskutiert werden:

– Die Verweildauer Δt_X im Plasma ist im Falle reiner Kaskadenprozesse – nur hierfür gilt die explizite Lösung des Integrals in Gl. (27b) – abhängig von der Oberflächenbindungsenergie U_0, die, wie unter Abschn. 2.3.2 diskutiert, für ein und dasselbe Element von Matrix zu Matrix variieren kann. Sollten wesentliche X-Anteile hingegen aufgrund anderer Prozesse mit Energien emittiert werden, die um eine halbe bis zu zwei Größenordnungen niedriger liegen (Abb. 17), so wächst α_X^0 mit Δt_X entsprechend. Je nach Einstellung des Energiefilters (Abschn. 2.5.1) werden derartige Emissionen mit erfaßt oder jedoch unterdrückt. Vom räumlichen Akzeptanzbereich des Energiefilters einerseits und der ebenfalls matrixabhängigen Winkelverteilung andererseits ist es ferner abhängig, inwieweit deutlich von der Mittellinie (Abb. 20a) abweichende SN- bzw. SN^+-Trajektorien mit erfaßt werden, die länger als l_{pl} sind und deshalb wiederum mit längeren Δt_X und α_X^0 behaftet sind.
– In keiner Weise von der Matrix, entscheidend hingegen vom Plasmazustand abhängig sind σ_X [Gl. (3)], $\langle v_e \rangle$ [Gl. (27c)] und n_{pl} [Gl. (11)].

Anhand von Gl. (27b) sieht man ferner, daß leichtere Elemente wie X = C, N und O bei gleichen Energien E_X und U_0 aufgrund ihrer geringeren Masse entsprechend $v_X = (2\,E_X/m_X)^{1/2}$ schneller als schwerere sind; ihre Δt_X bzw. a_X^0 liegen hierdurch entsprechend niedriger [102]. Für die Ionisierung dieser Nichtmetalle mit relativ hohen IP stehen zudem relativ wenige Elektronen mit entsprechender Mindestenergie zur Verfügung (Abb. 20b). Dadurch fällt deren α_X^0 entsprechend gering aus; einfache Abschätzungen nach den Gln. (3, 27) sind aufgrund der Bedingung $\langle E_e \rangle > E_{I,X}$ ggf. nicht mehr möglich. Ferner besteht die wahrscheinlichste Wechselwirkung eines SN im Plasma zunächst in einem elastischen Stoß mit einem neutralen Plasmagasatom, der zu einer Ablenkung von der ursprünglichen Bewegungsrichtung führt. Die Wahrscheinlichkeit einer derartigen Streuung ist massenabhängig, variiert im Ar-Plasma zwischen 15% (für Be) und 30% (Pb) und sollte bei der Berechnung von α_X^0 zusätzlich berücksichtigt werden [23]. Für $l_{pl} = 3\,cm$, $n_{pl} = 1 \cdot 10^{10}\,cm^{-3}$, $T_e = 0,8 - 1,3 \cdot 10^5 K$ sowie, hiermit korreliert [Gl. (12)], $p_{Ar} = 0,4 - 0,1\,Pa$ wurden mit entsprechend aufwendigeren Algorithmen a_X^0-Werte berechnet, die typischerweise im Bereich 0,1–1% liegen ([23], Si: 0,2%, s. Tabelle 7). Sie stellen insofern wiederum nur halbquantitative Abschätzungen dar, als die zugrunde liegenden Ionisationswirkungsquerschnitte σ_X Abweichungen von 30–40% aufweisen können [24]; die mit Tabelle 7 gegebenen linearen Annäherungen an die nichtlinearen Abhängigkeiten $\alpha_X^0(T_e)$ in [23] beinhalten zusätzlich bis zu ca. 10% Fehler. Die Balkenhöhen in Abb. 20b entsprechen a_X^0-Werten aus Tabelle 7; für Ar und He wurden Abschätzungen gemäß $\alpha_{Ar,He}^0/\alpha_O^0 \propto F_{Ar^+,He^+}/F_{O^+}$ [s. Gl. (2)] vorgenommen. –

Tabelle 7. Parameter zur Abschätzung von α_X^0 [%] $\approx$ a + b · $T_e/(10^4\,K)$ für $n_{pl} = 10^{10}\,cm^{-3}$

El.	a	b	El.	a	b	El.	a	b	El.	a	b	El.	a	b
Ag	−0,40	0,082	Cs	−1,17	0,362	K	−0,34	0,119	Pa	−0,77	0,307	Sn	−0,50	0,128
Al	−0,14	0,046	Cu	−0,21	0,045	La	−0,59	0,229	Pb	−1,02	0,232	Sr	−0,51	0,176
As	−0,35	0,070	Dy	−1,05	0,280	Li	−0,02	0,019	Pd	−0,33	0,058	Ta	−0,50	0,144
Au	−0,47	0,086	Er	−1,05	0,268	Lu	−0,64	0,184	Pr	−0,88	0,276	Tb	−1,05	0,265
B	−0,08	0,016	Eu	−1,47	0,384	Mg	−0,21	0,048	Pt	−0,49	0,094	Te	−0,79	0,159
Ba	−0,89	0,276	F	−0,02	0,003	Mn	−0,38	0,093	Pu	−1,23	0,336	Th	−0,68	0,281
Be	−0,05	0,013	Fe	−0,32	0,074	Mo	−0,29	0,077	Rb	−0,70	0,220	Ti	−0,25	0,079
Bi	−1,04	0,254	Ga	−0,32	0,089	N	−0,04	0,007	Re	−0,60	0,140	Tl	−1,15	0,265
Br	−0,42	0,075	Gd	−1,04	0,324	Na	−0,10	0,055	Rh	−0,29	0,067	Tm	−1,02	0,252
C	−0,06	0,011	Ge	−0,31	0,075	Nb	−0,35	0,099	Ru	−0,32	0,077	U	−0,91	0,331
Ca	−0,25	0,095	Hf	−0,60	0,175	Nd	−1,03	0,303	S	−0,24	0,044	V	−0,31	0,086
Cd	−0,59	0,114	Hg	−0,68	0,123	Ni	−0,27	0,070	Sb	−0,59	0,124	W	−0,56	0,139
Ce	−0,72	0,227	Ho	−1,08	0,248	Np	−1,08	0,368	Sc	−0,27	0,081	Y	−0,45	0,140
Cl	−0,21	0,034	I	−0,69	0,129	O	−0,04	0,007	Se	−0,43	0,095	Yb	−1,21	0,296
Co	−0,32	0,075	In	−0,51	0,136	Os	−0,55	0,130	Si	−0,14	0,035	Zn	−0,35	0,072
Cr	−0,24	0,062	Ir	−0,44	0,083	P	−0,23	0,043	Sm	−1,38	0,362	Zr	−0,35	0,105

Eine Änderung in der Elektronentemperatur führt aufgrund der unterschiedlichen Steigungen b in der Regel zu einer Abweichung im Verhältnis (α_A^0/α_B^0): Fällt z. B. T_e von 10^5 auf $9 \cdot 10^4\,K$, d. h. um 10 %, so ändert sich α_O^0/α_{Si}^0 um 3,5 %. Die Änderung der Plasmadichte wirkt sich hingegen auf die Nachionisation aller Elemente gleich aus [vgl. Gl. (27 a)].

2.4.2 Elektronenstoß mit Molekülen

In Abschn. 2.3.2 wurde gezeigt, daß in manchen Fällen nicht vernachlässigbare Emissionen von typischerweise zweiatomigen Molekülen auftreten können (z. B. AgF, LiJ, TaO, NbO, SiO, TiO), deren Stoß mit einem Elektron unterschiedliche Prozesse k auslösen kann (Abb. 21): **a** Ionisation des kompletten Moleküls oder, energetisch i. a. um 3–6 eV begünstigt[13], Bruch in − zumeist − neutrale Atome **b** bzw. in ein Paar monomerer Ionen **c**. Letzteres erfolgt z. B. vorzugsweise bei NaF und KF [106]. Von BaF, den MO aus Lanthanoidoxiden (außer Tm_2O_3 und Yb_2O_3), Oxiden der IV. Nebengruppe sowie von TaO, ThO und UO ist allerdings bekannt, daß die Dissoziationsenergie E_b (für b) größer oder gleich dem IP des Moleküls ist [103]. Dies erklärt zusätzlich die beobachteten hohen TaO^+- und TiO^+-Intensitäten [44, 107]. − Ein typisches Plasma-Elektronengas ermöglicht grundsätzlich alle Prozesse k = **a** − **d** (Abb. 21); die Wahrscheinlichkeit richtet sich allerdings nach den Elektronenstoß-Wirkungsquerschnitten $\sigma_{MX,k}$. Während

---

[13] Energieabschätzungen: **a, b** nach [103] für ca. 40 Metall- und Halbmetallverbindungen MX mit X = H, O, Halogene; **c, d** für Alkalihalogenide [104], P_2 und As_2 [105] und Daten für **b** zzgl. typischer Werte für IP, für **c** vermindert um die Elektronenaffinitäten EA von X.

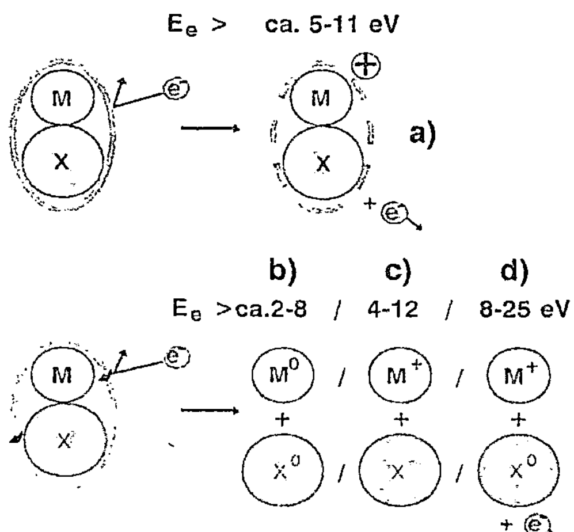

Abb. 21. Schema möglicher Prozesse und typische erforderliche Elektronenenergien E_e beim Elektronenstoß zweiatomiger Moleküle

$\sigma_X(E_e)$-Werte für die einfache SN-Ionisation eines Elements X nach Gl. (3) zumindest halbquantitativ abgeschätzt werden können, sind $\sigma_{MX,k}$-Werte und -Energieabhängigkeiten in der Regel nur für wenige Moleküle, zumeist Gase, literaturbekannt [100, 108]. Für die in Abb. 21 skizzierten Prozesse **a**–**d** mit $E_e = 20–30$ eV an P_2- und As_2-Molekülen findet man in [105] für **a** $0{,}02–0{,}03$ und **d** $0{,}001–0{,}007$ nm^2; zum Vergleich: $\sigma_{Si,P,As} = 0{,}04–0{,}06$ nm^2 (Gl. 3). Der Wirkungsquerschnitt für den Molekülbruch $\sigma_{N2,b}$ liegt mit $0{,}009–0{,}016$ nm^2 zwei- bis sechsmal so hoch wie der für die Molekülionisation $\sigma_{N2,a}$ und ebenfalls im Bereich des Wirkungsquerschnitts für die Atomionisation. Die Schwellenwerte der Prozesse **b** und ggf. **c** können also relativ niedrig liegen; im Falle hoher gemessener MX$^+$-Intensitäten ist somit u. U. davon auszugehen, daß die Dissoziation ein Mehrfaches der Molekülionisation ausmacht, ohne dabei unbedingt detektierbar zu sein (s.w.u.; für MX mit $E_b > IP$ gilt dies natürlich nicht.) – Beiträge durch **d** oder noch energieaufwendigere Prozesse können dagegen als bedeutungslos angesehen werden.

Entstehen beim Elektronenstoß Molekülionen, so bleiben sie aufgrund der typischerweise breiten Energieakzeptanz des Nachweissystems auch dann nachweisbar, wenn ihre kinetische Energie von der atomarer SN etwas abweicht (s. Abschn. 2.5.1). Bei einem Bruch gehen die Neutralteilchentöchter dem Nachweis jedoch verloren, da hierfür ein zweiter, aufgrund der freien Weglängen eher unwahrscheinlicher Ionisationsstoß erforderlich ist (s. Abschn. 2.2). Beim Molekülbruch entstehende negative Ionen **c** bleiben im positiv geladenen Plasma gefangen und verlieren durch die wahrscheinlichsten Stöße mit neutralen Plasmagasatomen Energie, Vorzugsrichtung und ab einer kinetischen Energie $E_{X^-} \approx 3 \cdot EA$ (EA: Elektronenaffinität) mit nennenswerter Wahrscheinlichkeit auch ihre Ladung: Für den Stoß $10\ eV\text{-}X^- + Ar \rightarrow X + Ar + e^-$ (X = F, Cl, Br) beträgt z. B. der Wirkungsquerschnitt σ etwa 0,02 nm²; der Schwellenwert liegt bei ca. 7 eV [100]. – Nur positive Ionen haben nach dem Molekülbruch **c** die Chance, den Weg ins Nachweissystem zu finden.

2.4.3 Zusammenfassung

In der HF-Plasma-SNMS liegt die Nachionisationswahrscheinlichkeit α_X^0 für Atome aus typischen Sputterkaskaden im Bereich von 0,1–1%, vorausgesetzt, die Teilchen gehören zu denjenigen 5–10% der Gesamtemission, die sich auf nachweiswirksamen Trajektorien befinden. Die Größe α_X^0 ändert sich bei leichten Schwankungen der Plasmaparameter nur geringfügig (einige %). Findet beim Sputtern in hohem Umfange die Emission von Molekülen statt, so können neben ihrer Ionisierung auch andere, ggf. gleich wahrscheinliche Prozesse auftreten, die nicht unbedingt erfaßbar sind und die spätere Quantifizierung erschweren.

2.5 Nachweis

Wie in der Massenspektrometrie üblich, umfaßt das Nachweissystem der kommerziell erhältlichen HF-Plasma-SNMS ein Energie- und ein Massenfilter sowie am Ende des Ionenweges als Zählvorrichtung einen Sekundärelektronen-Vervielfacher (s. Abb. 3b, vgl. [4]).

2.5.1 Energiefilter

Die Hauptaufgabe des elektrostatischen Energiefilters (Abb. 22a, L1–L8) besteht in der Unterdrückung von Signalen aus dem Plasmagas: In die $\pi d_f^2/4 = 0,2$ cm² große Eintrittsöffnung (vgl. Abb. 20a) emittiert ein typisches Plasma einen Ionenstrom von z.B. 220 µA (s. Abschn. 2.2, Gl. 6; ohne Berücksichtigung von Randeffekten). Wenn von der gleich großen Probenfläche z.B. $7,3 \cdot 10^{14}$ Si-Atome je s gesputtert werden (Abschn. 2.3.1), wenn außerdem $W_{Si} \approx 5\%$ von ihnen auf nachweiswirksame Trajektorien durch das Plasma geraten und hiervon wiederum $\alpha_{Si}^0 = 0,2\%$ effektiv nachionisiert und nicht weggestreut werden (Abschn. 2.4.1), so beträgt der Strom nachzuweisender Si⁺-Ionen nur ca. 12 nA. Das Energiefilter unterscheidet diesen SN⁺-Anteil von etwa 50 ppm aufgrund der SN-Energien im eV-Bereich von der Hauptmenge der bei der Entstehung thermischen (meV-) Plasmagasionen, und zwar auf dem Potentialniveau des Plasmas: Bei beiden Spezies addieren sich Werte zwischen $e_0 U_{pl-w}$ und $e_0 U_{pl}$ (41,7 eV in Abb. 22b) zu den jeweiligen Eigenenergien. Neben dem 90°-Sektorfeld spielen die U_{pl}-nahen Potentiale auf L1 und L2 eine wesentliche Rolle bei der Plasmagasunterdrückung.

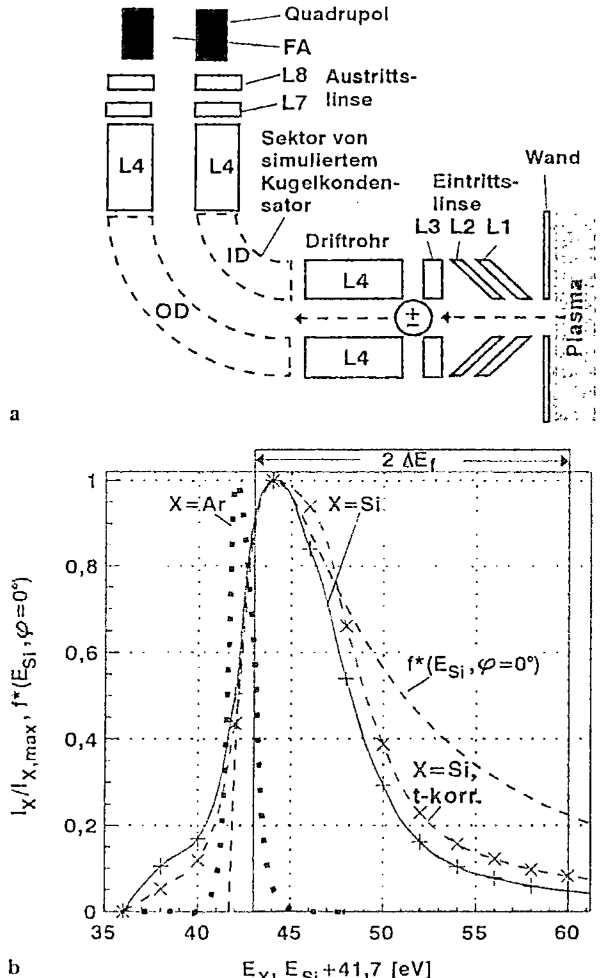

Abb. 22. **a** Schema des Energiefilters, **b** Energiespektren und Lage des Energiefensters

Die Ansteuerbarkeit der einzelnen Filterelemente ermöglicht ferner die Aufnahme von Energiespektren, was zur Bestimmung des Plasmapotentials und damit von T_e und zur Aufklärung von Emissionsmechanismen dienlich sein kann [88]. Mit Hilfe der einfachen Funktionen

$$E_f/e_0 = 0{,}91\,\Delta U_f + U_{L4}\ ; \tag{28a}$$

$$\Delta E_f/e_0 = 0{,}034\,\Delta U_f\ ; \tag{28b}$$

$$\Delta U_f = U_{OD} - U_{ID} \tag{28c}$$

U_i: Potentiale an den in Abb. 22 skizzierten Elementen i: OD, ID, L4

lassen sich die mittlere Durchtrittsenergie E_f und die nominale Halbwertsbreite des Energiefensters ΔE_f leicht berechnen bzw. einstellen. Für eine

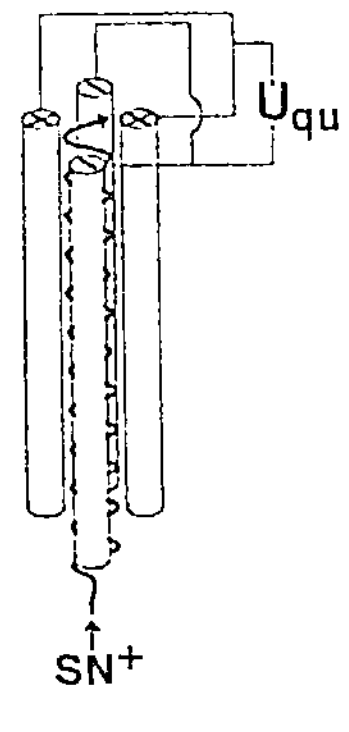

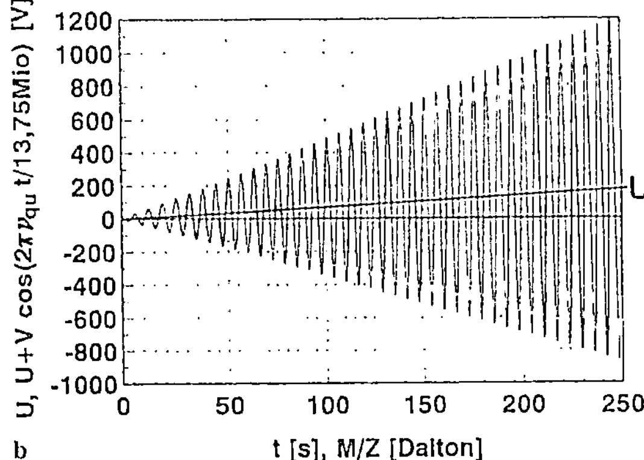

Abb. 23. Quadrupol-MS: Schema von **a** Funktion und **b** Spannungsverlauf. Bei $v_{qu} = 2{,}2$ MHz und 1 s/Dalton sind 13,75 Mio. mal so viele Schwingungen erfolgt. $U_{FA} = 0$ V

maximale Transmission T_f von ca. $5-8\%$ [109] wählt man ein breites Energiefenster $2\,\Delta E_f$ von ca. 17 eV; es lassen sich aber auch, wie für die experimentellen Energiespektren in Abb. 22b realisiert, 1-eV-Fenster einstellen. An der Lage des Plasmagas-Peaks läßt sich U_{pl} ablesen, woraus mit Gl. (5) T_e folgt. Durch Minimierung der Plasmagas- und Maximierung der Probensignale wird die Gesamteinstellung des Energiefilters an U_{pl} angepaßt. Mangelhafte Berücksichtigung von Auflösungsfunktion des Analysators und Potentialverteilung im Plasma [48] können, wie ebenfalls in Abb. 22b gezeigt, zu Abweichungen der gemessenen Energieverteilung von der wahren führen [s. Gl. (17b)]; dies auch dann, wenn die Intensitäten zum Ausgleich für kürzere SN-Verweilzeiten Δt_X im Plasma und damit kleinere α_X^0 mit einem Faktor $\sqrt{E} \propto \Delta t_X$ multipliziert werden („t-korr." in Abb. 22b).

2.5.2 Quadrupol-Massenfilter

In der kommerziell erhältlichen Plasma-SNMS wird das Massenspektrum in einer symmetrischen Anordnung aus vier Stäben, einem Quadrupol [4, 13, 110], gebildet, an dem, wie in Abb. 23 skizziert, eine sinusförmige HF-Wechselspannung U_{qu} anliegt. Entsprechend der Beschleunigung, die ein elektrisches Feld auf eine massebehaftete Elementarladung auszuüben vermag, erreichen leichte Ionen mit hoher Ladung Z bei geringen, schwere Ionen mit geringem Z hingegen bei hohen HF-Amplituden stabile Trajektorien durch den freien Raum zwischen den Stäben. Letztere besitzen idealerweise hyperbolische, aus praktischen Gründen jedoch meist zylindrische Form. Im folgenden wird nur die allgemein in der Quadrupol-MS erreichbare absolute Massenauflösung $\Delta M = 1$ Dalton diskutiert. Für diesen einfachsten Fall und die in der Plasma-SNMS typische Ladung $Z = 1$ gilt [110]:

$$U_{qu} = U + V \cos(2\pi v_{qu} t) \; ; \tag{29a}$$

$$M = \frac{0{,}126}{0{,}16784 - U/V} \tag{29b}$$

U: Gleichspannungsanteil,
V: Wechselspannungsamplitude,
v_{qu}: Quadrupol-Hochfrequenz (z. B. 2,2 MHz),
M: relative Masse (Dalton bzw. $m_u = 1{,}66 \cdot 10^{-24}$ g) des Ions auf stabiler Trajektorie.

Realistische U und V sind in Abb. 23 abzulesen. – Die in den Quadrupol einfliegenden Ionen benötigen, um innerhalb der endlichen Länge l_{qu} des Stabsystems bei gegebener v_{qu} nach ihrem M/Z-Verhältnis getrennt zu werden, eine Mindestanzahl von ca. $3{,}5 \cdot \sqrt{M}$ HF-Perioden [111]. Deswegen dürfen sie keine zu hohe kinetische Energie $E_{SN^+,qu}$ besitzen. Geometrisch begrenzt ist außerdem ist die Eintrittsfläche A_{qu}, so daß die quer zur Hauptrichtung der Ionenbewegung gerichteten Geschwindigkeitsanteile zu einer Verminderung der Transmission T_{qu} führen [110]:

$$E_{SN^+,qu} < 0{,}0386\, m_u v_{qu}^2 l_{qu}^2 \; ; \tag{30a}$$

$$T_{qu} \propto A_{qu} \simeq \frac{4}{9}\, \pi r_0^2\, \frac{1}{M} \tag{30b}$$

l_{qu}: Länge des Stabsystems,
r_0: Radius des effektiven Quadrupol-Innenraums, in dem die Feldbedingungen hyperbolischer Stäbe erfüllt sind.

Mit $l_{qu} = 20$ cm und $v_{qu} = 2{,}2$ MHz ergibt sich für den Höchstwert des einzustellenden Feldachsenpotentials $U_{FA} = E_{SN^+,qu}/e_0$ ein Wert von 77,5 eV. Ein H-Atom dieser Energie erfährt gerade noch die erforderlichen 3,5 HF-Perioden innerhalb des Stabsystems. U_{FA} addiert sich zu U in Gl. (29a) und Abb. 23 b. Je größer U_{FA} gegenüber U_{pl} ist, desto stärker werden vor dem Quadrupol nochmals niederenergetische Ionen gebremst und ausgesondert. – Mit $r_0 = 3{,}45$ mm [111] erhält man eine Akzeptanzfläche A_{qu} von 1,66 bzw. 0,083 mm² für M/Z = 10 bzw. 200 [Gl. (29b)]: A_{qu} und damit auch T_{qu} verhalten sich im Falle $\Delta M = 1$ indirekt proportional zu M. – Je nach HF-Phase verläßt das Ion den Quadrupol mit einer mehr oder weniger stark von der Achse abweichenden Bewegungsrichtung. Die nachgeschaltete off-axis-Umlenkung, die auch zur Unterdrückung von Streusignalen aus dem Quadrupol dient, sorgt mit Spannungen von 30 bzw. 6% der SEV-Konversionsspannung (s. u.), d. h. einigen 10–100 V, für eine erneute Fokussierung. Insgesamt werden für T_{qu} in [110] Werte zwischen 10^{-3} und 10^{-5} genannt.

2.5.3 Sekundärelektronen-Vervielfacher (SEV)

Nach den Transmissionsverlusten in Energie- und Massenfilter treffen von den in Abschn. 2.5.1 abgeschätzten 12 nA Si^+ nur noch größenordnungsmäßig 10^5 Si^+/s bzw. 10 fA am Ausgang des Quadrupols ein (vgl. Si-Intensität in Abb. 16). Für eine analoge Messung ist dies ein zu kleiner Strom. Die Teilchen zu zählen kann jedoch durch Ausnutzung eines weiteren Sputtereffekts bewerkstelligt werden: Die Legierung Cu-Be emittiert sowohl 1,7–2,5 Elektronen je einfallendem 2–3 keV-Ar^+-*Ion* als auch etwa 2–3 Elektronen je einfallendem (125–200)eV-*Elektron* [13]. (Die Elektronenausbeuten von einigen leichteren Ionen – N^+, O^+, F^+ und Ne^+ – liegen um bis zu 20% höher, die von schwereren um bis zu 50% niedriger als die von Ar^+ [13].) Deshalb wird bei einem handelsüblichen SEV [111] eine erste, plane Cu-Be-"Konversions-"Elektrode (Abb. 3b) für den Nachweis positiver Ionen auf ein negatives Potential von ca. 2–3 kV gelegt. Die von ihr bei einem Ioneneinschlag emittierten Elektronen werden danach z.B. sechzehnmal mit einem jeweils um 125–200 V höheren Potential durch Cu-Be-Dynoden fokussierender Geometrie auf 10^{-8} s während Pulse von 10^5–10^8 Elektronen multipliziert. Je nach Schwellenwerteinstellung der nachgeschalteten Verstärkungselektronik wird ein solcher Puls gezählt ($T_{sem} = 1$) oder unterdrückt ($T_{sem} = 0$). Über viele Pulse gemittelt, liegt T_{sem} im Bereich einiger 10%. – Da sich Moleküle beim Aufprall auf die Konversionsdynode spalten, erregen sie mit höherer Wahrscheinlichkeit als Atome einen Puls [110]. – Aufgrund der in Abschn. 2.3.1 diskutierten Sputterprozesse unterliegt der SEV einer Alterung; die CuBe-Legierung ist ferner oxidationsempfindlich.

2.5.4 Zusammenfassung

Gesputterte Teilchen aus thermischen Emissionsprozessen werden vom Energiefilter zusammen mit Ionen des Plasmagases unterdrückt. Das Energiefilter ist auf Plasmabedingungen eingestellt und kann deshalb bei deren Änderung ein deutlich verschiedenes Transmissionsverhalten aufweisen. Das eigentliche Massenspektrum mit einer typischen absoluten Massenauflösung von $\Delta M = 1$ entsteht unter einer HF-Wechselspannung im Quadrupol-Stabsystem. Die Transmissionen von Energiefilter und Quadrupol liegen bei einigen % bzw. 0,01%.

3 Quantifizierung

3.1 Elementgehalte c_X

Die Betrachtung von Instrumentierung und physikalischen Grundlagen führt zu folgendem Quantifizierungsansatz für das Element X [8, 25]:

$$I_X = \frac{j_p}{e_0} A_s \cdot Y_X \cdot W_X \cdot \alpha_X^0 \cdot T_X \tag{31}$$

I_X: Intensität (Detektorzählrate in Teilchen/s) für monoatomare SN^+,

$j_p \cdot A_s = I_p$: Primärionenstrom auf die Probenfläche A_s [vgl. Gl. (6)],

Y_X: Anzahl emittierter neutraler X-Atome (nicht: Moleküle, Ionen) je Primärion (Abschn. 2.3),

W_X: Geometriefaktor (s. Abschn. 2.4.1),

α_X^0 Nachionisationswahrscheinlichkeit unter Berücksichtigung von Streuprozessen im Plasma (s. Abschn. 2.4.1),

$T_X = T_{f,X} \cdot T_{qu,X} \cdot T_{sem,X}$: Transmissions- und SEV-Faktor für X^+-Teilchen (s. Abschn. 2.5).

Zu beachten ist, daß I_X die Gesamtzählrate des Elements X darstellt, in Tiefenprofilen in der Regel jedoch nur der Intensitätsverlauf des häufigsten Isotops verfolgt wird. Dessen Intensität ist durch die Isotopenhäufigkeit zu teilen (^{28}Si z.B. 92,2 %, ^{184}W jedoch 30,7 %). – Mit $A_s = 0,2$ cm^2 und den in den vorangehenden Abschnitten genannten mittleren Werten erhält man für das Beispiel 560 eV-$Ar^+ \to$ Si Zählraten einiger 10^5 s^{-1} (vgl. Intensitäten in Abb. 16). Da der typische Untergrund im Bereich zwischen 1 und 10 s^{-1} liegt, ergibt sich für Tiefenprofile eine Nachweisgrenze (NWG) im Bereich von 10–100 µmol/mol (vgl. [112]). Mit deutlich höheren E_p (bzw. U_{DBM}, Y) lassen sich zwar noch niedrigere NWG, aufgrund apparativ bedingter Beschränkungen der D-Anpassung jedoch keine ebenen Kraterböden mehr erzielen (vgl. Abb. 5, Abschn. 2.2).

    Gl. (31) setzt bezüglich des Primärteilchenflusses $j_{G+} A_s/e_0$ den Planspannungsfall voraus (Abschn. 2.2). Matrixeffekte sind insofern berücksichtigt, als der Anteil Y_X an der Gesamtausbeute Y sowie mit W_X, α_X^0 und T_X auch die Einflüsse von Winkel- und Energieverteilungen variabel gelassen werden. Vernachlässigt wird noch ein evtl. durch Molekülemission und -ionisation hinzukommender Beitrag an positiven Ionen, der jedoch formal in α_X^0 einbezogen werden kann. Außerdem wird aus praktischen Gründen nicht mehr nach dem Emissionsprozeß des Teilchens – Stoßkaskade, Spike oder Verdampfung – unterschieden. Die Parameter W_X, α_X^0 und T_X lassen sich nun zu einem effektiven Detektions- bzw. Matrix- und Apparatefaktor D_X zusammenfassen:

$$D_X = W_X \cdot \alpha_X^0 \cdot T_X . \tag{32}$$

D_X stellt die nutzbare Ausbeute („useful yield") dar: Sie gibt denjenigen Anteil der insgesamt von der Probe je Zeiteinheit gesputterten X-Teilchen an, der schließlich auch nachgewiesen wird. Mit den bislang genannten 560 eV-$Ar^+ \rightarrow Si$-Werten ergibt sich z.B. ein D_{Si} von ca. $3 \cdot 10^{-10}$. D_X ist experimentell zu bestimmen und wird insbesondere für unterschiedliche Winkel- und Energieverteilungen sowie Plasmazustände verschiedene Werte annehmen. – Unbestimmt bleibt somit noch die Konzentration (der Molenbruch) c_X des Elements X. Sie sollte – nach dem Einstellen des stationären Sputterzustands innerhalb einiger Atomlagen – dem Anteil von Y_X am Gesamtfluß Y der gesputterten Teilchen entsprechen. Y_X wird grundsätzlich immer durch Molekül- und Ionenemissionen (DBM: nur SI^-) verringert, die zu Lasten des Aufkommens an atomaren SN gehen, so daß $Y_X < c_X \cdot Y$ zu setzen ist. Diese Verluste in andere Emissionskanäle sind jedoch zumeist eher gering, wie in Kap. 2.3 diskutiert. Können sie für alle Elemente gegenüber der atomaren SN-Emission vernachlässigt werden, wie es v. a. bei Legierungen mit kleinen E_{DEM} bzw. Massendifferenzen zwischen den Bestandteilen der Fall ist, so wird mit $\Sigma c_i = 1$ (Molenbruch-Summe) in diesem Idealfalle

$$Y_X = c_X \cdot Y \; ; \tag{33a}$$

$$Y = \sum_{i=1}^{n} Y_i \tag{33b}$$

i = 1; 2; ...; X; ...; n: Elemente in der Probe

und mit

$$I_X = \frac{I_p}{e_0} c_X Y D_X \; ; \tag{34a}$$

$$c_X = \frac{I_X}{D_X} \left(\sum_1^n \frac{I_i}{D_I} \right)^{-1} \tag{34b}$$

auch jede Konzentration c_i einschließlich c_X berechenbar.

Die Praxis vereinfachend, wird D_X üblicherweise auf den Detektionsfaktor D_{ref} eines Referenzelements i = ref bezogen, das sich günstigenfalls in derselben Probe befinden kann (gleiches Y), aber nicht muß: Unter gleichen apparativen Bedingungen und bei vernachlässigbaren Matrixeffekten bleiben Gln. (31) und (32) anwendbar, so daß

$$D_{ref,X} \equiv \frac{D_X}{D_{ref}} = \frac{I_X}{I_{ref}} \cdot \frac{c_{ref}}{c_X} \quad \text{bzw.} \tag{35a}$$

$$c_X = \frac{I_X}{I_{ref}} \cdot \frac{c_{ref}}{D_{ref,X}} \tag{35b}$$

wird. (Diese gegenüber der traditionellen Massenspektrometrie inverse Definition des relativen Nachweisfaktors orientiert sich an anderen Direkt-

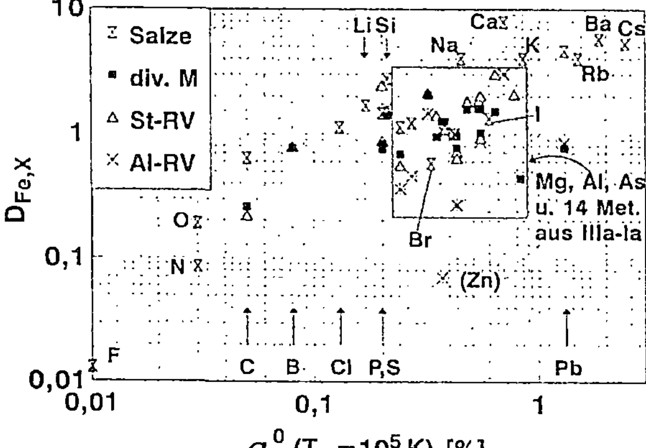

Abb. 24. Auf Fe bezogene, nach α_X^0 geordnete D_X aus Messungen an Salzen [85], diversen Legierungen [17] und aus zwei Rundversuchen (RV) Stahl (St) und Al [113]

methoden der Oberflächen- und Tiefenprofilanalytik [4, 85]). Abbildung 24 zeigt für $n_{pl} = 10^{10}\,\mathrm{cm}^{-3}$, nach der Nachionisationswahrscheinlichkeit bei $T_e = 10^5\,\mathrm{K}$ (Tabelle 7) angeordnet, den Bereich literaturbekannter $D_{Fe,X}$, die an sehr unterschiedlichen Matrices und unter z. T. wenig vergleichbaren Bedingungen ermittelt wurden [17, 85, 113]. Letztere – d. h. „echte", gerätebedingte – D_X-Variationen allein können, wie sich in zwei Rundversuchen zeigte [113], schon zu typischen $D_{ref,X}$-Unterschieden von einem Faktor 3 an ein und derselben Matrix führen. An verschiedenen Oxiden [107], ionischen Salzen [85] und Nitriden [88] wurden, nunmehr unter jeweils gleichbleibenden instrumentellen Bedingungen, ähnliche Abweichungen ermittelt. Damit erfüllt die Plasma-SNMS einerseits die an sie gestellten Erwartungen relativ guter Quantifizierbarkeit – die hier diskutierten Abweichungen stellen z. B. nur den Logarithmus der SIMS-typischen dar. Andererseits unterscheidet sich die SNMS insofern nicht von anderen Analysemethoden, als für eine Quantifizierung im üblichen Sinne, d. h. eine Richtigkeit besser als 10 % [114], bedingungsgleiche Messungen an matrixnahen Standards erforderlich sind.

3.2 Sputtertiefe z

SNMS bietet als Methode, die den Materialabtrag von einem Festkörper quantitativ zu erfassen in der Lage ist, die Möglichkeit, Sputterraten dz/dt direkt zu bestimmen. Gl. (34) impliziert

$$Y = \frac{e_0}{I_p} \sum_{i=1}^{n} \frac{I_i}{D_i}, \tag{36}$$

so daß sich – im Falle überwiegend atomarer SN-Emission bzw. hinreichend genauer Kenntnis von D_{ref} – direkt aus den Intensitäten nicht nur die Stöchiometrie, sondern auch die Sputterausbeute Y und, plausible Annahmen zur Dichte zu Hilfe genommen, auch dz/dt ergeben [115].

Wie als Sonderfall für die Sputterzeit $t = t^*$ in Gl. (20) bereits angeführt, ergibt sich die Sputtertiefe z für homogene Proben (konstantes Y/n_s-Verhältnis) aus

$$z = \frac{j_p t Y}{e_0 n_s} \; ; \tag{37a}$$

$$n_s = \frac{\rho_s N_A N_s}{M_s} \tag{37b}$$

N_s: Anzahl der Atome je Formeleinheit.

Die Abtragsgeschwindigkeit dz/dt wird auch als Sputter- oder Erosionsrate [13] bezeichnet. – Da nach Gl. (15) berechnete Y-Werte bei Reinelementen mit einem Faktor von 2–3 falsch und solche für Verbindungen noch unrealistischer sein können, bestimmt man die Sputterrate in der Praxis an homogenen Proben z.B. durch Messen der abgetragenen Tiefe z nach einer Sputterzeit t mit Hilfe eines mechanischen Profilometers. Y ergibt sich dann mit Gl. (37) unter realistischen ρ_s-Annahmen. – Inhomogene Materialien mit deutlich unterschiedlichen Sputterraten erfordern entsprechend lange Abtragszeiten, bis eine Quantifizierung versucht werden kann ([88], vgl. Abb. 18).

4 Analytik an Isolatoren

4.1 Allgemeines; Direktbeschußmodus (DBM)

Der bislang diskutierte einfache DBM ist an Isolatoren zunächst unwirksam: Sputtert man sie mit positiven Primärionen, so muß die entstehende Oberflächenaufladung zyklisch oder kontinuierlich kompensiert werden. Im DBM kann letzteres auf einfache Weise durch Sekundärelektronen bewirkt werden, die aus einem über die Probe gelegten, feinen Drahtnetz z.B. aus Gold stammen [25]. Bei der Anwendung dieser Präparationstechnik bleiben die Vorteile des DBM, insbesondere die SI^+-Unterdrükung, weitgehend erhalten, gelegentlich können jedoch folgende Nachteile wirksam werden: Das Netz verursacht zusätzlichen Montageaufwand, verschlechtert wegen der stehenbleibenden Bereiche unter den Stegen die Tiefenauflösung, beschränkt bei dickeren Schichten durch die Stärke seiner Stege, die ja mit abgetragen werden, die erreichbare Sputtertiefe, verursacht durch seine mit der Probe zusammen gesputterten Elemente ggf. Störungen und verringert die Meßsignale von der Probe proportional zu seinem eigenen Flächenanteil.

Alternativ stehen auch die freien Elektronen des Plasmas zur Ladungskompensation zur Verfügung. Eine zyklische Oberflächenentladung kann
durch Anlegen einer Hochfrequenz-Wechselspannung an die Probe erfolgen,
wobei das Plasma Primärionenquelle bleibt [116]. Sollen die Plasmaelektronen kontinuierlich zur Ladungskompensation genutzt werden, so müssen
die Primärionen aus einer separaten Quelle kommen. Auch diese beiden Techniken beinhalten Maßnahmen, die sich intensitätsmindernd auswirken; somit
können bei vergleichbaren Meßbedingungen (E_p, I_p) insbesondere bei Oxiden die effektiven Sputterausbeuten und damit auch die Intensitäten und Sputterraten dz/dt um etwa eine Größenordnung unter denen des entsprechenden
Metalls liegen (vgl. Abschn. 2.3.2).

4.2 Hochfrequenzmodus (HFM)

In Abb. 25 sind typische Potential-Zeit-Verläufe für den kommerziell erhältlichen HFM-Zusatz skizziert, der eine HF-Rechteck-Wechselspannung an die
elektrisch isolierende Probe legt. In der positiven Halbwelle beträgt das
Potential 0 V; der Anteil Δt^+ geht der effektiven Sputterzeit verloren und wirkt
somit auch intensitätsmindernd. – Zu Beginn der negativen Halbwelle erfährt
die Oberfläche durch dielektrische Verschiebung eine Aufladung auf das
negative Potential U_{HFM} und wird dann durch positive Primärionen aus dem
Plasma nicht nur gesputtert, sondern auch auf $U_{HFM} + \Delta U_s$ aufgeladen. Für die
in Abb. 25 skizzierten Verhältnisse ($\Delta U_s < |U_{HFM}|$) gilt während der Zeit
$0 \leq t \leq \Delta t^-$ [116]:

$$U_s(t) = U_{HFM} + \frac{I_p}{C_s}\, t\, ; \tag{38a}$$

$$C_s = \varepsilon_0 \cdot \varepsilon_s \, \frac{A_s}{d_s}\, ; \tag{38b}$$

$$\Delta U_s = \frac{I_p}{C_s}\, \Delta t^- \tag{38c}$$

U_s: Oberflächenpotential,
C_s, ε_s, d_s: Kapazität, Dielektrizitätskonstante und Dicke der Probe.

Im Gegensatz zum DBM ist im HFM die Primärionenenergie E_p nicht kon-
stant. Damit ($\Delta U_s < |U_{HFM}|$) bleibt, d.h. das Sputtern in der negativen Halb-
welle nicht irgendwann zum Erliegen kommt, darf Δt^- nach Gl. (38) z.B.
bei einer $d_s = 1\,mm$ dicken Glasprobe mit $\varepsilon_s = 5\,(C_s = 0,9\,pF)$, die auf
ihre $A_s = 0,2\,cm^2$ große Fläche im Mittel $j_{Ar^+} = 1,1\,mA/cm^2$ erhält, nicht
größer als $2\,\mu s$ werden. Wegen der in Abb. 25 skizzierten Bedingung
$U_{HFM} < U_{DBM}^* < U_s(\Delta t^-)$ für optimale Kraterausbildung ist Δt^- jedoch noch

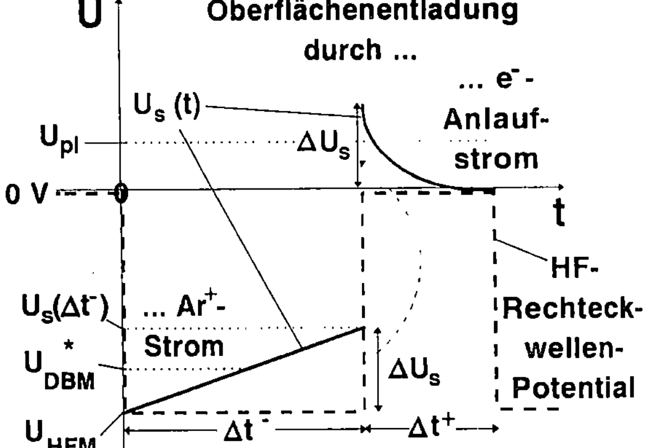

Abb. 25. Schema der Potential-Zeit-Verläufe im HFM

kürzer zu wählen, so daß für die Rechteck-Hochfrequenz v_{HFM} und das Nutzverhältnis γ

$$\gamma = v_{HFM} \cdot \Delta t^- \; ; \tag{39a}$$

$$v_{HFM} = (\Delta t^- + \Delta t^+)^{-1} \tag{39b}$$

Werte in den Bereichen 0,1–1 MHz bzw. 10–90% einstellbar sein müssen.

Am Ende der negativen Halbwelle wird durch den Sprung der HF-Spannung auf 0 V die Probenaufladung ΔU_s zu einem positiven Oberflächenpotential, das sofort einen hohen Plasmaelektronenstrom zieht: Ist, wie im obigen Beispiel für $v_{HFM} = 700$ kHz und $\gamma = 70\%$, ΔU_s mit 247 V größer als $U_{pl} = 44$, 6 V, so ist für die wirksame, den Strom der Plasmaelektronen zu jedem Wandelement bremsende Potentialdifferenz $\Delta U(t)$ in Gl. (7) null einzusetzen. Diese im Vergleich zu j_{G^+} bzw. j_e enorm hohe, sog. Elektronensättigungsstromdichte von z. B. 0,2 A/cm² entlädt die Isolatoroberfläche in wenigen (hier: 4,5) ns bis auf das Potential $U_s = U_{pl}$ (s. Werte in Abschn. 2.2. Ist dies erfolgt – sowie im Falle $\Delta U_s \le U_{pl}$ –, dann gilt wegen des nun nicht mehr zu vernachlässigenden, permanent fließenden Plasmaionenstroms I_p zur Probe [116]

$$U_s(t) = U_{pl} - \frac{kT_e}{e_0} \ln \left[\frac{I_p}{I_e} \left(1 - \exp \frac{e_0 I_p}{kT_e C_s} t \right) \right.$$

$$\left. + \exp \frac{e_0(U_{pl} - \Delta U_s)}{kT_e} \right] + \frac{I_e}{C_s} t \tag{40}$$

$I_e = A_s \cdot j_e$ mit $\Delta U(t) = 0$ bzw. $U(t) = U_{pl}$ in Gl. (7): Elektronensättigungsstrom.

Gl. (40) stellt eine exakte, Gl. (38a) eine vereinfachte Lösung der Ionen- *und* Elektronenströme berücksichtigenden Funktion $dU_s/dt = [j_{G^+} + j_e(\Delta U(t))] \cdot A_s/C_s$ dar. – Im gewählten Beispiel ist U_s nach 80 ns bereits unter ver-

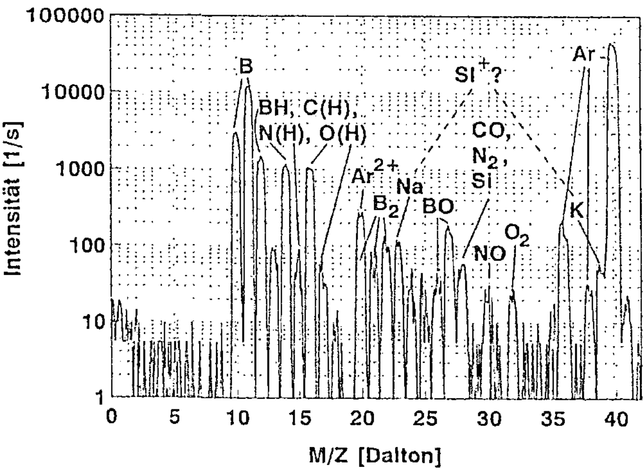

Abb. 26. HFM-Spektrum an gepreßtem BN

nachlässigbare 1 V und am Ende der positiven Halbwelle auf 12 µV gesunken und damit hinreichend kompensiert.

Abhängig von den HFM-Parametern sind ggf. einige der unter Abschn. 2.3.2 diskutierten Sputter- bzw. Matrixeffekte zu berücksichtigen: In der At^+-Phase kann bei entsprechend labilen Substanzen elektroneninduziertes Sputtern auftreten. Das Erscheinen von Ar^{2+}- (Ionisationspotential: 27,6 eV!) sowie von SIMS-typischen Ionen leicht ionisierbarer Metalle wie Na^+, Mg^+ und Al^+ (vgl. Tabelle 7) in HFM-erzeugten SN-Spektren von Proben, die das entsprechende Element allenfalls in Spuren enthalten (vgl. Abb. 26), weist auf die Emission elektronisch hoch angeregter Teilchen hin. Direkt emittierte SI^+ würden durch die hohen positiven Oberflächenpotentiale $\Delta U_s \leq U_s \leq U_{pl}$ am Anfang der positiven Halbwelle nur auf wenige meV Energie beschleunigt, da dieses Feld nur wenige ns lang besteht; danach werden sie vom sich erneut aufbauenden, entgegengerichteten elektrischen Feld zwischen Plasmagrenze und Probenoberfläche auf diese zurückgedrückt. – Eine andere Erklärung für das „SI^+"-Auftreten könnte in elektronenstimulierter Desorption (ESD) von der durch das Sputtern aktivierten Oberfläche liegen (vgl. Abb. 8a). Für $E_e = 50-150$ eV werden in [117] ESD-Wirkungsquerschnitte zwischen 10^{-8} nm² (Cs-Desorption von einer W-Oberfläche) und 10^{-2} nm² (CO von Mo) angegeben. In einer Sekunde mit größenordnungsmäßig 10^6 At^+-Phasen könnten die jeweils 10^{10} Elektronen des Sättigungsstroms somit zwischen 10^{-6} und 1 Atomlagen von 0,1 nm Schichtdicke desorbieren. Die M^+-Energien aus ESD-Prozessen liegen mit 0,5–7,5 eV [117] im gleichen Bereich wie die aus Stoßkaskaden. – Das insgesamt noch erklärungsbedürftige „SI^+"-Auftreten erfordert in jedem Falle matrixnahe und in besonderem Maße parameterabhängige $D_{ref,M}$-Bestimmungen.

4.3 Separat-Beschußmodus (SBM)

Kommerziell erhältliche HF-Plasma-SNMS-Geräte besitzen auch eine Ionen-kanone, die, seitlich an der Plasmakammer angebracht, die Probe unter $\theta = 30°$ mit Ionen (i.a. Ar^+-) im keV-Bereich sputtern können ([118], vgl. Abb. 3b). Der günstigere Einfallswinkel und die höheren E_p können die Ver-minderung der Sputterrate, die gegenüber DBM und HFM aufgrund der um 2–3 Größenordnungen geringeren Effektivstromdichten[14] (ca. $1\,\mu A/cm^2$) zu verzeichnen ist, nicht ausgleichen, so daß im SBM mit um 1–2 Größen-ordnungen niedrigeren Intensitäten als im HFM bzw. DBM und entsprechend längeren Sputterzeiten für gleiche Schichtdicken zu rechnen ist. Prinzipiell ermöglicht ein z.B. auf 100 µm fokussierter Ionenstrahl jedoch ortsaufgelöste SNMS- oder, ohne Plasma, SIMS-Messungen (vgl. Kap. 6).

5 Anwendungsbeispiele

5.1 Metalle: Beschichtungen und Oxidation

Wie in Abschn. 2.3 ausführlich erläutert, liegt das naheliegendste Anwen-dungsfeld der HF-Plasma-SNMS in der quantitativen Durchschnittsprofil-analytik metallischer Schichtsysteme im nm- bis µm-Tiefenbereich. Hierfür gibt Abb. 27 ein Beispiel aus der industriellen Qualitätssicherung. Die Tiefen-

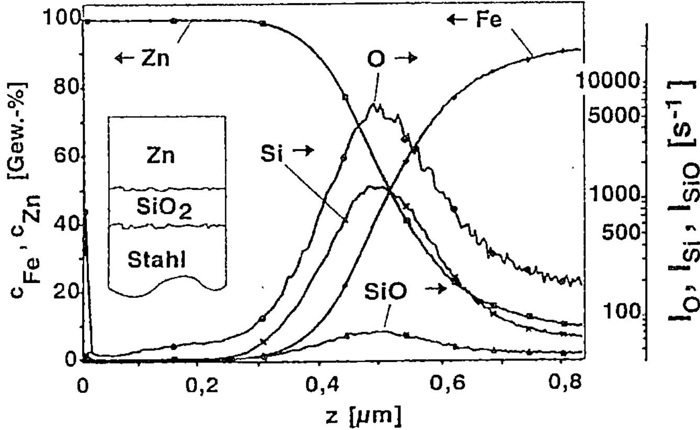

Abb. 27. DBM-Tiefenprofil einer Zn-$(Fe, Si)O_x$-Beschichtung auf Stahl [107] und daraus gefol-gertem Aufbauschema

---

[14] Der, gemessen an UHV-Verhältnissen, hohe Druck in der Plasmakammer und dadurch auch in der mit ihr verbundenen Ionenquelle reduziert durch Streuung einen ursprünglichen Primär-ionenstrom von z.B. $2\,\mu A$ um bis zu einer Größenordnung; dieser Strahl wird über einige mm^2 gerastert.

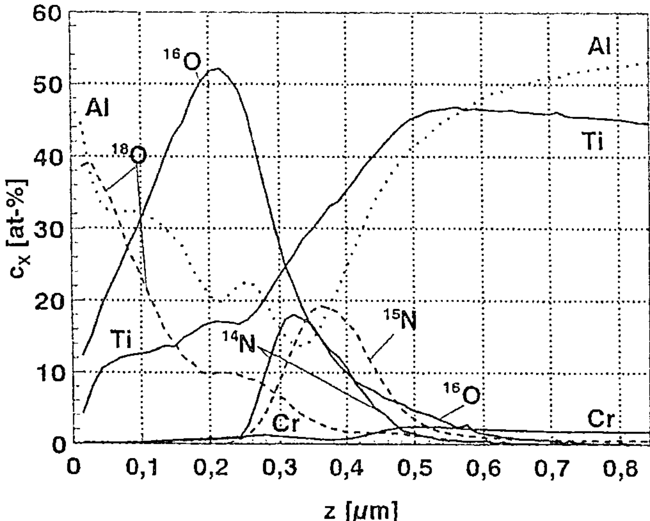

Abb. 28. DBM-Tiefenprofil einer Ti48Al2Cr-Legierung, für 15 min bei 800 °C in normaler und für 60 min in künstlicher Luft aus $^{15}N_2/^{18}O_2$ oxidiert [120]

auflösung, hier ca. 0,2 µm, hängt bei derartigen technischen Oberflächen v. a. von der Rauheit des Materials ab. Hinzu kann induzierte Rauheit, v. a. durch Konenbildung unter stehengebliebenen Resten schwerer sputterbaren Materials (hier SiO_2), kommen, die sich durch Einsatz des HFM vermeiden läßt ([119], vgl. Abb. 12, 18). Das I_{SiO}/I_{Si}-Verhältnis liegt im Maximum mit ca. 6 % relativ hoch (I_{MO}/I_M anderer Oxide: 0,3–2 %, bei TiO_2 jedoch 13 % [107]) und deutet darauf hin, daß die Zwischenschicht weitgehend aus SiO_2 besteht.

Auch zur Untersuchung chemischer Angriffe an Metallen ist die Methode hervorragend geeignet. Als Massenspektrometrie bietet sie einzigartige Möglichkeiten bei der Mechanismusaufklärung mit Hilfe von angereicherten Isotopen. Oxidiert man, wie im Beispiel von Abb. 28 geschehen, eine Ti-Al-Legierung erst in $^{14}N_2/^{16}O_2$-, d. h. normaler, und danach in $^{15}N_2/^{18}O_2$-Atmosphäre [120], so lassen sich anhand der Tiefenprofile Diffusionsrichtungen, -abfolgen und -barrieren erkennen: N ist offensichtlich leichter als O in der Lage, durch Al-/Ti-Oxid- und Nitridschichten hindurch an das Interface des metallischen Substrats zu diffundieren, wo es ein golden schimmerndes Titannitrid bildet. Hier nicht gezeigte N-Tiefenprofile länger oxidierter Proben verlaufen breiter und flacher, wobei sich dann die O-reiche Schicht mehr und mehr bis zum Grundmetall erstreckt. Die Schlußfolgerung aus diesen SNMS-Messungen ist daher, daß N an dieser Legierung aufgrund seiner Mobilität und offenbar hinreichenden chemischen Aktivierung bei hohen Temperaturen korrosionsbeschleunigend wirkt. – Al diffundiert durch alle Schichten hindurch zur Oberfläche und bildet dort ein Oxid.

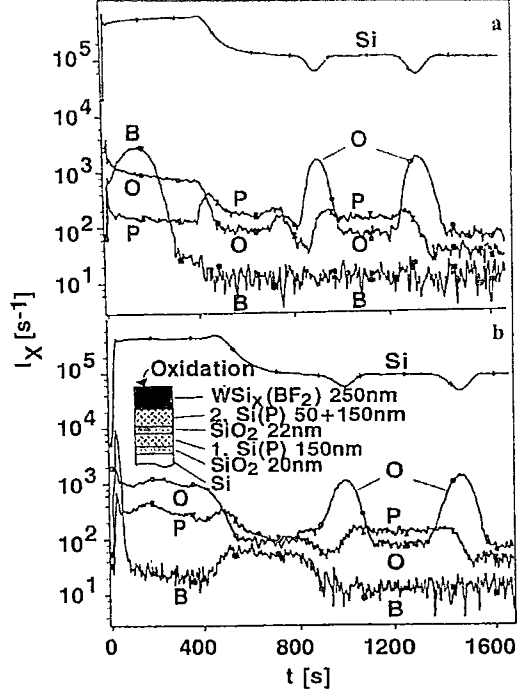

Abb. 29. DBM-Tiefenprofile an dem in b skizzierten, a unbehandeltem, b für 30 min bei 900 °C in N$_2$ getemperten ULSI-Modellschichtsystem [121]

5.2 Halbleitermaterialien und Hochtemperatur-Supraleiter

Die Analytik an hochintegrierten Schaltungen (VLSI/ULSI: very/ultra large scale integrated) erfordert zwar Ortsauflösungen im sub-µm-Bereich; wertvolle Erkenntnisse insbesondere über Diffusions-und Migrationsprozesse werden jedoch häufig auch durch Untersuchungen an lateral ausgedehnten Modellschichtsystemen gewonnen. Aus den in Abb. 29 gezeigten Tiefenprofilen gehen beispielsweise folgende Informationen hervor [121]: Bei der zweistufigen Präparation (50 + 150 nm) der zweiten P-dotierten, polykristallinen Si-Schicht des skizzierten Systems entsteht in der ersten Stufe (50 nm) etwas SiO$_2$, das als Diffusionsbarriere für P während des Herstellungsprozesses, nicht mehr jedoch während des Temperns wirkt. Hierbei diffundiert ferner B aus der BF$_2$-implantierten WSi$_x$-Lage nach oben an die oxidische Deck- und nach unten in die 2. polykristalline Si-Schicht. – Die leicht verringerte Sputterrate in b wird z.T. auch in den etwas niedrigeren Si-Intensitäten sichtbar (vgl. Abschn. 3.2).

Hochtemperatur-supraleitendes (hT$_c$-)Material kann u.a. in passiven (d.h. nichtverstärkenden) VLSI-Bauelementen zum Einsatz kommen. Dabei muß jedoch insbesondere die Cu-Diffusion in das Si-Substrat verhindert werden, die leicht auftritt, wenn nach der Aufdampfung von hT$_c$-Material die notwendige thermische Nachoxidation vollzogen wird. Abbildung 30 zeigt einen Versuch,

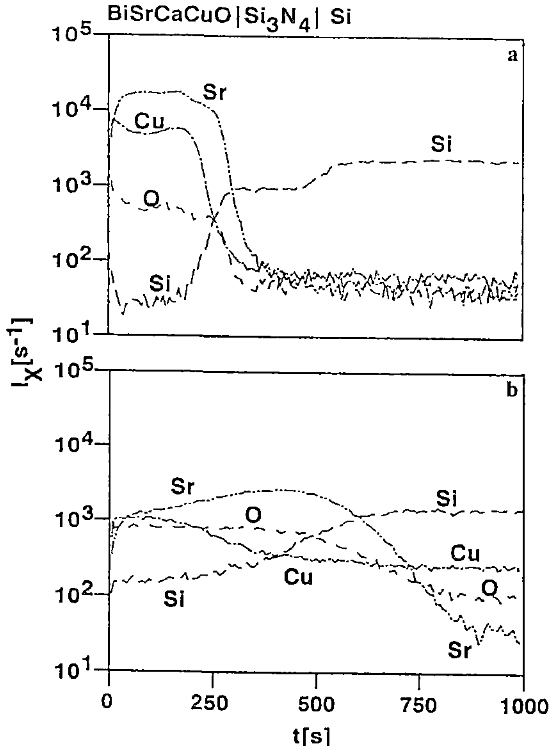

Abb. 30. DBM-Tiefenprofile an dem oberhalb a markierten Schichtsystem a nach der Deposition, b nach 10 h langer Oxidation bei 800 °C [122]

hierzu eine 43 nm dicke Si$_3$N$_4$-Zwischenschicht zu verwenden [122], die einer 10 h dauernden Oxidation bei 800 °C jedoch nicht standhält. Trotz der Unschärfe des Interfaces, die v.a. durch starke Aufrauhung während des Temperns verursacht wird, ist der Effekt der Cu-Diffusion in das Si-Substrat erkennbar.

5.3 Glas- und Keramikmaterialien

Wie unter Abschn. 4.2 diskutiert, ermöglicht das Hochfrequenzsputtern in der HF-Plasma-SNMS die Direktanalyse massiver elektrischer Isolatoren. Gegenüber den an Metallen erzielbaren Werten können hier die Sputterausbeuten und damit auch -raten und Intensitäten zwar deutlich vermindert sein, wie in Abb. 31 zu sehen ist (größenordnungsmäßig 0,1 statt 1 nm/s, vgl. Abschn. 2.3.1, und 10^4 statt 10^5 s^{-1}, s. Abschn. 3.1); dennoch bleibt das Nachweisvermögen der Methode beachtlich: Am Schicht-Substrat-Interface dieses Beispiels zeigt sich eine Sn-Anreicherung, die vom Flüssigzinnbad stammt, auf dem sich das geschmolzene Glas bei der Herstellung ausgebreitet hat. Um auch ^{40}Ca messen zu können, wurde in einem Kr-Plasma gearbeitet, das jedoch noch etwas Ar enthielt. Na ist bei der Beschichtung mit dem Si-Ti-Zr-Oxidgemisch in diese Lage eindiffundiert [123].

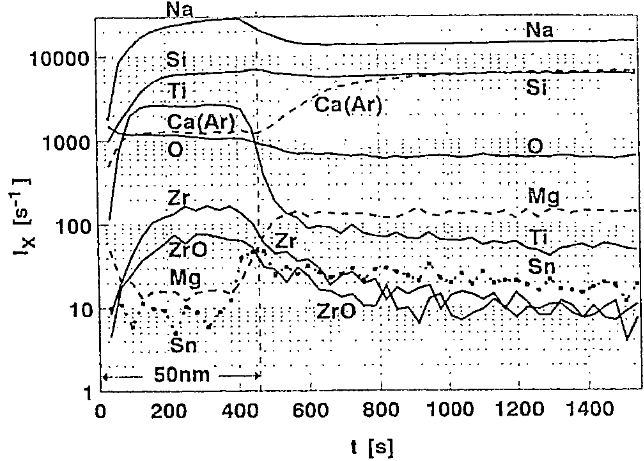

Abb. 31. HFM-Tiefenprofil an einem Floatglas mit einer 50 nm dicken (Ti, Si, Zr)O$_2$-Schicht [123]

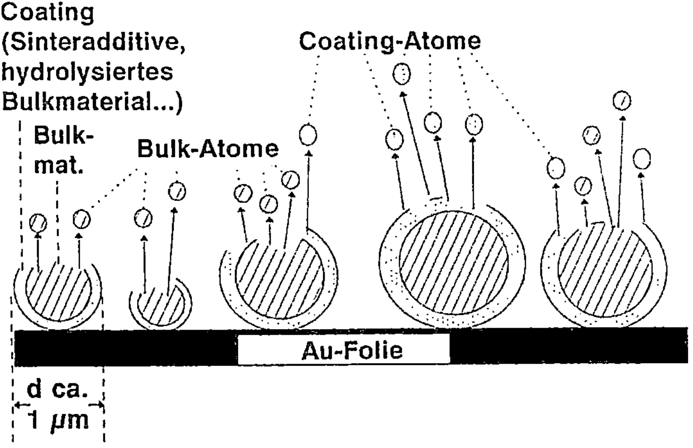

Abb. 32. Sputterabtrag von keramischen Partikeln (nicht maßstäbliches Schema)

Entsprechend können im HFM auch keramische Schichtsysteme untersucht werden. Die (oft sub-) µm-feinen Ausgangspulver für Sinterprozesse sind aufgrund ihrer Restleit- und Haftfähigkeit hingegen auch dem DBM zugänglich, wenn man sie als feine Suspension auf eine Metallfolie aufträgt und das inerte Lösungsmittel verdunsten läßt. Man erhält dann Durchschnittstiefenprofile einiger 10^6 Partikel (Abb. 32), deren e^{-x}-ähnlicher Verlauf dennoch aussagekräftig ist. So nähert sich z.B. das O-Tiefenprofil eines hydrolyseempfindlichen BN-Pulvers aus einem Laborversuch im Gegensatz zu dem eines nur oberflächlich hydrolysierten, industriellen

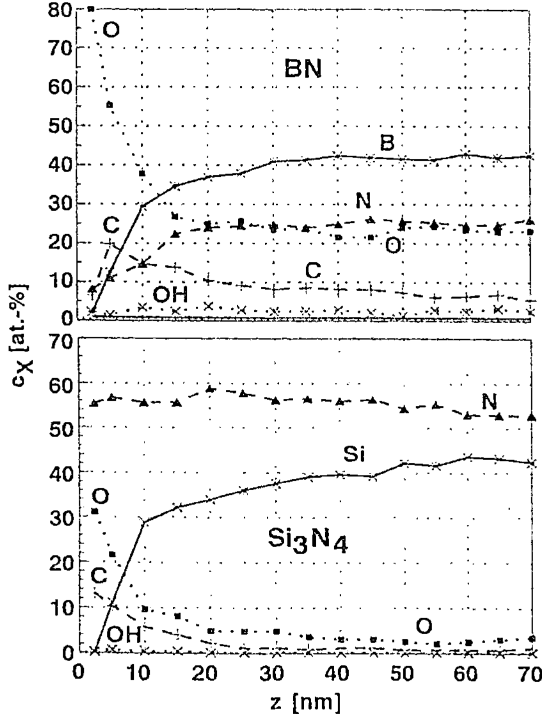

Abb. 33. DBM-Tiefenprofile von unterschiedlich stark hydrolysierten BN- und Si$_3$N$_4$-Pulvern [124]

Si$_3$N$_4$-Pulvers nicht der Nullinie, sondern einem endlichen Wert, der dem Umwandlungsgrad von Nitrid in Hydroxid bzw. Oxid im Innern des typischen BN-Partikels entspricht (Abb. 33 [124]). Das auch nach längeren Sputterzeiten meßbare OH-Aufkommen bei BN bestätigt qualitativ den Hydrolysemechanismus.

5.4 Polymerschichten

Polymerschichten, die z. B. als Korrosionsschutz auf Stahl dienen können, werden wegen ihrer Isolatoreigenschaften vorteilhaft im HFM untersucht (Abb. 34). In dem hier gewählten Beispiel zeigt sich u. a. ein in den obersten 3 µm relativ hoher O- und OH-Gehalt, der auf einen unvollständigen Trocknungsprozeß hinweist. Trotz des rauheitsbedingt ca. 2 µm breiten Übergangs Δz ist ferner anhand der O- und Cr-Verläufe eine dünne oxidische Zwischenschicht zwischen Polymer und Metall nachweisbar, die mittels einer M-O-Si-Bindung des Substrats an das Organosilan eine gute Haftung bewirkt. Der nicht parallele Verlauf des O-Gehalts mit dem OH/O-Intensitätsverhältnis

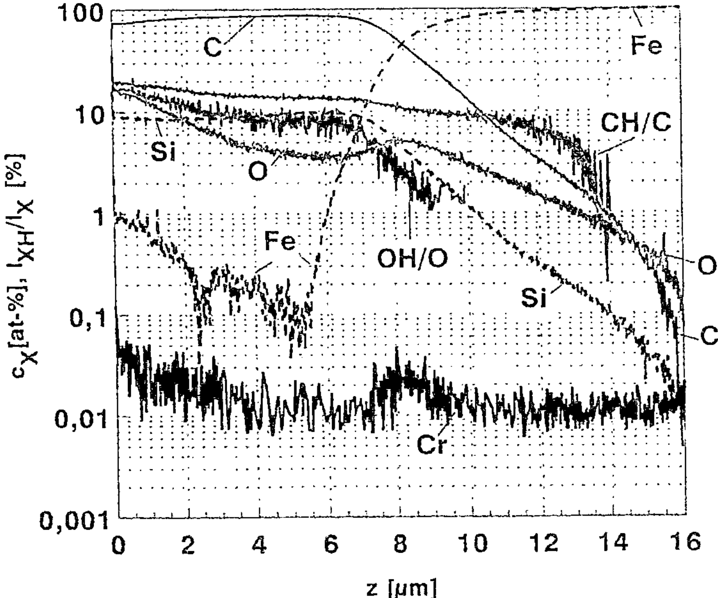

Abb. 34. HFM-Tiefenprofil einer polymerisierten Organosilanschicht auf Stahl

deutet auf das Vorhandensein unterschiedlicher Hydroxid- bzw. Oxidspezies hin. Zu letzteren tragen auch geringe Mengen an Fe und Cr bei, die in die Polymerschicht eindiffundiert zu sein scheinen – eine aufgrund der ungefähr parallelen Verläufe der O-, Fe- und Cr-Gehalte naheliegende Vermutung. Das nahezu gleichförmige Si-Profil spricht im übrigen für einen homogenen Schichtaufbau und gegen eine Interpretation des Signals bei 56 Dalton als $^{28}Si_2^+$ – eine derartige Emission ist angesichts des Fehlens direkter Si-Si-Bindungen auch besonders unwahrscheinlich (vgl. Abschn. 2.3.1).

5.5 Umweltpartikel

Die für keramische Pulver beschriebene Präparations- und Analysetechnik wird auch für Stäube und Aerosole eingesetzt. Abbildung 35a zeigt das SNMS-Spektrum der häufigsten nahe einer Stadtautobahn gemessenen Partikelfraktion. Deren äußere, ca. 0,2 µm dicke Schicht besteht vorwiegend aus organischem C, wie v.a. aus dem Verlauf des aus I_{CH}/I_C-Verhältnissen abgeleiteten Profils $H_C(z)$ für organischen Wasserstoff in Abb. 35b hervorgeht. Der typische Partikelkern besteht hingegen aus $(NH_4)_2SO_4$ – eine Folgerung aus begleitenden SIMS-Messungen [125]. – Sputterraten dz/dt können an derartigen Partikeln durch Differenzwägung und Berücksichtigung des Signals der Metallfolie bestimmt werden [85].

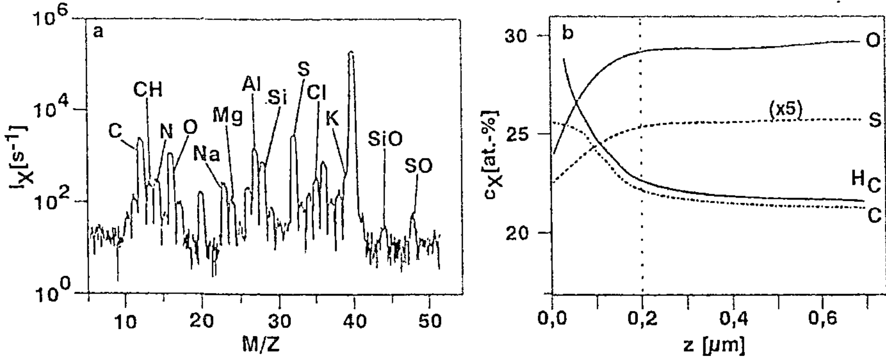

Abb. 35. DBM-Spektrum und -Tiefenprofil von 0,3–0,8 µm feinen städtischen Aerosolpartikeln [125]

6 Ausblick

In den vorangegangenen Kapiteln wurden v. a. physikalische Prozesse zu verdeutlichen versucht, die eine quantitative Element-Tiefenprofilanalytik ermöglichen, bei der die Atome des Probenmaterials selbst das Signal bilden. Die detaillierte Einsicht in die Komplexität jener Vorgänge sollte nicht den Blick für die folgenden „selbstverständlichen" Gegebenheiten versperren:

1. Die grundlegenden Mechanismen – Sputterabtrag durch Ionenbeschuß und Elektronenstoß-Nachionisation – sind **a** überhaupt geeignet, eine Tiefenauflösung im unteren *nm*-Bereich und einen Nachweis *aller* chemischen Elemente unabhängig von der Matrix zu gewährleisten; sie sind **b** physikalisch zumindest qualitativ, teilweise auch quantitativ gut beschreibbar und **c** technisch hinreichend effizient und reproduzierbar zu verwirklichen. Hinsichtlich des Materialabtrags ist das Sputtern mit Ionen konkurrenzlos. Setzt man z. B. Photonen (Laser) ein, so dominieren *immer* thermische Effekte, die nicht nur schwerer beschreibbar sowie in ihrer Wirkungsweise noch matrixabhängiger sind, sondern auch Diffusion und Tröpfchenbildung bedingen [126] und damit eine nm-Tiefenauflösung von vornherein vereiteln. Zum Sputtern werden Ionen daher auf absehbare Zeit das „physikalische Reagens" [18] der Wahl bleiben. – Bei der Photonen-Nachionisation werden, u.a. in dem kommerziell erhältlichen Gerät [127], häufig folgende Lasertypen eingesetzt: Nd:YAG frequenzverneunfacht (118 nm $\triangleq$ 10,5 eV), ArF- (193 nm $\triangleq$ 6,4 eV) und KrF-Excimer (248 nm $\triangleq$ 5,0 eV). Mit Hinblick auf die in Abb. 20 angegebenen Ionisierungsenergien, den Photoionisationsprozeß, der typischerweise durch die Absorption zweier Photonen erfolgt, und die realisierbaren hohen Leistungsdichten wird deutlich, daß die Laser-SNMS ebenfalls die o. g. Kriterien erfüllt; Laser-Nachionisation ist meist deutlich effizienter als

Elektronenstoß. Jedoch wirken sich in der Laser-SNMS die in Abschn. 2.3.2 beschriebenen Matrixeffekte – Variationen in Energie- und Winkelverteilung, molekulare Emissionen und elektronische Anregung – wegen des relativ kleinen Interaktionsvolumens (mm^3) von Emissionswolke und Laserstrahl und der beschränkten Wechselwirkungszeit häufig noch drastischer aus [25]. Bei hohen Leistungsdichten erfolgt auch störende Mehrfachionisation.

2. Für Untersuchungen im Tiefenbereich 10 nm bis einige µm, bei denen eine Tiefenauflösung im unteren nm-Bereich, jedoch keine Ortsauflösung gefordert ist, stellt die HF-Plasma-SNMS die günstigste Analysenmethode dar: Ihre Primärionenströme und damit Sputterraten sind, wenn einige 10 mm^2 beschossen werden sollen, deutlich höher als die mit Ionenkanonen erreichbaren[15], und Sputtern und Signalmessung finden gleichzeitig statt. Dadurch ist sie nicht nur empfindlicher als die elektronenspektrometrischen Tiefenprofilmethoden AES und XPS (s. Kap. 1), sondern in der Regel auch schneller als alle Techniken, bei denen Ionenkanonen zum Einsatz kommen. – AES und XPS bieten sich im Tiefenbereich $\leq$ µm v.a. für oxidationsstufenspezifische (XPS), statische und hoch ortsaufgelöste (AES: < 100 nm) Oberflächenanalyse im allgemeinen an. Wird auf der anderen Seite ein Abtrag im Bereich von 1–100 µm erforderlich, so empfehlen sich aus Zeitgründen die Glimmentladungs-(GD-)Techniken GDMS und GDOES (OES: optische Emissionsspektralanalyse), für die ebenfalls HFM-Zusätze zum Sputtern von Isolatoren erhältlich sind und die aufgrund noch höherer Drucke und Stromdichten mit Sputterraten von einigen 10 nm/s arbeiten [128, 129, 130] (s. Tabelle 8).

In der Plasma-SNMS wird gegenwärtig an folgenden Verbesserungen gearbeitet: Der Ersatz des Quadrupol-Massenfilters mit einer Transmission von größenordnungsmäßig etwa 0,01 % (s. Abschn. 2.5.2) durch ein SIMS-System mit ca. 10 % senkt die auch im Tiefenprofil erreichbare Nachweisgrenze in den ppb-Bereich (Abb. 36a, [131]). Dieses bislang nicht kommerziell erhältliche System ermöglicht gleichzeitig eine Ortsauflösung im 10 µm-Bereich, wenn eine feinfokussierte Flüssigmetall-Ionenquelle verwendet wird. Das in Abb. 36a eingefügte Au-Verteilungsbild stammt von einer Aufdampfstruktur, deren unterstes Mäanderstück ca. 30 µm breit ist [131].

Als Konkurrenz hierzu sind die in Abb. 36b, c skizzierten Techniken zu sehen, in denen Elektronen- bzw. Laserstrahlen die Nachionisation bewirken. Sputtern erfolgt bei beiden mit Hilfe einer Ionenkanone, die im Falle der Laser-SNMS wegen des nachgeschalteten Flugzeitspektrometers (TOF – time of flight [25]) gepulst sein muß. Bei der kommerziellen Version der Elek-

---

[15] Typische Ströme aus Ionenkanonen liegen zwischen 0,001 und 10 µA. Um eine Stromdichte von 1 µA/cm^2 zu erreichen und Randeffekte zu vermeiden, sind sie über Flächen mit > 30 µm bzw. > 3 mm Durchmesser zu rastern. Aufgrund der hohen Beschleunigungsspannung von einigen keV ist die optimale Tiefenauflösung nur noch unter schrägem Einfall und mit schweren Primärionen (z.B. Xe^+ in [7]) erreichbar (s. Abschn. 2.3.1).

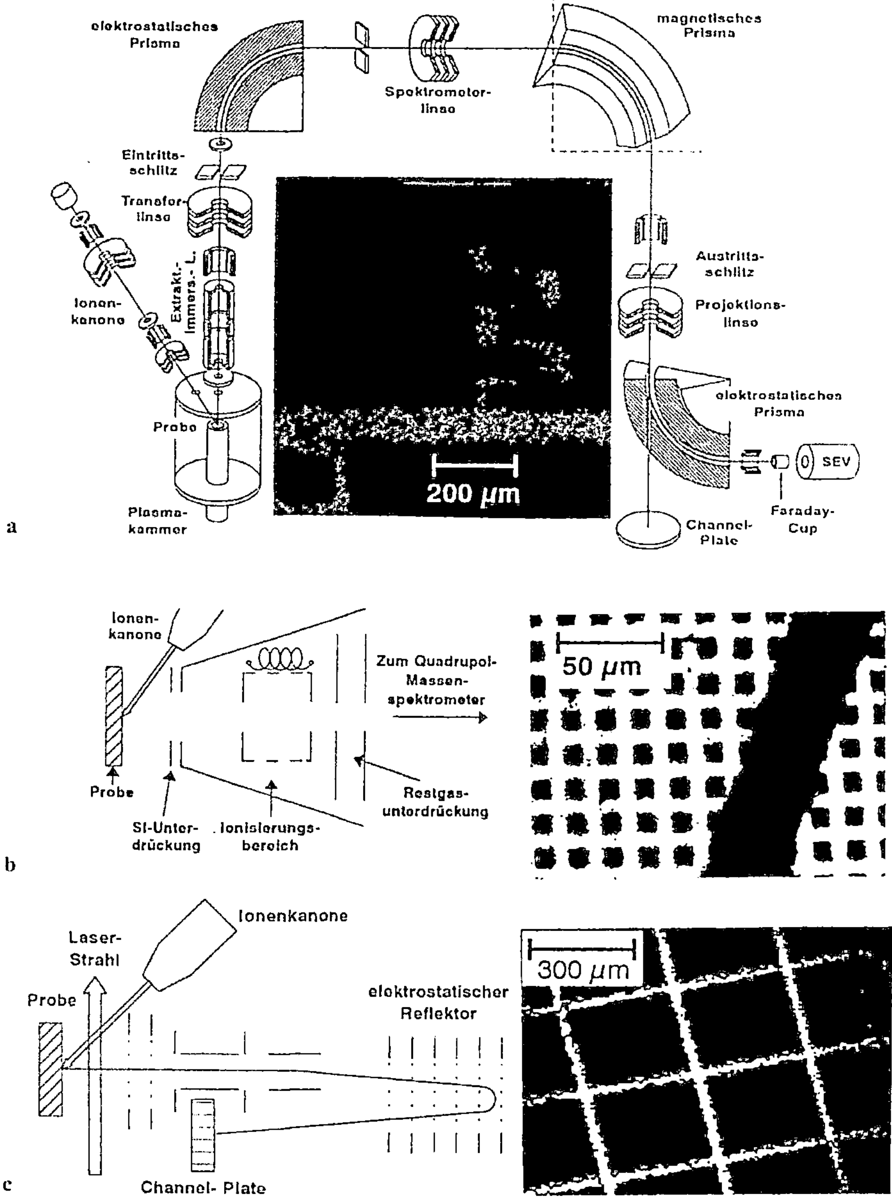

Abb. 36. Prinzipskizzen und Ortsauflösungsbeispiele für die SNMS-Varianten **a** Plasma (Laborversion, [131]), **b** e⁻-Strahl (kommerziell [7]) und **c** Laser (Laborversion [112])

Tabelle 8. Leistungsdaten[a] kommerziell erhältlicher SNMS-Techniken

Nachionisation durch	$\dfrac{\Delta z}{nm}$	$\dfrac{dz/dt}{nm/s}$	$\dfrac{NWG^b}{[\mu mol/mol]}$	Isolator-Analytik?	Ortsauf-lösung/μm	Lit.	Hersteller
HF-Plasma	1	0,1–1	10	ja (HFM)	5000[c]	s.o.	SPECS (Berlin)
e⁻-Strahl SPECS (Berlin)	≥ 1	0,1–1	1000	ja (e⁻ [d])	5	[7]	Fisons-VG (Mainz),
Laser	5	0,1–1	–	ja	–	[127]	Physical Electronics (Ismaning)
GDMS/ GDOES[e]	10	10–20	10	ja (HFM)	≥ 5000[c]	[4, 130/ 128, 129]	Fisons-VG (Mainz), Finnigan (Bremen)/ LECO (Kirchheim), Jobin Yvon (Long-jumeau, F)

[a] Ca.-Werte, aus angegebener Lit. entnommen bzw. abgeschätzt; [b] Nachweisgrenze im Tiefen-profilmodus (mit Δz wie angegeben); [c] Analysenfläche; [d] Ladungskompensation durch niederener-getische Elektronen; [e] zum Vergleich; – : z. Zt. noch keine Daten erhältlich.

tronenstrahl-SNMS [7] findet die Massenfilterung wiederum mit Hilfe eines Quadrupols statt. – Die Stegbreiten der Ortsauflösungsbeispiele betragen ca. 5 µm und 20 µm (Abb. 36b: Cu [7] bzw. Abb. 36c: Ni [112]). Eine abschließende Übersicht über einige Leistungsdaten kommerziell erhältlicher SNMS-Techniken gibt Tabelle 8.

7 Danksagungen

Diese Arbeit wurde ermöglicht durch die Förderung des Bundesministers für Bildung, Wissenschaft, Forschung und Technologie und des Ministers für Wissenschaft und Forschung des Landes Nordrhein-Westfalen.

Den jeweils zitierten Autorinnen und Autoren sowie den folgenden Verlagen danke ich für die Abdruckgenehmigungen der Abbildungen: 14, 19, 28 und 36b (Cu-Verteilg.): John Wiley & Sons Ltd., Chichester; 16, 35 und 36a: Elsevier Science Publishers B.V., Amsterdam; 27 und 33: Springer-Verlag Wien; 30: Elsevier Science S.A., Lausanne; 36a: The American Institute of Physics, Woodbury, NY; 36b: Fisons Instruments, Mainz-Kastel.

Wertvolle Hinweise sowie hilfreiche Anmerkungen nach kritischem Lesen des Manuskripts verdanke ich Frau T. Niebuhr und den Herren Dr. H. Bubert, M. Heß, Prof. Dr. Dr. h. c. G. Tölg, Dr. A. Wucher und insbesondere Dr. M. Kopnarski. Bei Grafikarbeiten, Messungen und Probenpräparationen wirkten Frau Sprave, Frau M. Becker und die Herren M. Heß, J. Hoffmann, K. Isenbügel, R. Kurte und M. Placzek mit. Die Polymerschicht-Probe (Abschn. 5.4) wurde von Herrn Dr. M. Helbach, Fa. Nanotec, Schwerte, zur Verfügung gestellt.

8 Literatur

1. Briggs D, Seah MP (Hrsg) (1990) Practical Surface Analysis (2nd Ed) Vol 1: Auger and X-ray Photoelectron Spectroscopy. Wiley, Chichester
2. Briggs D, Seah MP (Hrsg) (1992) Practical Surface Analysis (2nd Ed) Vol 2: Ion and Neutral Spectroscopy. Wiley, Chichester
3. Werner HW, Garten RPH (1984) Rep Prog Phys 47 : 221–344
4. Stüwer D. In: Günzler H et al. (Hrsg.) (1990) Analytiker-Taschenbuch Bd 9. Springer, Berlin
5. Wittmaack K. In: Behrisch R, Wittmaack K (Hrsg) (1991) Sputtering by Particle Bombardment III, Topics Appl Phys 64, Springer, Berlin
6. Lipinsky D, Jede R, Ganschow O, Benninghoven A (1985) J Vac Sci Technol A3 : 2007–2017
7. Bayly AR, Wolstenholme J, Petts CR (1993) SIA Surf Interface Anal 21 : 414–417
8. Oechsner H. In: Oechsner H (Hrsg) (1984) Thin Film and Depth Profile Analysis. Topics Curr Phys 37, Springer, Berlin
9. Niemax K. In: Günzler H et al (Hrsg) (1991) Analytiker-Taschenbuch Bd 10. Springer, Berlin
10. Becker CH. In: Czanderna AW, Hercules DM (Hrsg) (1991) Ion Spectroscopies for Surface Analysis. Plenum Press, New York
11. Holm R, Storp S. In: Günzler H et al. (Hrsg.) (1984) Analytiker-Taschenbuch Bd 4. Springer, Berlin
12. Dudek HJ. In: Grasserbauer et al. (Hrsg) (1986) Angewandte Oberflächenanalyse. Springer, Berlin
13. Benninghoven A, Rüdenauer FG, Werner HW (1987) Secondary Ion Mass Spectrometry, Chem Anal 86, Wiley-Interscience, New York
14. Grasserbauer M. In: Grasserbauer M (Hrsg) (1986) Angewandte Oberflächenanalyse. Springer, Berlin
15. Butler LRP, Laqua K, Strasheim A (1985) Pure Appl Chem 57, 1453
16. ASTM Subcommittee E42.02 (1989) Surf Interface Anal 14, 423
17. Jede R, Peters H, Dünnebier G, Ganschow O, Kaiser U, Seifert K (1988) J Vac Sci Technol A 6, 2271
18. Grasserbauer M (1981) Angew Chem 93, 1059
19. Stumpe E, Oechsner H, Schoof H (1979) Appl Phys 20 : 55
20. Wucher A (1988) J Vac Sci Technol A6 : 2293
21. Wucher A (1988) J Vac Sci Technol A6 : 2287
22. Thomson JJ (1912) Philos Mag 23, 449
23. Wucher A, Novak F, Reuter W (1988) J Vac Sci Technol A6 : 2265
24. Lotz W (1970) Z Physik 232 : 101
25. Jede R, Ganschow O, Kaiser U in: Briggs D, Seah MP (Hrsg) (1992) Practical Surface Analysis (2nd Ed) Vol 2: Ion and Neutral Spectroscopy Wiley, Chichester, Ch 8
26. Oechsner H (1974) Plasma Phys 835 : 16
27. Kienel G, Oechsner H. In: Kienel G, Röll K (Hrsg) (1995) Vakuumbeschichtung 2. VDI Düsseldorf
28. Chen F. In: Huddlestone RH, Leonard SL (Hrsg) (1965) Plasma Diagnostic Techniques. Pure Appl Phys 21, Academic Press, New York
28a. Franzreb K, Fuchs A, Oechsner H. In: Broszeit E et al. (Hrsg) (1989) Plasma Surface Engineering Vol 1, DGM, Oberursel
29. Sigmund P. In: Behrisch R (Hrsg) (1981) Sputtering by Particle Bombardment I, Topics Appl Phys 47 Springer, Berlin, Ch 2
30. Garrison B, University Park, PA, USA, unveröffentlicht
31. Yu ML. In: Behrisch R, Wittmaack K (Hrsg) (1991) Sputtering by Particle Bombardment III, Topics Appl Phys 64, Springer, Berlin, Ch. 3
32. Gerhard W, Oechsner H, (1975) Z Phys B 22 : 41
33. Hofer WO. In: Behrisch R, Wittmaack K (Hrsg) (1991) Sputtering by Particle Bombardment III. Topics Appl Phys 64, Springer, Berlin, Ch. 2
34. Oechsner H (1990) Int J Mass Spectr Ion Proc 103 : 31
35. Wahl M, Wucher A (1994) Nucl Instr Meth Phys Res B 94 : 36
36. Ma Z, Coon SR, Calaway WF, Pellin MJ, Gruen DM, Nagy-Felsobuki EI (1994) J Vac Sci Technol A 12 : 2425
37. Betz G (1987) Nucl Instrum Meth Phys Res B27 : 104

38. Gschneidner KA (1964) Solid State Phys 16: 275
39. Chase MW, Davies CA, Downey JR, Frurip DJ, McDonald RA, Syverud AN (Hrsg) (1985) JANAF Thermochemical Tables (3rd Ed) J Phys Chem Ref Data 14, Suppl 1
40. Smithells CJ, Brandes EA (1976) Metals Reference Book. Butterworths, London
41. Thompson MW (1959) Phil Mag 4: 139
42. Garrison B (1986) Nucl Instr Meth Phys Res B 17: 305; Garrsion B (1989) Nucl Instr Meth Phys Res B 40/41: 313
43. Oechsner H (1970) Z Phys 238: 433
44. Wucher A, Oechsner H (1987) Nucl Instr Meth Phys Res B 18: 458
45. Können GP, Tip A, de Vries AE (1975) Rad Eff 26: 23
46. Ma Z, Calaway WF, Pellin MJ, Nagy-Felsobuki EI (1994) Nucl Instr Meth Phys Res B 94: 197
47. Oechsner H (1973) Z Phys 261: 37
48. Dembowski J, Oechsner H, Yamamura Y, Urbassek M (1987) Nucl Instr Meth Phys Res B 18: 464
49. Carter G, Navinsek B, Whitton JL. In: Behrisch R (Hrsg) (1983) Sputtering by Particle Bombardment II. Topics Appl Phys 52, Springer, Berlin
50. Wehner GK, Rosenberg D (1960) J Appl Phys 31: 177
51. Breuer U, Kurz H. In: Benninghoven A et al. (Hrsg) (1990) SIMS VII, Proc 7th Int Conf Secondary Ion Mass Sprectrometry, Wiley, Chichester
52. Oechsner H (1995) Int J Mass Spectr Ion Proc 143: 271
53. Kopnarski M (1996) pers Mitteilg
54. Sigmund P, Szymonski M (1984) Appl Phys A 33: 141
55. Kelly R (1979) Surf Sci 90: 280
56. Kelly R (1990) Nucl Instr Meth Phys Res B 46: 441
57. Bruckmüller R, Husinsky W, Blum P (1980) Rad Eff 45: 199
58. Lide DR (Hrsg) (1992) Handbook of Chemistry and Physics 73rd (ed) CRC Press, Boca Raton, USA
59. Weast RC (Hrsg) (1976) Handbook of Chemistry and Physics 57th (ed) CRC Press, Cleveland, USA
60. Overeijnder H, Haring A, de Vries AE (1978) Rad Eff 37: 205
61. Winograd N, Garrison BJ. In: AW Czanderna, DM Hercules (Hrsg) (1991) Ion Spectroscopies for Surface Analysis. Plenum, New York, Ch 2
62. Wittmaack K. In: Benninghoven A et al. (Hrsg) (1996) SIMS X Proc 10th Int Conf Secondary Ion Mass Spectrometry, Wiley, Chichester
63. Betz G, Husinsky W (1988) Nucl Instr Meth Phys Res B 32: 331
64. Kelly R (1980) Surf Sci 100: 85
65. Betz G, Wehner GK. In: Behrisch R (Hrsg) (1983) Sputtering by Particle Bombardment II, Topics Appl Phys 52, Springer, Berlin, Ch 2
66. Kelly R (1987) Nucl Instrum Meth Phys Res B 18: 388
67. Yu ML (1982) Appl Surf Sci 11/12: 196
68. Bentz JWG, Fichtner M, Goschnick J, Häcker CJ, Ache HJ. In: Benninghoven A et al. (Hrsg) (1994) SIMS IX Proc 10th Int Conf Secondary Ion Mass Spectrometry, Wiley, Chichester
69. Jenett H, Luczak M. In: Benninghoven A et al. (Hrsg) (1994) SIMS IX Proc 10th Int Conf Secondary Ion Mass Spectrometry, Wiley, Chichester
70. Oechsner H. In: Benninghoven A et al. (Hrsg) (1982) SIMS III Proc 3rd Int Conf Secondary Ion Mass Spectrometry, Springer Ser Chem Phys 19, Springer, Berlin
71. Contarini S, Rabalais JW (1985) J Electron Spectr Relat Phenom 35: 191; Aduru S, Contarini S, Rabalais JW (1986) J Phys Chem 90: 1683; Contarini S, Aduru S, Rabalais JW (1986) J Phys Chem 90: 3202; Ho SF, Contarini S, Rabalais JW (1987) J Phys Chem 91: 4779
72. Kelly R (1989) Mat Sci Eng A 115: 11
73. Bach H, Hallwig DJ (1984) Rad Eff 81: 129
74. Oechsner H, Schoof H, Stumpe E (1978) Surf Sci 76: 343
75. Betz G (1980) Surf Sci 92: 283
76. Szymonski M (1980) Appl Phys 23: 89
77. Können GP, Grosser J, Haring A, de Vries AE, Kistemaker J (1974) Rad Eff 21: 171
78. Husinsky W, Bruckmüller R (1979) Surf Sci 80: 637
79. Husinsky W, Bruckmüller R, Blum P, Viehböck F, Hammer D, Benes E (1977) J Appl Phys 48: 4734

80. Overeijnder H, Haring A, de Vries AE (1978) Rad Eff 37:205
81. Szymonski M, Overeijnder H, de Vries AE (1978) Rad Eff 36:189
82. Benninghoven A, Müller A (1972) Phys Lett 40A:169
83. Townsend PD. In: Behrisch R (Hrsg) (1983) Sputtering by Particle Bombardment II. Topics Appl Phys 52, Springer, Berlin, Ch 4
84. Overeijnder H, Szymonski M, Harin A, de Vries AE (1978) Rad Eff 36:63
85. Fichtner M, Goschnick J, Schmidt UC, Schweiker A, Ache HJ (1992) J Vac Sci Technol A 10:362
86. Husinsky W, Betz G, Girgis I (1984) J Vac Sci Technol A 2:698
87. Albers Th, Neumann M, Lipinsky D, Wiedmann L, Benninghoven A (1994) SIA Surf Interface Anal 22:9
88. Jenett H, Luczak M, Dessenne O (1994) Anal Chim Acta 297:285
89. Dullni E (1985) Appl Phys A 38:131
90. Mitchell DF, Sproule GI, Graham MJ (1990) SIA Surf Interface Anal 15:487
91. Benninghoven A, Müller A (1973) Surf Sci 39:416, 427
92. Dullni E (1984) Nucl Instr Meth Phys Res B 2:610
93. Betz G, Husinsky W (1986) NATO ASI Ser E 112:98
94. Husinsky W, Wurz P, Strehl B, Betz G (1987) Nucl Instr Meth Phys Res B 18:452
95. Kudriavtsev Y, Abroyan IA, Kovarsky AP (1996) Benninghoven A et al. (Hrsg) SIMS X Proc 10th Int Conf Secondary Ion Mass Spectrometry. Wiley, Chichester
96. Ewinger HP, Goschnick J, Ache HJ (1991) Fresenius J Anal Chem 341:17
97. Sopka J, Oechsner H (1989) J Non-Cryst Solids 114:208
98. Kelly R. In: Kelly R, da Silva MF (Hrsg) (1989) Materials Modification by High-fluence Ion Beams. NATO ASI Series E 155, Kluwer, Dordrecht, Niederlande
99. Bieck W (1995) Dissertation, Kaiserslautern
100. Christophorou LG (Hrsg) (1984) Electron-Molecule Interactions and Their Applications, Academic Press, Orlando, USA
101. Kopnarski M (1991) Dissertation, Kaiserslautern
102. Oechsner H (1988) Nucl Instr Meth Phys Res B 33:918
103. Huber KP, Herzberg G (1979) Molecular Spectra and Molecular Structure IV. Constants of Diatomic Molecules, Von Nostrand Reinhold, New York
104. Gmelin-Institut (Hrsg) (1973) Gmelins Handbuch der anorganischen Chemie, 8. Aufl, Verlag Chemie, Weinheim
105. Monnom G, Gaucherel P, Paparoditis C (1984) J Physique 45:77
106. Berkowitz J, Chupka WA (1958) J Chem Phys 29:653
107. Koch KH, Sommer D, Grunenberg D (1990) Mikrochim Acta [Wien] II: 101
108. Märk TD, Dunn GH (Hrsg) (1985) Electron Impact Ionization. Springer, Wien
109. Jede R, persönliche Mitteilung
110. Jede R, Ganschow O, Kaiser U. In: Briggs D, Seah MP (Hrsg) (1992) Practical Surface Analysis (2nd Ed) Vol 2: Ion and Neutral Spectroscopy. Wiley, Chichester, Ch.2
111. QMG511- und SEV217/317-Manuals, Balzers AG, Balzers, Liechtenstein
112. Wucher A (1993) Fresenius J Anal Chem 346:3
113. Bartella J, Fuchs R, Goschnick J, Grunenberg D (1993) Fresenius J Anal Chem 346:131
114. Kuß HM, Wünsch G (1984) Fresenius Z Anal Chem 319:492
115. Oechsner H. In: Grasserbauer M, Werner HW (Hrsg) (1991) Analysis of Microelectronic Materials an Devices, Wiley, Chichester
116. Bock W, Kopnarski M, Oechsner H (1995) Fresenius J. Anal Chem :510
117. Madey TE, Yates Jr JT (1971) J Vac Sci Technol 8:525
118. Müller KH, Seifert K, Wilmers M (1985) J Vac Sci Technol A3:1367
119. Grunenberg D, Sommer D, Koch KH (1993) Fresenius J Anal Chem 346:147
120. Sunderkötter JD, Jenett H, Stroosnijder MF. In: Mathieu HJ, Reihl B, Briggs D (Hrsg) (1996) ECASIA '95, Wiley, Chichester
121. Moro L, Lazzeri P, Ottaviani G, Bacci L, Queirolo G, Anderle L (1991) Fresenius J Anal Chem 341:20
122. Breuer U, Albrecht W, Kurz H (1990) J Less-Common Met 164/165:1164
123. Ambos R (1996) Dissertation, Clausthal
124. Jenett H, Bredendiek-Kämper S, Sunderkötter J (1993) Mikrochim Acta 110:13
125. Goschnick J, Fichtner M, Lipp M, Schuricht J, Ache HJ (1993) Appl Surf Sci 70/71:63

126. Kelly R, Miotello A, Braren B, Gupta A, Casey K (1992) Nucl Instr Meth Phys Res B 65 : 187
127. Bryan SR. In: Benninghoven A (Hrsg) (1996) SIMS X, Proc 10th Int Conf Secondary Ion
     Mass Spectrometry, Wiley, Chichester
128. Heyner R, Männel S, Marx G (1995) LaborPraxis (9) : 28
129. Singer R (1995) LaborPraxis (10) : 78
130. Jakubowski N, Stüwer D (1992) J Anal At Spectr 7 : 951
131. Bieck W, Gnaser H, Oechsner H (1994) J Vac Sci Technol A 12 : 2537

Anhang: Wiederholt verwendete Abkürzungen, Größen und Einheiten

A_s — analysierte (gesputterte) Probenfläche

AES — Auger-Elektronenspektrometrie

$c_{A/B/X}$ — Molenbruch („Konzentration") des Elements A, B oder X

$C_{Y(,A/B)}$ — S_n- und μ-abhängiger Energieübertragungsfaktor [eV] beim Sputterprozeß (für das Element A oder B)

D — Abstand Probenoberfläche – Frontlinie der Kammerwand

D^* — optimaler Abstand Probenoberfläche – Frontlinie der Kammerwand (Planspannungsfall)

d_s — mittlerer Atomabstand (Atomdurchmesser, $n_s^{-1/3}$) (Abschn. 2.3.1), Durchmesser der gesputterten Probenfläche (Abschn. 2.4.1) oder Probendicke (Abschn. 4.2)

$D_{ref,X}$ — relatives D_X, auf das Referenzelement „ref" bezogen

D_X — absoluter Nachweisfaktor für das Element X, Nutzausbeute („useful yield", Bruchteil nachgewiesener Teilchen je gesputtertes Teilchen)

DEM — Direkt-Emissionsmodell (für das Aufkommen an emittierten Molekülen beim Sputterprozeß)

DBM — Direktbeschußmodus (Sputtern)

dz/dt — Sputterrate (Abtragstiefe je Zeiteinheit)

e — EULERsche Zahl (2,71828...)

e^- — Elektron(en)

e_0 — Elementarladung ($1{,}602 \cdot 10^{-19}$ As)

$E_{G(+)}$ — kinetische Energie der Plasmagasatome (-ionen)

$E_{b(,AB)}$ — Bindungs- bzw. Dissoziationsenergie (eines AB-Moleküls)

E_{DEM} — mit dem Faktor $(1 + m_A/m_B)$ multiplizierte $E_{b,AB}$ zur Abschätzung direkter Emission von AB-Molekülen

E_e — kinetische Energie eines Elektrons [eV]

E_p — Primärionenenergie [eV]

E_{SN} — SN-Energie nach der Sputteremission

eV — Elektronenvolt ($1{,}602 \cdot 10^{-19}$ J)

f_φ — Winkelverteilungsfunktion der beim Sputtern emittierten SN

GD — Glimmentladung (glow discharge)

HF	Hochfrequenz
HFM	Hochfrequenzmodus (Sputtern)
I_p	Primärionenstrom
I_X	gemessene Intensität [Teilchen je s = s^{-1}] für X-Atome
IP	Ionisierungspotential [eV]
j_{G^+}	Dichte des Plasmagas-Ionenstroms auf die Kammerwand bzw. Probe (Einheit z. B. mA/cm^2)
j_e	Dichte des Elektronenanlaufstroms auf Kammerwand bzw. Probenoberfläche
j_p	Primärionen-Stromdichte (= $I_p/A_s = j_{G^+}$ für U^*_{DBM} im DBM)
k	BOLTZMANN-Konstante (1,381 · 10^{-23} J/K)
K	Kelvin
l_{pl}	Länge des wirksamen Ionisationsvolumens im Plasma
M	Metall- oder Halbmetallatom; relative Masse [Dalton]
m_G	Masse eines Plasmagasatoms (G = Ar: 6,64 · 10^{-26} kg)
m_e	Elektronenmasse (9,109 · 10^{-31} kg)
M_p	relative Atommasse [Dalton] des Primärions
M_s	relative Atommasse [Dalton] eines Substratatoms
MS	Massenspektrometrie
MX	emittiertes (Halb-)Metall-Nichtmetall-Molekül
N_A	AVOGADRO-(LOSCHMIDT-)Konstante (6,022 · 10^{23})
n_G	Anzahl der neutralen Plasmagasatome je Volumeneinheit (Teilchendichte, Einheit z. B. cm^{-3})
n_{pl}	Plasmadichte (Anzahl an Plasmagasionen-e$^-$-Paaren je Volumeneinheit, Einheit z. B. cm^{-3})
n_s	Anzahl an Substratatomen je Volumeneinheit
OES	optische Emissionsspektralanalyse
$p_{(G)}$	Druck (des Plasmagases)
Pa	Pascal (10^{-5} bar)
R_p	Eindringtiefe des Primärions, auf seine ursprüngliche Bewegungsrichtung projiziert
S_n	Bremskraft des Probenmaterials für Primärionen (Einheit z. B. eV · nm^2)
SBM	Separat-Beschußmodus
SEV	Sekundärelektronen-Vervielfacher
SI$^{(+/-)}$	Sekundärionen (positiv, negativ)
SN$^{(+)}$	Sekundärneutralteilchen (positiv nachionisiert)
t	Sputterzeit [s]
T_G	Temperatur des Plasmagases
T_e	Elektronentemperatur
T_X	Transmissions- und Nachweisfaktor für das Element X

U_0	Oberflächenbindungsenergie für Substratatome ($\approx \Delta H^\circ_{sub}$)
U_{DBM}	Beschußspannung an der Probe
U^*_{DBM}	optimale Beschußspannung an der Probe (Planspannungsfall)
U_{HFM}	Amplitude der Rechteck-HF-Wechselspannung im HFM
U_{pl}	Plasma-Mittenpotential
U_{pl-w}	Plasma-Randpotential
UHV	Ultrahochvakuum
v_e	Elektronengeschwindigkeit
W_X	Geometriefaktor für die Quantifizierung (Anteil der vom Nachweissystem erfaßbaren SN)
X	Atom, Element oder Nichtmetallatom
x_s	Dicke der Plasmarandschicht
$x_{s,0}$	Dicke der Plasmarandschicht gegenüber einem geerdeten Wandelement ·
XPS	Röntgen-Photoelektronenspektrometrie
$Y_{(A/B/X/AB)}$	Sputterausbeute („yield", Anzahl an gesputterten Sekundärteilchen je Primärion) des Kaskadenprozesses (an A-, B- oder X-Atomen bzw. AB-Molekülen) oder Gesamt-Sputterausbeute
z	Sputtertiefe (Dicke der abgetragenen Schicht) [nm, μm]
z^*	Sputtertiefe bis zur Ausbildung der stationär veränderten Schicht (mit stationärem Primärteilchen-Implantationsprofil)
Z	allg. Ladungszahl eines Ions
Z_p	Ordnungszahl des Primärions
Z_s	Ordnungszahl eines Substratatoms
α^0_X	Nachionisationswahrscheinlichkeit für X-Teilchen
ΔH°_{sub}	Sublimationsenthalpie des Probenmaterials
ΔU_{pl}	Differenz zwischen Plasma-Rand- und Mittenpotential
Δz	Tiefenauflösung
ε_0	elektrische Feldkonstante ($8{,}854 \cdot 10^{-12}$ As/Vm)
θ	Primärionen-Einfallswinkel (zwischen Bewegungsrichtung und Flächennormale)
μ	relative Teilchenmasse M_s/M_p
ρ_s	Dichte des Probenmaterials [g/cm^3, kg/m^3]
σ_X	Wirkungsquerschnitt für die Elektronenstoßionisation eines X-Atoms
φ	Sekundärteilchen-Austrittswinkel (zwischen Bewegungsrichtung und Flächennormaler)

Ionenmobilitätsspektrometrie –
Grundlagen und Applikationen

Joachim Stach

BRUKER-Saxonia Analytik GmbH, Permoserstr. 15, D-04318 Leipzig

Einleitung

Obwohl erste Untersuchungen zur Ionenbildung in Luft seit den 80er Jahren des vorigen Jahrhunderts bekannt sind [1–3] und grundlegende Arbeiten zur Mobilität von Ionen in elektrischen Feldern durch Langevin bereits um 1905 publiziert wurden [4], gehört die Ionenmobilitätsspektrometrie (IMS) zu den vergleichsweise jungen analytischen Methoden. Fast 100 Jahre liegen zwischen den Anfängen und den erfolgreichen analytischen Anwendungen, die in Verbindung mit ersten kommerziellen Geräten [5–7] hauptsächlich den umfangreichen Arbeiten von F.W. Karasek [8–34] zu verdanken sind. Freilich sind mit dieser Feststellung wichtige Entwicklungsetappen nicht berücksichtigt. Hierzu gehören die weiterführenden Arbeiten von Hassé zur Ionenmobilität [35, 36] ebenso wie grundlegende Untersuchungen zu Ionen-Molekül-Reaktionen [37–40] oder Experimente mit Drift-Röhren, die in den 60er Jahren publiziert wurden [41–43].

Das der Ionenmobilitätsspektrometrie zugrunde liegende Prinzip ist denkbar einfach. Bei Normaldruck erzeugte Ionen bewegen sich in einem elektrischen Feld gegen die Strömungsrichtung eines Gases, im einfachsten Fall Luft. Die Beschleunigung der Ionen im elektrischen Feld führt in Verbindung mit ständigen Stößen mit den Gasmolekülen zu einer mittleren Geschwindigkeit der Ionen über eine bestimmte Wegstrecke. Ionen unterschiedlicher Masse und/oder Struktur erreichen dabei eine unterschiedliche Geschwindigkeit und werden somit getrennt [Gl. (1)]. Der Quotient aus der Geschwindigkeit der Ionen und der elektrischen Feldstärke wird als Ionenmobilität bezeichnet. Die bezüglich Druck ($P_0 = 101, 325$ kPa) und Temperatur ($T_0 = 273$ K) korrigierte Ionenmobilitätskonstante K_0 [Gl. (2)] ist unter identischen Versuchsbedingungen eine stoffspezifische Größe. P_1 und T_1 sind die in der Driftröhre gemessenen Werte für Druck und Temperatur.

$$v = K\,E \tag{1}$$

$$K_0 = K\,(P_1/P_0)\,(T_0/T_1) \tag{2}$$

Das Grundprinzip der IMS legt Vergleiche mit anderen analytischen Methoden nahe. Bezeichnungen wie Gasphasenelektrophorese oder Plasma-Chromatographie haben dabei Eingang in die Literatur gefunden. Die auch durch diese Vergleiche erzeugte hohe Erwartungshaltung hinsichtlich der analytischen Leistungsfähigkeit der IMS fand jedoch zunächst keine Bestätigung [44]. Das exzellente Nachweisvermögen der IMS bezüglich chemischer Kampfstoffe [30, 45, 46] bei gleichzeitiger Möglichkeit zum „real time monitoring" führte jedoch in Verbindung mit einem einfachen Aufbau und der möglichen Miniaturisierung der Spektrometer bald zu umfangreichen militärisch geprägten Entwicklungsprogrammen [47, 48]. Inzwischen sind weltweit allein zur Detektion chemischer Kampfstoffe mehr als 65 000 handgehaltene Spektrometer im Einsatz. Parallel wurden weitere wichtige Applikationen für die IMS erschlossen. Hierzu gehört der Nachweis von Sprengstoffen, Drogen, Pflanzenschutzmitteln sowie der Nachweis von Gefahrstoffen an Arbeitsplätzen oder in der Umwelt. Kopplungstechniken wie die GC/IMS oder IMS/MS erweitern die Anwendungsmöglichkeiten beträchtlich [49–56]. Der geplante Einsatz einer GC/IMS Kopplung im Space Shuttle zur Überwachung der Raumluft [57] ist sicherlich mehr als ein Indikator hierfür.

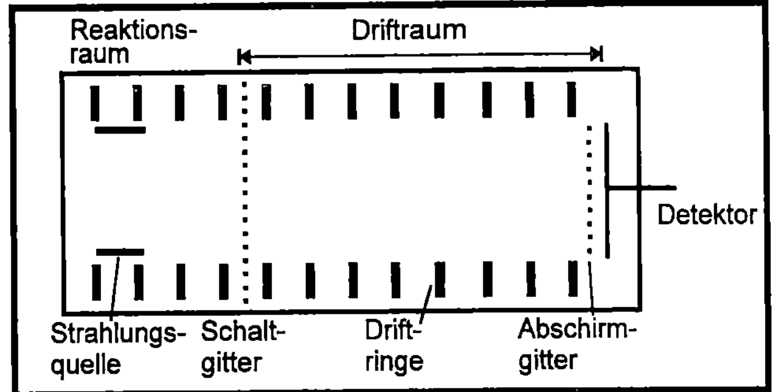

IMS-Komponenten

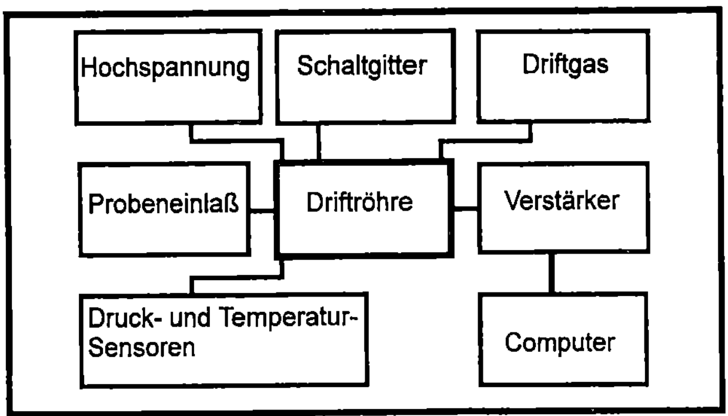

Abb. 1. Meßröhre **a** und Komponenten **b** eines Ionenmobilitätsspektrometers

1 Grundlagen der Ionenmobilitätsspektrometrie

1.1 Funktion und Komponenten eines Spektrometers

Das Herzstück des Spektrometers ist die Meßröhre. Sie besteht aus einem Reaktionsraum, in dem Ionen durch eine geeignete Quelle erzeugt werden, und einem Driftraum, an dessen Ende sich der Detektor befindet. Reaktionsraum und Driftraum sind durch ein Schaltgitter getrennt. Die Meßröhre ist in der Regel aus Metallringen, die durch Isolatoren getrennt sind, aufgebaut. Dieser Aufbau wird zur Erzeugung des elektrischen Feldes mit Feldgradienten zwischen 150 und 300 V/cm benötigt. Die Meßröhre wird aus Richtung des Detektors von einem Driftgas, im einfachsten Fall von Luft, durchströmt. Die Meßröhre und ein Blockdiagramm, das die weiteren Komponenten eines Ionenmobilitätsspektrometers zeigt, enthält Abb. 1.

Ein Teil der im Reaktionsraum erzeugten Ionen gelangt durch eine kurze Öffnung des Schaltgitters in den Driftraum. Geführt durch das elektrische Feld, erreichen Ionen unterschiedlicher Masse und/oder Struktur nach verschiedenen Zeiten die Faradayplatte des Detektors. Das aufgezeichnete

Ionenmobilitätsspektrum zeigt demzufolge Signale, die bei unterschiedlichen Driftzeiten (ms) mit entsprechenden Intensitäten (pA) registriert werden.

1.1.1 Einlaßsysteme

In Abhängigkeit vom Analysenproblem sind unterschiedliche Einlaßsysteme in der Literatur beschrieben. Hierzu gehören Systeme mit Septa für eine Spritzeninjektion [58], Permeations- oder Diffusionsgefäße [59, 60] ebenso wie Einlaßsysteme, die die thermische Desorption [61, 62] oder die Laser-Desorption [63] nutzen. Speziell für die Drogen- oder Sprengstoffdetektion spielt die thermische Desorption eine herausragende Rolle, da diese Technik in Verbindung mit geeigneten Sammel- und Anreicherungstechniken den Nachweis dieser Verbindungen im erforderlichen Konzentrationsbereich ermöglicht [50]. Handgehaltene Spektrometer, die zur Untersuchung der Umgebungsluft eingesetzt werden, verfügen über einen Membraneinlaß [64, 65]. Der direkte Einlaß von Umgebungsluft ist problematisch, da durch den gleichzeitigen Einbruch von Feuchtigkeit die Ionenbildung beeinflußt wird. Bei Geräten mit Membraneinlaßsystemen wird die Umgebungsluft zur Membran gepumpt. Organische Verbindungen, die in der Umgebungsluft enthalten sind, permeieren durch die Membran und gelangen in die Meßröhre. Die Permeation wird dabei durch folgende Gleichung beschrieben:

$$P_i = \frac{A_m \, P_r \, P \, P_x}{F_c H + P_r A_m P} \, . \tag{3}$$

Hierbei ist P_i der Partialdampfdruck einer organischen Verbindung vor der Membran, P_x der Partialdampfdruck hinter der Membran, P_r die Permeabilität der Substanz durch die Membran und P der Luftdruck. A_m ist der Permeabilitätskoeffizient der Membran und H deren Stärke. F_c beschreibt den Gasstrom hinter der Membran [52]. Permeabilitäskoeffizienten wurden für unterschiedliche Materialien bestimmt [66, 67]. In Bezug auf das Rückhaltevermögen gegenüber Wasser, was speziell für die Bildung negativer Ionen von Bedeutung ist, haben sich Dimethylsilikon-Membranen als vorteilhaft erwiesen [64]. Ein wesentlicher Nachteil der Membraneinlaßsysteme ist die Verschlechterung der Nachweisgrenzen, da nur ein geringer (Prozent-)Anteil der Probemoleküle durch die Membran permeiert.

1.1.2 Meßröhren

Meßröhren unterschiedlichster Bauart wurden bisher erprobt und in kommerziellen Spektrometern eingesetzt. Die Variationen betreffen vor allem die Dimensionierung der gesamten Meßröhre, die eingesetzten Materialien, das Schaltgitter, den gewählten Gasfluß und die Probeneinlaßsysteme. Die Gestaltung des Reaktionsraumes ist von der gewählten Ionisierungstechnik abhängig, wobei überwiegend β-Strahlungsquellen (z. B. ^{63}Ni) Anwendung finden [68]. Weitere Ionisierungstechniken werden in Abschn. 1.3 beschrieben.

Üblicherweise sind die Meßröhren aus Stapeln von Metall- und Isolatorringen aufgebaut [8, 10, 69, 70]. Als Isolatormaterial wird meist Glas oder Keramik eingesetzt. Die Homogenität des elektrischen Feldes ist vom Radius der Metallringe und deren Abstand abhängig [71]. Neben den in Stapeltechniken ausgeführten Röhren sind Keramikröhren, die zur Erzeugung des elektrischen Feldes mit leitfähigen Materialien homogen beschichtet wurden, in Verwendung [72, 73]. Die Meßröhren sind in der Regel ca. 10 cm lang. Bekannt sind allerdings auch Versuchsaufbauten mit größeren Meßröhren. So beschreibt Brokenshire [74] eine hochauflösende Driftröhre von ca. 50 cm Länge und einem Durchmesser von 10 cm.

Eine Driftröhre, die ausgehend von einem gemeinsamen Reaktionsraum über zwei Driftstrecken verfügt und damit positive und negative Ionen simultan trennen kann, wurde kürzlich beschrieben [75]. Bei konventionell aufgebauten Röhren muß zum Nachweis positiver oder negativer Ionen die Polarität geändert werden. Das Umpolen der Hochspannung kann jedoch durch eine geeignete Schaltung im Sekundenbereich erfolgen, so daß auch hier eine quasi-simultane Detektion positiver und negativer Ionen möglich ist.

Zwei unterschiedliche Varianten zur Führung des Driftgases sind bekannt. Im einfachsten Fall wird die gesamte Röhre unidirektional durchströmt [76]. Es ist jedoch auch möglich, das Driftgas aus Richtung des Detektors und des Einlaßsystems zum Schaltgitter zu führen [69, 70]. Beide Varianten sind in Abb. 2 schematisch dargestellt.

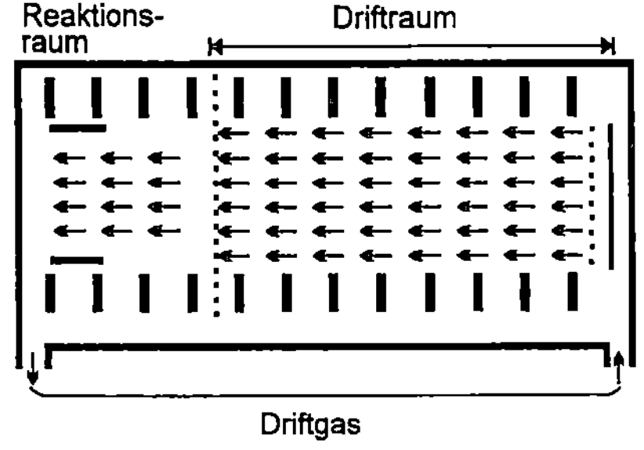

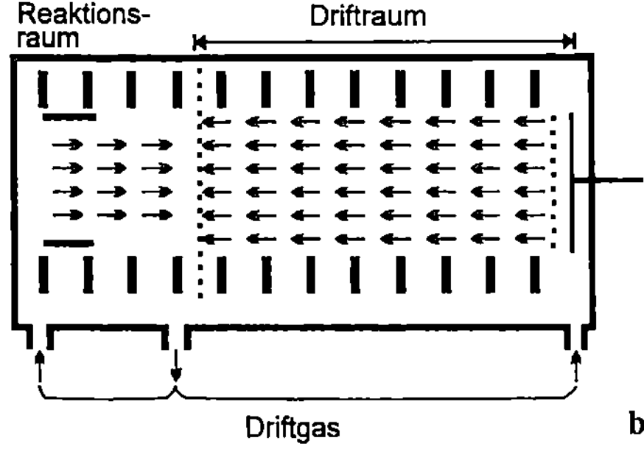

Abb. 2. Uni- a und bidirektonale b Führung des Driftgases durch die Meßröhre

1.1.3 Schaltgitter

Das Schaltgitter trennt den Reaktions- vom Driftraum. Zwei unterschiedliche Anordnungen nach Bradbury und Nielsen [77] sowie Tyndall [78] werden genutzt. Das Tyndall-Gitter besteht aus zwei Gittern aus parallel angeordneten Drähten, die im Abstand von ca. 1 mm angeordnet sind. Im Bradbury-Nielsen Gitter liegen die Gitterstäbe bzw. Drähte in einer Ebene [79]. Die am Gitter anliegende Spannung ist zunächst von der Position des Gitters in der Meßröhre und damit von der genutzten Feldstärke bzw. von Feldgradienten abhängig. In der Umgebung der Gitterstäbe ist das elektrische Feld nicht gestört. Die Ionen können das Gitter passieren. Wird zwischen den parallel ausgerichteten Drähten des Gitters ein zusätzliches Feld (ca. 600 V/cm) aufgebaut, das senkrecht zu dem in der Meßröhre bestehenden Feld gerichtet ist, schließt das Gitter. Es gelangen keine Ionen in den Driftraum.

Die Gitteröffnungszeiten liegen in der Regel zwischen 100 und 300 µs. Bei Öffnung des Gitters gelangt eine „Scheibe" der im Reaktionsraum erzeugten Ionen in den Driftraum, wo sie nach Masse und Struktur getrennt werden.

1.1.4 Detektor und Abschirmgitter

Vor dem zumeist als kreisrunde Scheibe ausgeführten Detektor befindet sich im Abstand von etwa 1 mm das Abschirmgitter. Dieses Gitter führt zu einer kapazitiven Entkopplung zwischen Ionen, die das Ende der Driftstrecke erreichen, und dem Detektor. Es trägt damit wesentlich zur Ausbildung schmaler Peaks bei. Nachteilig kann sich die Verringerung des Ionenstromes und das Auftreten von Mikrophonie-Effekten auswirken, die zu einem erhöhten Signal-Rausch-Verhältnis führen [52].

1.1.5 Spektrenaufnahme

Die Aufnahme von Ionenmobilitätsspektren kann auf unterschiedliche Art und Weise erfolgen. Neben der Aufnahme einzelner Spektren, die gewöhnlich nach 25 bis 50 ms abgeschlossen ist, besteht die Möglichkeit zur Spektrenakkumulation. Die Steigerung des Nachweisvermögens durch Verbesserung des Signal/Rausch-Verhältnisses ist jedoch begrenzt, da die erreichten Ionenströme vom Quotienten aus Gitteröffnungszeit t_0 und Scan-Zeit T_s abhängig sind [52]. Bei einer Gitteröffnungszeit von 0,25 ms und Scan-Zeiten von 25 ms erreichen lediglich 1 % der erzeugten Ionen den Detektor. Allerdings bestimmt t_0 auch die Auflösung der Methode. Eine kurze Gitteröffnungszeit, die für eine hohe Auflösung notwendig ist, führt stets zu einer Verringerung des Nachweisvermögens. Mit Hilfe der Fourier Transform Technik sind etwa 25 % der erzeugten Ionen erfaßbar [80], da Ein- und Austrittsgitter entsprechend geöffnet werden. Real wird jedoch ein Verstärkungsfaktor von 1,4 bis 2,4 beobachtet. Die Ursache sind erhöhte Rauschwerte in den Interferogrammen [52].

Ohne Schaltgitter kommt die TFC-IMS Technik aus [81]. Die Transverse Field Compensation Technik nutzt die Abhängigkeit der Ionenmobilität von der elektrischen Feldstärke zur Ionentrennung. Der Analysator besteht aus zwei Elektroden, an die ein starkes asymmetrisches Wechselfeld angelegt wird. Durch Überlagerung des Wechselfeldes mit schwächeren Gleichspannungsfeldern können Durchtrittsbedingungen für Ionen mit einer bestimmten Ionenmobilität eingestellt werden.

1.2 Die Erzeugung von Ionen

Üblicherweise werden Ionenmobilitätsspektrometer mit β-Strahlungsquellen betrieben [10, 68, 73]. In APCI Prozessen werden zunächst Reaktant-Ionen mit positiver und negativer Ladung gebildet. Diese ionisieren in Ionen-Molekül-Reaktionen die Probemoleküle. Die Quellen zeichnen sich durch eine große Langzeit-Stabilität aus. Da sie keine Energie benötigen, sind die β-Strahler besonders für handgehaltene Spektrometer von Bedeutung.

Neben der Ionenerzeugung durch radioaktive Strahlen sind weitere Ionisierungstechniken wie die Photo- [82], die Laser- [83, 84], die Elektrospray-/ Corona-Ionisation [85] gebräuchlich. Beschrieben sind auch die thermische Ionisation an Oberflächen [52, 86, 87] und die Ionisation durch Adduktbildung mit Alkali-Ionen [52, 56].

1.2.1 Radioaktive Ionenquellen

Die überwiegend in IMS genutzten ^{63}Ni-Strahlungsquellen sind identisch mit denen, die auch in Electron-Capture-Detektoren in der Gaschromatographie Verwendung finden. ^{63}Ni ist ein β-Strahler (mittlere Energie 0,067 MeV) mit einer Halbwertszeit von 85 Jahren. Neben ^{63}Ni- sind Tritium-Strahlungsquellen für einige Anwendungen von Interesse. Tritium ist ebenfalls ein β-Strahler, jedoch mit einer wesentlich geringeren mittleren Energie von 18 keV.

1.2.1.1 Bildung von Reaktant-Ionen

Die von ^{63}Ni-Folien emittierten Elektronen kollidieren unter Abgabe von Energie mit Atomen bzw. Molekülen des Driftgases. Wird Stickstoff als Driftgas verwendet, wird pro Stoß bzw. Bildung eines Ionenpaares eine Energie von 35 eV frei. Eine Ionisierung von Stickstoff erfolgt, solange die Energie der Elektronen über dessen Ionisierungspotential von 15,58 eV liegt [siehe Gl. (4)]. Diese primäre Reaktion, die in

Stickstoff aber auch in Luft abläuft, löst eine Kette von weiteren Reaktionen aus:

$$N_2 + \beta \;\rightarrow\; N_2^+ + e^- \tag{4}$$

$$N_2^+ + 2\,N_2 \;\rightarrow\; N_4^+ + N_2 \tag{5}$$

$$N_4^+ + H_2O \;\rightarrow\; H_2O^+ + 2\,N_2 \tag{6}$$

$$H_2O^+ + H_2O \;\rightarrow\; H_3O^+ + OH \tag{7}$$

$$H_3O^+ + H_2O + N_2 \;\rightarrow\; (H_2O)_2H^+ + N_2 \tag{8}$$

$$(H_2O)_2H^+ + H_2O + N_2 \;\rightarrow\; (H_2O)_3H^+ + N_2 \tag{9}$$

Die Bildung positiv geladener Wasser-Cluster vom Typ $(H_2O)_nH^+$, die durch Reaktionen (4)–(9) beschrieben wird, wurde durch „High-pressure" MS-Untersuchungen bewiesen [88, 89]. Die Anzahl x der Wassermoleküle im Cluster ist von der Temperatur und dem Wassergehalt des Driftgas abhängig. Eine typische Temperaturabhängigkeit bezüglich n und die daraus resultierende Veränderung der Ionenmobilitätskonstante zeigt Abb. 3. Bei 25 °C, 700 Torr und einer rel. Feuchte von ca. 20 % enthalten die Cluster zwischen 5 und 8 Wassermoleküle [90]. IMS/MS-Untersuchungen zeigen jedoch, daß der durch die Reaktant-Ionen ausgebildete Peak nicht nur durch die oben beschriebenen Wasser-Cluster gebildet wird. Die Bildung von Clustern, die Wasser und Stickstoff oder andere Bestandteile des Driftgases enthalten, ist, wie IMS/MS-Experimente zeigen [59, 65, 92, 92], ebenso möglich (siehe Abb. 4).

Betrachtet man die Bildung negativer Ionen, so werden bei Verwendung von Stickstoff als Driftgas Probemoleküle durch die Anlagerung von Elektronen ionisiert. Wird Luft als Driftgas verwendet, dominieren O_2^--Ionen als reaktive Spezies. In feuchter Luft wird Wasser angelagert, wodurch Ionen der Zusammensetzung $(H_2O)_xO_2^-$ gebildet werden. Daneben werden auch Ionen der Zusammensetzung $(H_2O)OH^-$ sowie O_4^-, CO_4^-, CNO^-, Cl^-, CN^-, z. T. auch in hydratisierter Form nachgewiesen [69, 91, 93–95]. Ein typisches Beispiel zeigt Abb. 5.

1.2.1.2 Bildung von Produkt-Ionen

Die Bildung positiver Produkt-Ionen wird von der Protonenaffinität der zu ionisierenden Substanz bestimmt. Da Wasser eine sehr geringe Protonenaffinität besitzt, werden durch die oben beschriebenen Wasser-Cluster eine Vielzahl von organischen Verbindungsklassen durch Protonen-Transfer ionisiert. Hierzu gehören Alkene, Alkohole, Thiole, Ether, Aldehyde, Ketone, Ester, Amine, Nitrile, phosphororganische Verbindungen u. a. Die dominierenden Reaktionen für die Bildung positiver Produkt-Ionen aus der nachzuweisenden Substanz AB

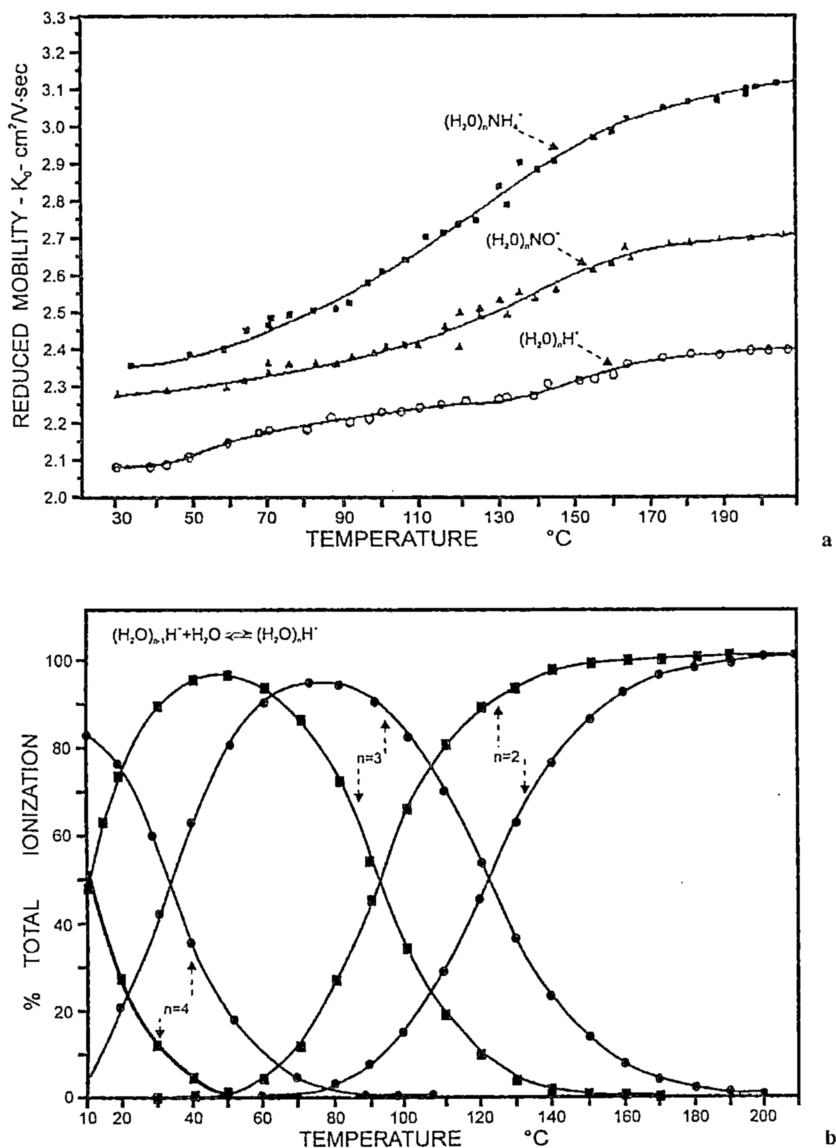

Abb. 3. Abhängigkeit der Ionenbeweglichkeit K_0 **a** und des Wassergehaltes **b** der Reaktant-Ionen Cluster $(H_2O)_nH^+$ von der Temperatur (mit Erlaubnis: S. H. Kim et al., Anal. Chem. 50 (1978) 2006)

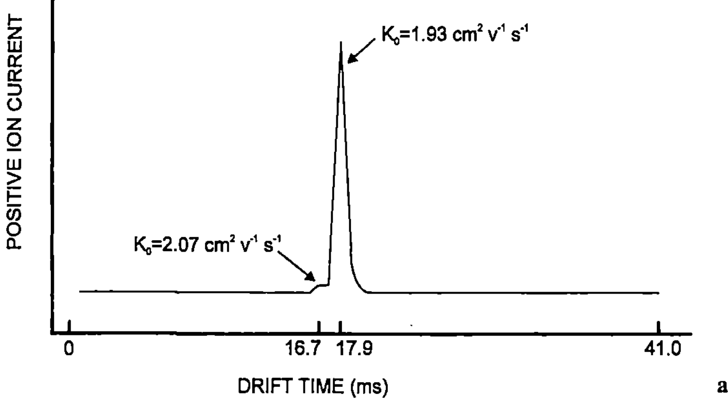

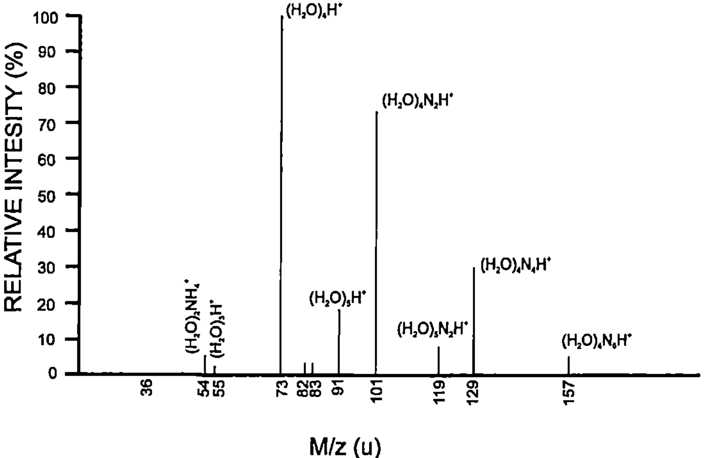

Abb. 4. IMS/MS Kopplung: Ionenmobilitätsspektrum von positiv geladenen Reaktant-Ionen **a** und das zugehörige MS-Spektrum **b**, das Auskunft über alle gebildeten Reaktant-Ionen gibt (mit Erlaubnis G.E. Spangler et al. Int. J. Mass Sepctrom. Ion Proc. 52 (1983) 267)

sind in den Gln. (10–13) zusammengefaßt [96–99]. Während bei niedrigen Substanz-Konzentrationen ausschließlich die Gln. (10/11) befolgt werden, ist bei höheren Konzentrationen die Bildung dimerer Produkt-Ionen nach Gl. (12) zu verzeichnen. Ein typisches Ionenmobilitätsspektrum zeigt Abb. 6. In Abhängigkeit vom Analyten, seiner Konzentration und der Temperatur können Cluster, die mehr als zwei Probe-Moleküle enthalten, entstehen.

$$(H_2O)_n H^+ + AB \quad \rightarrow \quad (AB)H^+ + n\,H_2O \tag{10}$$

$$(H_2O)_n H^+ + AB \quad \rightarrow \quad (AB)(H_2O)_m H^+ + \text{n-m}\,H_2O \tag{11}$$

$$(AB)(H_2O)_m H^+ + AB \quad \rightarrow \quad (AB)_2 H^+ + m\,H_2O \tag{12}$$

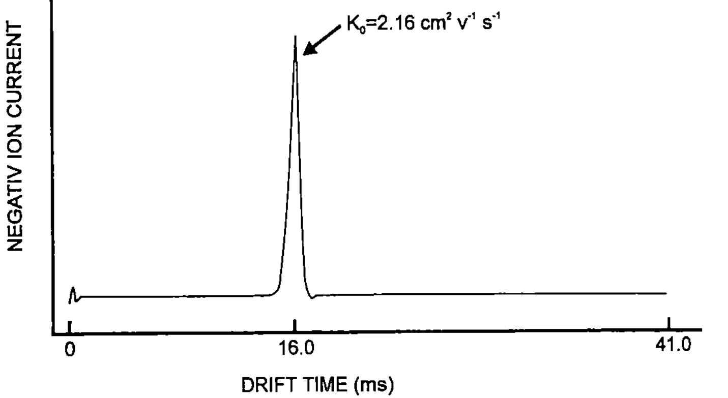

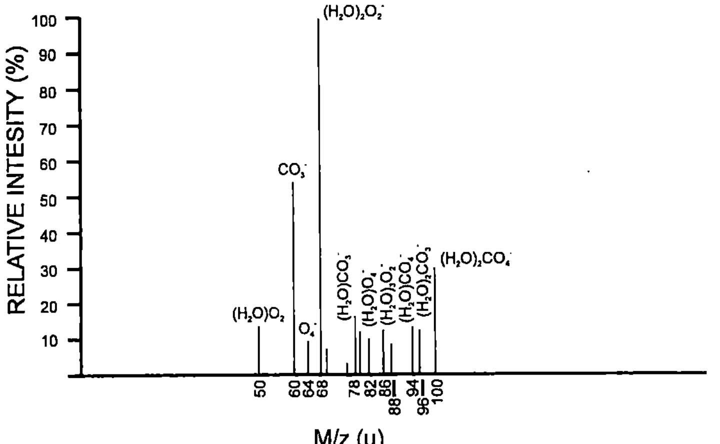

Abb. 5. IMS/MS Kopplung: **a** Ionenmobilitätsspektrum negativ geladener Ionen und **b** zugehöriges MS-Spektrum (mit Erlaubnis G.E. Spangler et al., Int. J. Mass Spectrom. Ion Proc. 52 (1983) 267)

Wie IMS/MS Untersuchungen zeigen, ist auch im Fall von Produkt-Ionen generell mit der Bildung von Clustern unter Einbeziehung von Driftgas-molekülen zu rechnen [46, 100]. Allerdings muß auch hier die Temperatur-abhängigkeit der Cluster-Bildung berücksichtigt werden. Bei höheren Tem-peraturen dominieren Protonen-Austauschprozesse.

Die Reaktion zur Bildung negativer Produkt-Ionen stehen in enger Bezie-hung zu Ionisierungsprozessen, die in einem ECD ablaufen [34, 101]. Die wesentlichsten, für die IMS relevanten Reaktionen sind in den Gln. (13–15) zusammengefaßt:

$$[(H_2O)_3O_2]^- + AB \rightarrow [AB]^- + 3\,H_2O + O_2 \tag{13}$$

$$[(H_2O)_3O_2]^- + AB \rightarrow [(AB)O_2]^- + 3\,H_2O \tag{14}$$

$$[(H_2O)_3O_2]^- + AB \rightarrow A^- + B + O_2 + 3\,H_2O \tag{15}$$

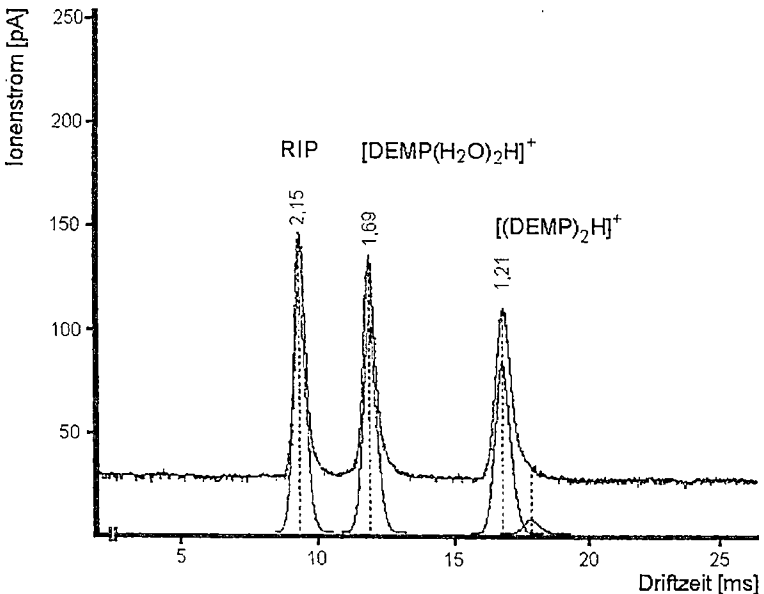

Abb. 6. Ionenmobilitätsspektrum positiver Ionen von Diethyl-methylphosphonat (DEMP), das die Bildung von monomeren und dimeren Ionen belegt (RIP = Reaktant-Ionen-Peak)

Vor allem halogenierte Kohlenwasserstoffe aber auch Cyano- oder Nitro-Verbindungen unterliegen in Analogie zu Gl. (15) einer dissoziativen Ladungs-übertragungsreaktion. Bei hohen Analytkonzentrationen führt diese Reaktion zur Bildung von Addukten. Parallel wird jedoch auch die Bildung von O_2^--Addukten beobachtet. Die Reaktionen sind stark von der Konzentration des Analyten, der Temperatur und der Feuchte in der Meßröhre abhängig. Durch IMS/MS-Untersuchungen belegte Reaktionen von halogenierten Verbindungen sind in den Gln. (16–18) zusammengefaßt. Darüber hinaus wurde für Isofluran und Enfluran bei höheren Konzentrationen die Bildung von M_2X^- und $M_2O_2^-$-Ionen beobachtet. Am Beispiel von Halothan zeigt Tabelle 1 die von der Konzentration des Analyten abhängige Verteilung der Produkt-Ionen [102].

$$M - X + O_2^- \;\rightarrow\; X^- + M + O_2 \tag{16}$$

$$M - X + O_2^- \;\rightarrow\; (M - X)\,O_2^- \tag{17}$$

$$M - X + X^- \;\rightarrow\; (M - X)\,X^- \tag{18}$$

Für aromatische oder saure Verbindungen, wie z. B. Phenole, wird eine Protonen-Abstraktion beobachtet [31].

Tabelle 1. Konzentrationsabhängigkeit der Verteilung von Halothan-Produkt-Ionen, ermittelt durch IMS/MS-Untersuchungen bei 40 °C [102]

Produkt-Ion	relative Häufigkeit		
	10 ppb	100 ppb	500 ppb
Cl^-	31		
$(H_2O)\,Cl^-$	41		
$(H_2O)_2\,Cl^-$	55		
Br^-	100	46	15
$M\,O_2^-$		24	
$M\,Cl^-$		100	50
$M\,Br^-$		50	100

1.2.1.3 Quantitative Aspekte der Ionisierung

Zur quantitativen Beschreibung der Ionisierung müssen folgende Prozesse betrachtet werden:

- primäre Ionisierung, d. h. Bildung von Reaktant-Ionen,
- Ionen-Molekül-Reaktionen zur Bildung von Produkt-Ionen,
- Rekombination von positiven und negativen Ionen,
- Diffusion von Ionen zu den Wänden der Meßröhre und
- Transport der Ionen aus dem Reaktionsraum durch Driftgas und elektrisches Feld [103].

Die Erzeugung von Reaktant-Ionen wird durch die Aktivität der β-Strahlungsquelle (C_A) und die Energie der Strahlung (W) bestimmt. Unter der Annahme, daß pro 35 eV der Primär-Energie die Bildung eines Ionenpaares erfolgt, werden pro Sekunde und Einheitsvolumen $1 \cdot 10^6 C_A W$ Ionenpaare gebildet. Sind keine Probemoleküle in der Quelle vorhanden, wir die Menge an Reaktant-Ionen in der Ionenquelle durch Rekombinationsreaktionen und den Austrag von Teilchen durch Diffusion und Driftgas bestimmt. Bei gebräuchlichen Driftgasströmen und ^{63}Ni Aktivitäten von 10^{-5} bis 10^3 mCi liegen damit zwischen 10^4 und 10^{11} Ionen/cm^3 vor. Die Anzahl der erzeugten Reaktant-Ionen ist von der technischen Ausführung der Ionenquelle weitestgehend unabhängig.

Durch die im Reaktionsraum ablaufende Bildung von Produkt-Ionen werden die Reaktant-Ionen „verbraucht". Die Zahl der gebildeten Produkt-Ionen wird ebenfalls von Rekombinationsreaktionen, der Diffusion und dem Driftgasstrom beeinflußt.

Die Bildung der Produkt-Ionen kann unter der Annahme, daß die Gesamtzahl der geladenen Teilchen konstant bleibt, durch einfache Zeitgesetze beschrieben werden. Für eine einfache Ladungsübertragung [analog Gl. (13)] ergibt sich der in den Gln. (19–21) beschriebene Zusammenhang. Hierbei bezeichnet n_R die Zahl der Reaktant-Ionen, n_P die Zahl der Produkt-

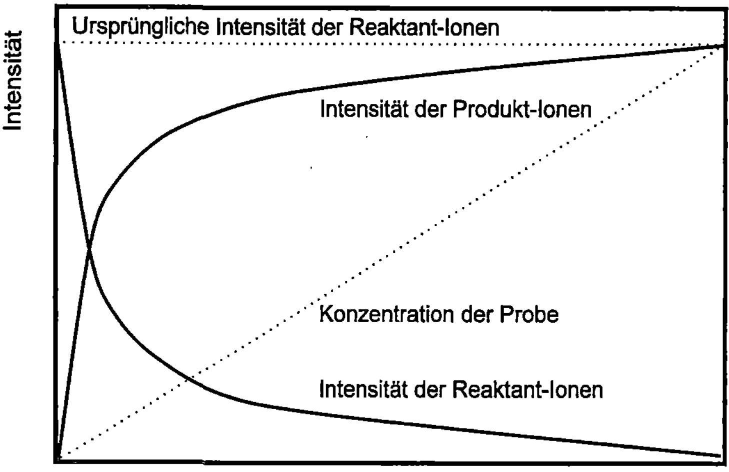

Abb. 7. Intensität von Reaktant- und Produkt-Ionen für eine Ladungsübertragungsreaktion in Abhängigkeit von der Konzentration der Probe

Ionen und n_0 die Zahl der Probemoleküle, die zur Bildung der Produkt-Ionen zur Verfügung stehen, t steht für die Zeit und K ist die Geschwindigkeitskonstante für die bimolekulare Reaktion.

$$dn_P/dt = - (dn_R/dt) = K\, n_0\, n_R \tag{19}$$

$$n_R = n_R^0\, (e^{-KNt}) \tag{20}$$

$$n_P = n_R^0\, (1 - e^{-Knt}) \tag{21}$$

Abbildung 7 zeigt die Intensitäts- bzw. Konzentrationsabhängigkeit von Reaktant- und Produkt-Ionen für eine Ladungsübertragungsreaktion wiederum unter der Annahme, daß die Gesamtzahl der Ladungen konstant bleibt [104].

Nachweisgrenzen, die mittels Ionenbeweglichkeitsspektrometern mit β-Ionisierungsquellen erreicht werden, liegen meist im ppb-Bereich. Sie sind stark substanzabhängig und variieren mit der Zusammensetzung des Driftgases, wobei vor allem dessen Wassergehalt einen dominierenden Einfluß hat.

1.2.1.4 Ionisierung von Stoffgemischen – Anwendung von Reaktant-Gasen

Wird die Ausbildung eines stationären Gleichgewichtes im Reaktionsraum angenommen, kann die Ionisierung von Stoffgemischen als eine Folge von Konkurrenzreaktionen betrachtet werden, die durch die Protonen- bzw. Elektronenaffinität der Probemoleküle gesteuert wird. Verbindungen mit einer

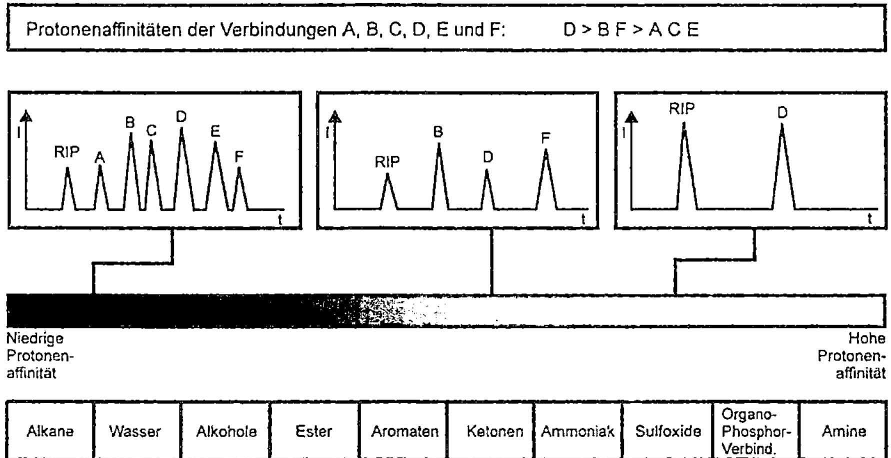

Reaktant-Gase/Verbindungen

Abb. 8. Ionisierung von Stoffgemischen in Abhängigkeit von der Protonenaffinität des Reaktantgases (nach G.A. Eiceman und Z. Karpas, Ion Mobility Spectrometry, CRC Press, Boca Raton, 1994, S. 48)

hohen Protonen- oder Elektronenaffinität werden bevorzugt ionisiert. Liegen Substanzgemische vor, wird in erster Näherung die Bildung der Produkt-Ionen vom Produkt aus Protonen- oder Elektronenaffinität und der Konzentration bestimmt. Für ein Substanzgemisch A, B, C ergibt sich damit der in Gl. (22) unter Verwendung der Protonenaffinität PA dargestellte Zusammenhang.

$$\Sigma_{\text{Reaktant-Ionen}} \approx (PA_A [C_A] + PA_B [C_B] + PA_C [C_C]) \tag{22}$$

Weiterhin sind im Fall von Stoffgemischen auch Reaktionen der Probemoleküle untereinander [z.B. die Bildung von „gemischten" Dimeren nach Gl. (23)] zu beobachten. Die Konsequenz für den Nachweis von Einzelkomponenten ist eine starke Matrix-Abhängigkeit (Querempfindlichkeit).

$$[(AB)(H_2O)_2H]^+ + CD \rightarrow [(AB)(CD)H]^+ + 2H_2O \tag{23}$$

Der Einfluß der Protonen- bzw. Elekronen-Affinität auf die APCI-Prozesse ermöglicht durch Wahl geeigneter Reaktantgase eine Steigerung der Selektivität [105]. Abbildung 8 verdeutlicht dies anhand eines hypothetischen Stoffgemisches. Häufig eingesetzte Reaktant-Gase, z.B. für die Detektion chemischer Kampfstoffe oder den Nachweis von Sprengstoffen, sind Aceton [106–109] oder Chlorkohlenwasserstoffe [105, 110, 111]. Während im Fall von Aceton protonenverbrückte Dimere als Reaktant-Ionen wirken, werden durch Chlorkohlenwasserstoffe Chloridionen gebildet [vgl. Gl. (16)], deren Elektronenaffinität nur geringfügig unter der von Nitroverbindungen liegt. Durch geeignete Reaktant-Gase kann jedoch auch eine mögliche Clusterbildung und eine Peak-Überlagerung mit Reaktant-Ionen, wie für den Nachweis von Hydrazin und Monomethylhydranzin unter Verwendung von Dibutylketon berichtet [112], unterdrückt werden.

1.2.2 UV-Ionisation

Die Photo-Ionisation ist eine speziell zum Nachweis ungesättigter oder aromatischer Kohlenwasserstoffe eingeführte Methode [113–116]. Durch Einsatz von UV-Lampen unterschiedlicher Energie kann jedoch ein breites Spektrum an organischen Verbindungen ionisiert werden. Üblich sind gasgefüllte Hohlkatodenlampen mit 8,5–9,6 eV (Xenon), 10,0 eV (Krypton), 10,2 eV (Wasserstoff), 7,2–11,6 eV (Argon) und 11,3–20,3 eV (Helium). Die UV-Lampen können im Reaktionsraum von Ionenmobilitätsspektrometern senkrecht [82] oder axial zum Driftgasstrom angeordnet werden [117–120]. Speziell bei der axialen Anordnung ist die mögliche Ionisierung von Probemolekülen nach dem Schaltgitter von Nachteil. Die Bildung von Photoelektronen kann zur Detektion negativer Produkt-Ionen genutzt werden.

Neben Gl. (24), die den Ionisierungsprozeß beschreibt, sind die in Gln. (24–27) zusammengefaßten Desaktivierungsreaktionen zu berücksichtigen, die die Ionenausbeute beeinflussen.

$$AB + h\nu \rightarrow AB^* \rightarrow AB^+ + e^- \tag{24}$$

$$AB^* \rightarrow A + B \tag{25}$$

$$AB^* + C \rightarrow AB + C \tag{26}$$

$$AB^+ + e^- + C \rightarrow AB + C \tag{27}$$

Vor allem bei Substanzgemischen ist mit Ladungstransferreaktionen zu rechnen, d. h. Verbindungen mit einem niedrigeren Ionisierungspotential (IP) werden bei der Ionisation bevorzugt. Abbildung 9 verdeutlicht dies anhand einer Serie von IMS Spektren, in deren Verlauf neben Benzen, Toluen und p-Xylen dosiert wurden [121].

Eine Erweiterung des Spektrums detektierbarer Substanzen ist durch den Einsatz von Reaktant-Gasen möglich. So wird durch Reaktant-Gase wie z. B. Aceton der Nachweis von Phosphonaten mit UV-IMS möglich [120, 121].

Generell besitzt die UV-Ionisation gegenüber der Ionisation durch β-Strahlung den Vorteil, daß quantitative Analysen in einem größeren Konzentrationsbereich möglich sind, da die Linearität nicht durch die beschränkte Anzahl an Reaktant-Ionen begrenzt wird. Durch das Fehlen von Reaktant-Ionen kann darüber hinaus der gesamte Driftzeitbereich genutzt werden.

1.2.3 Laser-Ionisation

Die Nutzung der Laser-Ionisation für die IMS geht hauptsächlich auf Arbeiten von Lubman u. a. zurück [83, 94]. Verwendung fanden Nd:YAG-Laser

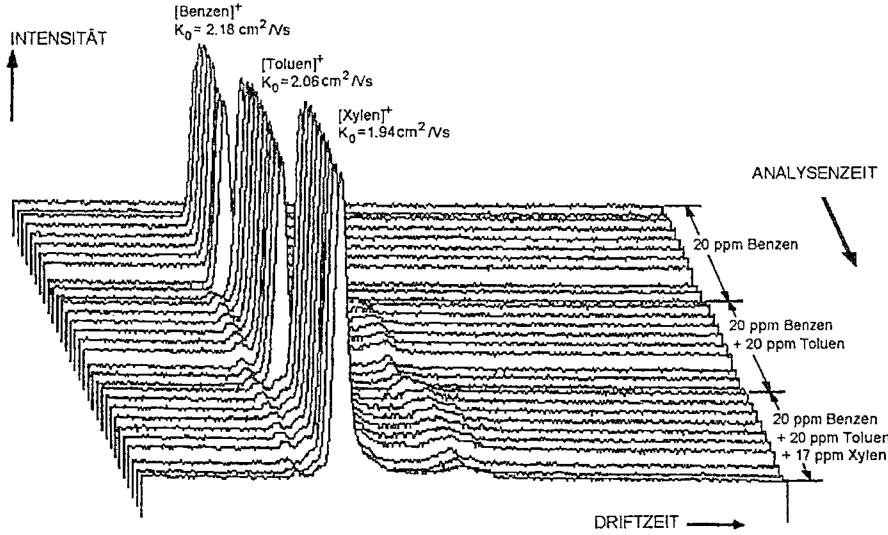

Abb. 9. Serie von Ionenmobilitätsspektren positiver Ionen 20 ppm$_\mathrm{v}$ Benzen (IP = 9,2 eV), 20 ppm$_\mathrm{v}$ Benzen + 20 ppm$_\mathrm{v}$ Toluen (IP = 8,8 eV) sowie 20 ppm$_\mathrm{v}$ Benzen + 20 ppm$_\mathrm{v}$ Toluen + 17 ppm$_\mathrm{v}$ p-Xylen (IP = 8,5 eV). Bei den verwendeten Konzentrationen erscheint jeweils nur das Signal der Verbindung mit dem niedrigsten Ionisierungspotential

ebenso wie ArF-Excimer-Laser. Die Abhängigkeit der IMS-Spektren von der Energie der Strahlung und dem Querschnitt der Strahlen wurde untersucht [122]. Möglichkeiten zur selektiven Ionisation durch Einstrahlung unterschiedlicher Wellenlängen wurden demonstriert [123]. Anwendungen der Laser-Ionisation von Oberflächen [124, 125] und der Matrix-Assisted Laser Desorption Ionisation (MALDI) sind ebenfalls bekannt [126].

1.2.4 Koronaentladung

Koronaentladungsquellen in Verbindung mit Ionenmobilitätsspektrometern wurden bisher, obwohl durch die Massenspektrometrie gut bekannt [127], in sehr wenigen Arbeiten beschrieben [85, 120, 128, 129]. Ein wesentlicher Vorteil der Koronaentladungsquellen besteht darin, daß eine höhere Ausbeute an Reaktant-Ionen erzielt werden kann. Die in den Quellen ablaufenden Prozesse sind nahezu identisch mit den bekannten APCI-Prozessen [130]. Im Vergleich zu den üblicherweise verwendeten ^{63}Ni-Strahlungsquellen können jedoch in Abhängigkeit vom Aufbau der Koronaentladungsquelle Fragmentierungsreaktionen beobachtet werden (siehe Abb. 10).

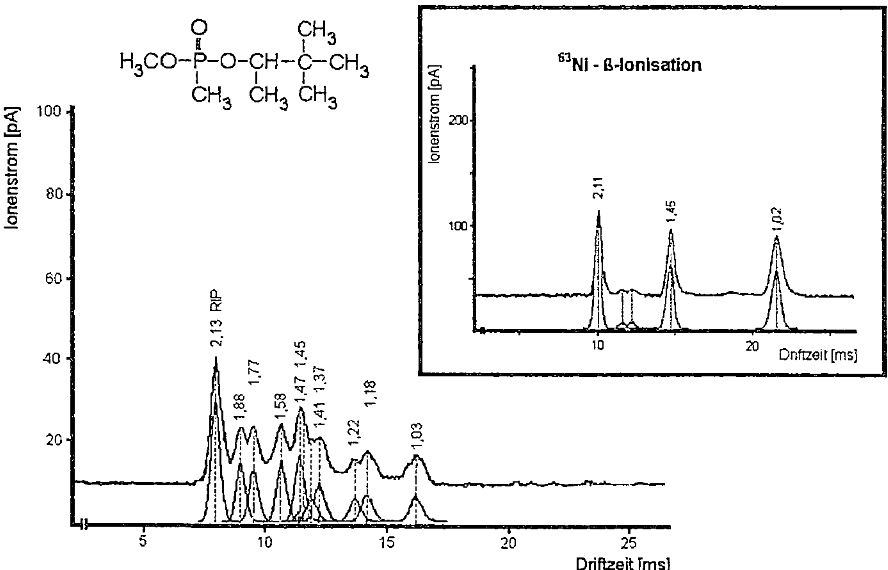

Abb. 10. Ionenmobilitätsspektrum positiver Ionen von Pinacolyl-methyl-phosphanat erhalten durch Koronaentladungsionisation, das zahlreiche Fragment-peaks enthält. Das mittels β-Ionisation (^{63}Ni) erhaltene Ionenmobilitätsspektrum zeigt lediglich monomere und dimere Produkt-Ionen

1.3 Ionentrennung und Ionenmobilität

Die im Reaktionsraum erzeugten Ionen bewegen sich im elektrischen Feld gegen das Driftgas zum Detektor. Entsprechend Gl. (1) ist die Geschwindigkeit, mit der die Ionen vom Schaltgitter zum Detektor gelangen, proportional zur elektrischen Feldstärke und der Mobilität der Ionen K [131–134]. K oder die normierte Mobilitätskonstante K_0 beinhalten nach Gl. (28) Eigenschaften der erzeugen Ionen und des verwendeten Driftgases.

$$K = 3/16 \; q/N \; (2\pi/\mu kT)^{1/2} \; (1 + \alpha)/\Omega_D \tag{28}$$

In Gl. (31) beschreibt q die Anzahl an Ladungen ze mit e = 1,602 · 10^{-19} C, N steht für die Dichte des Driftgases (Moleküle/cm^3), k ist die Boltzmann-Konstante (1,381 · 10^{23} J/K) und μ ist die reduzierte Masse eines Ion-Driftgasmolekül-Paares. M bezeichnet dabei in Gl. (29) die Masse eines Driftgas-Moleküls bzw. Atoms und m die Masse eines Ions.

$$\mu = m \, M/(m + M) \tag{29}$$

α ist ein Korrekturfaktor, der unter 0,02 liegt, wenn m > M gilt [52]. T gibt die Temperatur in der Driftröhre in Grad-Kelvin an. Ω_D ist der Stoßquerschnitt von Ion- und Driftgasmolekülen. Nach Gl. (28) ist die Mobilität der Ionen neben der Temperatur von der Ladung, der reduzierten Masse und dem Stoßquerschnitt abhängig. Ω_D wird von der Größe der Ionen bzw. Moleküle,

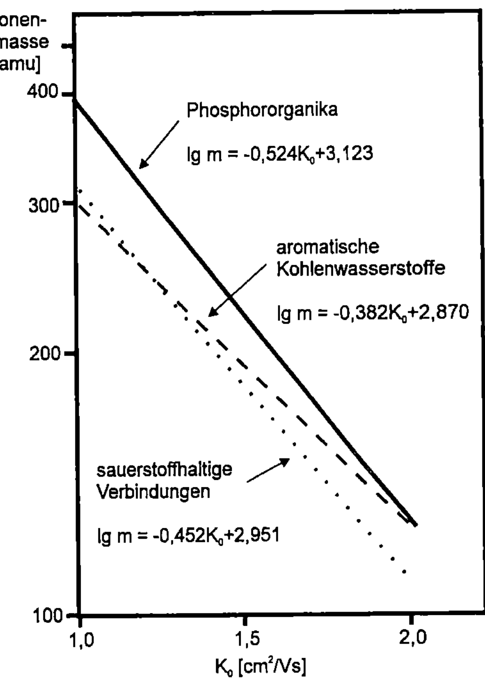

Abb. 11. Ionen-Masse – Ionenbeweglichkeits-Funktionen für ausgewählte Stoffklassen

ihrer Struktur und Polarisierbarkeit beeinflußt. Wird das gleiche Driftgas verwendet, wird die Mobilität weitestgehend durch die reduzierte Masse kontrolliert. Für sehr große Ionen liegt μ im Bereich von M. Die Mobilität wird dann wesentlich durch Ω_D und damit durch die Struktur der Ionen bestimmt. In einem mittleren Bereich, d.h. für die meisten IMS-relevanten Verbindungen, wird eine Abhängigkeit der Mobilität der Ionen von Masse und Struktur beobachtet. Der Einfluß der Struktur auf die Ionenmobilität wurde in zahlreichen Arbeiten an isomeren Verbindungen untersucht [24, 28, 135–137]. Karpas fand folgende Klassifizierung des Struktureinflusses auf die Mobilität [138]:

Kohlenwasserstoffe   – lineare < verzweigt
                        – primäre < sekundär < tertiär
                        – Aliphaten < Aromaten
                        – Amine < Amide

Aufgrund des großen Einflusses der Struktur zeigen Korrelationen zwischen der Ionenmobilität und der Ionen-Masse Fehler bis zu 20%, wenn Verbindungen aus unterschiedlichen Stoffklassen einbezogen werden. Ionenmobilität – Ionen-Masse – Funktionen für einzelne Stoffklassen oder homologe Serien von Verbindungen lassen die Bestimmung der Ionen-Masse mit Fehlern < 5% zu Abb. 11 zeigt Masse – Beweglichkeits-Funktionen für ausgewählte Stoffklassen [48, 138].

Durch die Normierung von K bezüglich Druck und Temperatur [Gl. (2)] wird die Temperaturabhängigkeit der Dichte N des Driftgases auf die Ionenbeweglichkeit kompensiert. Im weiteren ist die Temperaturabhängigkeit von K mit $T^{-1/2}$ und die von Ω_D mit T^{-2} gegeben. K_0 ist damit weitestgehend unabhängig von der Temperatur der Meßröhre [133, 139, 140].

Der Einfluß des Driftgases auf die Ionenbeweglichkeit wird wesentlich durch die Polarität der Driftgasmoleküle bestimmt, wie systematische Untersuchungen mit Stickstoff, Luft, Argon, Argon/Methan-Gemischen und Kohlendioxid belegen [84]. Die signifikant niedrigeren Ionenbeweglichkeiten in Kohlendioxid sind durch eine verstärkte Cluster-Bildung erklärbar.

Wird das gleiche Driftgas verwendet, sollten aufgrund der Normierung der Ionenmobilität bezüglich Temperatur und Druck Meßergebnisse von verschiedenen Spektrometern vergleichbar sein. Allerdings führen Meßfehler ebenso zu Fehlern, wie z.B. der Einfluß der Feuchte auf Ionenbildung und Beweglichkeit. In der Literatur publizierte K_0-Werte (z.B. [141]) sind daher nicht immer übertragbar. Die Berechnungen von Ionenmobilitätskonstanten liefert auf Basis unterschiedlicher Verfahren [56, 142] eine gute Übereinstimmung mit experimentell bestimmten Werten.

Die Auflösung von Ionenmobilitätsspektrometern wird üblicherweise nach Gl. (30) bestimmt [143]:

$$R = t_d/2\,t_{1/2} \tag{30}$$

In Gl. (30) bezeichnet t_d die Driftzeit des Peaks und $t_{1/2}$ seine Halbwertsbreite. Die Auflösung ist damit wesentlich von der Peak-Form abhängig. Diese wird von zahlreichen Faktoren beeinflußt. Hierzu gehören u.a. die Gitteröffnungszeit, die Peakverbreiterung durch Diffusion oder Coulomb-Wechselwirkungen und Ion-Molekülreaktionen im Driftraum [144]. Auch Feld- und Temperaturgradienten oder Druckschwankungen, die durch die Pumpen verursacht werden, können die Auflösung beeinflussen [52].

1.4 Kopplungstechniken

1.4.1 Kopplung mit chromatographischen Methoden

Das exzellente Nachweisvermögen prädestiniert die IMS für die Kopplung mit chromatographischen Methoden [145]. Neben der Registrierung des Totalionenstromes, der durch Ionisierung der eluierten Verbindungen erzeugt wird, ist eine selektive Detektion durch Aufnahme kompletter Ionenmobilitätsspektren oder der Erfassung ausgewählter K_0-Fenster möglich.

Bereits 1972 stellten Karasek und Keller [14] ein Interface zur GC/IMS Kopplung vor. Eingesetzt wurden zunächst gepackte Säulen, wie z.B. für die Trennung von Mono-, Di- und Trichlortoluene berichtet [29]. Probleme ergaben sich durch Säulenbluten [146] und die große Verweilzeit von

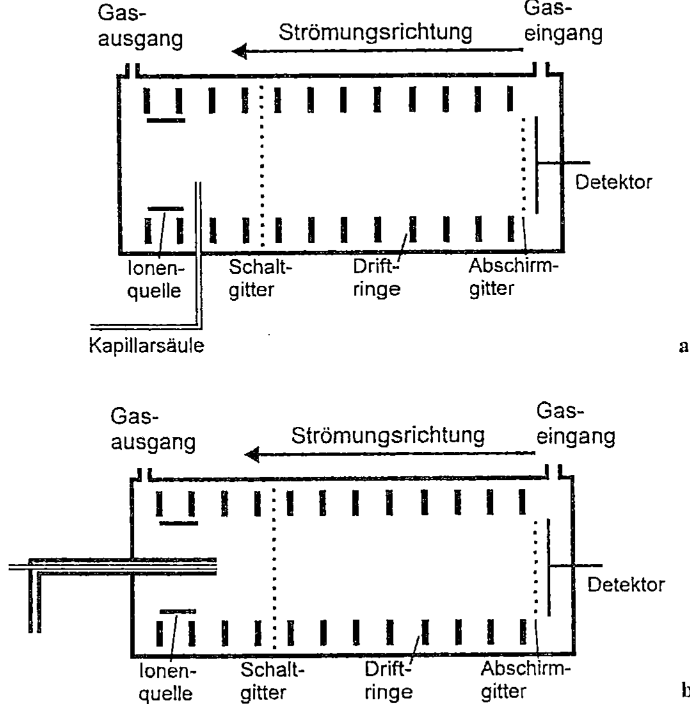

Abb. 12. GC/IMS-Kopplungstechniken; seitliche a und axiale Kopplung b, die gleichzeitig die Möglichkeit zur Einbringung eines Make-up Gases ermöglicht [106]

Molekülen im Reaktionsraum, was zu zusätzlichen Ion-Molekül-Reaktionen führte. Verbesserungen wurden durch die Verwendung von Kapillaren, die Verkleinerung des Reaktionsraumes, eine unidirektionale Gasführung und die seitliche Probegaszuführung zwischen Ionenquelle und Schaltgitter erreicht [76]. Die Leistungsfähigkeit des Systems wurde für die Detektion positiver und negativer Ionen nachgewiesen. Der Einfluß der Zusammensetzung des Driftgases, z. B. des Sauerstoffgehaltes bei der Detektion von Halogenorganika, wurde untersucht [147]. Die Selektivität der GC/IMS konnte durch die Bestimmung von 2,4-Dichlorphenylessigsäure in Bodenproben bestätigt [148] werden. Der Einsatz von Keramikmaterialien ermöglichte den Betrieb der IMS-Meßröhre bei Temperaturen von 300 °C [149]. Weitere Fortschritte wurden durch eine axiale, direkte Kopplung (s. Abb. 12) erreicht [150].

Speziell in den zurückliegenden Jahren wurden miniaturisierte GC/IMS-Kopplungen [152–154] mit optimierten Reaktionsräumen entwickelt [155]. Die Anwendung von Multi-Kapillarsäulen, z. B. für den Nachweis von Sprengstoffen, ist ebenfalls beschrieben [156]. Eine Erweiterung der Applikationsmöglichkeiten auf nichtflüchtige Materialien wird durch eine Pyrolyse/GC/IMS-Kopplung erreicht [157].

Der Einfluß der mobilen Phase auf die resultierende Zusammensetzung des Driftgases und damit auf die Bildung von Produkt-Ionen muß bei der Kopplung der IMS mit der SFC (Super Fluid Chromatography) berücksichtigt werden [158]. Durch Einsatz von Meßröhren mit unidirektionalem Gasfluß wird dieser Effekt unterdrückt [159–162].

Die Kopplungen zwischen Ionenbeweglichkeitsspektrometern mit β-Strahlungsquellen und Flüssigchromatographen wurde zunächst in Analogie zur HPLC/MS-Kopplung mittels eines Moving-belt Interface realisiert [21]. Eine „direkte" Kopplung wird durch die Anwendung von Corona- oder Elektrospray-Ionenquellen möglich [163, 164].

1.4.2 IMS-MS-Kopplung

Die Kopplung der IMS mit der Massenspektrometrie wurde bereits in den ersten Arbeiten zur „Plasmachromatographie" [10] beschrieben. In der Regel werden zur Kopplung Meßröhren verwendet, die mit einem „Pinhole" im Zentrum des Detektors versehen sind. Das Interface zwischen Driftröhre und Massenspektrometern besteht aus einem System elektrischer Blenden [103]. Der Aufbau ähnelt den in Massenspektrometern mit APCI Ionenquellen (APCI = Atmospheric Pressure Chemical Ionization) verwendeten Anordnungen [166].

IMS/MS Experimente wurden überwiegend zur Aufklärung der in Ionenmobilitätsspektrometern ablaufenden Ionisierungsprozesse eingesetzt (siehe unten). Unter diesem Gesichtspunkt ist jedoch stets zu berücksichtigen, daß durch den Transfer in das Vakuumsystem Veränderungen in der Zusammensetzung und Struktur der Ionen auftreten können [91].

In IMS/MS-Experimenten sind unterschiedliche Scan-Techniken möglich [56]:

1. Aufnahme von IMS-Spektren, wobei die Registrierung auch mit Hilfe des MS Detektors erfolgen kann.
2. Bei ständig geöffnetem Schaltgitter wirkt das IMS lediglich als Ionenquelle für das MS: Registriert werden APCI-Massenspektren.
3. Massenanalyse von IMS-Peaks, wobei Ionen unterschiedlicher Masse, die unter dem IMS-Peak verborgen sind, aufgetrennt werden (siehe z.B. Abb. 4 und 5).
4. Wird der Quadrupol auf eine bestimmte Masse eingestellt und das IMS in üblicher Weise betrieben, so werden im Ionenmobilitätsspektrum nur Peaks von Ionen der gewählten Masse abgebildet.

Weiterführende Aussagen zur Zusammensetzung und Struktur der im IMS gebildeten Ionen sind durch IMS/MS/MS-Experimente möglich [166].

2 Applikationen

Die IMS hat in den zurückliegenden Jahren vielfältige Anwendungen erfahren. Hierzu gehören der Nachweis chemischer Kampfstoffe, die Detektion von Drogen, Sprengstoffen und umweltrelevanter Verbindungen ebenso wie Applikationen im Bereich der Arbeitsplatzüberwachung. Trotzdem ist die IMS keine universelle Analysenmethode. Die komplexen und zum Teil unüberschaubaren Ionisierungsmechanismen vor allem bei Substanzgemischen erfordern eine stets gründliche Evaluierung des Analysenproblems.

Für die Anwendungen stehen generell Laborgeräte, fest installierte und auf ausgewählte Verbindungen programmierte Geräte oder handgehaltene Analysengeräte für den mobilen Einsatz zur Verfügung. Letztere eignen sich zur Erfassung der flächenmäßigen Ausbreitung von Chemikalien oder zur Detektion von „hot spots".

2.1 Chemische Kampfstoffe

Die Detektion chemischer Kampfstoffe ist wohl die zur Zeit wichtigste und am weitesten verbreitetste Anwendung der IMS. Allerdings sind nur wenige Arbeiten in der öffentlichen Literatur publiziert [30, 45, 46, 120, 167].

Neben phosphororganischen Verbindungen, also Nervenkampfstoffen (z. B. Tabun, Sarin, Soman, VX), können Haut- (z. B. Schwefel-Lost, Stickstoff-Lost, Lewisit), Lungen- und Blut-Kampfstoffe (z. B. Phosgen, Blausäure) mittels IMS erfaßt werden. Während Nervenkampfstoffe über eine sehr hohe Protonenaffinität verfügen und damit positive Ionen bilden, besitzen Haut-, Blut- oder Lungenkampfstoffe eine hohe Elektronenaffinität und bilden negative Ionen. Moderne handgehaltene Ionenmobilitätsspektrometer arbeiten deshalb mit bipolaren Meßröhren, um eine quasi-kontinuierliche Detektion von allen Kampfstoffgruppen zu erreichen. Die automatisch arbeitenden Geräte identifizieren und quantifizieren die in entsprechenden Spektrenbibliotheken abgelegten Kampfstoffe. Die erreichten Nachweisgrenzen liegen im unteren ppb_v-Bereich. Die Ansprechzeiten der Geräte sind konzentrationsabhängig und liegen bei Konzentrationen nahe der Nachweisgrenzen im Minutenbereich. Hohe Konzentrationen werden nach wenigen Sekunden angezeigt.

Neben der militärischen Anwendung ist die Detektion von chemischen Kampfstoffen selbst Jahrzehnte nach den beiden Weltkriegen vor allem im Altlastbereich von Bedeutung. Die Ereignisse in Japan haben jedoch gezeigt, daß der terroristische Einsatz von Kampfstoffen nicht auszuschließen ist. In beiden Fällen können Ionenmobilitätsspektrometer als Warngeräte für den Personenschutz aber auch zur Vor-Ort-Analytik eingesetzt werden [168].

Im Altlastbereich sind in der Regel „alte" Kampfstoffe aus der Zeit des ersten Weltkrieges relevant. Auf Übungsplätzen und in ehemaligen Einsatzgebieten werden immer noch große Mengen an Kampfstoffmunition gefun-

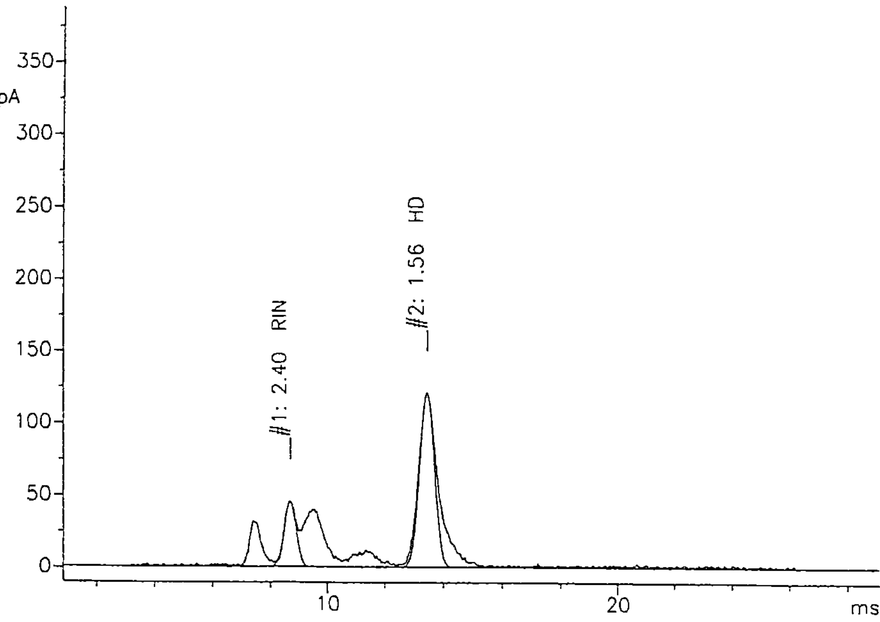

Abb. 13. Ionenmobilitätsspektrum negativer Ionen von S-Lost (HD, $K_0 = 1,56\,\text{cm}^2/\text{Vs}$, C = 400 μg/m^3); RIN = Reaktant-Ion-Negativ

den. Auch in alten Produktionsstätten stößt man häufig auf Reste „aktiver" Kampfstoffe. Abbildung 13 zeigt ein typisches Ionenmobilitätsspektrum von S-Lost (HD), das auf einem Übungsplatz gefunden wurde. Charakteristisch für Ionenmobilitätsspektren von S-Lost ist die Bildung von Produkt-Ionen der Zusammensetzung HD · O_2^-. Daneben werden durch eine dissoziative Charge-Transfer-Reaktion Cl$^-$-Ionen gebildet. Diese können bei höheren HD-Konzentrationen zu HD · Cl$^-$ Adukten führen [169]. Die Selektivität der IMS mit β-Ionisation gegenüber Kampfstoffen verdeutlicht Abb. 14 am Beispiel von IMS und GC/MS-Untersuchungen an einer Sarin-Probe. Das Sarin wurde in einer Granate aus dem zweiten Weltkrieg gefunden. Die Zusammensetzung der Gasphase über der Probe wurde durch Anreicherung auf XAD mit anschließender thermischer Desorption und GC/MS bestimmt. Das Totalionenstrom-Chromatorgramm zeigt Abb. 14 a. Über 30 Verbindungen konnten identifiziert werden. Die wichtigsten sind in der Abb. 14 a angegeben. Ein Ionenmobilitätsspektrum der Probe gibt Abb. 14 b wieder. Das Spektrum zeigt aufgrund der hohen Konzentration des Sarins nur dimere Produkt-Ionen [170].

2.2 Sprengstoffe

Das sehr gute Nachweisvermögen der IMS für Sprengstoffe wurde ebenso wie für chemische Kampfstoffe bereits in den 70er Jahren gefunden. Karasek

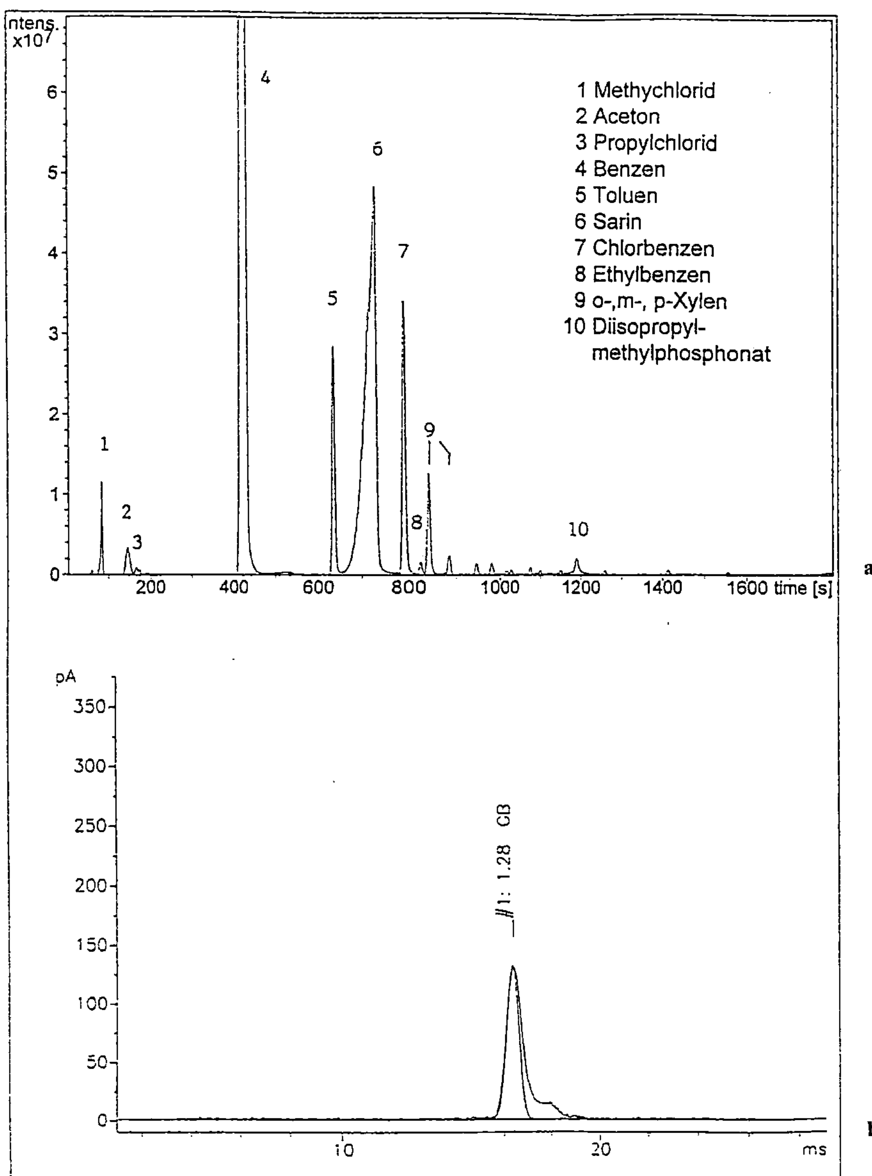

Abb. 14. a Totalionenstrom-Chromatogramm einer Sarin-Probe, erhalten durch Anreicherung auf Tenax mit nachfolgender thermischer Desorption und GC/MS-Trennung, **b** Ionenmobilitäts-Spektrum von Sarin (Spektrum positiver Ionen, C = 600 µg/m³)

Tabelle 2. Übersicht über ausgewählte Sprengstoffe, ihren Dampfdruck bei Raumtemperatur und die K_0-Werte der zur Identifizierung genutzten Produkt-Ionen. Die in Klammern angegebenen Werte sind Nachweisgrenzen, die unter Nutzung des entsprechenden Produkt-Ions erreicht werden [175, 176]

Verbindung	Abkürzung	IMS-Peakts, K_0 (NWG in pg)			Dampfdruck
		$[M-H]^-$	$[M \cdot Cl]^-$	$[M \cdot NO_3]^-$	
Nitroglycerin	NG	1,45	1,34 (50)	1,28 (200)	2,8 $[mg/m^3]$
Dinitrotoluen	DNT	1,57 (200)		–	1,0 $[mg/m^3]$
Trinitrotoluen	TNT	1,45 (200)	–	–	56 $[\mu g/m^3]$
Cyclotrimethylen-trinitramin	RDX	–	1,39 (200)	1,32 (800)	0,056 $[\mu g/m^3]$
Pentaerythrit-tetranitrat	PETN	1,21 (80)	1,15 (200)	1,10 (1000)	0,090 $[\mu g/m^3]$
Ammoniumnitrat[a]	–	1,93 (200)[a]			33 $[\mu g/m^3]$

[a] Nachweis als $[NO_3]^-$.

und Denney konnten 10ng TNT mit einem Signal/Rausch-Verhältnis > 1000 detektieren [171]. Die für Ethylenglykoldinitrat (EGDN) berichtete Nachweisgrenze liegt bei 500 pg. Werden Reaktant-Gase eingesetzt, die Cl-Ionen bilden, sind noch 30 pg EGDN nachweisbar [172]. Der äußerst niedrige Dampfdruck der Sprengstoffe erfordert jedoch in der Regel eine Anreicherung. Bewährt haben sich Partikelsammler in Verbindung mit einer thermischen Desorption der angereicherten Sprengstoffe [173].

Die Identifizierung der Sprengstoffe erfolgt durch Peaks, die $[NO_3]^-$, $[M-H]^-$ und $[M \cdot NO_3]^-$ Ionen zugeordnet werden. Die Bildung dimerer Produkt-Ionen, $[M_2]^-$, ist ebenfalls möglich. Die Prozesse sind stark temperaturabhängig [174]. Addukte mit Cl^--Ionen entstehen durch die eingesetzten Reaktantgase. Einen Überblick gibt Tabelle 2.

Die niedrigen Nachweisgrenzen für Sprengstoffe ermöglichen in Verbindung mit kurzen Analysenzeiten den Einsatz der Methode in Sicherheitsbereichen. Der Nachweis von Sprengstoffen in oder auf Gepäckstücken, an der Kleidung oder auf der Haut (Hand) mittels IMS wurde beschrieben [176].

2.3 Drogen

Ebenfalls niedrige Nachweisgrenzen, hohe Selektivität, kurze Analysezeiten und die Möglichkeit zum mobilen Einsatz prädestinieren die IMS für die Detektion von Drogen. Auch hier ist eine Anreicherung der Probe auf einem Trägermaterial (Draht, Teflon u.a.) in Verbindung mit einer nachfolgenden thermischen Desorption notwendig. Der Nachweis der Verbindungen erfolgt in der Regel über das Pseudo-Molekülion oder über spezifische Addukt-Ionen. Karasek u.a. [181] zeigten durch IMS-/MS-Untersuchungen, daß im

Tabelle 3. Detektion ausgewählter Drogen mittels IMS

Verbindung	Molekular-gewicht	K_0 [cm²/Vs] wichtiger Ionen	Träger-gas	T [°C]	Methode	Literatur
Acetylcodein	341	1,09; 1,21	Luft	220	therm. Des.	178
Amphetamin	135	1,66	Luft	220	therm. Des.	178
Barbital	184	0,99; 1,50	N_2	230	GC/IMS	177
Bromazepam	316	1,24	Luft	220	therm. Des.	180
Cannabinol	310	1,06	Luft	220	therm. Des.	180
Chlor-diazepoxid	300	1,18	Luft	220	therm. Des.	182
Cocain	303	1,16; 150; 184	N_2, Luft	153, 220	therm. Des.	181, 182
Codein	299	1,18; 1,21	Luft	220	therm. Des.	178, 179
Diazepam	285	1,21	Luft	220	therm. Des.	178, 179, 180
Heroin	369	1,05; 1,15 1,04; 1,14	N_2 N_2, Luft	153 220	therm. Des. therm. Des.	181 178, 182
Morphin	285	1,22; 1,26	Luft	220	therm. Des.	178
Opium		1,55	Luft	250	direkt, Draht	50
Oxazepam	287	1,23; 1,28	Luft	220	therm. Des.	180
Triazolam	343	1,13	Luft	220	therm. Des.	178

Fall von Heroin $[M]^+$, $[M \cdot H_2]^+$, $[M \cdot CH_3CO_2]^+$ Ionen und durch Cocain $[M]^+$, $[M \cdot C_6H_5CO_2]^+$ und $[M \cdot CH_3CO_2]^+$ Ionen gebildet werden. Als Driftgas wurde Stickstoff verwendet. Neben natürlichen Rauschgiften, wie z. B. Heroin oder Cocain, sind auch zahlreiche synthetische Drogen nachweisbar [177–180]. Tabelle 3 enthält eine Auswahl von natürlichen und synthetischen Drogen, die mittels IMS untersucht wurden. Eine Übersicht über forensische Anwendungen der IMS wurde von Karpas publiziert [50].

Zahlreiche Tests zeigen, daß der Nachweis von Drogen mittels IMS sehr zuverlässig ist und nur durch wenige Substanzen gestört wird. Dies ermöglicht die Detektion auch ohne weitere Probenpräparation z. B. in Gepäckstücken, Containern, Briefen usw. [183].

2.4 Umweltrelevante Verbindungen – Arbeitsplatzüberwachung

Speziell die Anwendungen der IMS im Bereich der Umweltanalytik und Arbeitsplatzüberwachung erfordern aufgrund der komplexen Ionisierungsmechanismen eine sorgfältige Anpassung an das Analysenproblem, wobei vor allem der Matrixeinfluß bei der Peak-Selektion und der Kalibrierung zu berücksichtigen ist. Bei komplexen Stoffgemischen sollte generell eine Trennmethode vorgeschaltet werden. Tabelle 4 enthält eine Zusammenstellung von Verbindungen bzw. Verbindungsklassen, die mittels IMS mit β-Ionisation bestimmt werden können. Exemplarisch werden nachfolgend einige Anwendungen näher betrachtet.

Tabelle 4. Übersicht über Verbindungen, die im Umweltbereich mittels IMS mit β-Ionisation nachgewiesen wurden [54, 56, 112]

Verbindung	Bestimmungsgrenze [ppb]	Verbindungsklassen	Bestimmungsgrenze [ppb]
Chlor	100	Alkohole	100
Brom	100	aliphatische Amine	5
Jod	5	aromatische Amine	5
Fluorwasserstoff	100	Ether	100
Chlorwasserstoff	100	Ester	10
Jodwasserstoff	100	Ketone	10
Blausäure	100	Phenole	100
Phosgen	100	chlorierte Aromaten	100
Schwefeldioxid	100	polychlorierte Biphenyle	100
Stickstoffdioxid	100	Chlorkohlenwasserstoffe	500
Salpetersäure	100		
Ammoniak	100		
Hydrazin	10		
Schwefelwasserstoff	1000	trockene Ätz-Gase	100
Acetonitril	10		
Acetaldehyd	100		
Anilin	5		
Cyclohexanon	10		
Nitrobenzen	5		
Toluendiisocyanat	5		
Vinylacetat	100		

Eine typische Anwendung der IMS im industriellen Bereich ist das Monitoring von 2,4- und 2,6-Toluendiisocyanat [184]. Nachweisgrenzen um 5 ppb werden für beide Isomeren berichtet. Der lineare Meßbereich liegt zwischen 0 und 50 ppb. Die Ansprechzeit beträgt wenige Sekunden. Der Nachweis von Toluendiisocyanat wird durch Amine (Konzentrationen im ppm-Bereich) und höhere Konzentrationen von halogenierten Verbindungen gestört. Ein typisches Ionenmobilitätsspektrum zeigt Abb. 15.

Breite Anwendung hat die Bestimmung von Fluorwasserstoff mittels IMS erfahren [185]. Als Reagenzgas wird Methylsalicylat verwendet, um eine Peaküberlagerung zwischen HF-Ionen und $[(H_2O)_x O_2]^-$-Reaktantionen zu vermeiden. Die Nachweisgrenzen liegen mit diesem Raktantgas bei 0,5 ppm. Der lineare Bereich reicht bis 10 ppm. Die Querempfindlichkeiten bezüglich NO_x, HCl, Chlor oder H_2S sind gering.

Eine Methode zur Bestimmung von Brom wurde von Karpas u. a. berichtet [186]. Die Nachweisgrenze liegt bei 10 ppb. Durch Berücksichtigung des konzentrationsabhängigen Gleichgewichtes zwischen Br^- und Br_3^- Ionen bei der Kalibrierung wurde ein linearer Bereich zwischen 10 und 500 ppb erreicht.

Nachweisgrenzen kleiner 10 ppb werden für die Bestimmung von Hydrazin und Monomethylhydrazin berichtet [187]. Der lineare Meßbereich liegt zwischen 10 ppb und 1 ppm. Durch Verwendung von 5-Nonanon als Raktantgas wird eine Trennung der Signale von Raktant- und Produkt-Ionen erzielt [112].

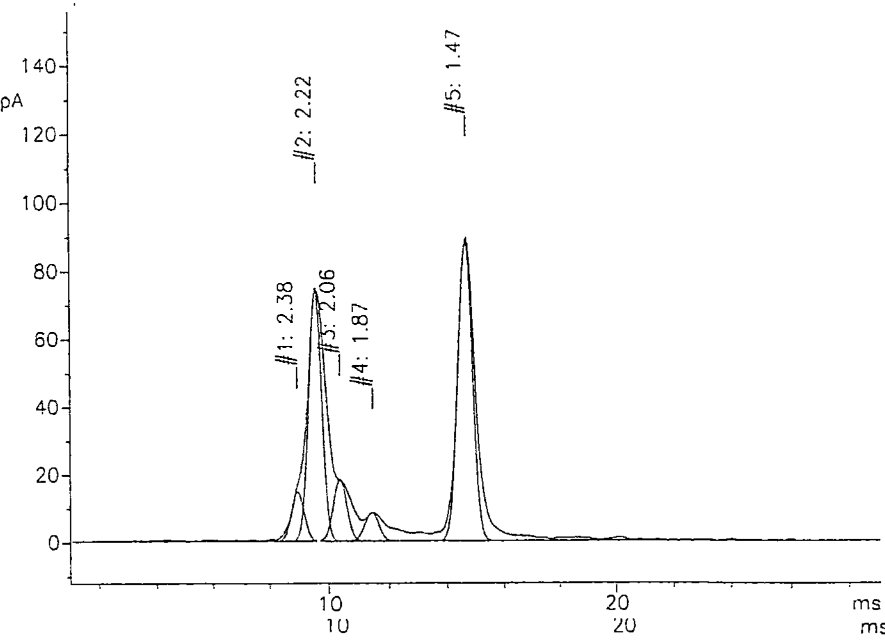

Abb. 15. Ionenmobilitätsspektrum negativer Ionen von 2,4-Toluendiisocyanat. Der Peak bei $K_0 = 1,47$ cm^2/Vs wird durch das 2,4-Toluendiisocynat hervorgerufen, C = 20 ppb. Das Signal mit $K_0 = 2,22$ cm^2/Vs entsteht durch die Reaktant-Ionen

Einen weiteren Vorteil der IMS verdeutlicht Abb. 16. Sie zeigt im oberen Teil (Abb. 16 a) das Totalionenstrom-Chromatogramm einer Benzin-Fraktion (Kp. 65–80 °C) mit 20 ppm leichtflüchtigen Chlorkohlenwasserstoffen. Im IMS Spektrum (Gasphase über der Probe, Abb. 16 b) erzeugen die Chlorkohlenwasserstoffe durch eine dissoziative Ladungsübertragungsreaktion einen Cl$^-$-Peak mit $K_0 = 2,74$ cm^2/Vs. Dieses Signal kann damit zur summarischen Erfassung chlorierter Verbindungen genutzt werden [188]. Da die Nachweisgrenzen für Chlorkohlenwasserstoffe variieren [189], müssen die zur Eichung benötigten Standardgemische dem Analysenproblem angepaßt werden. Auch die jeweilige Matrix muß bei der Eichung Berücksichtigung finden.

Die summarische Erfassung bestimmter Stoffklassen ist immer dann möglich, wenn die entsprechenden Verbindungen, z. B. durch eine dissoziative Ladungsübertragungsreaktion, Ionen des gleichen Typs bilden. Typische Vertreter sind neben Chlorkohlenwasserstoffen Brom-, Jodkohlenwasserstoffe oder einige Cyano-Verbindungen.

Weitere Anwendungen sind aus der Halbleiterindustrie (Detektion von Ätz-Gasen [190]) und der Elektronik (Nachweis von Ausgasungen aus elektronischen Geräten [191]) bekannt. Der Einsatz der IMS zur Bestimmung von Anestetika ist ebenfalls untersucht [102]. Die Headspace-Analyse von Bodenproben auf Benzin durch IMS mit UV-Ionisierung beschreiben Eiceman u. a. [192].

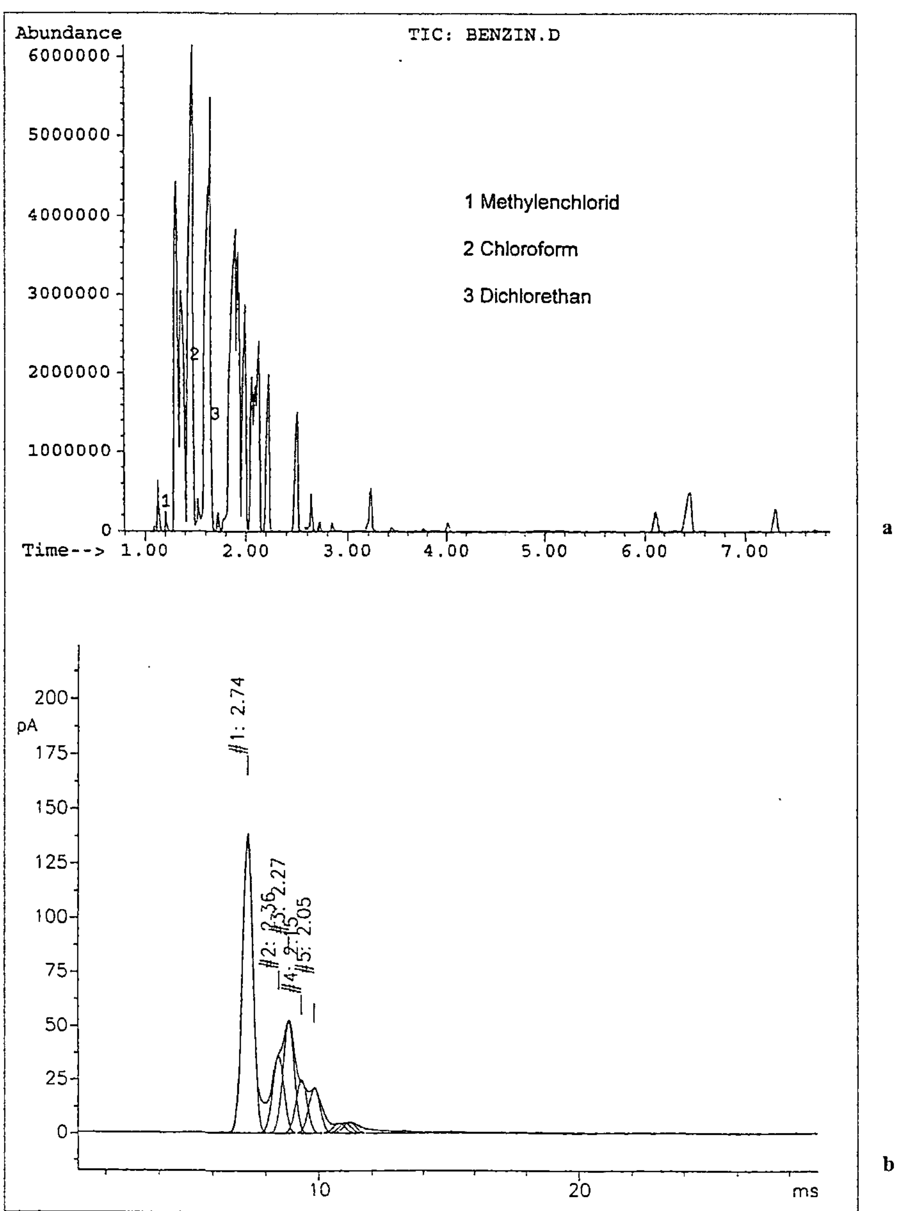

Abb. 16. **a** Totalionenstrom-Chromatogramm einer Benzinfraktion (Kp. 65–80 °C) mit 20 ppm leichtflüchtigen Chlorkohlenwasserstoffen (Methylenchlorid, Chloroform und 1,2 Dichlorethan), **b** IMS-Spektrum, das von der Gasphase über der Probe, erhalten wurde. Der Peak mit $K_0 = 2,74\ cm^2/Vs$ wird durch Chloridionen gebildet

3 Zusammenfassung

Seit etwa 1970 hat die Ionenmobilitätsspektrometrie eine stete Entwicklung erfahren. Die kontinuierliche Zunahme an Publikationen ist ein Beleg hierfür. Leistungsfähige Laborgeräte, aber auch robuste, miniaturisierte und automatisierte Geräte für die Vorort-Analytik stehen zur Verfügung. Für letztere ist eine feste Installation zur Überwachung von Gebäuden und Anlagen ebenso möglich wie der handgehaltene Einsatz der Spektrometer. Anwendungen aus vielen Bereichen der analytischen Chemie sind bekannt.

Die Gerätekomponenten wurden anwendungsorientiert optimiert. Gerätesysteme für die schnelle Vorort-Analytik verfügen über ein Membraneinlaßsystem. Portable oder Laborgeräte haben ein Schleusensystem für die Probenaufgabe. Die Probenanreicherung in Verbindung mit einer thermischen Desorption ist z. B. für den Nachweis von Drogen oder Sprengstoffen typisch.

Die Ionisierung wird überwiegend durch β-Strahlungsquellen realisiert. Sie benötigen keine Energie, was vor allem für handgehaltene Spektrometer von Bedeutung ist, und sind über Jahre stabil. Die Ionisierung der Verbindungen wird durch ihre Protonen- bzw. Elektronenaffinitäten gesteuert. Durch die im Reaktionsraum ablaufenden APCI-Prozesse sind die Ionisierungsmechanismen oft schwer überschaubar. Mögliche Matrixeinflüsse können durch Wahl eines Reaktantgases umgangen werden. Das Nachweisvermögen ist für viele Verbindungen ausreichend. Chemische Kampfstoffe, Sprengstoffe oder Drogen können im unteren ppb-Bereich detektiert werden. Der lineare Bereich für die Bestimmung von Verbindungen ist begrenzt. Alternative Ionisierungstechniken stehen z. B. mit der UV- oder Koronaentladungsionisation zur Verfügung. Die UV-Ionisierung ist vom Ionisierungspotential der zu analysierenden Substanzen und der Energie der von der Lampe abgegebenen Strahlung abhängig. Der lineare Bereich für die Bestimmung der Verbindungen ist bei der UV Ionisation nicht eingeschränkt. Durch Verwendung von Reaktantgasen können APCI-Prozesse initiiert werden, die zur Ionisierung von Verbindungen führen, die normalerweise nicht mittels UV-Ionisation erfaßt werden können. Durch die Koronaentladungsionisation werden höhere Ionenausbeuten erzielt. Nachteilig wirken sich jedoch Fragmentierungsreaktionen aus.

Die Trennung der erzeugten Ionen erfolgt in bipolaren Meßröhren, d. h. der Nachweis positiver und negativer Ionen erfolgt durch Umpolen der Spannung. Meßröhren, die ausgehend von einem gemeinsamen Reaktionsraum über zwei Driftstrecken verfügen und damit positive und negative Ionen simultan trennen können, sind ebenfalls bekannt.

Die Trennung der erzeugten Ionen im Driftraum der eingesetzten Meßröhren ist von ihrer Masse und Struktur abhängig. Im Vergleich zur Gaschromatographie oder Massenspektrometrie ist das Auflösungsvermögen der IMS gering. Dies kann, z. B. im Fall von Matrixeinflüssen, durch Wahl einer geeigneten Ionisierungstechnik kompensiert werden. Zur Analyse von Vielkomponentengemischen sind Kopplungstechniken erforderlich, die mit der GC/IMS und IMS/MS zur Verfügung stehen.

Die Anwendungen der IMS sind breit gestreut. In stofflicher Hinsicht dominieren chemische Kampfstoffe, Drogen, Sprengstoffe oder einige umweltrelevante Verbindungen, die mit β-Strahlungsquellen effizient ionisiert werden können. Bei diesen Anwendungen dominiert der mobile Einsatz der IMS.

Literatur

1. Röntgen WC (1886) Science 3 : 726
2. Townsend JS (1899) Philos Trans R Soc, London A193 : 129
3. Thomson JJ, Rutherford GP (1928) Conduction of Electricity Through Gases. Dover, New York
4. Langevin P (1905) Ann de Chim Phys 5 : 245
5. Carroll DI, Cohan MJ, Wernlund RF (1971) US Patent 3 : 626, 180
6. Carroll DI (1972) US Patent 3 : 668, 383
7. Cohen MJ, Carroll DI, Wernlund RF und Kilpatrick WD (1972) US Patent 3 : 699, 333
8. Cohan MJ, Karasek FJ (1970) J Chromatogr Sci 8 : 330
9. Karasek FW (1970) Res Dev 21 : 25
10. Karasek FW (1970) Res Dev 21 : 34
11. Karasek FW, Kilpatrick WD, Cohan MJ (1971) Anal Chem 43 : 1441
12. Karasek FW (1971) Anal Chem 43 : 1982
13. Karasek FW, Cohan MJ, Carroll DI (1971) J Chromatogr Sci 9 : 390
14. Karasek FW, Keller RA (1972) J Chromatogr Sci 10 : 626
15. Karasek FW, (1972) Int J Environ Anal Chem 44 : 157
16. Karasek FW, Kane DM (1972) J Chromatogr Sci 10 : 673
17. Karasek FW, OS Tatone (1972) Anal Chem 44 : 1758
18. Karasek FW, Tatone OS, Kane DM (1973) Anal Chem 45 : 1210
19. Karasek FW, Tatone OS, Denney DW (1973) J Chromatogr 87 : 137
20. Karasek FW (1973) Can Res Dev 6 : 19
21. Karasek FW, Denney DW (1973) Anal Lett 11 : 993
22. Karasek FW (1974) Anal Chem 46 : 710R
23. Karasek FW, Denney DW, Dedecker EH (1974) Anal Chem 46 : 970
24. Karasek FW, Kane DM (1974) Anal Chem 46 : 780
25. Karasek FW, Kane DM (1974) J Chromotogr 93 : 125
26. Karasek FW, Denney DW (1974) Anal Chem 46 : 1312
27. Karasek FW, Maican A, Tatone OS (1975) J Chromatogr 110 : 295
28. Karasek FW, Kim SH (1975) Anal Chem 47 : 1166
29. Karasek FW, Hill HH, Kim SH Jr, Rokushika S (1977) J Chromatogr 135 : 329
30. Preston JM, Karasek FW, Kim SH (1977) Anal Chem 49 : 1746
31. Karasek FW, Kim SH, Hill HH Jr (1978) Anal Chem 48 : 1133
32. Kim SH, Karasek FW, Rokushika S (1978) Anal Chem 50 : 152
33. Karasek FW, Kim SH, Rokushika S (1978) Anal Chem 50 : 2013
34. Karasek FW, Spangler GE (1981) Theory and Practice in Chromatography. In Electron Capture, (Hrsg) Zlatis A, Poole CF, Elsevier, Amsterdam, S 377
35. Hassé HR (1926) Phil Mag 1 : 139
36. Hassé HR, Cook WR (1931) Phil Mag 12 : 554
37. Smyth HD (1925) Phys Rev 25 : 452
38. Harnwell (1927) Phys Rev 29 : 683
39. Hogness TR, Harkness RW (1928) Phys Rev 32 : 936
40. Mann MM, Hustrulid R, Tate JT (1940) Phys Rev 58 : 340
41. Mason EA, Schamp HW Jr (1958) Ann Phys (NY) 4, 233
42. McDaniel WE (1964) Collisional Phenomena in Ionized Gases, John Wiley & Sons, New York
43. DL Albriton und EW McDaniel (1968) J Phys Chem 171 : 94
44. Metro MM, Keller RA (1974) J Chromatogr Sci 12 : 673
45. Moye HA (1975) J Chromatogr Sci 13 : 285
46. Kim SH, Spangler GE (1985) Anal Chem 57 : 567

47. Carrico JP, Davis AW, Campbell DN, Roehl JE, Sima GR, Spangler GE, Vora KN, White RJ (1986) Am Lab 152
48. Starrock V, Krippendorf A, Döring H-R, Second International Workshop on Ion Mobility Spectrometry, Quebec City, Canada, 15.-18.8.1993
49. Morrissey MA, Widmer H (1989) Chimia 43 : 268
50. Karpas Z (1989) Forensic Sci Rev 1 : 103
51. Hill HH Jr, Siems WF, St Louis RH, McMinn DG (1990) Anal Chem 62 : 201A
52. St Louis RH, Hill HH Jr (1990) Crit Rev Anal Chem 21 : 321
53. Eiceman GA (1991) Crit Rev Anal Chem 22 : 471
54. Roehl JE (1991) Appl Sectr Rev 26 : 1
55. Eiceman GA, Clement RE, Hill HH Jr (1992) Anal Chem 64 : 170 R
56. Eiceman GA, Karpas Z (1994) Ion Mobility Spectrometry, CRC Press, Boca Raton
57. Cross JH, Limero Th P, James JT (1995) Proceedings of the Fourth Internatinal Workshop on Ion Mobility Spectrometry, Cambridge, England 6–9.8.1995
58. Metro MM, Keller RA (1973) J Chromatogr Sci 11 : 520
59. O'Keefe AE, Ortman GC (1966) Anal Chem 38 : 760
60. Grob RL (1977) (Hrsg) Modern Practice of Gas Chromatography, John Wiley & Sons, New York
61. Carr TW, Needham CD (1979) In Surface Contamination (Hrsg) KL Mittal, Plenum Press, New York
62. Nanji AA, Lawrence AH, Mikhael NZ (1987) Clin Toxicol 25 : 501
63. Huang SD, Kolaitis L, Lubman DM (1987) Appl Spectrosc 41 : 1371
64. Spangler GE, Collins CI (1975) Anal Chem 47 : 393
65. Spangler GE, Carrico JP (1983) J Mass Spectrom Ion Phys 52 : 267
66. Youngquist GR (1970) Flow through Porous Media. Nunje, RT (Hrsg) Washington DC
67. Spangler GE (1975) Am Lab 7 : 36
68. Carr TW (1984) (Hrsg) Plasma Chromatography, Plenum Press, New York
69. Spangler GE, Carrico JP (1983) Int J Mass Spectrom Ion Phys 52 : 267
70. Bruker-Saxonia, US Patent 5, 280, 175, 18.1.1994
71. Spangler GE, Cohan MJ (1984) Instrument Design and Description. In Plasma Chromatography (Hrsg) WT Carr, Plenum Press, New York, S 1
72. Carrico JO, Sickenberger DW, Spangler GE, Vora KN (1983) J Phys E 16 : 1059
73. Spangler GE, Campbell DN, Vora KV, Carrico JP (1984) JP, ISA Trans 23 : 17
74. Brokenshire JL, FACSS Meeting, Anaheim, CA, Oktober 1991
75. A Brittain et al. (1995) 5th Int Symp on Protection Against Chemical and Biological Warfare Agents, Stockholm, 11.-16.6.1995
76. Baim MA, Hill HH Jr (1982) Anal Chem 54 : 38
77. Bradbury NE, Nielsen RA (1936) Phys Rev 49 : 388
78. Tyndall AM (1938) The Mobility of Positive Ions in Gases, University Press, Cambridge
79. Bruker-Saxonia, Patent DE 4310106 C_1, 6.10.1994
80. Knorr JE, Etherton RL, Siems WF, Hill HH Jr (1985) Anal Chem 57 : 402
81. Carnahan B, Day S, Kouznetsov V, Tarassov A (1995) Proceedings of the Fourth International Workshop on Ion Mobility Spektrometry, Cambridge, England, 6.-9.8.1995
82. Baim MA, Eatherton RL, Hill HH Jr (1983) Anal Chem 55 : 1761
83. Lubman DM, Kronick MN (1982) Anal Chem 54 : 1546/2289
84. Kolaitis K, Lubman DM (1986) Anal Chem 58 : 1993
85. Shumate CB, Hill HH Jr (1989) Anal Chem 1 : 601
86. Wohltzer H, US Patent 581398, 3.8.1984
87. Rasulev UKh, Nazarov EG, Palitsin VV (1995) Proceedings of the Fourth International Workshop on Ion Mobility Spectrometry, Cambridge, England, 6.-9.8.1995
88. Shahin MM (1965) J Chem Phys 45 : 2600
89. Good A, Dueden DA, Kebarle P (1970) J Chem Phys 52 : 212
90. Sunner J, Nicol G, Kebarle P (1988) Anal Chem 60 : 1300
91. Spangler GE (1994) Proceedings of the Third International Workshop on Ion Mobility Spectrometry, Galveston, Texas, 16.-19.10.1994, S 115
92. Kim SH, Betty KR, Karaseck FW (1978) Anal Chem 50 : 2006
93. Carr TW (1977) Anal Chem 49 : 828
94. Carr TW (1979) Anal Chem 51 : 705

95. Siegel MW, Fite WL (1976) J Chem Phys 80:2871
96. Kebarl P (1977) Ann Rev Phys Chem 28:445
97. Nicol G, Sunner J, Kebarl P (1988) Int J Mass Spectrom Ion Proc 84:135
98. Sunner J, Nicol G, Kebarl P (1988) Anal Chem 60:1300
99. Sunner J, Nicol G, Kebarl P (1988) Anal Chem 60:1308
100. Watts P (1991) Anal Proc 28:328
101. Grimsrud EP (1992) Mass Spectrom Rev 10:457
102. Eicman GA, Shoff DB, Harden CS, Snyder AP, Martinez PM, Fleisher ME, Watkins ML (1989) Anal Chem 61:1093
103. Siegel MW (1984) Atmospheric Pressure Ionization. In Plasma Chromatography TW Carr, (Hrsg) Plenum Press, New York
104. Tou JC, Boggs GU (1976) Anal Chem 48:1352
105. CJ Proctor und JFJ Todd (1984) Anal Chem 56:1794
106. Spangler GE, Campbell DN, Carrico JP (1983) Pittsburgh Conf, Atlantic City, NJ
107. Blyth DA (1983) Proceedings of the International Symposium on Chemical Warfare Agents, Stockholm
108. Turner RB, Brokenshire JL (1994) Trends in Anal Chem 13:275
109. Eiceman GA, Snyder AP, Blyth DA (1990) Int J Environ Anal Chem 38:415
110. Spangler GE, Carrico JP, Campbell DN (1985) J Test Eval 13:234
111. Lawrence AH, Neudorfl P (1988) Anal Chem 69:104
112. Eiceman GA, Salazar MR, Rodriguez MR, Limero ThF, Beck StW, Cross JH, Young R, James JT (1993), Anal Chem 65:1696
113. Boesl U, Neusser JJ, Schlag WE (1980) J Chem Phys 72:4327
114. Seaver M, Hudgens JW, DeCorpo JJ (1980) Int J Mass Spectrom Ion Phys 34:159
115. Freedman AN (1980) J Chromatogr 190:263
116. Hayhurst JS, Driscoll JN (1993) Anal Proc [London] 30:90
117. Leasure CS, Fleischer ME, Anderson GK, Eiceman GA (1986) Anal Chem 58:2142
118. Leonhardt JW, Bensch H, Berger D, Nolting M, Baumbach JI, Proceedings of the Third International Workshop on Ion Mobility Spectrometry, Galveston, Texas, 16–19.10.1994, S 49
119. Baumbach JI, Berger D, Leonhardt JW, Klockow D (1993) Int J Environ Anal Chem 52:189
120. Stach J, Adler J, Brodacki M, Döring H-R (1994) Proceedings of the Third International Workshop on Ion Mobility Spectrometry, Galveston, Texas, 16.–19.10.1994, S 71
121. Environmental Technology Group Inc, Patent WO93/22033
122. Eiceman GA, Vandiver VT, Leasure CS, Anderson GK, Tiee TT, Danen WC (1986) Anal Chem 58, 1690
123. Lubman DM, Kronick MN (1983) Anal Chem 55:867
124. Eiceman GA, Anderson GK, Danen WC, Ferris MJ, Tiee JJ (1988) Anal Letters 21:539
125. Phillips J, Gormally J (1992) Int J Mass Spectrom Ion Proc 112:205
126. Bristow AWT, Creaser CS, Stygall JW (1995) Proceedings of the Fourth International Workshop on Ion Mobility Spectrometry, Cambridge, England, 6.–9.8.1995
127. RFD Bradshaw (1978) UK Patent 1,606,926
128. Baumbach JI, Irmer Av, Klockow D, Alberti Segundo SM, Sielmann St, Soppart O, Trindade E (1995) Proceedings of the Fourth International Workshop on Ion Mobility Spectrometry, Cambridge, Englang, 6.–9.8.1995
129. Carrol DI, Dzidic I, Horning EC, Stillwell RN (1981) Appl Spectros Rev 17:337
130. Eiceman GA, Kramer JH, Snyder AP, Tofferi JK (1988) J Environ Anal Chem 33:161
131. McDaniel EW, Mason EA (1973) The Mobility and Diffusion of Ions in Gases, Wiley & Sons, New York
132. Revercomb HE, Mason EA (1975) Anal Chem 47:970
133. Mason EA (1984) Ion Mobility: Its Role in Plasma Chromatography in Plasma chromatography (Hrsg) WT Carr, Plenum Press, New York, S 43
134. Moson EA, McDaniels EW (1987) Transport Properties of Ions in Gases, Wiley & Sons, New York
135. Hagen DF (1979) Anal Chem 51
136. Karpas Z, Cohan MJ, Stimac RM, Wernlund R (1986) Int J Mass Spectrom Ion Proc 74:153
137. Karpas Z, Stimac RM, Rappoport Z (1988) Int J Mass Spectrom Ion Proc 83:163
138. Griffin GW, Dzidic I, Carroll OI, Stillwell RN, Horning EC (1973) Anal Chem 45:1204
139. Perent DC, Bowers MT (1981) Chem Phys 60:257

140. Lubman DM (1984) Anal Chem 56 : 1298
141. Shumate C, Louis RH St, Hill HH Jr (1986) Chromatogr 373 : 141
142. Jurs PC, Wessel MD (1995) Proceedings of the Fourth International Workshop on Ion Mobility Spectrometry, Cambridge, England, 6.–9.8.1995
143. Rokushika S, Hatano H, Baim MA, Hill HH Jr (1985) Anal Chem 67 : 1902
144. Watts P, Wilders A (1992) Int J Mass Sperctrom Ion Proc 112 : 179
145. Hill HH, McMinn DG (1992) Chem Analysis 121 : 297
146. Ramstad T, Nestrick TJ, Tou JC (1978) J Chromatogr Sci 16 : 240
147. Baim MA, Hill HH Jr (1983) J High Resolution Chromatogr Chromatogr Commun 6 : 4
148. Baim MA, Hill HH Jr (1983) J Chromatogr 279 : 631
149. Eatherton RL, Siems WF, Hill HH Jr (1986) J High Resolution Chromatogr Chromatrogr Commun 9 : 44
150. Louis RH St, Siems WF, Hill HH Jr (1988) J Chromatogr 479 : 221
151. Taylor St J, WO 93/03360; CA 118 : 204481x
152. Snyder AP, Harden CS, Brittain AH, Kim M-G, Arnold NS, Meuzelaar HLC (1992) Am Lab 32B-H
153. Snyder AP, Harden CS, Brittain AH, Kim M-G, Arnold NS, Meuzelaar HLC (1993) Anal Chem 65 : 299
154. Dworzanski JD, Kim M-G, Snyder AP, Arnold NS, Meuzelaar HLC (1994) Anal Chim Acta 293 : 219
155. Arnold NS, Hall DL, Wilson R, Taylor SJ, Brittain AH, Snyder AP (1995) Proceedings of the Fourth International Workshop on Ion Mobility Spectrometry, Cambridge, England, 6.–9.8.1995
156. Mercado A, Mardson P (1994) Proceedings of the Third International Workshop on Ion Mobility Spectrometry, Galveston, Texas, 16. – 19.10.1994, S 168
157. Snyder AP, Thornton SN, Dworzanski JP, McClenen WH, Meuzlaar HLC (1995) Proceedings of the Fourth International Workshop on Ion Mobility Spectrometry, Cambridge, England, 6.–9.8.1995
158. Rokushika S, Hatano, Hill HH Jr (1987) Anal Chem 59 : 8
159. Eatherton RL, Morissey MA, Siems WF, Hill HH Jr (1986) J High Resolution Chromatogr Chromagr Commun 9 : 154
160. Eatherton RL, Morissey MA, Hill HH Jr (1988) Anal Chem 60 : 2240
161. Huang MX, Markides KE, Lee ML (1991) Chromatographia 31 : 163
162. Morrissey MA, Widmer HM (1991) J Chromatogr 552 : 551
163. Geniec J, Mack LL, Nakamae K, Gupta C, Kumar V, Dole M (1984) Biomed Mass Spectrom 11 : 295
164. McMinn DG, Kinzer JA, Shumate CB, Siems WF, Hill HH Jr (1990) J Mikrocolumn Sep 2 : 188
165. Caroll DI, Dzidic I, Horning EC, Stillwell RN (1981) Appl Spectr Rev 17 : 337
166. Shoff DB, Harden CS (1995) Proceedings of the Fourth International Workshop on Ion Mobility Spectrometry, Cambridge, England, 6.–9.8.1995
167. Karpas Z, Pollevoy Y (1992) Anal Chim Acta 259 : 333
168. Kölbel-Bölke, Loudon A, Adler A, Stach J (1995) Analysis 23, M22
169. Bell AJ, Watts P (1995) Proceedings of the Fourth International Workshop on Ion Mobility Spectrometry, Cambridge, England, 6.–9.8.1995
170. Stach J, Miersch K, Schaper D, Döring H-J (1995) 5th Int Symp on Protection Against Chemical and Biological Warfare Agent, Stockholm, 11.–16.6.1995
171. Karasek FW, Denney DW (1974) J Chromatogr 93 : 141
172. Lawrence AH, Neudorfl P (1988) Anal Chem 60 : 104
173. Fetterolf DD, Whitehurst FW (1991) 39th Conf Am Soc Mass Spectrom Nashville, TN
174. Danylewych-May LL (1991) Proc 1st Int Symp Explosion and Detection Technology, Atlantic-City NJ, Nov 1991, Vortrag C-10
175. Ritchie RK, Kuja FJ, Jackson RA, Loveless AJ, Danylewych-May LL (1993) Proc Int Symp on Substance Identification Technologies, Insbruck, Österreich, 4.–8.10.(1993)
176. Fetterolf DD (1993) Advances. In Analysis and Detection of Explosives (Hrsg) EJ Yinon, Kluwer Academic Publishers, S 117–132
177. Ithakissios DS (1980) J Chromatogr Sci 18 : 88
178. Lawrence AH (1986) Anal Chem 58 : 1269
179. Lawrence AH (1987) Forensic Sci Int 34 : 73

180. Lawrence AH (1989) Anal Chem 61:343
181. Karasek FW, Hill HH Jr, SH Kim (1976) J Chromatogr 117:327
182. Lawrence AH, Elias L (1985) Bull Narcot 37:3
183. Chauhan M, Harnois J, Kovar J, Pilon P (1991) Can Soc Forensic Sci J 24:43
184. Brokenshire JL, Dharmarajan V, Coyne LB, Keller J (1990) J Cell Plast 29:123
185. Bacon AT, Getz R, Reategui J (1991) J Chem Eng Prog 6
186. Karpas Z, Pollevoy Y, Melloul S (1991) Anal Chim 249:503
187. Leasure CS, Eiceman GA (1985) Anal Chem 57:1890
188. Stach J, Flachowski J, Brodacki M, Döring H-R (1995) Fourth Int Symp on Field Screening Methods on Hazardous Wastes and Toxic Chemicals, Las Vegas, 22.–24.2.1995, P84
189. Karpas Z, Wang Y-F, Eiceman GA (1993) Anal Chim Acta 282:19
190. Carr TW (1977) Thin Solid Films, 45:115
191. Budde K (1990) Electrochem Soc 90:315
192. Eiceman GA, Fleischer ME, Leasure CS (1987) Int J Environ Anal Chem 2:279

II. Anwendungen

Laserverfahren in der Umweltanalytik

Ulrich Panne und Reinhard Nießner

Institut für Wasserchemie und Chemische Balneologie der Technischen Universität München
Marchioninistr. 17, D-81377 München

1 Einführung

Seit der Konstruktion des ersten Lasers 1960 wurde eine fast unüberschau-
bare Anzahl von Techniken und Methoden zur Spurenanalyse von Atomen
und Molekülen in Festkörpern, Flüssigkeiten, Gasen oder Plasmen mit Lasern
vorgeschlagen. Ungeachtet der immensen Fortschritte in der Technik und dem
Bedienungskomfort der Laser, finden sich Laser heute trotzdem nur in wenigen ausgesuchten analytischen Routineverfahren wie Ramanspektroskopie,
Probenahme durch Laserablation und Streulichtmessungen an Kolloiden. Die
Gründe hierfür sind offensichtlich, Laser zeichnen sich immer noch durch
eine aufwendige Bedienung und einen hohen Anschaffungspreis aus. Die seit
einer Dekade vorhergesagten Entwicklungen im Bereich der Laserdioden und
Laserdioden-gepumpten Festkörperlaser, die einen Ersatz konventioneller
Laser und Lichtquellen versprachen, sind bisher nur in Ansätzen erfolgt.

Für die nahe Zukunft gilt sicherlich weiterhin, daß Laser in der Umweltanalytik nur dort zum Einsatz gelangen, wo konventionelle Lichtquellen nicht
adäquat sind. Diese Situationen ergeben sich immer dann, wenn monochromatische Strahlquellen, kurze Pulsbreiten, hohe Leistungen, Kohärenz und
eine kontrollierte Polarisierung gefordert sind. Im Rahmen dieser Übersicht
soll aufgezeigt werden, daß der Einsatz von Lasern für analytische Verfahren
im Labor zumeist in einer signifikanten Verbesserung der Nachweisgrenze
oder der Selektivität des Verfahrens resultieren. Häufig erlaubt auch erst die
Verwendung eines Lasers den Nachweis bestimmter Analyten in komplexen
Matrizes, d.h. Laser eröffnen hier eine völlig neue analytische Dimension.
Darüber hinaus finden sich Laser immer mehr in Sensorsystemen oder mobilen Analyseeinheiten, die in einer Zeit, in der das Probenaufkommen (z.B. in
Zusammenhang mit Altlasten) mit konventionellen Verfahren kaum noch zu
bewältigen ist, sich zunehmender Popularität erfreuen. In Kombination mit
faseroptischen Elementen haben sich hier völlig neue Applikationsfelder der
Laserspektroskopie ergeben, besonders im Zusammenhang mit faseroptischen Sensoren, die eine In-situ- und On-line- oder At-site-Überwachung
erlauben.

Diese Übersicht soll einen Einblick in die Methodik und Meriten ausgewählter Verfahren der Laserspektroskopie vermitteln. Aufgrund der Fülle der
publizierten Verfahren kann diese Auswahl natürlich nicht vollständig sein
und spiegelt selbstverständlich auch die subjektive Auswahl der Autoren
wider. Wir haben versucht, uns bis auf wenige Ausnahmen auf spektroskopische Verfahren zu beschränken, die auf der Detektion von Photonen beruhen.
Damit finden die *Hyphenated*-Techniken, die z.B. aus einer Kopplung von
chromatographischen Methoden mit laserspektroskopischen Techniken resultieren, und Verfahren, die auf der Detektion von Ladungen beruhen, wie
z.B. die Resonanzionisations-Massenspektrometrie (RIMS), und Verfahren,
in welchen der Laser nur zur Verdampfung und/oder Atomisierung der zu
untersuchenden Probe dient, wie z.B. die Laserablation für die induktiv-
gekoppelte Plasma-Massenspektroskopie (ICP-MS), keinen Eingang in diese
Übersicht.

2 Methoden und Instrumentierung

2.1 Laser

Die erste experimentell erfolgreiche Realisierung eines Blitzlampen-gepump-
ten Rubinlasers (Light Amplification by Stimulated Emission of Radiation)
erfolgte 1960 durch Theodore H. Maiman. Abbildung 1 gibt eine graphische
Übersicht über die seitdem entwickelten Lasertypen, die für die Anwendung
im Bereich der analytischen Spektroskopie relevant sind [1–4]. Die Natur des

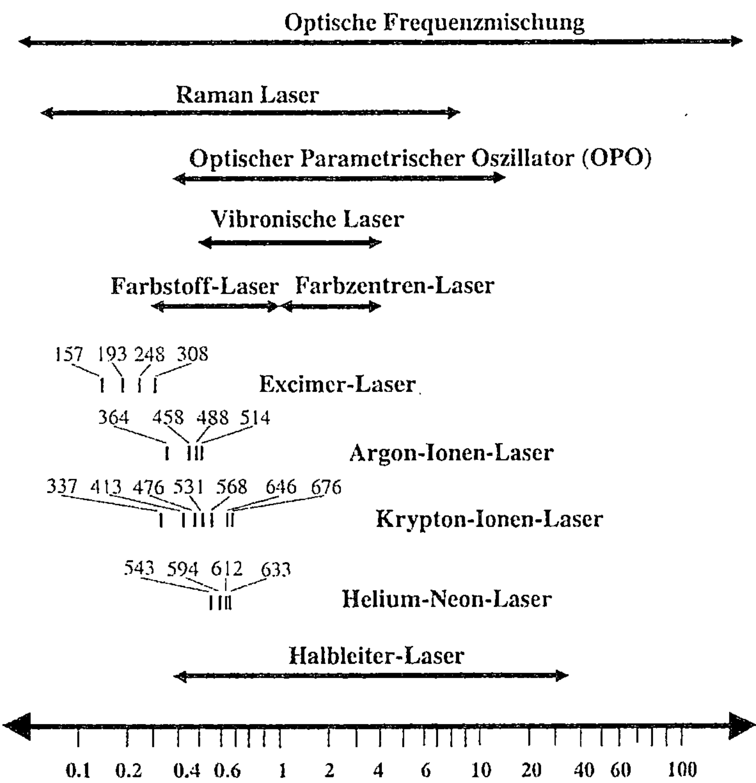

Abb. 1. Übersicht über die Spektralbereiche der in der analytischen Spektroskopie gängigen Lasertypen

Prozesses der stimulierten Emission bestimmt den Aufbau eines Lasers: Ein aktives Medium wird durch eine externe Energiezufuhr *(Energiepumpe)* stimuliert, so daß eine vom thermischen Gleichgewicht abweichende Besetzung eines oder mehrerer Energieniveaus des aktiven Mediums entsteht. Für eine ausreichende Pumpenergie wird für ein Niveau i die Besetzungsdichte N_i größer als die Besetzungsdichte N_j eines Niveaus j mit geringerer Energie, welches mit diesem durch einen erlaubten Übergang verbunden ist.

Die Geschwindigkeit der induzierten Emission $i \rightarrow j$ wird in diesem Falle größer als die entsprechende Absorptionsrate, so daß eine Verstärkung beim Durchgang des Lichtes durch das aktive Medium erfolgt. Das aktive Medium befindet sich in einem Resonator, so daß durch selektive optische Rückkopplung das aktive Medium zu einem eigenschwingenden Oszillator wird (vgl. Abb. 2a). Abbildung 2b verdeutlicht das Termschema für einen Drei-Niveau-Laser: Nach Zufuhr der Pumpenergie resultiert die Laserstrahlung hier durch den Übergang vom invertierten Niveau E_1 nach E_0. Voraussetzung dafür ist,

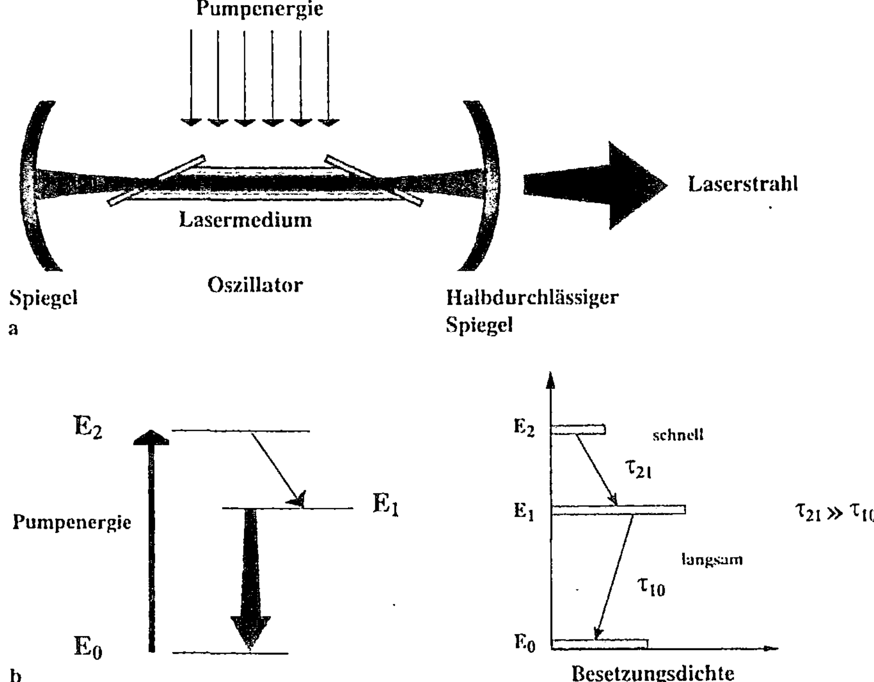

Abb. 2. **a** Prinzipieller Aufbau eines Lasers. **b** Termschema eines Drei-Niveau-Laser

daß dieser Übergang schneller als der strahlungslose Übergang von E_2 nach E_1 erfolgt, d.h. für die entsprechenden Geschwindigkeitskonstanten gilt $\tau_{21} \gg \tau_{10}$. Im Vergleich zu einem Vier-Niveau-Laser muß für dieses System mehr Energie für eine Besetzungsumkehr eingesetzt werden, da die Inversion zwischen dem bei Raumtemperatur fast ausschließlich besetzten Grundzustand E_0 und dem kaum besetzten Niveau E_1 stattfindet.

Laser haben im Vergleich zu den konventionellen Lichtquellen in der analytischen Spektroskopie einige Eigenschaften, die ihre besonderen Anwendungsmöglichkeiten ausmachen:

Zeitliche und räumliche Kohärenz. Während die zeitliche Kohärenz nur selten für spektroskopische Applikation bestimmend ist, ist die räumliche Kohärenz für viele Applikationen eine wichtige Voraussetzung. Ein Laser kann prinzipiell einen Strahl erzeugen, der eine konstante Amplitude und Phase über die gesamte Apertur des Oszillators hat. Ein solcher Laserstrahl kann nicht nur eine relativ große Distanz ohne Beugungsverbreiterung zurücklegen, sondern auch mit einer entsprechenden Optik auf wenige Laserwellenlängen fokussiert werden.

Monochromatische Strahlung. Die Strahlung eines idealen Lasers besteht nahezu aus einer einzigen Frequenz, die Bandbreite realer Laser wird dagegen durch die Güte des Resonators bestimmt. Für Doppler-verbreiterte Gaslaser im VIS-Bereich werden typischerweise Linienbreiten von einigen GHz beobachtet, während die Linienbreite von Festkörperlasern im MHz-Bereich liegt.

Intensität. Aufgrund der Direktionalität eines Lasers ist es vorteilhaft, seine Intensität durch die Leistungsdichte, d.h. die Strahlungsleistung pro Flächeneinheit, zu definieren. Die Leistungsdichte ist sicherlich eines der herausragenden Merkmale einer Laserquelle, so kann z.B. ein kontinuierlicher Argon-Ionen-Laser mit moderater Leistung bei $\lambda = 488$ nm 10 W emittieren. Mit einer Querschnittsfläche des Strahls von 1 mm^2 ergibt sich so eine Leistungsdichte von 10^7 W m^{-2}. Im Falle eines typischen Nd:YAG-Lasers mit Güteschaltung kann für die Dauer von 8 ns bei $\lambda = 1064$ nm eine Intensität von 400 mJ erzeugt werden, dies entspricht mit einem Strahldurchmesser von 6 mm einer Leistungsdichte von $1.8 \cdot 10^{12}$ W m^{-2}. Diese hohen Leistungsdichten sind besonders attraktiv für spektroskopische Techniken, in denen das Signal und häufig damit auch die Nachweisgrenze linear oder nichtlinear mit der Intensität verknüpft sind.

Pulsbreiten. Gepulste Laser mit ns- oder ps-Halbwertsbreiten können heute mit geringem Aufwand für spektroskopische Techniken eingesetzt werden, so daß Vorgänge auf einer molekularen bzw. atomaren Zeitskala zugänglich sind und mit einer entsprechenden Detektion zeitaufgelöst beobachtet werden können. Laser mit fs-Pulsbreiten sind zwar kommerziell mittlerweile verfügbar, sind allerdings derzeit aufgrund der hohen Anschaffungskosten und Komplexität für analytische Verfahren noch nicht interessant.

Eine Unterteilung der heute kommerziell verfügbaren Laser erfolgt am besten auf der Basis des verwendeten aktiven Mediums und der Zuführung der Pumpenergie. Gaslaser sind aufgrund der vielen verfügbaren Linien heute immer noch die größte Klasse von Lasern; die Anregung des aktiven Mediums erfolgt zumeist durch eine elektrische Entladung. In Festkörperlasern werden kristalline oder glasförmige, nichtleitende Festkörper verwendet, die mit den aktiven Spezies dotiert sind; die Anregung kann nur durch ein optisches Pumpen erfolgen. Letzteres ist allerdings mit zufriedenstellender Effizienz möglich, da das Absorptionsspektrum durch die Einbettung des Mediums in ein Wirtsgitter verbreitert ist. Farbstofflaser sind die bekannteste Laservariante mit einem flüssigen aktiven Medium, i.e. einer Lösung eines organischen Fluoreszenzfarbstoffes. Auch hier ist eine Anregung nur durch optisches Pumpen möglich, zumeist einem anderem Laser oder einer Blitzlampe. Die ungebrochene Popularität von Farbstofflasern ist – trotz der schlechten Gesamteffizienz dieses Lasertyps – in ihrer Durchstimmbarkeit (typischerweise 30–100 nm) und den kurzen Puls- und Linienbreiten begründet. Die Emission von Halbleiterlasern schließlich basiert auf der Rekombination von Ladungsträgern an der *p-n*-Grenzschicht einer in Flußrichtung betriebenen Diode (vgl. auch Abb. 3). Mit einer ausreichend hohen Strom-

Tabelle 1. Laserquellen für die Spektroskopie (für eine Übersicht über Laserdioden, vgl. Abb. 44)

Lasermedium	Wellenlänge(n) [nm]	Betriebsart
Rubin	694	gepulst, mit Güteschaltung
Nd:YAG	1064 (532, 355, 266)[a]	CW, gepulst, mit Güteschaltung, mit Modenkopplung
Ti:Saphir	680–1100	CW, gepulst, mit Modenkopplung
HeNe	633, 1153, 3392	CW
HeCd	325, 442, 538, 548	CW
CO_2	9000–1100[b]	CW, gepulst, mit Güteschaltung
CO	5000–6500[b]	CW, gepulst
N_2	337	gepulst
Excimer (F_2, ArF, KrCl, KrF, XeCl, XeF)	157, 193, 222, 248, 308, 350	gepulst
Kupferdampf	511, 578	gepulst
Ar-Ionen	334, 351, 363, 455, 458, 466, 472, 476, 488, 496, 514, 529[c]	CW, mit Modenkopplung
Kr-Ionen	413, 468, 520, 530, 647[c]	CW, mit Modenkopplung

[a] Erzeugung über Frequenzvervielfachung;
[b] Viele Emissionslinien;
[c] Am häufigsten verwendete Linien.

dichte über die Grenzschicht und verspiegelten Endflächen ist ein Laserbetrieb mit hoher Effizienz möglich. Tabelle 1 faßt einige Eigenschaften dieser Laserklassen zusammen. Für eine ausführlichere Beschreibung der verschiedenen Lasertypen sei auf die umfangreiche einschlägige Literatur verwiesen [1–4], im weiteren sollen nur einige für die analytische Spektroskopie und spezielle Applikationen, wie mobile Sensorsysteme, relevanten Entwicklungen diskutiert werden.

Als Strahlquelle für spektroskopische Anwendungen mit geringen Anforderungen an Pulsenergie, Linienbreite bzw. Durchstimmbarkeit sind in den letzten Jahren gekapselte Stickstofflaser ($\lambda = 337$ nm) mit Pulsenergien im µJ-Bereich und einer Pulsbreite von 3–5 ns populär geworden. Diese Laser erlauben einen wartungsfreien Betrieb ($< 10^7$ Pulse) und bestechen durch ihr geringes Gewicht und minimale Leistungsaufnahme. Auf ähnliche Applikationen zielen die jüngsten Entwicklungen im Bereich der Excimerlaser ab.

Hier sind neben dem XeCl-Excimerlaser ($\lambda = 308$ nm) auch miniaturisierte ArF-Excimerlaser ($\lambda = 193$ nm) mit Pulsenergien von einigen mJ und Pulsbreiten zwischen 1–5 ns kommerziell erhältlich. Damit stehen sowohl für die Fluoreszenz als auch die Photofragmentierung kleine, handliche Strahlquellen zur Verfügung. Obwohl diese Excimerlaser keine permanente Gasversorgung benötigen, ist der Bedarf an Sondergasen für diesen Lasertyp langfristig sicherlich als Nachteil zu werten. Im Bereich der konventionellen

Excimerlaser sind besonders Fortschritte bzgl. der Laserresonatoren zu vermerken, neuere Metall/Keramik-Resonatoren bestechen vor allem durch ihre Lebensdauer, eine reduzierte Korrosion und die längere Lebensdauer auch für aggressive Gasmischungen ($> 10^7$ Pulse).

Die heute verfügbaren kompakten Nd:YAG-Laser, die über Frequenzvervielfachung auch Wellenlängen bei 532 nm, 355 nm und 266 nm mit Pulsenergien im mJ-Bereich zugänglich machen, haben in vielen Bereichen die Excimerlaser abgelöst. Die Pulsbreite und Pulsform der Primärwellenlänge von gütegeschalteten Nd:YAG-Lasern ist häufig unbefriedigend, mit einer aktiven oder passiven Modenkopplung können hingegen ps-Pulsbreiten erzeugt werden. Bezüglich Größe, Gewicht und der nötigen Infrastruktur sind die heutigen kompakten Nd:YAG-Laser den gekapselten Stickstofflasern ebenbürtig. Interessant sind in diesem Zusammenhang auch Laserdioden- oder Laserdiodenzeilen-gepumpte Nd:YAG-Laser, welche in Zukunft sicherlich aufgrund der Miniaturisierung, minimalen Infrastruktur, hohen Wiederholraten (100 Hz– 1000 Hz), Pulsbreiten im ns-Bereich und Pulsenergien von einigen hundert mJ die ideale Wahl für viele spektroskopische Applikationen sein werden.

Obwohl konventionelle Excimer-gepumpte Farbstofflaser seit langem vorrangig in der Spektroskopie eingesetzt wurden, waren diese Systeme durch ihre Größe und benötigte Infrastruktur lange Zeit für einen mobilen Einsatz ungeeignet und somit nur für relativ komplexe Laboraufbauten zu verwenden. Tabelle 2 faßt einige Charakteristika typischer Laserfarbstoffe zusammen. Neuere kompakte Systeme profitieren von den Entwicklungen im Bereich der kleinen konventionellen oder Laserdioden-gepumpten Nd:YAG- und Nd: YLF-Laser als Pumplaser [4–6], so daß erwartet werden kann, solche Strahlquellen besonders für den Bereich 250–300 nm im Einsatz zu sehen.

Fortschritte konnten z.B. durch eine Verbesserung des ursprünglichen Hänsch-Resonators erzielt werden, so daß nun der Anteil der spontanen Emissionen (Amplified Spontaneous Emission, ASE) kleiner als 10^{-4} wird. Andere Bestrebungen zielen auf eine simultane Erzeugung mehrerer Wellenlängen durch Farbstoffmischungen [7] oder Erweiterung bestehender Designs für Farbstofflaser durch Oszillatoren für mehrere Wellenlängen [8]. Diese Ansätze könnten für Techniken wie z.B die Atomfluoreszenzspektroskopie (vgl. Abschn. 3.3) eine Multielementanalytik gestatten. Die Fortschritte im Bereich der Immobilisierung von Farbstoffen in Sol-Gelen hat in jüngster Zeit auch zu einer Wiederbelebung der Forschungsbemühungen im Bereich der Feststoff-Farbstofflaser für den VIS-Bereich geführt [9–11]. Mit konventionellen Nd:YAG-Lasern und photostabilen Rhodamin-Farbstoffen sind damit Pulsenergien von einigen mJ möglich.

Die Verwendung der stimulierten Ramanstreuung (Stimulated Raman Scattering, SRS) in Gasen als Strahlquellen (sog. Ramanshifter) mit Laserähnlichen Eigenschaften hat durch die Verfügbarkeit von Excimer- und Nd:YAG-Lasern mit hohen Pulsenergien und gutem Strahlprofil in jüngster Zeit eine Renaissance erlebt. Mit SRS können durch nichtlineare, parametrische Prozesse Stokes- und Anti-Stokes-Linien mit hoher Effizienz und ver-

Tabelle 2. Charakteristika einiger Laserfarbstoffe

Farbstoff	Wellenlängen [nm]	Emissions-maximum [nm]	Pumpquelle
Stilben 3	408–453	425	N_2-Laser
(Stilben 420)[b]	410–454	424	XeCl-Excimer
	412–444	424	Nd:YAG (355)[a]
Coumarin 102	454–510	470	Ar-Ionen (UV)
(Coumarin 480)	457–517	478	XeCl-Excimer
	459–508	475	Nd:YAG (355)
	452–495	470	N_2-Laser
Rhodamin 110	529–585	540	Ar-Ionen (455–514)
(Rhodamin 560)	529–570	541	Cu-Dampf (511)
	541–583	563	Nd:YAG (532)
	542–578	555	XeCl-Excimer
Rhodamin 6G	546–592	562	Nd:YAG (532)
(Rhodamin 590)	566–610	583	XeCl-Excimer
	568–605	579	N_2-Laser
	573–640	593	Ar-Ionen (455–514)
Dicyanomethylen	600–695	637	N_2-Laser
	607–676	635	Nd:YAG (532)
	610–709	661	Ar-Ionen (455–514)
Styryl 9	775–865	818	Nd:YAG (532)
IR 140	866–882	875	Nd:YAG (532)
	875–1015	960	Kr-Ionen (753–799)
	876–995	884	XeCl-Excimer

[a] Angaben in Klammer beziehen sich auf die Pumpwellenlänge(n);
[b] Andere handelsübliche Bezeichnungen.

gleichsweise niedriger Divergenz (2–10 mrad) erzeugt werden. Die Vorteile bei der gleichzeitigen Verwendung von Gasen wie H_2 und CH_4 ist die Möglichkeit der simultanen Erzeugung von unterschiedlichen Stokes- und Anti-Stokes-Linien über einen großen Wellenlängenbereich mit einem einzigen Medium. Der Ramanshifter kann technisch sehr einfach und klein realisiert werden und bedarf fast keiner Wartung. Als nachteilig anzusehen ist die diskrete Durchstimmbarkeit mit definierten Linien, die im Frequenzraum äquidistant verteilt sind, die oben erwähnte Strahlqualität und einer im Vergleich zu konventionellen Farbstofflasern großen Bandbreite, die aus einer Phasenkopplung der höheren Ordnungen resultiert. Neuere Arbeiten konnten zeigen, daß bei Verwendung einer 40:60-Mischung von H_2 (Verschiebung von 4155 cm^{-1}) und CH_4 (Verschiebung von 2197 cm^{-1}) mit einem Nd:YAG-Laser bei $\lambda = 266$ nm UV-Linien mit moderaten Energien im Bereich einiger hundert µJ erzeugt werden können.

Die Anregung mit der dritten oder vierten Harmonischen des Nd:YAG-Lasers hat zusätzlich den Vorteil, daß Dispersionsverluste durch den größeren Ramanquerschnitt bei diesen Wellenlängen ausgeglichen werden. Die Nutzung eines Ramanshifters, i. e. die simultane Erzeugung von multiplen Linien, erscheint besonders aussichtsreich für die multidimensionale Fluoreszenzspektroskopie (vgl. Abschn. 4.3). Große Erfolge konnten in jüngster Zeit auch mit den durchstimmbaren, sog. vibronischen Festkörperlasern, erzielt werden. Der wichtigste Vertreter dieser Klasse ist der Ti:Saphir-Laser, in dem das aktive Medium aus einem mit Ti^{3+} dotierten Saphirkristall besteht. Durch Kopplung der einzelnen 3d-Elektronen des Ti^{3+} mit den Phononen des Wirtsgitters erfolgt eine Verbreiterung der elektronischen Niveaus und damit auch der Absorptions- und Emissionsspektren, so daß ein Wellenlängenintervall von 680 nm bis 1180 nm kontinuierlich zugänglich wird. Der Ti:Saphir-Laser kann entweder kontinuierlich mit einem Argon-Ionen-Laser als Pumplaser betrieben werden oder gepulst mit einer Blitzlampe oder einem frequenzverdoppelten Nd:YAG-Laser. Mit einem 10 W Argon-Ionen-Laser läßt sich durchaus 1 W durchstimmbare Laserleistung erzielen. Der Erfolg dieses Lasers beruht auf der Möglichkeit zur Erzeugung von ps- und fs-Pulsbreiten, welche darüber hinaus auch zum Pumpen von ultraschnellen optischen parametrischen Oszillatoren (OPO) Verwendung finden. Andere Applikationen konzentrieren sich auf den Einsatz von konventionellen Farbstofflasern. Andere bekannte Vertreter dieser Klasse sind, z. B. der Alexandrit-Laser ($Cr^{3+}:BeAl_2O_4$), durchstimmbar zwischen 670 nm und 830 nm, und der Co:MgF_2-Laser, dessen Wellenlänge zwischen 1750 nm und 2500 nm variiert werden kann.

Der Einsatz von Laserdioden für spektroskopische Applikationen ist sicherlich eine der meist diskutierten Entwicklungen im Bereich der angewandten Laserspektroskopie [12–23]. Die Größe von Laserdioden ist eine ihrer attraktivsten Eigenschaften: Kommerzielle Dioden sind typischerweise in der Größenordnung einiger Zentimeter, während die eigentlich emittierende Region für eine einzelne Diode $\approx 1-3$ µm ist. Abbildung 3 zeigt den

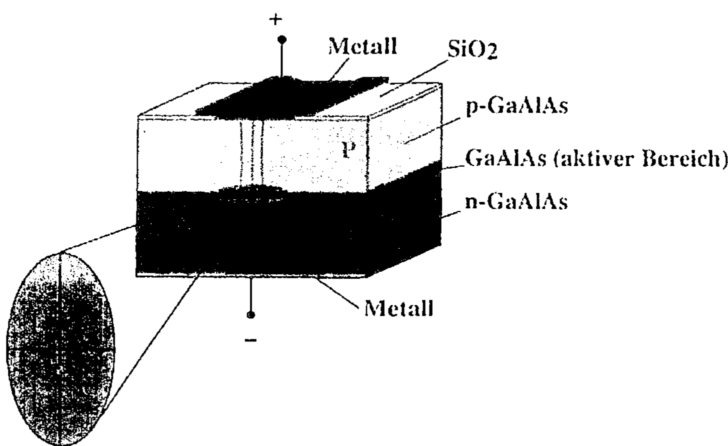

Abb. 3. Aufbau einer GaAlAs-Laserdiode mit einer Gain-guided-Struktur (Größe der aktiven Fläche 1–5 µm)

typischen Aufbau einer GaAlAs-Laserdiode: Die aktive Schicht besteht aus p-GaAlAs mit einer geringeren Bandlücke als die darüber liegenden p- und n-Schichten.

Im Betrieb werden Elektronen und Elektronenlöcher in diese aktive Schicht transportiert und dort durch die Potentialdifferenz zu den beiden anderen Schichten mit einer größeren Bandlücke konzentriert. Diese Konzentration und die Diskontinuität des Brechungsindex über den Bereich der aktiven Schicht resultiert in einer Limitierung der Laseremission auf einen definierten Bereich der Laserdiode und kann direkt in eine bessere Effizienz und Verstärkung umgesetzt werden. Aufgrund der Gain-guided-Struktur, in welcher die Elektroden auf der Oberfläche verringert wurden, wird die Emission in einer zweiten Dimension ebenfalls limitiert. Deutlich wird ebenfalls die ungleichmäßige Divergenz des Laserstrahls. Die Abmessungen eines kompletten Systems inklusive Netzteil und Kühler belaufen sich auf weniger als $1\,m^2$, das Gewicht auf $\approx 5\,kg$, weitere Anforderungen an die Infrastruktur bzw. Wartung existieren nicht, die Anschaffungskosten sind $\approx 30-50\%$ niedriger als vergleichbare konventionelle Lasersysteme. Abbildung 4 verdeutlicht die Spektralbereiche, welche heute direkt oder über nichtlineare Prozesse mit kommerziellen Laserdioden zugänglich sind. Da die II–VI- und II–V-Verbindungen für Laserdioden im Bereich von $400-600\,nm$ noch nicht kommerziell erhältlich sind, ist die Frequenzvervielfachung die einzige Alternative zur Erzeugung der entsprechenden Wellenlänge. Abbildung 5 zeigt zwei typische Anordnungen für eine Frequenzverdopplung, die entweder direkt erfolgen kann (Abb. 5 a) oder durch einen nichtlinearen Kristall in einem Resonator (Abb. 5 b), was zu deutlich verbesserten Konversionseffizienzen führt. Die Forschungsanstrengungen im Bereich der Frequenzmischung zielen u. a. auf einen Ersatz der Bleisalzlaserdioden im mittleren Infrarot-Bereich (MIR), die nur unter Tieftemperaturbedingungen betrieben werden können und geringe Ausgangsleistungen aufweisen.

Je nach Wellenlängen können Leistungen zwischen $50\,mW$ und $2\,W$ für eine einzelne Diode erzielt werden, eine schrittweise Durchstimmbarkeit von $3-4\,nm$ ist durch eine Temperaturänderung von $\approx 20\,K$ möglich. Eine Änderung der Primärwellenlängen um $\approx 0,2\,nm$ kann auch durch eine Variation des Diodenstroms erreicht werden. Diese Modulation ist für viele spektroskopische Applikationen interessant, da sie viel schneller als eine Temperaturänderung vorgenommen werden kann.

Die Durchstimmbarkeit ist für eine einzelne Mode über ein Intervall von $0,1-0,3\,nm$ kontinuierlich möglich. Die Moden selbst sind diskontinuierlich, da sich mit einer Änderung der Temperatur oder des Diodenstroms auch der Brechungsindex und die Länge, d. h. das Verstärkungsprofil, ändert. Stimmt dann die zentrale Lasermode nicht mehr mit dem Maximum des Verstärkungsprofil überein, wechselt der Laser in die benachbarte Resonatormode (modehoping). Um solche Modensprünge zu vermeiden, kann ein externer Resonator verwendet werden, allerdings ist dann der Modenabstand aufgrund der größeren Oszillatorlänge kleiner, so daß ein wellenlängenselektives Ele-

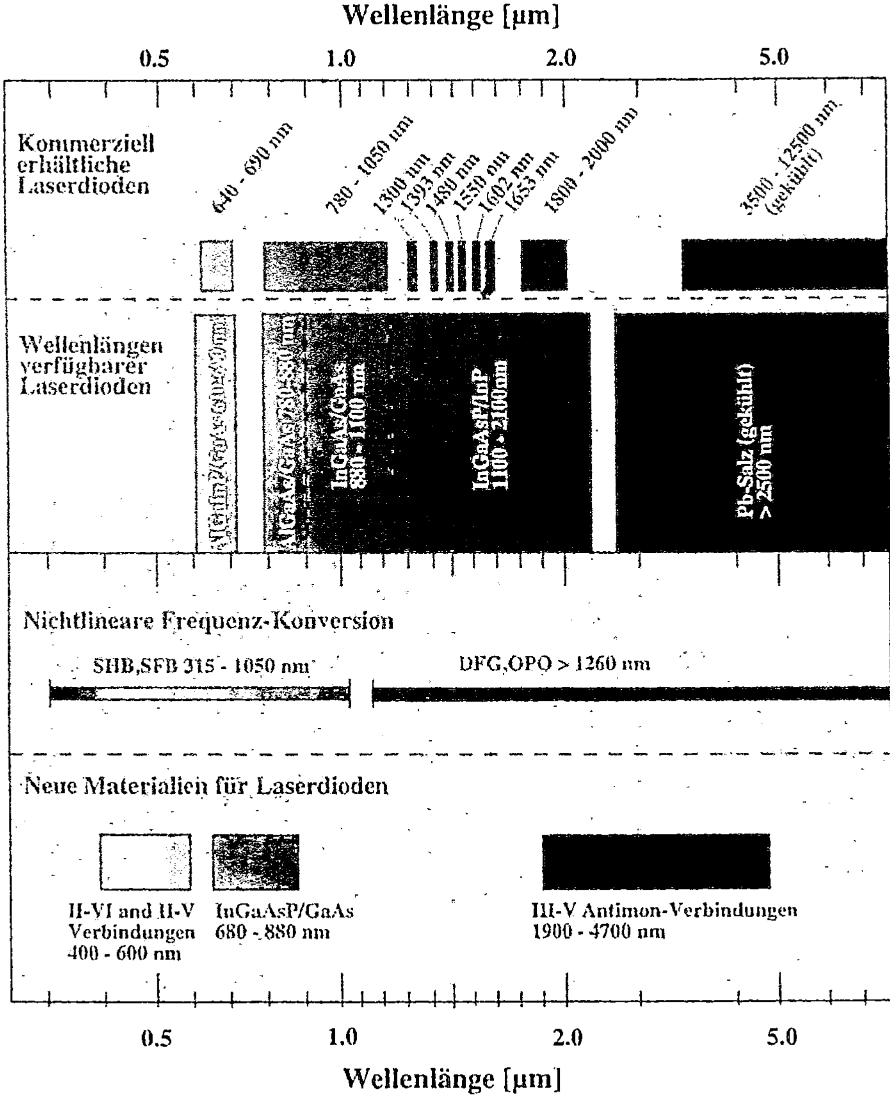

Abb. 4. Spektralbereiche verschiedener Laserdioden (Direkt oder über nichtlineare Prozesse)

ment (optisches Beugungsgitter oder ein Fabry-Perot-Etalon) eingeführt werden muß, um die Oszillation auf nur einer Mode zu erzwingen. Abbildung 6 zeigt den Aufbau einer Laserdiode mit einem externen Resonator, der aus einem holographischen Gitter und einem Spiegel besteht. In dieser Littmann-Anordnung trifft der Strahl aus der Laserdiode im streifenden Einfall auf das Gitter, so daß die 1. Beugungsordnung auf einen Spiegel reflektiert wird, der durch ein Piezoelement verstellt werden kann. Das Licht mit der gewünsch-

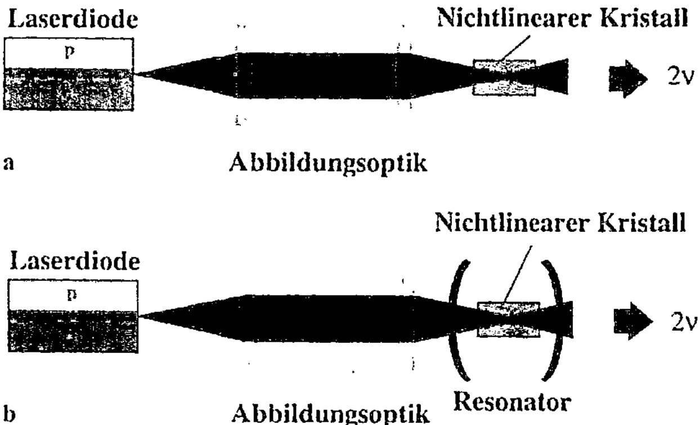

Abb. 5. a Prinzip der direkten Frequenzverdoppung einer Laserdiode. **b** Prinzip der Frequenzverdopplung einer Laserdiode mit einem externen Resonator

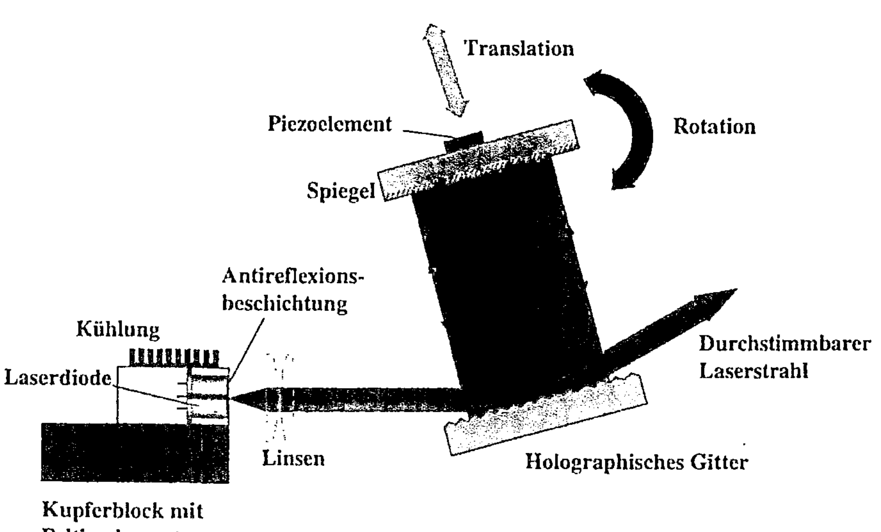

Abb. 6. Kontinuierliche Durchstimmung einer Laserdiode mit einem externen Resonator in der
Littmann-Anordnung

ten Wellenlänge wird in sich zur Laserdiode zurück reflektiert, die aufgrund
der Antireflexionsbeschichtung selbst nicht mehr als Resonator wirkt. Für
eine kontinuierliche Abstimmung wird der Endspiegel entsprechend verkippt,
die Veränderung der Resonatorlänge wird durch eine Drehung des Spiegels
ausgeglichen. Der Vorteil gegenüber der üblichen Littrow-Anordnung ist die
bessere Ausleuchtung des Gitters, die eine verbesserte Wellenlängenselekti-
vität garantiert.

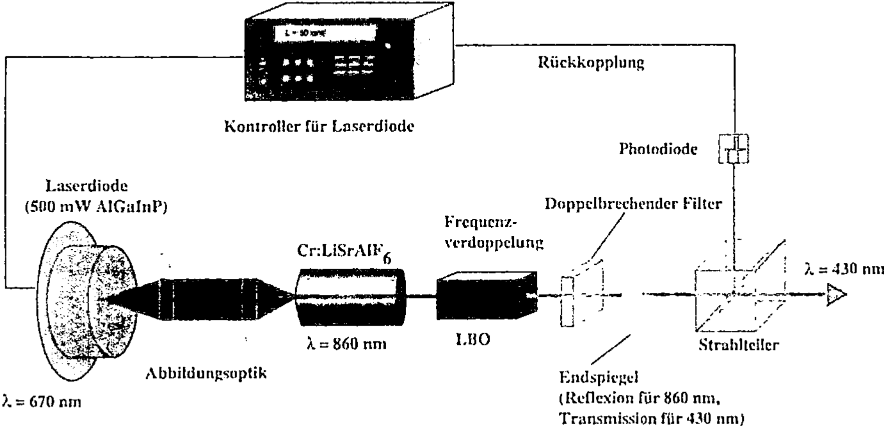

Abb. 7. Aufbau eines Laserdioden-gepumpten Cr:LiSAF-Lasers

Für Absorptions- oder Ramanmessungen werden Laserdioden bevorzugt, die nur eine einzige longitudinale Mode emittieren und bei einer Frequenzmodulation > 100 kHz extrem niedrige Schwankungen in der Amplitude aufweisen. Laserdioden mit meßbarer Leistung in mehreren Moden weisen dagegen eine signifikante Variation der Amplituden auf. Die Linienbreite von AlGaAs-Dioden im NIR-Bereich ist in der Größenordnung von 10–40 MHz, AlGaInP-Dioden im VIS-Bereich haben hingegen Linienbreiten von ≈ 150 MHz. Laserdioden mit einem externen Resonator (vgl. Abb. 4) weisen eine deutlich bessere Linienbreite (typischerweise einige 100 kHz) auf und gestatten eine Durchstimmbarkeit in der Größenordnung von ≈ 25 nm.

Die mittlerweile kommerziell erhältlichen Module haben die Größe eines He-Ne-Lasers niedriger Leistung und machen durch einfaches Auswechseln der Laserdiode einen Bereich zwischen 770 nm und 1060 nm zugänglich.

Da der Resonator einer Laserdiode ähnliche Dimensionen hat wie die emittierte Wellenlänge, ist die Strahlqualität der Laserdioden durch Beugungseffekte und Astigmatismus erheblich beeinflußt und bedarf für spektroskopische Anwendungen fast immer einer entsprechenden Optik zur Korrektur. Neben der Anwendung als primäre Strahlquelle für spektroskopische Applikationen, die weiterhin durch die Verfügbarkeit und den kleinen spektralen Bereich stark behindert wird, sind die Laserdioden sehr attraktiv als Pumplaser für Festkörperlaser und vibronische Laser. Mit ihnen können höhere Effizienzen, Wiederholraten im kHz-Bereich und eine exzellente Strahlqualität erzielt werden. Abbildung 7 zeigt als typisches Beispiel den Aufbau eines kommerziellen Laserdioden-gepumpten Cr:LiSAF-Lasers, der bei 430 nm eine Ausgangsleistung von 10–20 mW gestattet. Die breite Absorptionsbande des aktiven Mediums erlaubt ein Pumpen zwischen 600 nm und 725 nm, so daß eine 500 mW AlGaInP Laserdiode bei λ = 670 nm als Pumpquelle eingesetzt werden kann. Das Emissionsmaximum bei 860 nm wird durch einen nichtlinearen Kristall (Lithiumborat, LBO) frequenzverdoppelt, eine Durchstimmbarkeit zwischen 415 nm und 440 nm ist mit dem zur Wellenlängenselektion eingesetzten doppelbrechenden Filter möglich. Die Überwachung der Ausgangsleistung und Stabilisierung erfolgt über eine Photodiode.

Die Ergebnisse aus der Forschung an optischen parametrischen Oszillatoren (OPO) konnten mittlerweile auch in kommerzielle Systeme umgesetzt werden. Der OPO basiert nicht auf einer Populationsumkehr in einem aktiven Medium, sondern in der Wechselwirkung der primären Pumplaserwellenlänge mit einem nichtlinearen Kristall. Elektronen, welche durch das Laserfeld beschleunigt wurden, erzeugen in dem Kristall ein neues oszillierendes elektrisches Feld, allerdings mit unterschiedlichen Frequenzen. Unter Energie- und Impulserhaltung entstehen so aus der Primärwellenlänge zwei neue Wellenlängen, die als *Signal-* und *Idler*-Wellenlänge bezeichnet werden.

Eine Veränderung der Temperatur des Kristalls oder des Phasenwinkels zwischen der Oszillatorachse und der Kristallachse erlaubt eine kontinuierliche Durchstimmung der beiden Wellenlängen. Mit einem typischen Nd:YAG-Laser (Pulsbreite 5 ns, Pulsenergie 100 mJ, $\lambda = 355$ nm) kann in einem einzigen Durchlauf durch den Kristall keine Verstärkung erzielt werden, mit einem Resonator und Verstärker läßt sich hingegen eine Konversion von bis zu 50 % und wesentlich bessere Bandbreiten mit Pulsenergien von einigen 100 mJ erzielen. Allerdings erfolgt bei kommerziellen Systemen ein resonanter Betrieb nur auf der Signal- oder Idler-Wellenlänge. Die Pulsbreite verringert sich im Vergleich zum Pumplaser, da zunächst ein Aufbau im Resonator stattfindet, der parametrische Prozeß endet hingegen mit dem Pumplaserpuls augenblicklich (typische Halbwertsbreiten mit dem obigen Nd:YAG-System: 2–3 ns). Als nichtlinearer Kristall hat sich besonders Beta-Barium-Borat (β-BaB$_2$O$_4$, BBO) bewährt; mit einem frequenzvervierfachten Nd:YAG-Laser als Pumplaser kann mit einem BBO-Kristall über einen Bereich von 300–2500 nm der OPO durchgestimmt werden.

Während BBO-Kristalle für Applikationen im VIS/NIR-Bereich interessant sind, erlauben neuere Kristalle wie AgGaS$_2$, AgGaSe$_2$ und ZnGeP$_2$ durch differentielle Frequenzmischung den Zugang zum molekularen Fingerprint-Bereich im IR. Mit kontinuierlichen Argon-Ionen-Lasern oder Laserdioden entsprechender Leistung als Anregungsquelle steht damit eine durchstimmbare Laserquelle für die IR-Spektroskopie zur Verfügung. Allerdings kann ein solcher kontinuierlicher OPO nur mit speziellen aufwendigen Geometrien realisiert werden. Obwohl die kommerziellen OPO-Systeme wohl erst in einigen Jahren einen entsprechenden Benutzerkomfort bieten werden können, der sie für analytische Routineuntersuchungen interessant machen wird, ist doch abzusehen, daß die BBO-OPO-Systeme für Anwendung in dem für viele Analyten relevanten Wellenlängenintervall von 250–650 nm konventionelle Farbstofflaser ersetzen können.

2.2 Detektoren und Spektrometer

Im Bereich der Detektion sind traditionell Photomultiplier (PMT) aufgrund ihrer Empfindlichkeit und der Verfügbarkeit von ultrakleinen, robusten Varianten neben Halbleiterdioden immer noch die häufigsten und preisgünstigsten Detektoren. Eine interessante Alternative für den Einsatz im Photonenzähl-Modus stellen die Avalanche-Photodioden (APD) bzw. die Vakuum-APD [24] dar [25, 26]. Der Vorteil der Vakuum-APD ist der große Dynamikbereich, der sich durch die Bombardierung der APD mit Photoelektronen ergibt [27]. APD besitzen im Vergleich zu normalen Dioden eine interne Verstärkung (≈ 100) und können im VIS/NIR-Bereich Quanteneffizienzen von $60-90\%$ erreichen. Si-APD sind für Wellenlängen zwischen 400 nm und 1100 nm erhältlich, Ge-APD für ein Intervall von $800-1550$ nm und InGaAs-APD für den Bereich von $900-1700$ nm. Die InGaAs-APD besitzen ein niedrigeres Eigenrauschen und weisen ein besseres Frequenzverhalten als die Ge-APD auf. APD lassen sich auch oberhalb der Durchbruchsspannung im Geiger-Modus mit einem Verstärkungsfaktor von 10^5-10^7 betreiben [28], bei einer gekühlten Betriebsweise ($-20\,°C$) ist ein thermisches Rauschen in der Größenordnung von 1 count s^{-1} zu erwarten. Voraussetzung für ein Photonenzählen im Geiger-Modus sind allerdings APD mit kleinem Durchmesser und die Verwendung eines Quencher-Schaltkreises, der die Totzeit auf $30-50$ ns reduziert [24].

Im Bereich der Vielkanaldetektoren haben sich die CCD (Charged-Coupled Devices)-Kameras gegenüber den Diodenzeilen (Optical Multichannel Analyzer, OMA) in vielen spektroskopischen Applikationen durchsetzen können. Bisher dominierend sind die slow-scan-Kameras, d.h. Systeme mit Bildausleseraten im Bereich von Sekunden oder Minuten. Das Ausleserauschen konnte mittlerweile auf ein Elektron pro Ausleseereignis reduziert werden, gleichzeitig gestattet der Dunkelstrom moderner CCD-Chips (in der Größenordnung von 1 Photoelektron pro Pixel und Stunde) auch einen zweidimensionalen Photonenzählbetrieb. Diese Leistungen wurden nicht zuletzt auch durch neue Fertigungstechniken wie das MPP-Design (Multipinned Phase), welches die Erzeugung von Ladungen durch thermische Effekte minimiert, möglich.

Durch eine rückseitige Beleuchtung lassen sich für ausgedünnte CCD mit Antireflexionsbeschichtung im VIS-Bereich Quantenausbeuten von maximal 80%, im UV-Bereich von bis zu 50% erzielen. Abbildung 8 zeigt für unterschiedliche Wellenlängenbereiche einen Vergleich der Quantenausbeuten einer Front-beleuchteten, kommerziellen CCD mit einem typischen Photomultiplier. Die Größe eines CCD-Pixels variiert je nach Bauart zwischen $19-27\,\mu m$, typische Chipformate sind z.B. $512 \cdot 512$ oder $1024 \cdot 256$. Aufgrund dieser Vielfalt kann die Detektorgeometrie der jeweiligen Anwendung, z.B. dem Spalt eines Spektrometers, angepaßt werden. Mit der Verwendung von faseroptischen Elementen kann die 2-D-Natur einer CCD-Kamera für Sensorsysteme von besonderem Nutzen sein, da die räumlich getrennte

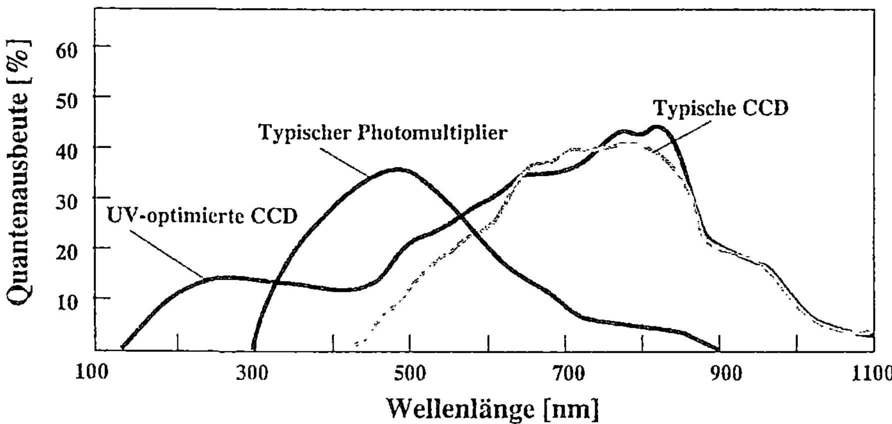

Abb. 8. Vergleich der Quantenausbeuten einer Front-beleuchteten CCD mit einem typischen Photomultiplier

Führung von optischen Signalen mittels Lichtwellenleitern ihren Gegenpart in der zweiten Dimension des Detektors findet. Der besondere Synergismus dieser Kombination, oft als Sensorarray bezeichnet, folgt aus der Möglichkeit komplementäre optische Sensorsignale zu nutzen. So können Sensorsignale unterschiedlichster Art (z.B. Fluoreszenzemissionen von verschiedenen Anregungswellenlängen) oder unterschiedlicher Herkunft (räumlich verteilte Sensoren) gleichzeitig und räumlich getrennt auf dem CCD-Detektorchip registriert werden.

Für Applikationen mit gepulsten Lasern und geringen transienten Signalintensitäten werden fast ausschließlich intensivierte CCD-Systeme (ICCD) mit Mikrokanalplatten (MCP) als Restlichtverstärker eingesetzt. Eine entsprechende Beschaltung der MCP erlaubt auch eine ns-Zeitauflösung (gating-Betrieb). Abbildung 9 verdeutlicht den Aufbau eines ICCD-Systems: Photonen, die auf die Photokathode auftreffen, werden in Photoelektronen umgewandelt, welche dann in der MCP durch einen Kaskadenmechanismus verstärkt werden. Diese Elektronen treffen auf der Rückseite der MCP auf einen Fasertaper mit Phosphorschirm als Endfläche und werden wieder in Photonen umgewandelt, die ihrerseits auf den CCD-Chip abgebildet werden. Statt eines Fasertapers kann auch eine Abbildung mit Linsen erfolgen, allerdings mit einer deutlich geringeren Effizienz (1–6% im Vergleich zu einer Effizienz von 50% mit einem Fasertaper). Aus der Verwendung der MCP ergeben sich auch einige Nachteile für die ICCD-Systeme, so z.B. die schlechteren Abbildungseigenschaften und das höhere Eigenrauschen durch den Phosphorschirm.

Eine Verbesserung des Signal-zu-Rausch-Verhältnisses (Signal-to-Noise, S/N) und der Abbildungseigenschaften ist in Zukunft durch die Integration einer rückseitig-beleuchteten, ausgedünnten CCD in eine Vakuumdiode zu erwarten (Electron-bombarded-CCD, EBCCD). Mit einem Verstärkungsfak-

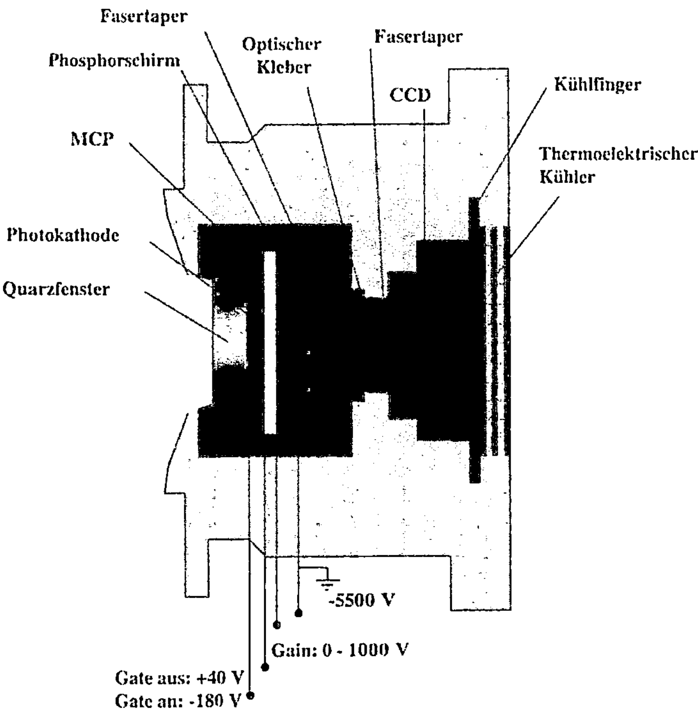

Abb. 9. Aufbau einer intensivierten CCD-Kamera (ICCD) mit einer gatebaren Mikrokanalplatte für die zeitaufgelöste Detektion

tor von ≈ 3000 können die EBCCD-Systeme durchaus mit den Mikrokanalplatten konkurrieren.

Im Bereich der Spektrometer beginnen sich im Zusammenhang mit den zweidimensionalen Detektoren und faseroptischen Spektrometerschnittstellen vornehmlich die Astigmatismus-korrigierten Spektrographen durchzusetzen. Für bildgebende Verfahren im VIS/NIR-Bereich sind akustooptische Modulatoren (Acousto-Optical Tunable Filter, AOTF) ein möglicher Ersatz für Spektrographen. Anwendungen mit AOTF sind bisher hauptsächlich aus dem Bereich der Raman- und Fluoreszenzspektroskopie bekannt [29–35], eine Kombination mit der konfokalen Raman- und Fluoreszenzmikroskopie, die eine Selektion der Wellenlängen hauptsächlich mit konventionellen Filtern realisieren, ist ebenfalls äußerst attraktiv. AOTF basieren auf akustooptischen Wechselwirkungen in einem anisotropen Medium [36, 37]. Für den NIR/VIS-Bereich (> 350 nm) werden zumeist TeO_2-Kristalle verwendet, für den UV-Bereich (bis 250 nm) können Quarzkristalle eingesetzt werden. Über eine auf dem Kristall aufgebrachte piezoelektrische Schicht wird eine akustische Welle erzeugt, die durch eine periodische Modulation des Brechungsindex ein Phasengitter erzeugt. Entsprechend der Braggschen-Gleichung kann nur eine bestimmte Frequenz des einfallenden Lichtes diese Phasenbedin-

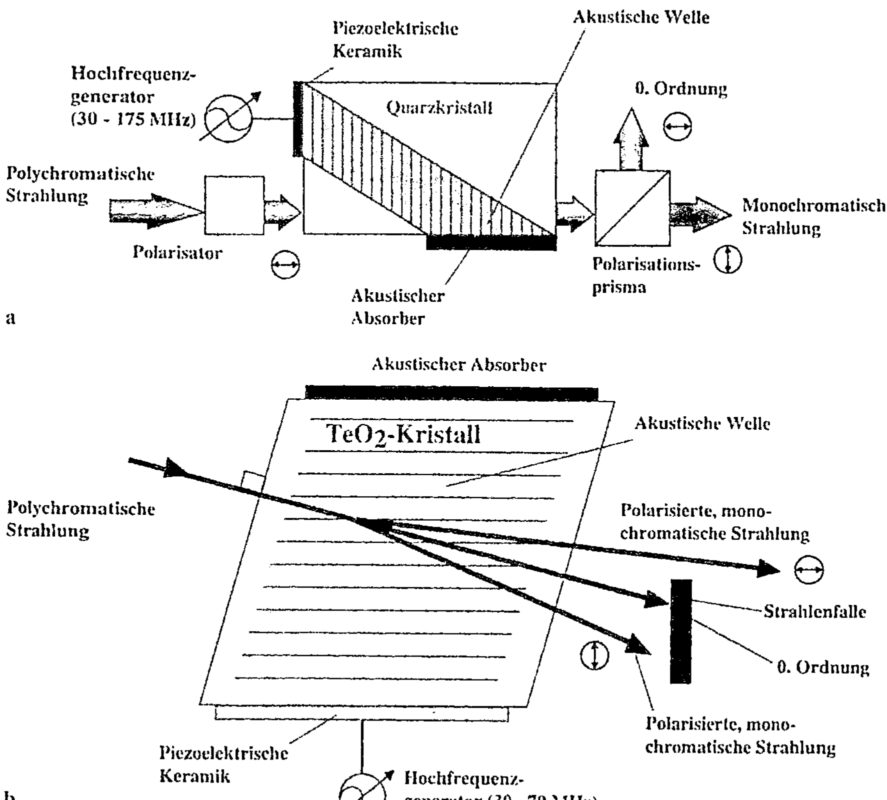

Abb. 10. a Funktion und Aufbau eines kollinearen Quarz-AOTF. **b** Funktion und Aufbau eines TeO₂-AOTF

gung erfüllen. Durch Variation der Modulationsfrequenz der akustischen Welle kann so der spektrale Bandpass des Filters verändert werden. Die Stellgeschwindigkeit wird dabei durch die Ausbreitungsgeschwindigkeit der akustischen Welle im Kristall bestimmt, so daß AOTF sich durch hohe Stellgeschwindigkeiten (eine Variation von 400 nm ist im ms-Bereich in 2 nm Schritten möglich) auszeichnen. Abbildung 10 a zeigt das Prinzip eines kollinearen Quarz-AOTF: Da die Interaktion der akustischen Welle des einfallenden und gebeugten Lichtes kollinear in dem doppelbrechenden Kristall erfolgt, muß eine Trennung der nullten und ersten Ordnung über ihre unterschiedliche Polarisation erfolgen.

Abbildung 10 b zeigt im Vergleich dazu einen TeO₂-AOTF; hier liegt aufgrund der unterschiedlichen Ausbreitung der akustischen Welle und des Lichtstrahls im Kristall eine physikalische Trennung der nullten und ersten Ordnung vor.

AOTF mit großen Aperturen können für bildgebende Verfahren eingesetzt werden und sind besonders für mobile, robuste Spektrometer vorteilhaft, da sie keine mechanisch beweglichen Teile besitzen. AOTF für den NIR-Bereich konnten mittlerweile auch in optische Bausteine mit einem hohen Maß an Miniaturisierung integriert werden [38], was eine Reihe von völlig neuen Anwendungsgebieten eröffnet, besonders im Zusammenhang mit faseroptischen Sensoren. Ein weiteres Einsatzgebiet ist die schnelle Modulation von Laserstrahlquellen mit mehreren Emissionslinien, wie z. B. Argon-Ionen-Lasern [36]. Als nachteilig ist sicherlich die geringe Effizienz ($\approx 20-25\%$) im Vergleich zu konventionellen Gittern, das Auftreten von Seitenbanden, welche nur eine Streulichtunterdrückung in der Größenordnung von 10^3-10^4 zuläßt, und der spektrale Bandpass von einigen nm anzusehen. Im Falle von kollinearen AOTF wurde darüber hinaus noch eine extreme Empfindlichkeit der Streulichtunterdrückung in Abhängigkeit von der Güte der Polarisation beobachtet [29]. Eine Verbesserung der spektralen Auflösung kann z. B. durch Kombination mit einem Fabry-Perot-Interferometer erzielt werden. So konnten Baldwin et al. auf diese Weise eine Auflösung von einigen GHz realisieren, so daß eine Trennung der Linien der Isotope U-235 und U-238 möglich wurde [39].

3 Atomspektroskopie

3.1 Atomabsorptionsspektroskopie

Fortschritte in der Atomabsorptionsspektrometrie (AAS) mit Lasern sind besonders mit Laserdioden als Strahlquelle erzielt worden [17, 20, 21, 40, 41]. Durch den Einsatz von Laserdioden kann nicht nur der Aufbau des Spektrometers erheblich vereinfacht werden, sondern auch eine signifikante Verbesserung der Nachweisgrenzen erzielt werden. So konnten mit Laserleistungen von $10-100\,\mu\text{W}$ Absorptionen in der Größenordnung $10^{-5}-10^{-6}$ gemessen werden.

Während der dynamische Bereich in der konventionellen AAS [42, 43] mit Hohlkathodenlampen durch die optische Dichte des Maximums der Absorptionslinie auf $2-3$ Größenordnungen limitiert wird, kann eine durchstimmbare Laserdiode auch an den Flanken der Linie genützt werden, so daß der dynamische Bereich deutlich vergrößert werden kann. Besonders die Gruppe um Niemax konnte beachtliche Erfolge in der simultanen Detektion verschiedener Elemente mit mehreren Laserdioden erzielen (vgl. z. B. [19, 40, 41]). Die schnelle Modulation der Wellenlänge der Laserdiode über den Diodenstrom hat sich zur Absorptionsmessung als besonders vorteilhaft erwiesen. Das S/N-Verhältnis ist in diesem Falle eine Funktion der spektralen Bandbreite und Leistung, so daß Laserstrahlquellen (spektrale Bandbreite von $10-30\,\text{MHz}$, d. h. einige fm in Einheiten der Wellenlänge) deutliche Vorteile gegenüber Hohlkathodenlampen haben. Die sinusförmige Modulation des Diodenstroms erfolgt typischerweise mit $10-100\,\text{kHz}$, was einem Wellen-

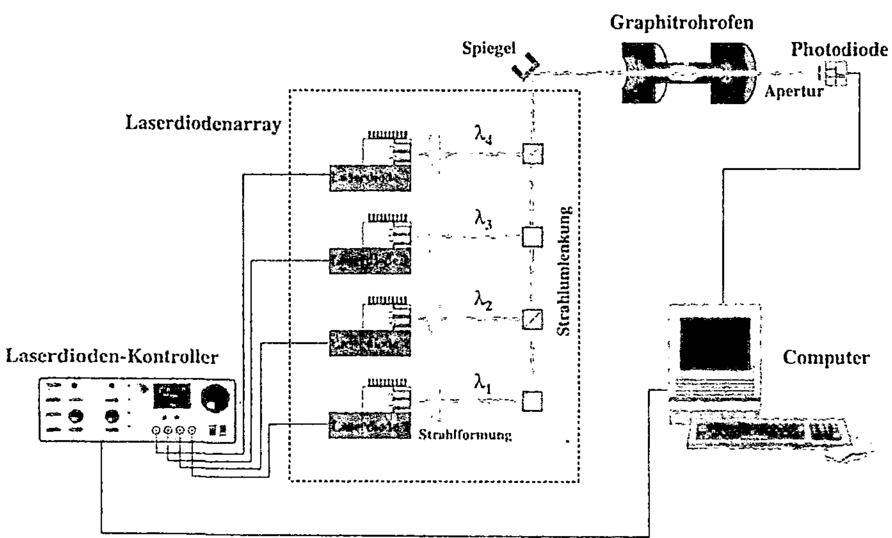

Abb. 11. Experimentelle Anordnung für Laserdioden-Atomabsorptionsspektroskopie im Multiplex-Betrieb für die Multielementanalyse in einem Graphitrohrofen

längenintervall von 10–20 pm entspricht, über welches die Laserdiode durchgestimmt wird. Diese Betriebsweise macht wellenlängendispersive Elemente überflüssig, da über die Durchstimmung der Laserdiode der spektrale Untergrund neben der Absorptionslinie bestimmt werden kann. Die Bandbreite von Laserdioden reicht darüber hinaus auch für eine hochauflösende Doppler-freie AAS und die Bestimmung von Isotopen [44]. Die Detektion kann mit einer einfachen Photodiode und einem Lock-in-Verstärker im 2 f-Modus erfolgen, so daß keine Signalanteile durch eine Änderung der Leistung entstehen.

Mit der Möglichkeit auch sehr kleine Absorptionen zu messen, können mit den verfügbaren Laserdioden im NIR-Bereich auch schwache Übergänge vom Grundzustand oder thermisch populierten Niveaus für die Laserdioden-AAS genützt werden. Darüber hinaus kann durch eine Frequenzverdopplung (mit $LiIO_3$ oder $KNbO_3$) auch der VIS- und nahe UV-Bereich erschlossen werden. Die durch Frequenzverdoppelung erreichten Leistungen im nW-Bereich sind für viele Anwendungen ausreichend (vgl. z. B. die Detektion von Al bei $\lambda = 396.15$ nm [45] und Ni bei $\lambda = 344.63$ nm [19]). Die Verwendung von mehreren Laserdioden ist ebenfalls möglich, dazu wird sequentiell jeweils eine Diode resonant betrieben. Ein Multiplex-Betrieb im kHz-Bereich gestattet so eine quasi-Multielementanalytik [46], Abb. 11 zeigt einen entsprechenden experimentellen Aufbau. Abbildung 12 zeigt ein kommerzielles Gerät mit einer einzelnen Laserdiode, welches einfach mit einem konventionellen Atomabsorptions-Spektrometer zur Nutzung des Graphitrohrofen kombiniert werden kann. Auf diese Weise können für spezielle Applikationen die Nachweisgrenzen für das jeweilige Element im Vergleich zur konventionellen AAS um zwei Größenordnungen verbessert werden. Für eine Über-

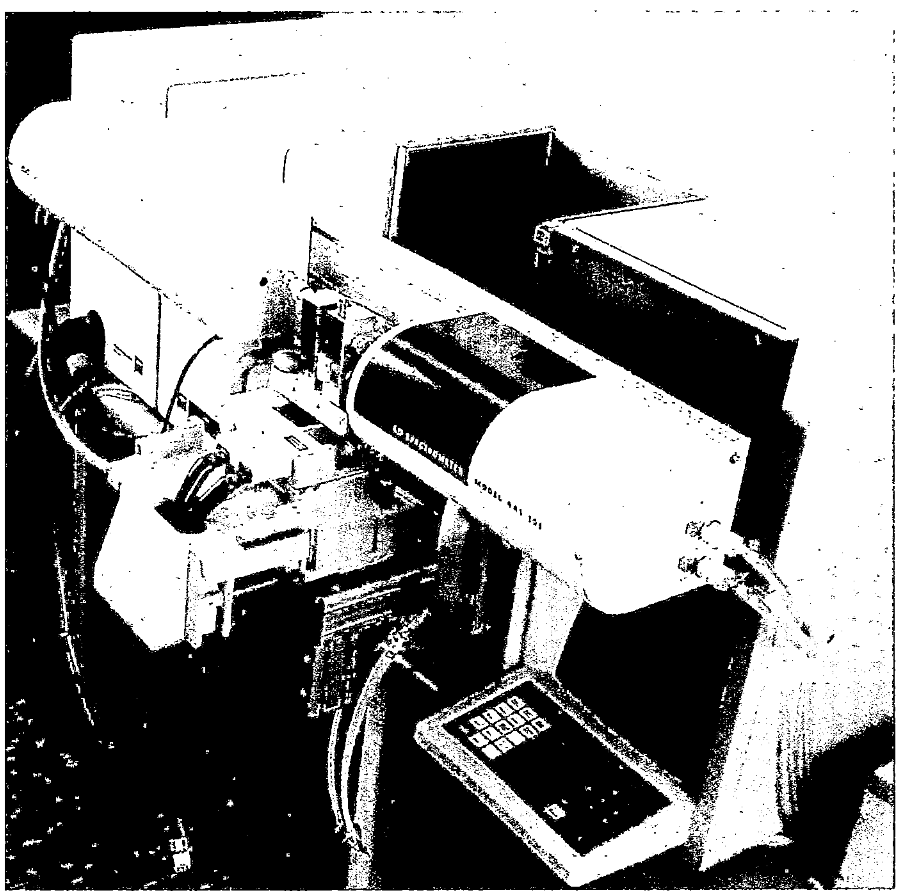

Abb. 12. Laserdioden-AAS (Mit Erlaubnis der Firma LaserSpec Analytik, München, BRD)

sicht über die Elemente, welche mit einer Laserdioden-AAS zugänglich sind, sei auf die entsprechende Literatur verwiesen [19, 20]. Aufgrund kommerziell nicht verfügbarer Laserdioden sind einige umweltanalytisch relevante Elemente wie Mg, Be, As und Hg nicht meßbar.

Die Arbeiten aus dem Bereich der Umweltanalytik waren bisher auf beispielhafte Demonstrationen beschränkt, allerdings ist mit den ersten kommerziellen Geräten (s. o.) mit einem verstärkten Einsatz im Routinebetrieb zu rechnen. So verwendeten Farnsworth eine GaAlAs-Laserdiode bei $\lambda = 811.5$ nm mit einem induktiv-gekoppelten Plasma (ICP) als Atomquelle zur Beobachtung der Population des Argon 4s-Niveaus welches für die Beurteilung der Plasmacharakteristika verwendet wird [47]. Barber et al. konnten für Rubidium in einer Luft-Wasserstoff-Flamme mit einer Referenzzelle, die mit gasförmigen Rb gefüllt war und einer frequenzmodulierten Laserdiode bei $\lambda = 780.02$ nm ppb-Nachweisgrenzen erzielen [47].

Groll et al. gelang durch eine Trennung von Cr(III)- und Cr(VI)-Verbindungen mittels Flüssigkeitschromatographie (Liquid Chromatography, LC) eine Speziesanalyse.

Das Eluat wurde in einer Sauerstoff-Acetylen-Flamme zur Atomisierung vernebelt, Chrom konnte anschließend mit einer frequenzverdoppelten, wellenlängenmodulierten GaAlAs-Laserdiode bei $\lambda = 425.44$ nm mit einer Nachweisgrenze von 1 ppb detektiert werden [49]. Zybin et al. demonstrierten die Möglichkeit, in einem Gleichstrom-Plasma (Direct Current Plasma, DCP) leichtflüchtige halogenierte Kohlenwasserstoffe und Sauerstoff mit Laserdioden-Atomabsorption nachzuweisen. Die Messung erfolgte über thermisch populierte Niveaus im NIR-Bereich, die Nachweisgrenzen für F, Cl und O bzw. für die entsprechenden organischen Verbindungen betrugen einige ppb [50]. Mit einem Mikrowellen-induzierten Heliumplasma (Microwave-induced Plasma, MIP) als Atomisierungsquelle konnte ein ähnlicher Aufbau auch als Detektor für einen Gaschromatographen (GC) eingesetzt werden [51]. Durch eine zusätzliche Modulation des Plasmas konnte eine signifikante Verbesserung des S/N-Verhältnisses erzielt werden, so daß Nachweisgrenzen für halogenierte Kohlenwasserstoffe von 1 pg s^{-1} bzw. 1 ppb absolut realisiert werden konnten [52].

3.2 Laserplasmaspektroskopie

Zeitgleich mit der Anwendung des Lasers für spektroskopische Zwecke wurden Laser auch zur Verdampfung und Atomisierung der zu untersuchenden Probe durch Bildung eines Laserplasma verwendet. Diese Technik hat für die Analytik von Festkörpern in der Praxis wesentlich Vorteile: Eine Multielementanalyse ist von leitenden und nicht-leitenden Materialien möglich, Laserplasmen können in oder auf fast allen Medien erzeugt werden und gestatten eine universale Anwendung zum Aufschluß von Proben. Dabei ist meistens keine oder nur eine geringe Probenvorbereitung notwendig, die Analyse kann bei unterschiedlichen Drücken und in variablen Atmosphären erfolgen, einschließlich Normalbedingungen (Luft, 1 bar). Die geringe Größe des Plasmas gestattet eine lokale Mikroanalyse mit der Möglichkeit der Tiefenauflösung und einer Kartographierung der Oberfläche im μm-Bereich.

Bei einer Verwendung der elementspezifischen Emissionslinien für analytische Zwecke sind auch keine Transportverluste oder materialabhängige Gerätetransferfunktionen wie bei der Kopplung der Laserablation mit einer ICP-MS (LA-ICP-MS) zu berücksichtigen. Die Laserablation hat sich mittlerweile als Probenahmetechnik in Kombination mit einer ICP oder ICP-MS zur Detektion etablieren können (eine sehr gute Übersicht gibt [53]). Daneben sind auch Kopplungen mit anderen Techniken in der Literatur beschrieben, wie die Kombination mit resonanter Ionisation, laserinduzierter Atomfluoreszenz oder Mikrowellenplasmen. Die einfachste und für On-line-Anwendung mit hoher Zeitauflösung in der Umweltanalytik attraktivste Methode ist die direkte Messung der elementspezifischen Emissionslinien im Laserplasma. (Die Bezeichnung in der Literatur ist unterschiedlich, so findet sich Laserplasmaspektroskopie oder Laser-induced Breakdown Spectroscopy, LIBS oder auch Laser Ablation Optical Emission Spectroscopy, LA-AES).

Laserinduzierte Plasmadurchbrüche lassen sich formal dadurch definieren, daß mit dem Ende des Laserpuls ein vollkommen ionisiertes Gas, das sich aus Neutralteilchen, Elektronen und positiven Ionen zusammensetzt, aus einem Teil der Probe entstanden ist. Ein phänomenologisches Kriterium ist die Beobachtung eines Funkens im Fokalvolumen und eine damit verbundene Schallwelle. Die Wechselwirkung von intensiver Laserstrahlung mit Materie bei der Erzeugung eines Plasmas führt zu einer Vielfalt von nichtlinearen Phänomenen. Der Schwellenwert zur Erzeugung eines Plasmas auf einem Festkörper liegt in der Größenordnung von $10^8\,\mathrm{W\,cm^{-2}}$ (für Laserwellenlängen zwischen 100–1000 nm und Pulsbreiten von 20–100 ns). Der prinzipielle Verlauf eines LIBS-Experiments für einen Festkörper ist schematisch in Abb. 13 dargestellt. Für die Plasmaspektroskopie an Gasen und Flüssigkeiten

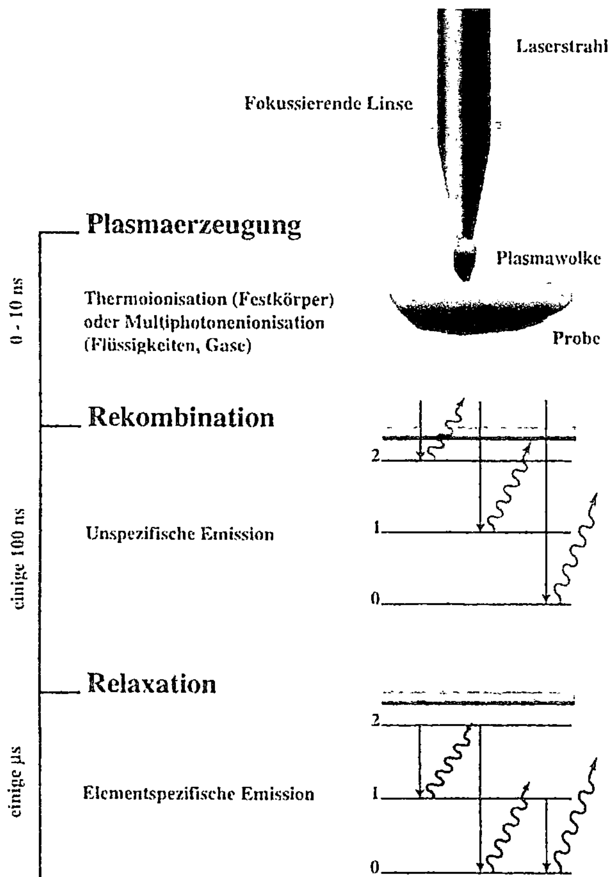

Abb. 13. Prinzipieller Verlauf eines LIBS-Experiments zur Analyse eines Festkörpers

gilt ähnliches, allerdings können hier Unterschiede bei der Plasmazündung und im Zeitverlauf der Emission beobachtet werden. Im Verlaufe der Plasmazündung absorbiert der Festkörper zunächst die ansteigende Flanke des Laserpuls, was zu einer schnellen Verdampfung der Oberfläche führt. Ein Teil der Energie geht durch Reflexion an der Oberfläche bzw. durch Dissipation im Festkörper verloren.

Entsprechend der Anregungswellenlänge kann die verdampfte Materie durch einfache oder Multiphotonen-Absorptionsprozesse ionisiert werden. Andere Prozesse (besonders bei UV-Wellenlängen), welche zu freien Elektronen führen, sind Ein- oder Mehr-Photonen-induzierte photoelektrische Effekte an der Oberfläche oder thermische Ionisation. Sobald die Elektronendichte im teilionisierten Gas einen kritischen Schwellenwert erreicht, wird das Plasma durch inverse Bremsstrahlung aufgeheizt, d.h. der Laser beschleunigt nun vornehmlich die Elektronen im Plasma. Dies kann im Extremfall in einem für die Laserwellenlänge völlig undurchlässigen Plasma resultieren; die Laserstrahlung erreicht dann die Oberfläche nicht mehr direkt, ein weiterer Abtrag ist nur durch eine indirekte thermische Kopplung möglich. Die Expansion des Plasmas erfolgt in Richtung des Lasers; zum Ende des Laserpulses ist das Plasma über einen weiten spektralen Bereich optisch dicht, und das beobachtete Spektrum wird durch die Oberflächentemperatur $(10^4 - 4 \cdot 10^4\,\mathrm{K})$ bestimmt. Die hohe Dichte und Temperatur bewirken eine starke Luminosität des Plasmas, die je nach Laserenergie zwischen $0{,}5 - 10\,\mu s$ nach dem Laserpuls anhält. Entscheidend für die Bildung eines Plasmas ist, daß die Laserstrahlung die Oberfläche schnell genug aufheizt, bevor die Temperatur in den Festkörper abgeführt wird. Andererseits muß die Erwärmung langsam genug erfolgen, so daß das Plasma auf der Oberfläche des Festkörper gebildet wird und nicht in der darüber liegenden Gasphase (thermisches „Runaway").

Die Quantifizierung der Elemente muß aufgrund der intensiven Strahlung des primären Plasmas ($\approx 0.1\,\mu s - 1\,\mu s$ nach dem Laserpuls) zeitlich versetzt, d.h. nach dem Abklingen des unspezifischen Strahlungsuntergrundes, erfolgen. Die Analyten können durch die Intensitäten der Emissionslinien der angeregten Ionen bzw. Atome im sekundären Plasma ($\approx 1 - 20\,\mu s$ nach dem Laserpuls) identifiziert und quantitativ bestimmt werden. Abb. 14 zeigt einen experimentellen Aufbau, wie er im allgemeinen für die Plasmaspektroskopie verwendet wird. Die Erzeugung des Plasmas erfolgt zumeist mit einem gütegeschalteten Nd:YAG-Laser bei $\lambda = 1064$ nm in einer Probenkammer (zur Frage des Einflusses der Wellenlänge s.u.), die optional mit einem Puffergas gefüllt oder evakuiert ist.

Viele Anwendungen können auch bei Normaldruck und ohne Puffergas auf einem einfachen Probenteller erfolgen. Die Detektion der Plasmaemission muß zeitaufgelöst erfolgen, hier wird von den meisten Autoren ein intensiviertes Diodenarray- oder ICCD-System eingesetzt, die Zeitauflösung wird über eine entsprechende Beschaltung des MCP realisiert. Die hier dargestellte senkrechte Beobachtung ist im Vergleich zu einer seitlichen Beobachtung

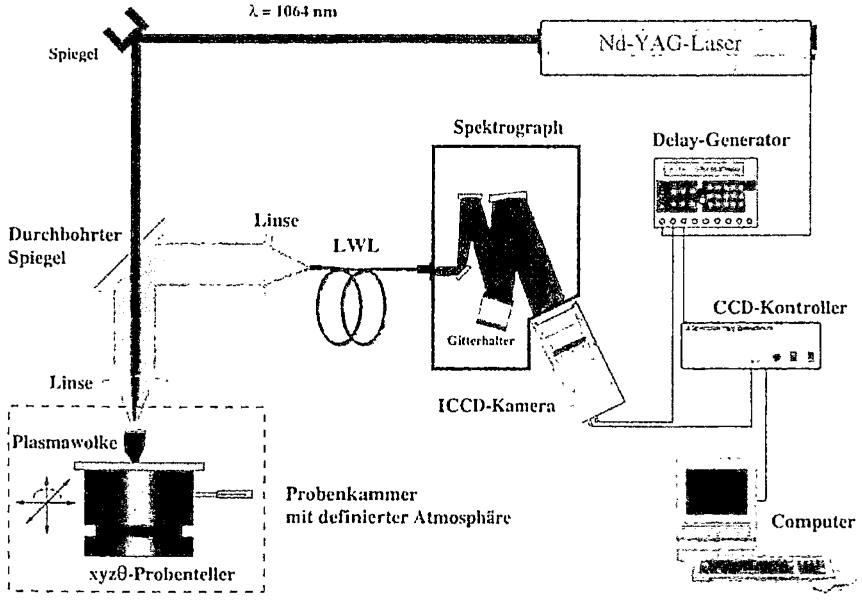

Abb. 14. Experimenteller Aufbau für LIBS

robuster gegenüber Veränderungen der Position des Plasmas auf der Festkörperoberfläche. Eine faseroptische Übertragung der Emission gestattet eine zusätzliche Flexibilität des Aufbaus. Für die spektrale Analyse wird häufig ein 0,3 m-Spektrograph eingesetzt, für Proben mit einer komplexen Matrix ist jedoch ein hochauflösendes 0,5 m- oder 0,75 m-System notwendig. Bei einer hohen spektralen Auflösung ist dann allerdings aufgrund der geringen linearen Dispersion keine Multielementanalytik mehr möglich. Interessante Alternativen mit hoher spektraler Auflösung und einer großen linearen Dispersion sind daher Echelle- oder Rowland-Spektrometer in Kombination mit ICCD-Kameras [54–58].

Die Erkenntnis, daß das analytische Potential von LIBS vornehmlich von den Plasmacharakteristika beeinflußt wird, hat zu einer Fülle von Arbeiten geführt, welche die verschiedenen Einflußparameter durch eine extensive Plasmadiagnostik zu erfassen versuchen. Die Eigenschaften des Plasmas und die in das Plasma eingebrachte Analytmasse sind abhängig von den Materialeigenschaften des Analyten, d.h. bei Festkörpern z.B. von der Partikelgröße, dem Schmelzpunkt und dem Wassergehalt [59–72]. Die Besonderheiten des Lasers, d.h. vorrangig die Laserwellenlänge [73–77] und die zur Verfügung stehende Laserenergie [78], aber auch die Pulsbreite [74] und die Divergenz, können zusätzlich Auswirkungen auf die Plasmaerzeugung haben. Neuere Arbeiten haben sich besonders mit dem Einfluß der Laserwellenlänge auf die analytische Problemstellung bei einer Analyse unterschiedlicher Proben mit LIBS auseinandergesetzt. Der Vorteil von LIBS mit UV-Wellenlängen (z.B.

mit einem Excimerlaser [79–85] oder einem Nd:YAG-Laser bei 355 nm oder 266 nm) gegenüber der bisher fast ausschließlich verwendeten Primärwellenlänge des Nd:YAG-Lasers ist der größere Materialabtrag, der unter günstigen Bedingungen, i.e. gleiches Plasmavolumen, zu einer deutlich höheren Atomdichte im Plasma führt [86, 87].

Solange keine Selbstabsorption stattfindet, kann dies zu einer deutlichen Verbesserung der Nachweisgrenzen führen. Dies resultiert aus der längeren Interaktionszeit der Laserstrahlung mit der Oberfläche, da aufgrund des λ^3-abhängigen Wirkungsquerschnitts der inversen Bremsstrahlung des Plasmas vorrangig IR-Strahlung absorbiert wird. Ein Indiz dafür, daß UV-Plasmen ausschließlich auf der Oberfläche gebildet werden, ist die Tatsache, daß keine Linien von Stickstoff aus der Atmosphäre über der Probe beobachtet werden konnten [88–90]; bei einer Plasmaerzeugung mit einem Nd:YAG-Laser ist dies hingegen möglich. Durch die unterschiedlichen Mechanismen der Plasmabildung – die IR-Plasmen sind fast ausschließlich thermisch mit der Oberfläche gekoppelt – ist die Oberflächenauflösung mit UV-Plasmen besser, d.h. es entstehen kleinere Krater mit einer gut definierten Ausdehnung. Da die UV-Plasmen weniger Laserstrahlung direkt aufnehmen, sind sie kälter als die IR-Plasmen, was zu einer schnelleren Abkühlung, geringeren Ausdehnung und einem niedrigerem Strahlungshintergrund im Vergleich zu IR-Plasmen führt. Damit können die Emissionslinien relativ zum Laserpuls früher beobachtet werden, wenn die Atomwolke noch eine hohe Dichte hat, was sich allerdings für die Analyse von Hauptkomponenten in einer Probe aufgrund einer Selbstabsorption auch nachteilig auswirken kann. Die Identifizierung der Analyten wird durch die fehlenden Gas- bzw. Puffergaslinien in UV-Plasmen ebenfalls erheblich vereinfacht. Aus der obigen Diskussion wird deutlich, daß die Auswahl der Wellenlänge von der Art der Probe und dem Ziel der Analyse (Hauptkomponenten oder Spurenanteile) abhängt, hier besteht auch noch weiterer Forschungsbedarf. Das Plasma, besonders ein IR-Plasma, wird auch von äußeren Faktoren beeinflußt wie dem umgebenden Puffergas und dessen Druck. Diese können z.B. Veränderungen der absoluten Linienbreiten und Intensitäten bewirken [61, 63, 78, 80, 88, 91–96]. Ein höherer Druck bewirkt eine vermehrte Löschung der angeregten Zustände durch inelastische Stöße. Allerdings verhindert er auch eine schnelle Ausdehnung des Plasmas, i.e. eine signifikante Verringerung der Dichte der Atome im beobachteten Interaktionsvolumen. In der Praxis wurde für die häufig eingesetzten IR-Plasmen mit Nd:YAG-Lasern ein optimales Signal-zu-Untergrund-Verhältnis für Drücke im Bereich 50–200 mbar gefunden.

Aufgrund der Vielzahl dieser Einflußfaktoren muß für eine sinnvolle analytische Verwendung des Plasmas entweder eine Kalibrierung mit ähnlichen Standards oder eine Standardaddition mit den Analyten erfolgen [97–99]. Darüber hinaus sollte zusätzlich auch eine Normierung auf die jeweiligen Plasmacharakteristika vorgenommen werden. Die bekannten Verfahren basieren auf einer Unterscheidung in ein primäres und sekundäres Plasma. Dabei wird häufig eine Abhängigkeit der Intensität des primären Plasmas von der ablatierten Masse postuliert [83], eine genaue Überprüfung für unterschiedliche Matrizes steht allerdings noch aus. Weitere geeignete Parameter für eine Normierung sind z.B. die Druckwelle des Plasmas, die optische Dichte, die Plasmatemperatur und die Elektronendichte, die über die Stark-Verbreiterung abgeleitet wird [62, 100–102].

Zum gegenwärtigen Zeitpunkt wird LIBS in der Umweltanalytik für Festkörper, Flüssigkeiten, Gase und Aerosole verwendet. Die Zahl der Anwendungen von Laserplasmen zur Analyse der verschiedensten Analyten ist mittlerweile unüberschaubar geworden, so erwähnen Majidi et al. [103] aus dem Zeitraum von 1987 bis 1992 mehr als 1000 Zitate aus diesem Bereich. Für eine Übersicht der vielfältigen Literatur sei auf die entsprechenden Übersichtsartikel [103–109] bzw. Monographien [110–112] verwiesen. An dieser Stelle sollen daher für die verschiedenen Matrizes nur einige repräsentative Applikationen diskutiert werden.

Die meisten der bisher publizierten Applikationen im Bereich der Festkörperanalytik mit LIBS beziehen sich auf die metallurgischen Analysen von Stählen und Legierungen bzw. verschiedener Inhaltsstoffe wie Kohlenstoff etc. (vgl. z.B. [113–118]). So hat sich z.B. die Gruppe um Niemax [119] intensiv mit der Analyse von Stählen und der Untersuchung geeigneter Randbedingungen [62, 75] auseinandergesetzt. Mit einem Nd:YAG-Laser konnten bei $\lambda = 1064$ nm Nachweisgrenzen für Si, Al und Cr im unteren ppm-Bereich mit einer Dynamik von drei Größenordnungen erzielt werden; die ablatierte Menge betrug dabei ≈ 30 ng. Die Beobachtung der Linien erfolgte zeitaufgelöst mit einem OMA-System, optimale Linienintensitäten wurden für einen Druck von 120–200 mbar Puffergas (Argon) über der Probe gefunden.

Von dieser Gruppe stammen auch eine Reihe verschiedener Ansätzen zur Kopplung der Laserablation mit anderen Techniken wie der Atomfluoreszenz [120, 121] und Mikrowellenplasmen [122–124]. Weitere Untersuchungen hatten eine Verringerung des matrixabhängigen Hintergrundes durch einen zweiten Laserpuls, welcher das Plasma erneut aufheizt, zum Ziel [125]. Daß eine Stahlanalyse auch unter extremen Bedingungen mit LIBS möglich ist, konnten Lorenzen et al. [126, 127] mit einer Bestimmung der Inhaltsstoffe von flüssigem Stahl in einem Konverter zeigen. Auch hier wurden ppm-Nachweisgrenzen für die entsprechenden Spurenelemente mit einem Nd:YAG-Laser bzw. einem KrF-Excimerlaser und einer zeitaufgelösten Beobachtung mit einer OMA erzielt.

Andere Applikationen konnten die Anwendung von LIBS auf Eisenerze [128, 129] mit einer Richtigkeit von 2–25% und Nachweisgrenzen im Bereich von 0,01% mit einem XeCl-Excimerlaser demonstrieren bzw. die Möglichkeit auch Edelmetalle mittels LIBS zu spezifizieren [130, 131]. Ebenfalls ppm-Nachweisgrenzen ergab die Analyse von Zinkblende und Pyrit mit einem Excimer-gepumpten Farbstofflasersystem bei 370 nm [132]. Die Analyse von Glasinhaltsstoffen mit einem Excimerlaser zur Plasmaerzeugung erbrachte für Kalium eine Nachweisgrenze von 13 ppm, die Richtigkeit betrug 10% [133]. Ähnliche Ergebnisse konnten auch Kagawa et al. für Glas-

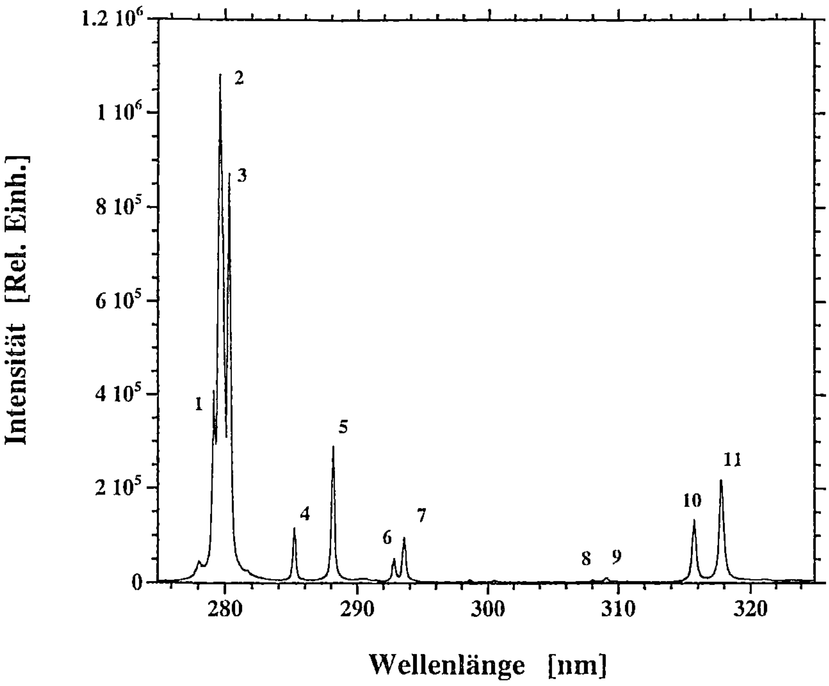

Abb. 15. LIBS-Spektrum von Glasinhaltsstoffen einer Kalk-Natron-Glasschmelze für die Verglasung von Flug- und Kesselaschen Temperatur: 1200 °C; Zuordnung der Linien: 1: Mg(II) 279.079 nm; 2: Mg(II) 279.553 nm; 3: Mg(II) 280.270 nm; 4: Mg(I) 285.213 nm; 5: Si(I) 288.158 nm; 6: Mg(II) 292.875 nm; 7: Mg(II) 293.654; 8: Al(I) 308.215; 9: Al(I) 309.271 nm; 10: Ca(II) 315.887 nm; 11: Ca(II) 317.933)

matrizes berichten [134–136], hier wurde allerdings ein Excimer- bzw. CO_2-Laser für die Erzeugung des Plasmas eingesetzt [85]. Panne et al. gelangen die Quantifizierung der Verhältnisse der Glasinhaltsstoffe CaO, SiO_2 und Al_2O_3 in heißen Glasschmelzen, die zur Inertisierung von Flug- und Kesselaschen verwendet wurden [137]; der experimentelle Aufbau entsprach dabei im wesentlichen Abb. 14. Abbildung 15 zeigt ein typisches LIBS-Spektrum dieser Komponenten, Abb. 16 demonstriert die Korrelation zwischen den Intensitätsverhältnissen der Linien von Si zu Mg und den entsprechenden naßchemisch bestimmten Konzentrationsverhältnissen von industriellen Referenz- und Standardgläsern. Eine Quantifizierung der entsprechenden Verhältnisse zur Optimierung der Zusammensetzung der Schmelze gelang mit Fehlern < 5 % in der Richtigkeit und Verfahrensstandardabweichungen von 3–5 %.

Eine interessante Applikation ist die Identifizierung von unterschiedlichen Polymeren für Wiederverwertungsprozesse durch Bestimmung der metallischen Additive (Ca, Zn, Pb, Ba, Sb) mittels LIBS [126, 138]. Ungewöhnlich ist auch die Anwendung von Ottesen, LIBS zur Detektion von Verunreinigungen auf Halbleiterbauteilen einzusetzen [139]. Der Nachweis

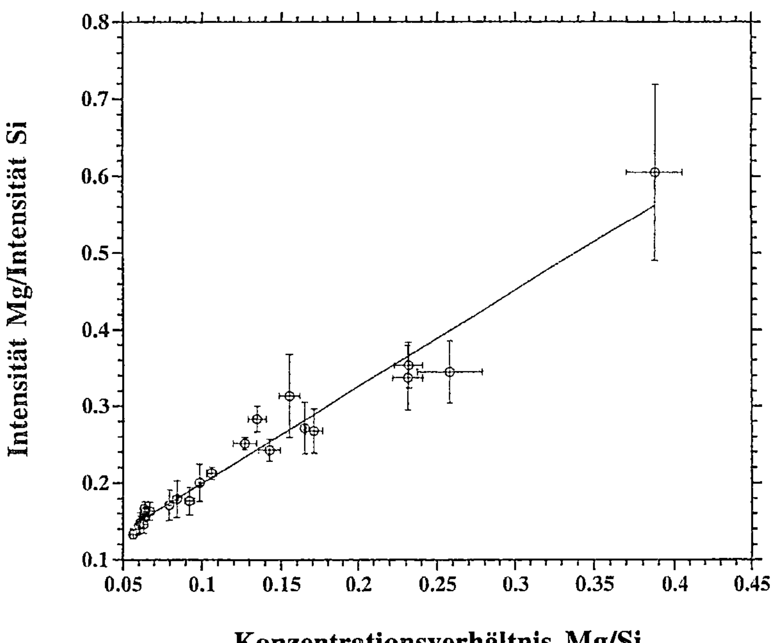

Abb. 16. Korrelation zwischen den Intensitätsverhältnissen der Mg(II, $\lambda = 280\,270$)-Linie zur Si(I, $\lambda = 288\,158$ nm)-Linie und den entsprechenden naßchemisch bestimmten Konzentrationsverhältnissen von Si zu Mg für industrielle Referenz- und Standardgläser und verglaste Flug- und Kesselaschen

von Blei in ppm-Konzentrationen in Farben wurde sowohl von Cremers et al. [140] als auch von Angel et al. [141] berichtet, beide Gruppen verwendeten mobile Systeme mit faseroptischen Übertragungssystemen. Häkkänen et al. [142] demonstrierten mit einem XeCl-Excimerlaser die Bestimmung einer zweidimensionalen Elementverteilung am Beispiel von Silicium- und Calciumverbindungen auf Papieroberflächen. Wisbrun et al. [143–146] konnten die Möglichkeiten für die LIBS-Analytik von Schwermetallen in Boden demonstrieren. Die gefundenen ppm-Nachweisgrenzen für umweltrelevante Metallverbindungen in verschiedenen Böden wurden auch durch neuere Arbeiten anderer Autoren verifiziert [140, 147, 148]. Eine chemometrische Auswertung der Emissionsspektren mit multivariater Kalibrierung konnte die Richtigkeit der Analyse deutlich verbessern [149].

LIBS gestattet auch die elementare Analyse von Flüssigkeiten, entweder durch Erzeugung des Plasmas auf der Oberfläche der Flüssigkeit oder im Flüssigkeitsvolumen selbst. Die Lebensdauer der Plasmen in Flüssigkeiten sind im Gegensatz zu den µs-Lebensdauern von Plasmen in Gasen und auf Festkörpern auf einige hundert Nanosekunden beschränkt. Die schnelle Desaktivierung von angeregten Zuständen gestattet mithin nur Nachweisgrenzen im Bereich 100–1000 ppm, wie z. B. von Radziemski et al. für die Alkali- und

Erdalkalimetalle berichtet wurde [150]. Für Schwermetalle muß dagegen noch mit einer Verschlechterung der Nachweisgrenzen gerechnet werden, wie die Untersuchung von Wachter und Cremers [151] für radioaktive Uran-lösungen bzw. neuere Untersuchungen von Knopp et al. [152] für die Detek-tion von Metallionen in wässeriger Lösung gezeigt haben. Boiron et al. konn-ten in einer orginellen Applikation aufzeigen, daß mit LIBS der Calcium- und Magnesium-Gehalt in wässerigen Inklusionen von Mineralien bestimmt wer-den kann [153].

Eine Möglichkeit zur Verbesserung der Nachweisgrenzen in Flüssig-keiten besteht in der von Radziemski vorgeschlagenen Technik, die mit zwei aufeinanderfolgenden Laserpulsen, d.h. zwei Lasern, arbeitet. Der erste Laserpuls erzeugt ein Plasma im Flüssigkeitsvolumen, welches zur Ausbil-dung einer Gasblase führt, der zweite Puls beprobt nach einer Verzögerung von einigen μs die verdampfte Flüssigkeit in dieser Gasblase. Hiermit konn-ten Nachweisgrenzen im unteren ppm-Bereich erzielt werden, wie sie für LIBS in Gasen typisch sind [154, 155]. Eine weitere Anwendungsmöglichkeit ergibt sich durch die Erniedrigung der Durchbruchsschwelle in Wasser bei der Anwesenheit von partikulärem Material. Ist die Energieflußdichte unterhalb des Schwellenwertes für Wasser ($10^{11}-10^{13}$ W cm^{-2}), so wird der Durchbruch Partikel-induziert [151, 156−158]. Damit läßt sich nicht nur die photoakusti-sche Zählung von Partikeln [159] in hochreinem Wasser realisieren, sondern mit einem entsprechenden experimentellen Aufbau auch eine elementare Analytik der Partikel. Eine Anwendung auf umweltrelevante Hydrokolloide erscheint ebenfalls möglich. Grundlegende Untersuchungen zur LIBS in heterogenen Flüssigkeiten dieser Art sind in jüngster Zeit besonders für medi-zinische Zwecke publiziert worden. Allerdings bleibt abzuwarten, ob die gewonnenen Erkenntnisse und Modelle auf Hydrokolloidsysteme übertragbar sind [155, 160−164].

Aufgrund der hohen Durchbruchsschwelle [107] in der Größenordnung von $\approx 10^{10}-10^{12}$ W cm^{-2} wurde LIBS an Gasen bisher nur für wenige Appli-kationen bekannt. Cheng et al. erreichten mit einem Nd:YAG-Laser für die Analyse der Hydride von Arsen, Phosphor und Bor Nachweisgrenzen von 1 ppm. Für die Bestimmung von Spuren der Gase Sauerstoff und Stickstoff untersuchte Nordstrom Emissionsspektren im UV/VIS-Bereich [165], ähn-liche Untersuchungen wurden von Casini berichtet [166]. Von Cremers et al. [167] und Haisch et al. [168] stammen Untersuchungen zum Nachweis von chlorierten Kohlenwasserstoffen über den mit LIBS bestimmten Gehalt an Chlor. Eine Verbesserung der ppm-Nachweisgrenzen, die mit den Cl-Emis-sionsspektren erzielt wurden, konnte durch Umsetzung mit Cu im Plasma und der nachfolgenden Beobachtung der molekularen CuCl-Emission erzielt wer-den [168].

Abbildung 17a zeigt den experimentellen Aufbau für diese Reaktion: Der Nd:YAG-Laser wurde dabei auf ein Kupferrohr fokussiert, welches von dem zu analysierenden Gas durchströmt wurde (hier CCl$_4$). Wie Abb. 17b ver-deutlicht, konnte durch eine zeitaufgelöste Beobachtung neben den elemen-

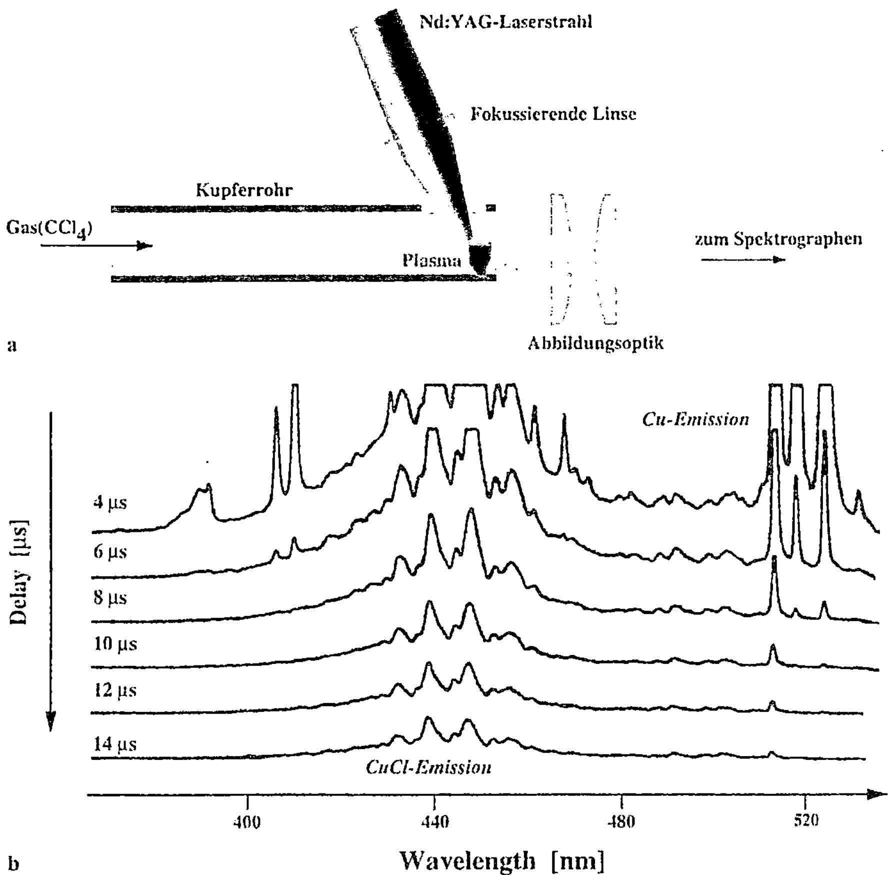

Abb. 17. a Experimentelle Anordnung für die LIBS-Bestimmung von CCl_4 über die Detektion der molekularen CuCl-Emission; **b** Zeitaufgelöstes Spektrum der Emission von CuCl mit dem Aufbau aus Abb. 17a (1 ppm CCl_4)

taren Kupferlinien auch die molekulare CuCl-Emission detektiert werden. Die gefundene Nachweisgrenze betrug 0,16 ppm für CCl_4, die Detektion erfolgte mit einer intensivierten OMA (zur Instrumentierung vgl. auch Abb. 14).

Aerosole können ähnlich den oben diskutierten Hydrokolloiden eine Erniedrigung der Durchbruchsschwelle in Luft bewirken. Dieses Phänomen hat nicht nur eine Reihe von grundlegenden Untersuchungen zum Mechanismus der Plasmaerzeugung stimuliert [169–173], sondern auch zu einigen Applikationen für die Charakterisierung von Aerosolen geführt. Für Wassertröpfchen mit einem Durchmesser von einigen µm wurden von verschiedenen Gruppen ppm-Nachweisgrenzen für die Alkali- und Erdalkalimetalle berichtet [174–176]. Zur Anwendung gelangten neben Nd:YAG-Lasern [177] auch Excimerlaser [174–176]. Von der Gruppe um Radziemski und Cremers stammen neben dem Nachweis von Beryllium- und Thalliumaerosolen auf Filtern [140, 178, 179] auch Ansätze zur direkten On-line- und In-situ-Analyse von Aerosolen aus Verbrennungsprozessen [180–184]. Die Nachweisgrenzen waren in allen Fällen im Bereich von einigen $\mu g\,m^{-3}$. Hierauf aufbauend erfolgte der direkte Nachweis von Schwermetallaerosolen in einigen neueren Arbeiten, z.B. von Zhang et al. [185] und Peng et al. [186], auch an realen Abluftströmen von thermischen Müllverarbeitungsanlagen. Ein interessanter Ansatz zur Analyse von ultrafeinen Rußpartikeln mit LIBS geht auf Harano et al. zurück [187], hier wurde neben der Kohlenstoffemission auch die thermische Emission der Partikel analysiert.

3.3 Atomfluoreszenzspektroskopie

Alkemade schlug 1962 zum ersten Mal die Verwendung der Atomfluoreszenz (AF oder LEAFS, Laser-excited Atomic Fluorescence Spectroscopy) für diagnostische und analytische Zwecke vor [188]. Die Gruppe um Winefordner konnte 1964 das analytische Potential von AF für den Einsatz mit Flammen als Atomisierungsquelle demonstrieren [189, 190]. Die Atomfluoreszenz hat seitdem besonders von den Entwicklungen im Bereich der Farbstofflaser profitiert und beachtliche Nachweisgrenzen für die Ultraspurenanalyse einzelner Elemente erreicht (für allgemeine Übersichtsartikel vgl. z.B. [191–201]).

AF basiert auf der resonanten Absorption der Laserstrahlung durch Atome und Detektion der nachfolgend emittierten Fluoreszenzemission. Eine Desaktivierung kann nicht nur durch eine spontane und stimulierte Emission erfolgen, sondern auch durch Stöße mit anderen Spezies. Diese Stoßpartner können je nach Atomisierungsquelle Flammengase, Argonatome (im Falle der ICP) oder freie Elektronen sein. Obwohl Stoßprozesse normalerweise die Empfindlichkeit der Methode verringern, können solche Prozesse in einigen Fällen auch vorteilhaft genutzt werden, wenn es zu einer Kopplung von Anregungszuständen mit unterschiedlicher Energie kommt. Durch die Detektion der Fluoreszenz von diesem durch Stoßprozesse populierten Zustand kann die Verwendung der direkten, resonanten Fluoreszenzdetektion umgangen werden (vgl. Abb. 18). Für Atomisierungsquellen bei atmosphärischem Druck können aufgrund der hohen Stoßfrequenz und der Bandbreite des Lasers, welche deutlich größer ist als die Bandbreite der entsprechenden Absorptionslinien der Analytatome, die Zahl der emittierten Fluoreszenzphotonen auch mathematisch modelliert werden. In der Literatur erfolgte bereits eine ausführliche Beschreibung der maßgeblichen Geschwindigkeitsgesetze [191, 194, 202] für die Atomfluoreszenz entsprechend den unterschiedlichen Anregungsschemata, von denen eine Auswahl in Abb. 18 dargestellt ist. Laserstrahlquellen erlauben zumeist eine Sättigung des angeregten Übergangs, so daß das Fluoreszenzsignal unabhängig von der Quantenausbeute und der Laserintensität wird [203–206].

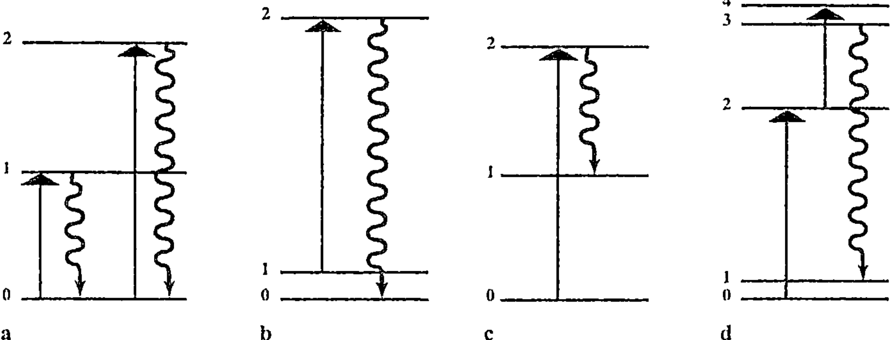

Abb. 18. Anregungs- und Detektionsschemata für AF (**a** Resonante Fluoreszenz; **b** Stoß-induzierte, nicht-resonante Anti-Stokes-Fluoreszenz; **c** Nicht-resonante Stokes Fluoreszenz; **d** Zweistufige Anregung und Stoß-induzierte Fluoreszenz)

Da das Streulichtsignal proportional zur Intensität des Lasers ist, sind höhere Intensitäten als Pulsenergien im Bereich der Sättigung nicht sinnvoll. Im Falle einer zweistufigen Anregung bzw. einer nicht-resonanten Fluoreszenz kann der Signalbeitrag aus der Streuung des Anregungsstrahls hingegen vernachlässigt werden. Zweistufige Anregungsprozesse erlauben eine signifikante Verbesserung der Selektivität der Methode und bestechen im Falle der Anti-Stokes Beobachtung der Fluoreszenz auch durch ein besseres Signal-zu-Untergrund-Verhältnis. Die Arbeiten von Vera et al. für In, Ga, und Yb [207] bzw. die Untersuchungen von Leong et al. [208] und Petrucci et al. [209] zur zweistufigen Anregung von Blei bzw. Gold sind gute Beispiele für die ausgezeichneten Nachweisgrenzen (absolut in der Größenordnung 200 fg) und hohe Selektivität, welche auf diese Weise erreicht werden können. Für eine zweistufige Anregung müssen allerdings Verluste durch Stoßionisation berücksichtigt werden, so daß trotz verbesserter Selektivität eine Verringerung der Nachweisgrenze in einigen Fällen möglich ist [202]. Für resonante Anregungsschemata ist durchaus eine mehrfache Anregung der Atome möglich, im Falle eines metastabilen Niveau klingt jedoch die Fluoreszenz aufgrund der Akkumulation der Atome in diesem Niveau während des Laserpuls ab. In diesen Fällen sind daher Pulshalbwertsbreiten von einigen ns für das Signal-zu-Rausch-Verhältnis vorteilhaft, während sich das S/N-Verhältnis für Elemente ohne metastabile Niveaus für längere Pulsdauern verbessert. Eine Isotopen-selektive Analyse ist mit der Atomfluoreszenz nicht möglich, da die Isotopenverschiebungen sowohl kleiner als die Doppler- bzw. Stoßverbreiterung der Absorptionslinien in den verwendeten Atomisierungsquellen, als auch die zur Verfügung stehende Bandbreiten der Laser sind.

AF kann mit allen Atomisierungssquellen (für eine Übersicht vgl. z.B. [210]) und gekoppelten Quellen [211] verwendet werden, die auch für die konventionelle Absorptions- oder Emissionsspektroskopie eingesetzt werden. Historisch bedingt wurden zunächst Flammen zur Atomisierung verwendet, für eine Ultraspurenanalyse hat sich allerdings nur die elektrothermische Verdampfung (Electrothermal Atomization, ETA) in einem Graphitrohrofen wirklich bewährt.

In diesem Falle können auch die erprobten und gut entwickelten Techniken aus der Graphitrohr-Atomabsorptionsspektroskopie verwendet werden, wie z. B. die entsprechenden Temperaturprogramme und eine Matrix-Modifikation. Außerdem gelangen in einigen Arbeiten auch induktiv-gekoppelte Plasmen, Mikrowellenplasmen und Glimmentladungen (Glow Discharge, GD) zum Einsatz.

Mit ETA-AF wird die höchste Empfindlichkeit und Selektivität bei einer Richtigkeit zwischen 5–15% und einem dynamischen Bereich von 5–7 Größenordnungen erreicht [194]. Im Vergleich zu anderen Techniken ist die Aufenthaltsdauer der Atome im Interaktionsvolumen relativ lang (ms in einigen Fällen sogar Sekunden) und es finden keine Diffusionsverluste und Störungen durch Spezies in der Gasphase statt. Eine Desaktivierung durch Stöße kann in der Argonatmosphäre des Graphitrohrofens vernachlässigt werden, so daß eine Sättigung schon mit sehr geringen Pulsenergien erreicht wird. Eine Verringerung der Selektivität durch die Linienverbreiterung des gesättigten Übergangs wird so auch vermieden. Für eine Analytik im Ultraspurenbereich müssen Verunreinigungen des Graphitrohrs berücksichtigt werden, so sind Elemente wie Si, W, V und Cr identifiziert worden, die während der Aufheizung aus dem Graphit freigesetzt werden.

Abbildung 19 zeigt die verschiedenen Möglichkeiten der elektrothermischen Verdampfung mit einem Graphitrohr, einem Graphittiegel bzw. Stab und die entsprechenden Beobachtungs- und Anregungsgeometrien für die Fluoreszenz. In der Literatur (z. B. [194, 212, 213]) finden sich eine Reihe von Untersuchungen, welche die verschiedenen Geometrien unter Verwendung verschiedener Inertgase vergleichen, dabei wurde von den meisten Autoren die konventionelle Anordnung mit einer L'vov-Plattform favorisiert. Neuere Untersuchungen von verschiedenen Gruppen konnten aufzeigen, daß trotz der Erfahrungen aus der konventionellen ETA-AAS die Möglichkeiten für die Unterdrückung von Matrixeffekten noch nicht ausgeschöpft sind [214, 215].

Induktiv-gekoppelte Plasmen erlauben aufgrund der höheren Temperaturen im Gegensatz zu den bisher diskutierten Möglichkeiten zur Atomisierung auch eine Erzeugung von Ionen zur Anregung für die AF [198, 199, 211, 216]. Weiterhin ermöglicht eine ICP den Zugang zu einigen refraktären Elementen wie W oder Mo, welche mittels ETA nicht analysiert werden können. Die ICP-Geräte werden für AF meistens mit Leistungen zwischen 0,6–1,25 kW betrieben, so daß die Hintergrundemission durch ein Schottky-Rauschen limitiert wird; bei höherer Energie dominiert ein ungünstigeres 1/f-Rauschen. Im Vergleich zu ETA wird mit einem induktiv-gekoppelten Plasma daher auch für niedrigere Energien ein signifikant schlechteres S/N-Verhältnis gefunden. ICP in Verbindung mit laserinduzierter AF haben daher auch nur bisher begrenzte Anwendung auf reale Proben gefunden. So beschrieben Leong et al. einen experimentellen Aufbau zum Nachweis von As, Se und Te

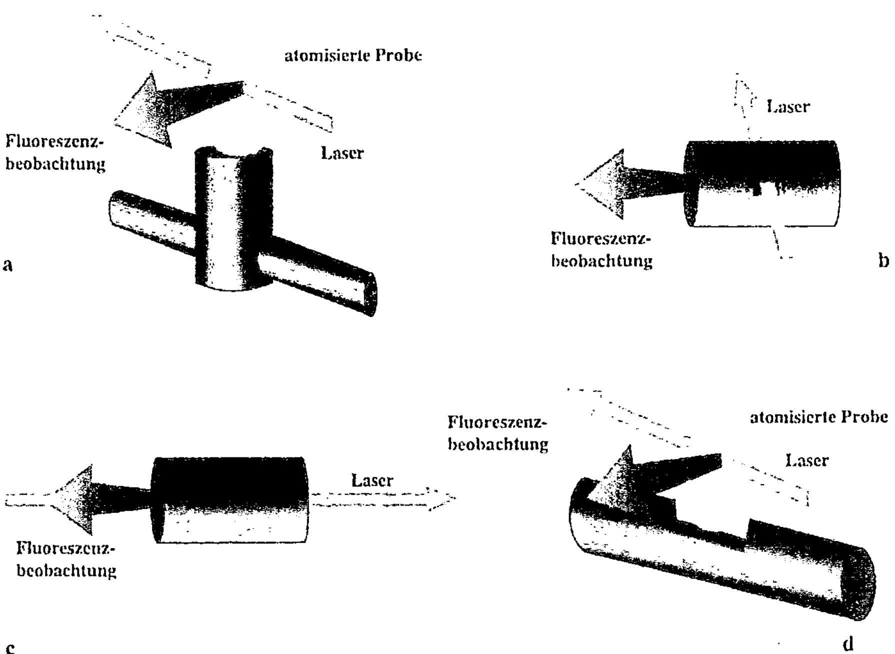

Abb. 19. Möglichkeiten der elektrothermischen Verdampfung und entsprechende Beobachtungs- und Anregungsgeometrien für die Atomfluoreszenz (**a** Graphittiegel; **b** Rechtwinklige Beobachtung der Fluoreszenz in einem konventionellen Graphitrohrofen; **c** Frontanregung und Detektion in einem konventionellen Graphitrohrofen; **d** Graphitstab)

in wässerigen Proben [217]. Zur Anregung mit VUV-Wellenlängen wurde ein Farbstofflaser mit einem Ramanshifter kombiniert. Die erzielten Nachweisgrenzen ($10-100\,\mu g\,l^{-1}$) stimmen mit den Ergebnissen von Hueber et al. überein, die einen ArF-Excimerlaser zur Anregung der Fluoreszenz einsetzten [218]. Berthoud et al. konnten den Nachweis von Pu mit der Atomfluoreszenz in einer ICP demonstrieren, die Nachweisgrenzen waren in der Größenordnung $50\,\mu g\,l^{-1}$ [219]. Als diagnostische Methode konnten mit AF, auch mit zweistufigen Anregungsschemata [220], einige beachtliche Ergebnisse für die Charakterisierung von induktiv-gekoppelten Plasmen erzielt werden [198, 200, 211, 221, 222].

Glimmentladungen [40, 211, 223–226] wurden lange Zeit als potentielle Atomisierungsquellen für AF-Messungen vernachlässigt, obwohl mit ihnen sehr hohe Dichten an Analytatomen in der Gasphase erzeugt werden können. Die inerte Niederdruckatmosphäre verringert darüber hinaus die Fluoreszenzlöschung, während Matrixeffekte durch die nicht-thermische Atomisierung zum Teil vermieden werden können. Mit gepulsten Glimmentladung lassen sich prinzipiell die uncharakteristischen Emissionen im Beobachtungszeitraum minimieren, so daß das intrinsische S/N-Verhältnis erreicht werden kann (s.u.).

Messungen mit einer gepulsten Glimmentladung konnten diesen Vorteil bestätigen [227–229], in neueren Untersuchungen konnten mit einer miniaturisierten Glimmentladung für Seltene Erden absolut sogar sub-fg-Nachweisgrenzen erzielt werden [230].

Die Kombination der Atomfluoreszenz mit einem Laserplasma zur Ablation und Atomisierung hat den Vorteil, daß fast beliebige Matrizes analysiert werden können, und die Analyse bei atmosphärischen Drücken erfolgen kann, was für die Stabilität einiger Matrizes ausschlaggebend ist. Ein weiterer Vorteil für die Spurenanalyse im ng- und pg-Bereich ist, daß Kontaminationen durch eine Aufarbeitung und Konzentrierung der Probe vermieden werden können. Bisher sind allerdings nur wenige Arbeiten zu dieser Atomisierungsmethode bekannt: So wurde die Kombination Laserablation und AF von Sdorra et al. mit Nachweisgrenzen von einigen $\mu g\, g^{-1}$ für die Stahlanalyse eingesetzt [63, 98, 120]. Pesklak et al. verwendeten die Atomfluoreszenz für diagnostische Messungen an Laserplasmen auf metallischen Proben [231], während Oki et al. von einer Wasseroberfläche in einen Überschalljet ablatierten, in welchem nachfolgend Natrium mittels AF im $\mu g\, g^{-1}$ Bereich nachgewiesen werden konnte [232].

Andere Möglichkeiten der Atomisierung sind z.B. eine elektrisch geheizte Wolframspule in einem Argonstrom [233] oder die von Oki et al. eingesetzten Mikrowellenplasmen nach einer Verdampfung von einer Wolframspule [234, 235]. Für wässerige Proben konnten so mit einem Farbstofflasersystem, welches mit 13 Mikroküvetten ausgestattet war, in schneller Abfolge 16 Elemente mit Nachweisgrenzen zwischen 50 $\mu g\, l^{-1}$ und 30 ng l^{-1} detektiert werden.

Die wesentlichen Anforderungen an eine Laserstrahlquelle für AF-Messungen sind eine Durchstimmbarkeit über den UV/VIS-Bereich, hohe Wiederholraten (vgl. z.B. die Arbeiten von Vera et al. zum Einsatz eines Kupferdampf-Lasers mit einer 6-kHz-Wiederholrate [236]) und eine spektrale Bandbreite zwischen 0,02 und 0,002 nm. Mit den konventionellen Excimer-gepumpten Farbstofflasern werden diese Voraussetzungen erfüllt, so daß diese Systeme fast ausschließlich eingesetzt wurden. Favorisiert werden dabei Systeme mit hoher Wiederholrate (100–500 Hz), die unter Umständen während der Interaktionszeit eine mehrmalige Anregung der Atome im Wechselwirkungsvolumen erlauben.

Mit den heute möglichen spektralen Laser-Bandbreiten kann eine ausreichend hohe spektrale Leistungsdichte für die beobachteten Linienbreiten in typischen Atomisierungsquellen garantiert werden. Eine Sättigung kann (bei einem Laserpuls von 20 ns FWHM) in vielen Fällen schon mit Pulsenergien im Bereich von 10–100 μJ erreicht werden. Zukünftige AF-Aufbauten werden sicherlich von den Laserdioden-gepumpten Nd:YAG-Lasern mit kHz-Wiederholraten profitieren, die wesentlich robustere Pumpquellen als Kupferdampf-Laser darstellen. Da die hohe Selektivität von AF gleichermaßen durch die Selektivität der Anregung wie der Emission bestimmt wird, ist sowohl die spektrale Durchstimmbarkeit des Lasers, als auch die Bandbreite des Mono-

chromators bzw. Spektrographs entscheidend (typische Bandbreiten sind
< 0.5 nm) für die Nachweisgrenzen. Die Beobachtungsoptik sollte für einen
spektralen Bereich von 190–800 nm eine maximale Effizienz haben und eine
räumlichen Diskriminierung gegenüber einer Untergrundfluoreszenz und
Streulicht (z. B. von den Wänden des Graphitrohrs) gestatten. Signalverluste
durch Reflexionen können zum einen durch eine geringe Anzahl optischer
Elemente im Strahlengang oder eine entsprechende Antireflexionsbeschichtung dieser Elemente erreicht werden.

Untersuchungen von Farnsworth et al. und der Gruppe um Michel
demonstrierten, daß mit einem ellipsoiden Spiegel aufgrund der guten Abbildungseigenschaften die besten Nachweisgrenzen möglich sind [237–239].
Zur Detektion der Fluoreszenzemission wurden hauptsächlich konventionelle Aufbauten mit 0,3-m- und 0,5-m-Monochromatoren und Photomultipliern verwendet, für eine besonders hohe Transmission wurden zum Teil
auch entsprechende Interferenzfilter verwendet. Eine zeitaufgelöste Beobachtung der Emission erfolgt für PMT mit einem Boxcar bzw. im Falle einer
ICCD-Kamera durch Beschaltung des MCP; auf diese Weise kann das 1/f-
Rauschen (Flicker Noise) verschiedener Quellen erheblich reduziert werden.
Das Signal ist dann nur noch durch Schottky-Rauschenquellen (Shot Noise)
limitiert.

Im Falle von Vielkanaldetektoren kann die Emissionslinie zusammen
mit dem spektralen Untergrund beobachtet werden. Zusammen mit einer
zeitaufgelösten Untersuchung der Atomisierung [240] ist so für komplexe
reale Matrizes eine Berücksichtigung der verschiedenen Rauschquellen in
der Kalibrierung möglich. Entsprechende Ansätze wurden z. B. von Marunkov et al. für die Detektion von Nickel [241] und von Masera et al. für die
Detektion von Gold in einer Silbermatrix berichtet [242]. Die mit einer
ICCD erzielten Nachweisgrenzen stimmten mit den Nachweisgrenzen, welche mit Photomultipliern gefunden wurden, sehr gut überein. Mit einer
ICCD ist auch die simultane Beobachtung von mehreren Fluoreszenzlinien
möglich, falls eine entsprechende Anregung realisiert werden kann. So
konnten Schütz et al. [8] in einem sehr interessanten Ansatz durch gleichzeitigen Einsatz von zwei Farbstofflasern, welche auf jeweils zwei Wellenlängen betrieben werden konnten, Cadmium, Nickel, Mangan und Blei
simultan mit AF nachweisen. Abbildung 20 zeigt beispielhaft einen experimentellen Aufbau für AF mit einer zweistufigen Anregung und elektrothermischer Atomisierung. Über einen durchbohrten Spiegel erfolgt die
Detektion der Fluoreszenz mit einer ICCD-Kamera in der in Abb. 19 c dargestellten Front-Geometrie.

Das Signal-zu-Rausch- bzw. Signal-zu-Untergrund-Verhältnis für eine
Beobachtung der Fluoreszenz [243–245] wird durch folgende Faktoren
bestimmt: Emission von der Atomisierungsquelle (z. B. Flamme, ICP oder
Graphitrohrofen), Streuung der Laserwellenlänge im Falle einer resonanten
Anregung und breitbandigen Emissionen von Radikalen und Molekülen in
der Atomisierungsquelle [246, 247]. Streulicht kann auch von Partikeln in der

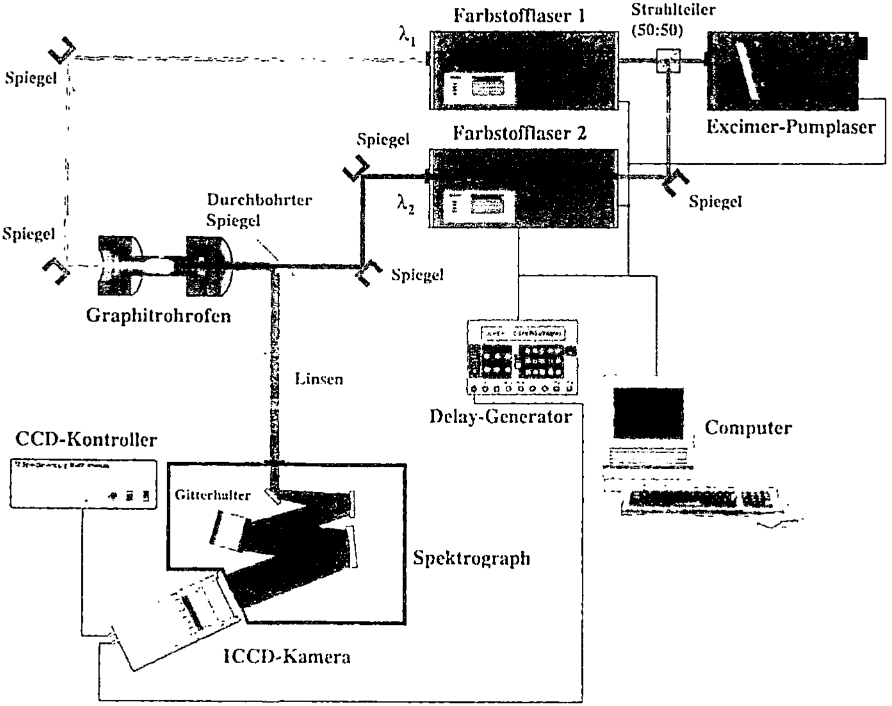

Abb. 20. Experimenteller Aufbau für die Atomfluoreszenzspektroskopie mit einer zweistufigen Anregung und elektrothermischer Atomisierung (Detektion entsprechend Abb. 19c)

Atomisierungsquelle bzw. von den Eintrittsfenstern generiert werden, so daß das Streulicht die begrenzende Rauschquelle für die resonante Atomfluoreszenz ist. Für eine nicht-resonante Detektion im UV/VIS-Bereich ist hingegen die thermische Emission der Atomisierungsquelle die maßgebende Größe für das Signal-zu-Untergrund-Verhältnis. In Flammen bzw. induktiv-gekoppelten Plasmen kann auch eine breitbandige molekulare Fluoreszenz der unterschiedlichsten Spezies erheblich zum Signal-zu-Untergrund-Verhältnis beitragen.

Eine spektrale Überlappung ist nur für den Falle einer Atomisierung mit induktiv-gekoppelten Plasmen von Belang, da hier neben Atomen auch Ionen in einer Vielzahl von angeregten Zuständen vorliegen. Für eine Verbesserung von AF-Messungen [248] wurden unterschiedliche Ansätze untersucht: So konnten Su et al. [249] durch eine Wellenlängenmodulation sowohl für die thermische Hintergrundstrahlung als auch für unspezifische Flammenemissionen und Streulicht von Partikel aus einer Matrix mit hohem Salzgehalt korrigieren. Als nachteilig erwies sich allerdings die Verringerung der effektiv genutzten Wiederholrate des Excimer-gepumpten Farbstofflasers. Dougherty et al. untersuchten die Möglichkeiten einer Zeeman-Untergrundkorrektur für ETA, hier konnten keine wesentlich Unterschiede zu einem konventionellen

Aufbau registriert werden [250]. Von Seltzer et al. stammt ein Ansatz für eine gepulste Beschaltung eines Photomultipliers statt der üblichen Boxcar-Integration. Zwar konnte so eine Sättigung des Detektors vermieden werden, allerdings für den Preis eines verschlechterten S/N-Verhältnisses für die Detektion.

Die Atomfluoreszenz ist historisch eng verknüpft mit dem Begriff der absoluten Analyse [251, 252], d.h. einer Analyse, in welcher ein Signal aus einer einzelnen Messung ohne Verwendung eines Standards zur Kalibrierung direkt mit einer Analytkonzentration korreliert werden kann [196, 253]. Eine Reihe von Veröffentlichungen haben sich daher besonders mit der intrinsischen Nachweisgrenze von AF auseinandergesetzt, welche ausschließlich durch die statistische Natur des Meßvorgangs begrenzt wird. Extrinsische Rauschquellen können nur bei einer Fluoreszenzemission ≤ 250 nm vernachlässigt werden, da hier auch die thermische Hintergrundstrahlung der typischen Atomisierungsquellen minimal ist. Theoretisch ist mit einer zweistufigen Anti-Stokes-Anregung (vgl. Abb. 18) die intrinsische Rauschgrenze und die Detektion einzelner Atome erreichbar [254–256]. Praktisch wird dies durch die geringe zeitliche und räumliche Überlappung von Anregung und Atomisierung erschwert, so daß die absoluten Nachweisgrenzen mit AF in der Praxis in der Größenordnung 0,1 fg bis 10 pg liegen. Hervorzuheben ist, daß mit AF im Vergleich zu anderen Verfahren nicht nur ausgezeichnete absolute Nachweisgrenzen erreicht werden, sondern auch sehr gute Konzentrationsnachweisgrenzen in der Größenordnung ppt bis ppq erzielt werden können [255]. Eine umfassende Zusammenstellung der jeweiligen Nachweisgrenzen zusammen mit den Anregungs- und Emissionswellenlängen bzw. der Atomisierungsquellen wurde von Smith et al. veröffentlicht [257]. Weitere Angaben und Vergleiche mit anderen Techniken finden sich z.B. in [191, 193, 194, 221].

Für die meisten Untersuchungen umweltrelevanter Proben ist fast ausschließlich nach entsprechendem Aufschluß der Probe die elektrothermische Atomisierung in einem Graphitrohr verwirklicht worden. In Kombination mit Excimer-gepumpten Farbstofflasern können diese experimentellen Aufbauten für unterschiedlichste Applikationen genutzt werden. So konnte bei der Untersuchung von antarktischen Eiskernen [258] auf Schwermetalle wie Blei und Cadmium von Bolshov et al. sowie anderen Gruppen demonstriert werden, daß mit diesem Aufbau bei einer sorgfältigen Probenvorbereitung unter Reinraumbedingungen [259] Nachweisgrenzen in der Größenordnung von 0,01 pg g^{-1} in 50 µl Volumina erzielt werden können [260–268].

Der Nachweis von Schwermetallen in natürlichen Oberflächengewässern mit Hilfe der Atomfluoreszenz und einem Graphitrohr wurde von verschiedenen Autoren berichtet, so konnten Cheam et al. Blei in Konzentrationen von einigen ng l^{-1} in Flußwasser und Meerwasser nachweisen [269–271]. Von der gleichen Gruppe stammt eine Bestimmung des Thalliumgehaltes von Oberflächengewässern mittels AF, die zu einer Neubewertung der Thalliumkonzentrationen in Sedimenten führte [272, 273]. Ähnliche Empfindlichkeiten für den Nachweis von Thallium und Nickel wurden von Axner et al. berichtet [241, 274] bzw. von der Gruppe um Michel für Kobalt in Meerwasser [275] und Remy et al. für Gold in Flußwasser [276].

Für die Analyse von Aerosolproben konnten Enger et al. vorteilhaft ein ICCD-System einsetzen, welches in Verbindung mit einer elektrothermischen Atomisierung die Detektion von Schwermetallaerosolen in Konzentrationen von $1-50$ ng m^{-3} erlaubte [277].

Die Vielkanaldetektion resultierte dabei in einer Verbesserung des S/N-Verhältnisses und stellte diagnostische Möglichkeiten zur Korrektur von parasitären Fluoreszenz- und Streulichtsignalen zur Verfügung. Untersuchungen zur Konzentration von Schwermetallen in einem Reinraum wurden von Liang et al. vorgenommen. Die Probenahme erfolgte durch eine direkte Impaktion der Aerosole in einem Graphitrohr. Nach elektrothermischer Atomisierung konnten mittels AF Konzentrationen im Bereich von pg m^{-3} erfaßt werden [278]. Eine On-line-Analyse von Bleiaerosolen für atmosphärische Untersuchungen gelang Omenetto et al. [279] durch Kombination eines Laserplasmas zur Atomisierung und nachfolgender Anregung durch einen Excimer-gepumpten Farbstofflaser. Eine zweistufige Anregung wurde von Beissler et al. [280] zum Nachweis von Goldaerosolen in einem Graphitrohrofen beschrieben. Die absolute Nachweisgrenze von 1 fg ermöglicht einen Einsatz von Goldaerosolen für die Untersuchung von atmosphärischen Transportvorgängen.

In einer Reihe von Applikationen wurde AF auch zum Nachweis von Schwermetallen in biologischen Matrizes und Feststoffen wie Sedimenten und Böden verwendet. So konnten Dougherty et al. durch entsprechende Optimierung der ETA-Bedingungen das neurotoxische Thallium im ng g^{-1} Maßstab in Rinderleber und Mäusegehirnen nachweisen [281]. Enger et al. gelang die Analyse von Antimon in verschiedenen biologischen Referenzsubstanzen, darunter in Humanblut, mit Nachweisgrenzen in der Größenordnung ng l^{-1}. Der Einsatz einer ICCD-Kamera erlaubte hier eine räumliche und zeitliche Auflösung der Atomisierung, so daß das Temperaturprogramm für verschiedene Matrizes optimiert werden konnte. Ebenfalls mit Nachweisgrenzen um 1 ng l^{-1} und einem dynamischen Bereich von sechs Größenordnungen war eine Bestimmung von Selen und Arsen in Humanblut möglich. Die hierzu notwendigen VUV-Anregungswellenlängen wurden durch Frequenzmischung von zwei Nd:YAG-Laser gepumpten Farbstofflasern erzeugt [282]. Pagano et al. untersuchten die Quecksilbergehalte in Böden und konnten mit einer zweistufigen Anregung Nachweisgrenzen von einigen ng g^{-1} erreichen [283]. Butcher et al. konnten mittels direkter Festprobenanalyse in einem Graphitrohr Mn, Tl und Pb in verschiedenen Lebensmitteln in der Größenordnung von einigen 1 ng l^{-1} nachweisen [284].

3.4 Laser-verstärkte Ionisation

Flammen haben seit den Anfängen der Spektroskopie im vorigen Jahrhundert eine bestimmende Rolle als Atomisierungsquelle für die Elementanalytik gehabt. Die Laser-verstärkte Ionisation (Laser-enhanced Ionization, LEI) kombiniert die vorteilhaften intrinsischen Eigenschaften der Flammen mit den Möglichkeiten von durchstimmbaren Laserquellen [285, 286]. Analog zu den konventionellen Methoden, wie z.B. der Flammen-AAS, dient die Flamme hier zur Atomisierung der Probe: Atome eines Analyten in der Flamme werden nach Absorption der Laserwellenlänge λ_1 aus dem Grundzustand E_0 in einen Zustand E_1 angeregt und von dort durch Stoßionisation in einfach geladene Ionen überführt. Die Geschwindigkeit der Stoßionisation wird durch den Laser verstärkt, da das effektive Ionisationspotential verringert wird, d.h. die Energiedifferenz zwischen dem Zustand E_1 und dem Ionisationspotential ist kleiner als zwischen dem Grundzustand E_0 und dem Ionisationspotential. Die Erhöhung der Anzahl der Ladungsträger in der Flamme durch die Laser-verstärkte Ionisation kann durch eine einfache Elektrode, welche in die Flamme eintaucht, gemessen werden. Eine stufenweise Anregung mit zwei unterschiedlichen Wellenlängen λ_1 und λ_2 über ein intermediäres Energieniveau E_1 kann zu einer deutlichen Verbesserung der Selektivität führen. Prinzipiell kann für hochangeregte Zustände eine Effizienz von ≈ 1 für die Stoßionisation erzielt werden, allerdings können die Energieniveaus E_1 bzw. E_2 von denen eine Stoßionisation erfolgt, auch durch andere Prozesse wie Fluoreszenz oder dynamische Löschung desaktiviert werden. Als Faustregel gilt daher, daß eine hohe Ionisationeffizienz mit einem Laserpuls möglich ist, der den entsprechenden Übergang sättigt und dessen Pulsbreite größer ist als die reziproke effektive Ionisationsgeschwindigkeit des entsprechenden angeregten Zustandes [285, 287–289]. Weitere Anregungstechniken beruhen auf einer Zwei-Photonenabsorption bzw. auf einer direkten Ionisation durch den Laser (Direct Laser Ionization, DLI) mit zwei unterschiedlichen Wellenlängen λ_1 und λ_2, bei welcher allerdings der zweite Schritt (λ_2) eine nicht resonante Photoionisation ist [285, 290]. Abbildung 21 faßt einige der Möglichkeiten zur Ionisation zusammen.

Die Vorteile dieser Techniken beruhen darauf, daß kein spektrales Dispersionsmedium benötigt wird und die Auflösung nur durch die Laserquelle limitiert wird. Da keine Photonen detektiert werden, wird die Bestimmung nicht durch Streulicht oder die thermische Emission der Flamme behindert. Die Nachweisgrenzen und die Selektivität sind mit einer stufenweisen Anregung mit zwei unterschiedlichen Wellenlängen besser als mit einer DLI bzw. einer einstufigen Anregung. Die Auswahl der Linien für die Anregung erfolgt im Vergleich zu optischen Methoden nicht unbedingt nach der Übergangswahrscheinlichkeit, sondern wird durch die Energiedifferenz zwischen dem angeregten Zustand und dem Ionisationspotential bestimmt [291, 292]. Abbildung 22 zeigt einen typischen experimentellen Aufbau für LEI: Die Anregung erfolgt zumeist mit einem oder zwei Excimer-gepumpten Farbstofflasern,

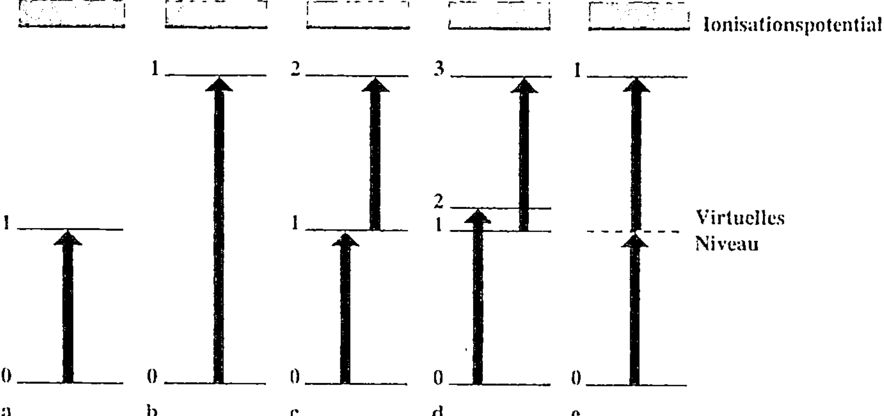

Abb. 21. Möglichkeiten zur Anregung für LEI (**a** Einstufige Anregung im VIS-Bereich; **b** Einstufige Anregung im UV-Bereich; **c** Zweistufige direkt Anregung; **d** Zweistufige indirekte Anregung; **e** Zwei-Photonen Anregung)

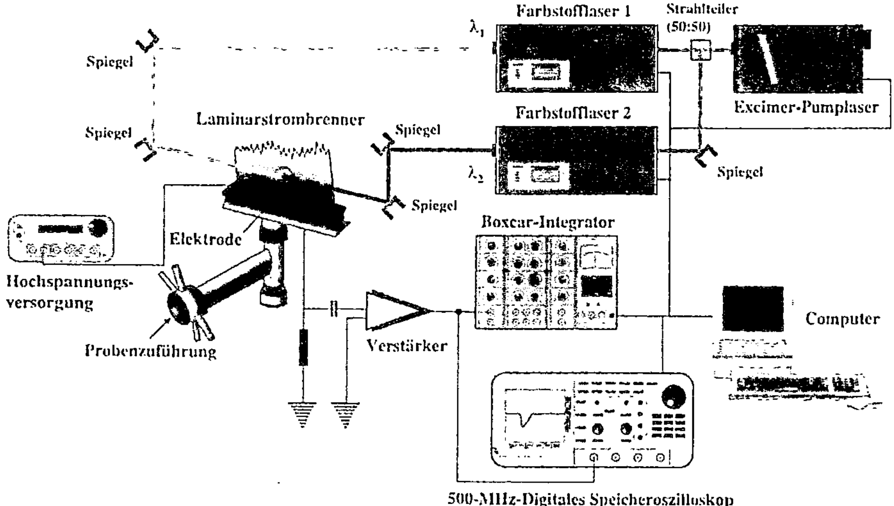

Abb. 22. Experimentelle Anordnung für Laser-verstärkte Ionisation mit einer zweistufigen Anregung und Atomisierung bzw. Ionisation in einem Laminarstrombrenner

nachdem die Probe entweder mit einem Mischkammerbrenner oder einem Turbulenzbrenner verdüst und atomisiert wurde. Alternativ kann auch ein Graphitrohrofen, der mit einer Transferleitung mit der Flamme verbunden ist, zur Atomisierung benützt werden. Zumeist werden Luft-Acetylen-Flammen eingesetzt, andere Zusammensetzungen wie Wasserstoff-Sauerstoff-Gasmischungen in Argon wurden ebenfalls schon verwendet. Die Veränderung der Konzentration der Ladungsträger in der Flamme durch die Analytionen wird über eine wassergekühlte Metallelektrode, welche in die Flamme eintaucht, registriert. Dabei wird zwischen der Elektrode und dem Brennerkopf eine negative Spannung zwischen − 300 V und 1200 V angelegt. Die Detektion der Ladungen erfolgt durch einen kapazitiv-gekoppelten Verstärker, das transiente Signal wird mit einem Boxcar oder Oszilloskop aufgezeichnet.

Die Bestimmung der Analytionen in der Flamme ist technisch einfach zu realisieren, wird aber von hohen Konzentrationen anderer Ionen z. B. aus der Matrix beeinflußt. Dieser Effekt wird vornehmlich für hohe Matrixkonzentrationen an Alkali- und Erdalkalimetallen beobachtet und kann durch eine entsprechende Elektrodengeometrie bzw. Verdünnung der Probe ausgeglichen werden [293]. Die Bestimmung der durch LEI produzierten Ionen kann nur in der direkten Nachbarschaft (sog. sheath) der Elektrode stattfinden, in der aufgrund ihrer hohen Beweglichkeit eine wesentlich geringere Konzentration an Elektronen in der Flamme beobachtet wird.

Ein Transport der Ionen zur Elektrode kann nur aus dieser Zone erfolgen, da außerhalb dieses Bereiches die Anzahl der Ionen und Elektronen in der Flamme gleich ist, d. h. kein elektrisches Feld wirksam werden kann. Im Falle hoher Ionenkonzentration verringert sich der zur Detektion zur Verfügung stehende Bereich, was auch die beobachtete Verschlechterung der Nachweisgrenzen zur Folge hat. Eine Korrektur dieses Effektes ist in manchen Fällen nur durch eine Kalibrierung mit Proben bekannten Gehaltes und einer vergleichbaren Matrix möglich [294], andere Ansätze beruhen auf der gleichzeitigen Beobachtung der Fluoreszenz und einer Korrelation der Rauschquellen beider Verfahren [295]. LEI erlaubt aufgrund dieser Abhängigkeiten auch eine Diagnostik von Flammen [296−298].

LEI ist prinzipiell eine sehr empfindliche Technik und kann, wie Winefordner et al. [256] und Omenetto et al. [202] aufzeigten, in günstigen Fällen eine Nachweiseffizienz von ≈ 1 erreichen. Da allerdings weder die Atomisierung vollständig ist, noch das Flammenvolumen vollständig beprobt wird, ist der Nachweis auf $\approx 10^5$ Atome cm^{-3} in der Flamme beschränkt. Limitierend für das Signal-zu-Rausch-Verhältnis ist dabei die Fluktuation der elektrischen Ladungsträger aus den Flammengasen. LEI wurde bislang nur für wenige Probleme aus dem Bereich der Umweltanalytik eingesetzt [193, 299]. Von der Gruppe um Turk stammen Untersuchungen für Schwermetalle aus NBS-Referenzstandards, hier wurden mit einer zweistufigen Anregung Nachweisgrenzen von 10 ppt bis 100 ppt gefunden [300]. Von ppt-Nachweisgrenzen für verschiedene Schwermetalle konnten auch Axner et al. [301] und Omenetto et al. [302] mit einer einstufigen bzw. zweistufigen Anregung berichten [294, 303]. Von Epler et al. [304] wurde der Nachweis von Organometallverbindungen nach vorheriger chromatographischer Trennung demonstriert. Chekalin et al. gelang die Bestimmung einiger Alkalimetalle wie Cs, Rb und Li in komplexen geologischen Proben mit einer zweistufigen Anregung und Nachweisgrenzen zwischen 1 ppb und 500 ppb [305]. Die Möglichkeiten Ionisation und Atomisierung zu trennen, wurden von mehreren Gruppen untersucht.

Die Gruppe um Winefordner [306] kombinierte einen Graphitrohrofen zur Atomisierung mit einer Miniaturflamme zur Ionisierung, für Mg, Tl und In konnte dabei exzellente absolute Nachweisgrenzen zwischen 1 bis 260 fg erzielen. Chekalin et al. verwendeten einen Graphitstab zur Atomisierung [307], welcher direkt in die Flamme eingetaucht werden konnte und so Matrixeinflüsse durch ein optimiertes Temperaturprogramm minimieren konnte. Die Nachweisgrenzen waren dabei in der Größenordnung von 100 ppt [308]. Andere Ansätze, die auf einer thermischen Ionisation in einem Graphitrohrofen oder einem laserinduzierten Plasma [309] basierten, konnten sich aufgrund der schlechten Ionisation und hohen S/N-Verhältnisse nicht durchsetzen [310–312].

4 Molekülspektroskopie

4.1 Molekulare Absorptionsspektroskopie

Im allgemeinen erbringen Laserquellen für Absorptionsmessungen an molekularen Analyten keinen direkten Gewinn, da die Empfindlichkeit, i.e. die Nachweisgrenzen, unabhängig von der eingestrahlten Intensität ist. Laser haben sich daher nur in Fällen bewährt, in denen keine konventionellen Lichtquellen ausreichender Intensität vorhanden sind, wie z.B. für faseroptische Sensoren und Spektrometer im NIR-Bereich, Verfahren zur Fernerkundung und bildgebende Verfahren. In anderen Fällen kann mit den besonderen Eigenschaften der Laser eine Verbesserung erfolgen, besonders die Leistungsdichten von Lasern gestatten häufig eine lineare, zum Teil auch nichtlineare Verstärkung. Typische Beispiele dafür sind neben den in Abschn. 4.2 diskutierten photothermischen und photoakustischen Methoden auch die Absorptionsspektroskopie innerhalb des Laserresonators (Intracavity Laser Spectroscopy, ICLS).

Für ICLS können mehrere Effekte genützt werden: Da die Laserleistung innerhalb des Laserresonators deutlich höher ist als die ausgekoppelte Leistung, kann die absorbierte Leistung für Analyten im Resonator für spektroskopische Messungen, wie z.B. Fluoreszenz oder photoakustische Methoden drastisch erhöht werden, solange keine Sättigungseffekte vorliegen. Statt des eigentlichen Laserresonators kann auch ein externer passiver Resonator verwendet werden, der durch eine entsprechende optische Abbildung und Anordnung der Spiegel der Laserwellenlänge angepaßt wird. Auf diese Weise kann der eigentliche Laser zur Anregung unabhängig von der Messung betrieben werden, und der Resonator an die Geometrie der Meßzelle adaptiert werden. Für Messungen mit einem durchstimmbaren Laser muß durch Veränderung der Endspiegel auch der Resonator synchron durchgestimmt werden. Eine andere Variante nutzt die Abhängigkeit der Laserausgangsleistung (bei konstanter Pumpleistung) von den Verlusten im Resonator. Für Ausgangsleistungen nahe der Oszillationsschwelle können geringe Änderungen der Verluste zu signifikanten Änderungen der Laserleistung führen, die durch eine einfache Messung der Laserleistung detektiert werden kann.

Für Laser, welche auf mehreren Moden schwingen, kann eine Abnahme der Modenintensität beobachtet werden, wenn die Absorptionslinie eines Analyten mit einer Mode überlappt. Diese Mode erfährt dann einen stärkeren Verlust, so daß ihre Intensität abnimmt und die Inversion von dieser Mode weniger stark abgebaut wird. Durch Modenkopplung werden wiederum andere Moden weiter verstärkt, so daß prinzipiell die Mode auch völlig unterdrückt werden kann. Durch eine wellenlängendispersive Beobachtung des Lasers kann die verringerte Intensität der Moden konventionell detektiert werden. Obwohl mit einer Absorptionsspektroskopie innerhalb des Laserresonators beachtliche Nachweisgrenzen (Absorptionskoeffizienten in der Größenordnung von $10^{-8}-10^{-9}\,\mathrm{cm}^{-1}$) für Moleküle und Atome erzielt werden konnten (vgl. [313−317]), hat sich diese Methode aufgrund der experimentellen Anforderung bisher nicht etablieren können. Eine aussichtsreiche und technisch einfache Alternative für Messungen von Analyten in der Gasphase, z. B. Emissionsmessungen oder an Verbrennungsprozessen, sind Laserdioden mit externen Resonatoren, hier sind in Zukunft besonders im NIR-Bereich Applikationen zu erwarten.

Trotz der frühen Entdeckung des NIR-Bereichs durch William Herschel 1800, konnte sich erst Ende der 60er Jahre die NIR-Absorptionsspektroskopie zunächst im Bereich der Lebensmittelanalytik etablieren. Die Entwicklungen im Bereich der NIR-Laserdioden, die bereits geschilderten Vorteile der Detektoren neuerer Bauart und der Einsatz von faseroptischen Sensoren macht die Laserdioden-NIR-Absorptionsspektroskopie für viele Aufgaben interessant [318]. NIR-Spektren sind charakterisiert durch geringe molare Absorptionskoeffizienten und breitbandige spektrale Attribute. Eine Absorption resultiert in diesem Bereich zumeist aus Oberton- und Kombinationsschwingungen der fundamentalen Schwingungen im MIR-Bereich, die aufgrund ihrer Anharmonizität aktiv werden. Die Detektion von Analyten mit C−H-, N−H- und O−H-Bindungen ist daher besonders aussichtsreich für NIR-Techniken. Moderne NIR-Verfahren bestechen durch ihre universale Anwendbarkeit, die schnelle Analyse ohne Probenvorbereitung und die Fähigkeit zur Mehrkomponentenanalyse [319]. Aufgrund der breitbandigen, häufig kollinearen Spektren basiert die NIR-Absorptionsspektroskopie fast ausschließlich auf chemometrischen Ansätzen zur Kalibrierung und Klassifizierung.

Nur so können Effekte wie Veränderungen der Basislinie und andere Abhängigkeiten wie z. B. der Einfluß der Temperatur und des Elektrolytgehalts von Lösungen ausgeglichen werden [320, 321], und gleichzeitig die Vielzahl an Informationen aus den Schwingungsspektren zur Analyse genutzt werden [322−324]. Eine gute Übersicht über die Applikationsmöglichkeiten geben die Monographien von Murray [325] und Burns [326] bzw. [327]. Die NIR-Spektroskopie findet aufgrund der größeren Eindringtiefe im Vergleich zur klassischen IR-Spektroskopie besonders Verwendung zur Diskriminierung von Materialien in verschiedene Klassen, und zur Prozessanalytik meistens mit Einsatz einer entsprechenden Spektrenbibliothek. Als Beispiel mögen die neueren Arbeiten von Wienke et al. dienen, welche sehr gut die Möglichkeiten von chemometrischen Verfahren zur Klassifizierung von Plastik nützen [328–330].

Im MIR-Bereich sind besonders Bleisalzdiodenlaser für Absorptionsmessungen von Interesse, da sie über einen weiten Bereich durchgestimmt werden können, für den viele umweltrelevante Gase hohe Absorptionskoeffizienten haben (Tunable Diode Laser Absorption Spectroscopy, TDLAS). Die geringe Bandbreite erlaubt zusammen mit einer Wellenlängenmodulation und Meßzellen mit großen optischen Weglängen Nachweisgrenzen im ppb(v)- und ppt(v)-Bereich. Die schnelle Durchstimmung im Bruchteil einiger Sekunden kann zur Analyse von Stoffgradienten, für transiente Signale bei Abgasprüfständen und Messungen auf schnell-fliegenden Flugzeugplattformen ausgenutzt werden [331, 332]. Die technische Weiterentwicklung der kommerziell erhältlichen Bleisalzlaserdioden [333, 334] gestattet durchaus einen Betrieb in mobilen Einheiten, für Analyse von Multikomponenten ist ein Multiplexbetrieb mit mehreren Laserdioden möglich. Da die hohe Selektivität der TDLAS von der Auflösung der Rotations-Schwingungsstruktur abhängt, ist die Methode prinzipiell auf Moleküle mit weniger als zehn Atome beschränkt. Für eine weitere Übersicht kann hier nur auf die reichhaltige Literatur zur Messung von atmosphärischen Spurengasen mit TDLAS verwiesen werden [335–338].

Für LIDAR(Light Detection and Ranging)-Techniken und andere Ansätze, wie die differentielle optische Absorptionspektroskopie (DOAS), die ebenfalls IR- und (UV/VIS-Laser nutzen, können an dieser Stelle aus Platzgründen auch nur einige Übersichtsartikel aufgeführt werden [335, 339–345].

Mit MIR-Silberhalogenid-Lichtwellenleiter ist nicht nur eine Übertragung von MIR-Wellenlängen über mehrere Meter möglich, sondern auch die Konstruktion von Sensoren für wässerige Systeme auf der Basis des Evanescent-wave-Phänomens. Mit Bleisalzlaserdioden als Anregungsquelle konnten leichtflüchtige chlorierte Kohlenwasserstoffe in Polymerbeschichtungen auf entsprechenden Lichtwellenleitern angereichert werden und im unteren ppm-Bereich bestimmt werden [346–348]. Ähnliche Ansätze existieren auch für den NIR-Bereich [349], hier können auch wesentlich längere Lichtwellenleiter verwendet werden.

4.2 Photothermische und Photoakustische Spektroskopie

Trotz der frühen Entdeckung des photoakustischen Effektes durch Bell 1881, hat die photoakustische Spektroskopie erst durch den Einsatz von Lasern als spektroskopische Methode Bedeutung gewonnen. Denn im Gegensatz zur konventionellen Absorptionsspektroskopie geht in diesem Fall die absorbierte

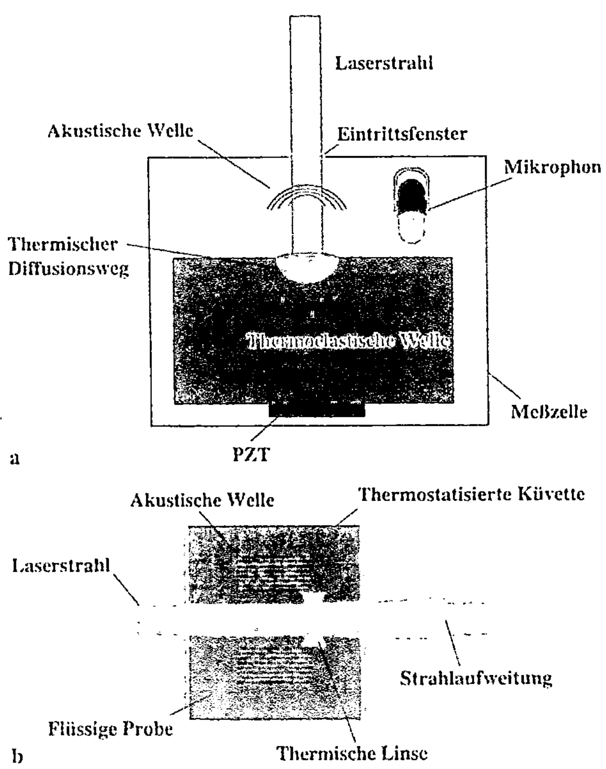

Abb. 23. a Prinzip der photoakustischen Spektroskopie an Festkörpern (Detektion mittels eines PZT oder eines Mikrophons über die Gasphase); **b** Prinzip der photothermischen Spektroskopie in Flüssigkeiten (Für eine bessere Übersichtlichkeit ist nur die Aufweitung des Anregungsstrahls durch die thermische Linse gezeigt)

Intensität direkt in die Signalbildung ein, d. h. das Signal ist innerhalb gewisser Limitierung proportional zur eingestrahlten Intensität. Auf diese Weise können sehr geringe Absorptionen bestimmt werden, welche mit einer konventionellen Absorptionsspektroskopie nicht zugänglich sind. Bezüglich der Analyse von Mehrkomponentengemischen unterliegen die Verfahren jedoch denselben Beschränkungen wie die konventionellen Verfahren. Abbildung 23 a und 23 b zeigt die phänomenologischen Effekte der photothermischen bzw. photoakustischen Spektroskopie in Festkörpern und Flüssigkeiten (für eine Übersicht vgl. [350–354]).

Eine periodische oder wiederholbare Anregung der Probe resultiert in einem ebenfalls transienten Temperaturfeld, welches sich makroskopisch in einer Veränderung des Drucks, der Dichte, des Brechungsindex und anderer mechanischer, thermischer und optischer Parameter manifestiert. Die photoakustische Spektroskopie (PAS) basiert auf der Detektion akustischer oder elastischer Wellen in einer geschlossenen Zelle mit einem Mikrophon oder einer piezoelektrischen Keramik (Piezoelectric Transducer, PZT). Für Festkörper und

Flüssigkeiten erfolgt die Kopplung mit dem Mikrophon entweder über die Gasphase in der Zelle oder einem PZT, der einen direkten Kontakt zu der Phase hat, in welcher die Absorption stattfindet (vgl. auch Abb. 23a). Die Intensität der Anregungsquelle wird mit einer Frequenz variiert, die wesentlich kleiner ist als die Lebensdauer des angeregten Zustands, d.h. die Impulsanregung entspricht einer δ-Funktion. Wird im Falle einer Detektion von Analyten in der Gasphase die periodische Anregung den akustischen Eigenresonanzen der Zelle angepaßt, kann eine stehende akustische Welle beobachtet werden.

Die photothermische Spektroskopie (Thermal Lens Spectroscopy, TLS) in Flüssigkeiten verwendet einen zweiten Beprobungs-Laserstrahl horizontal zu der durch den Anregungslaser beleuchteten Fläche. Aufgrund der Brechung und Beugung durch eine transiente Änderung des Brechungsindex in Form einer negativen Linse wird der Strahl, wie in Abb. 23b dargestellt, aufgeweitet (aus Gründen der Übersichtlichkeit wurde der Beprobungslaser in Abb. 23b nicht dargestellt). Die damit verbundene Intensitätsänderung am Detektor wird durch eine entsprechende Apertur beobachtet, der Einsatz eines positionsempfindlichen Detektors ist ebenfalls möglich. Eine Deformation einer Festkörperoberfläche durch die Absorption des Anregungslasers kann auf ähnliche Weise beobachtet werden. Neben diesem Zweistrahlexperiment kann auch nur die Messung der Divergenz des Anregungsstrahls erfolgen, allerdings ist dieser Ansatz weniger empfindlich. In einem Zweistrahlexperiment ist auch eine gepulste Anregung möglich, allerdings ist der Beprobungs-Laser immer kontinuierlich. Die Strahlführung in einer Zweistrahlanordnung erfolgt zumeist koaxial, eine 90°-Anordnung kann in manchen Applikationen sinnvoller sein [355].

Die Signalentstehung kann vereinfacht in zwei Prozesse unterteilt werden: Der erste Prozeß ist bestimmt durch die Absorption der Anregungsstrahlung und Umwandlung von optischer Energie in thermische Energie. Letzteres erfolgt in vielen Fällen ausschließlich durch strahlungslose Desaktivierung der angeregten Zustände. Andere Möglichkeiten der Konversion sind photochemische Reaktionen, Photoisomerisierungen, metastabile Zustände und Phasenübergänge. Bialkowski et al. konnten an einem Beispiel darlegen, daß photochemische Prozesse häufig bei der Verwendung der TLS als analytische Methode als Artefakt eingestuft werden [356]. Die photothermische und photoakustische Spektroskopie muß daher auch die molekularen Eigenschaften der Analyten berücksichtigen. Im zweiten Schritt wird die so erzeugte thermische Energie makroskopisch durch thermische Diffusion verteilt und resultiert in einem entsprechenden Wärmegradienten und Änderung der thermodynamisch beeinflußten Parameter des Mediums.

Die Photoakustik läßt sich nicht nur sehr gut für Proben mit geringer Absorption einsetzen, sondern auch für Proben mit großer optischer Dichte oder stark streuende Proben, da hier die Absorptions- oder Transmissionslängen keinen qualitativen Einfluß auf das beobachtete Signal haben. Da eine Anpassung der optischen Eigenschaften an die Messung, wie z.B. eine Verdünnung oder ein Lösungsmittelwechsel, nicht vorgenommen werden muß, kann die Photoakustik mit einer minimalen Probenvorbereitung auskommen.

Statt der optischen Eigenschaften der Probe sind dagegen die Wärmeleitfähigkeit und die akustischen Eigenschaften der Probe die bestimmenden Parameter. Die Analyse von Festkörpern kann daher durch die thermischen und akustischen Eigenschaften der Probe eingeschränkt sein, d.h. eine Variation dieser Parameter kann trotz eines gleichen Analytgehalts unterschiedliche Signale zur Folge haben. Da bei einem Festkörper in einem photoakustischen Experiment nur die innerhalb einer thermischen Diffusionslänge entstandene Wärme den Detektor erreichen kann, trägt bei höheren Modulationsfrequenzen der Anregung nur die Oberfläche zum Signal bei. Mit einer Verringerung der Modulationsfrequenz kann auch eine Absorption in tieferen Schichten zum Signal beitragen, durch einen Vergleich der Signale ist eine tiefenaufgelöste Spektroskopie möglich.

Eine Modulation der Wellenlänge oder der Polarisation ist vorteilhaft, wenn eine sehr kleine Absorption auf einem unspezifischen Absorptionsuntergrund gemessen werden muß. Ebenso kann eine Modulation der Absorptionseigenschaften der Probe (z. B. Starkeffekt [357]) oder der physikalischen Parameter (z.B. Temperatur) eine Verbesserung der Empfindlichkeit und der Selektivität bewirken.

Eine wesentliche Voraussetzung für eine quantitative Messung mit der thermischen Linse ist ein TEM_{00}- oder ein Gaußsches-Strahlprofil des Anregungslasers. Nur so kann ein annähernd parabolisches Profil des Brechungsindex erzeugt werden, welches als negative Linse wirkt. Die Messung im Fernfeld der thermischen Linse kann auch mit einem Spalt und einem Photodiodenarray statt der üblichen Lochblende erfolgen, vielversprechend ist auch die Abbildung des gesamten Strahlprofils auf eine CCD-Kamera. Beide Ansätze verbessern die S/N-Charakteristik des Verfahrens, da räumliche Intensitätsschwankungen im Beprobungs-Laser ausgeglichen werden können. Im Vergleich zum Zellvolumen sollte für die TLS die Strahldimension und Ausdehnung des Lasers vernachlässigt werden können. Die Probe sollte nur schwach absorbieren und homogen sein, so daß keine Veränderungen des Strahlprofils in der Zelle auftreten. Für die meisten analytischen Applikationen sind die TLS-Signale dominiert durch die Ausbildung oder Relaxation der thermischen Linse, so daß eine kontinuierliche Anregung sinnvoll ist. Ein gepulster Laser würde in diesem Falle nur das Signalzu-Rausch-Verhältnis verschlechtern, für eine genaue Beschreibung der entsprechenden Strahlgeometrien und der notwendigen Strahlformung vgl. z.B. [355, 358]. Eine gepulste Anregung ist für Fließsysteme besser, da hier durch den konvektiven Transport des erwärmten Volumenelements eine Abhängigkeit von der Fließgeschwindigkeit beobachtet wird [359].

Die Instrumentierung für beide Verfahren läßt sich je nach der Art der Anregung einordnen: Eine kontinuierliche Anregung wird einer rechteckigen oder sinusförmigen Modulation unterworfen, mit der Modulationsfrequenz als Referenzfunktion erfolgt die frequenzselektive Detektion mit einem Lockin-Verstärker. Bei einer gepulsten Anregung erfolgt die Aufnahme der akustischen Welle in der Zeitdomäne, zu einem definierten Zeitpunkt kann das Signal mit einem Boxcar-Integrator registriert werden.

Dabei wird zumeist nur über den ersten photoakustischen Puls integriert, die Integrationszeiten sind typischerweise in der Größenordnung von einigen µs. Alternativ kann das gesamte Signal mit einem digitalen Speicheroszilloskop oder einem Transientenrekorder aufgezeichnet werden. Als Laserquellen sind alle gängigen kontinuierlichen bzw. gepulsten Lasertypen, welche in Abschn. 2.1 diskutiert wurden, denkbar. Für die thermische Linse ist auch die simultane, koaxiale Verwendung von mehreren Wellenlängen von einem Ar-Ionen-Laser beschrieben worden [360], der Einsatz mit einem AOTF statt mehrerer Strahlteiler ist auch möglich [35]. Die Meßzelle sollte thermostatisiert und gegen elektromagnetische Interferenzen (s. o.) isoliert sein [361]. Eine Isolierung der Meßzelle gegenüber mechanischen Schwingungen ist weiterhin sinnvoll, in der Flüssigkeit sollten Turbulenzen und Konvektion minimiert werden [361].

Die gängigen Detektoren, d. h. Mikrophone und PZT, haben unterschiedliche Meriten: Für die Verwendung von einem PZT muß ein guter mechanischer Kontakt zur Probe sichergestellt sein, dann ist mit einer Empfindlichkeit von einigen µV pro Pa eine akustische Transmission $> 50\%$ für Festkörper und $> 10\%$ für Flüssigkeiten möglich. Im Falle einer Übertragung der Schallwelle über die Gasphase erreicht nur ein Anteil von 10^{-4} das Mikrophon, allerdings kann dies durch sehr empfindliche Mikrophone mit einer Empfindlichkeit von einigen mV pro Pa ausgeglichen werden [351, 352, 354]. Für die Photoakustik von gasförmigen Analyten werden aufgrund der höheren Empfindlichkeit ausschließlich Mikrophone eingesetzt. Die Geometrie des PZT wird zumeist der Probe angepaßt, für Flüssigkeiten haben sich z. B. Zylinder bewährt. Es besteht auch die Möglichkeit der Kopplung an ein Material mit einer größeren thermischen Ausdehnung, wie z. B. eine Saphirscheibe, welche von einem PZT ringförmig umschlossen wird (vgl. z. B. [362]). Aufgrund der großen Impedanz sind die PZT im Vergleich zu Mikrophonen zumeist wesentlich empfindlicher für elektromagnetische Störimpulse. Mikrophone dagegen haben einen begrenzten Frequenzgang und eine geringe Zeitauflösung. Üblicherweise werden Kondensator- oder Elektretmikrophone mit einem Durchmesser von 1.3 cm oder 2.5 cm verwendet. Von verschiedenen Autoren wurden faseroptische Mikrophone vorgeschlagen:

Eine Detektion kann zum einen über eine Intensitätsänderung der eingekoppelten Moden in einer Faser mit geringem Durchmesser durch mikroskopische Verbiegungen erfolgen [363]. Als Alternative wurde von Hand et al. ein faseroptisches Michelson-Interferometer beschrieben, welches eine absolute Verschiebung einer Flüssigkeitsoberfläche mit einer Empfindlichkeit von $4 \cdot 10^{-7}$ Pa bei 250 kHz detektieren konnte [364]. Für eine empfindliche Detektion ist weiterhin eine Normalisierung der Laserenergie notwendig, sowie eine Reduktion der Absorption der Anregungsstrahlung durch Fenster oder den PZT: Eine interessante Moldulationstechnik für den Einsatz eines Laserdiodenarrays zur nicht-invasiven photoakustischen Detektion von Blutinhaltsstoffen wurde von Spanner und Niessner verwirklicht [365–367]: Durch phasenverschobene Amplitudenmodulation zweier Laserdioden mit unterschiedlicher Wellenlänge können unspezifische Hintergrundsignale auf einen konstanten Anteil (Zero-Crossing-Kompensation) reduziert werden. Die Probe wird somit mit einem Laserstrahl mit konstanter Leistung aber alternierenden Wellenlängen angeregt. Eine Absorption einer der beiden Wellenlängen resultiert dann in einem periodischen Signal, welches mit einem Lock-in-Verstärker sehr empfindlich detektiert werden kann, da keine weiteren periodischen Rauschquellen zu dem Signal beitragen. Diese universale Technik ist sowohl für photoakustische Messungen als auch für konventionelle Absorptionsmessungen mit modulierbaren Laserdioden geeignet. Typische Applikationen sind z.B. Messungen auf einem Absorptionsuntergrund oder Überwachungsaufgaben, bei denen eine Abweichung von einem Referenzwert detektiert werden soll.

Die in der Spurenanalytik häufigsten Proben sind Flüssigkeiten, für welche eine direkte Detektion des photoakustischen Signals mit einem PZT oder einer thermischen Linse genutzt werden kann. Mit einem Ionen-Laser und einer Leistung von 1 W können prinzipiell Absorptionskoeffizienten von 10^{-8}–$10^{-6}\,\mathrm{cm^{-1}}$ bestimmt werden, so daß mit den von typischen Schwermetallchelaten erreichten molaren Absorptionskoeffizienten ($10^5\,\mathrm{cm^{-1}\,M^{-1}}$) ppt-Nachweisgrenzen möglich sind.

Die Nachweisgrenzen sind in diesem Fall vom Blindwert limitiert, d.h. die Absorption des Lösungsmittels kann häufig nicht mehr vernachlässigt werden. Wasser ist im allgemeinen organischen Lösungsmitteln überlegen, ansonsten haben sich Mischungen mit polaren organischen Lösungsmitteln wie Aceton bewährt [368].

Nach der Entdeckung der thermischen Linse durch Gordon et al. 1965 [369] wurde die thermische Linse besonders in den 70er Jahren für die Detektion von Schwermetallen eingesetzt; für eine allgemeine Übersicht vgl. [350, 351, 370, 371] bzw. für analytische Arbeiten vgl. [358, 372] und die dort aufgeführten Referenzen. Mit einer koaxialen Zweistrahlanordnung können Schwermetalle durch konventionelle Extraktionsverfahren und Komplexierungsreagenzien in organischen Lösungsmittel mit Nachweisgrenzen von einigen ng l^{-1} bestimmt werden. Ausschlaggebend sind aufgrund der Blindwerte besonders die Optimierung des Extraktionsprotokolles und die Reinheit der Reagenzien bzw. Lösungsmittel. Nachdem diese frühen Arbeiten noch auf eine statische Analyse von Lösungen in Küvetten fixiert waren, folgten bald Arbeiten zum Einsatz als Detektor in der Flüssigkeitschromatographie und in Fließinjektionssystemen [358, 373]. Ein wesentliches Ziel derzeitiger Arbeiten ist eine Miniaturisierung der thermischen Linse und der Detektion, z.B. mit dem Einsatz von LWL als Aperturen für die Detektion. So konnte Power zeigen, daß auch eine Beobachtung der thermischen Linse im Nahfeld ohne Einbußen in der Empfindlichkeit möglich ist [374], was eine wesentliche Voraussetzung für eine Verkleinerung des Detektors ist. Eine faseroptische Führung der Anregung und Beobachtung der thermischen Linse ist ebenfalls möglich: So beschrieben z.B. Rojas et al. einen Aufbau für den Nachweis von Lanthaniden und Actiniden, in dem mit einer 200-µm-Faser als Apertur des

Detektors Neodym in mg l^{-1}-Bereich detektiert werden konnte [375]. Abbildung 24 zeigt einen TLS-Aufbau mit einem LWL als begrenzender Apertur der Detektion: Die Anregung erfolgt mit einem Ar-Ionen-Laser, dessen Amplitude durch einen Chopper moduliert wird. Als Beprobungslaser findet ein HeNe-Laser Verwendung, dessen Ablenkung durch die thermische Linse durch die Intensitätsänderung am Ende des Lichtwellenleiters mit einem PMT über einen Lock-In-Verstärker detektiert wird.

Anwendung fand die thermische Linse auch für Metallkomplexe in Lösungen mit Huminstoffen. Der Vorteil der TLS gegenüber konventionellen Techniken ist die Möglichkeit, Absorptionen ohne eine Beeinflussung durch das starke Streusignal der partikulären Huminstoffe bestimmen zu können [376]. So konnten Power et al. zeigen, daß bis zu 20 % Verluste der Eingangsleistung durch Streuung toleriert werden können [377]. Eine orginelle Lösung für TLS-Messungen an streuenden Proben stammt von Plumb und Morris [378]: Durch Phasenkonjugation mit einem nichtlinearen BaTiO$_3$-Kristall konnte eine Rückstreuung entlang des optischen Weges des gestreuten Lichtes erreicht werden. Der Effekt der thermischen Linse wird zwar durch die Retroreflexion ebenfalls aufgehoben, allerdings konnte durch eine zeitaufgelöste Messung die Ausbildung dieser transienten thermischen Linse beobachtet werden, die schneller gebildet wird als die Einstellung des nichtlinearen Kristalls erfolgt. Auf diese Weise konnten auch in stark streuenden Proben Absorptionen in der Größenordnung von 10^{-5} cm^{-1} bestimmt werden.

Für die Photoakustik können in Gasen und Festkörper in günstigen Fällen Absorptionskoeffizienten von 10^{-8}–10^{-6}cm^{-1} bestimmt werden. Rosengren schätzte die intrinsische Nachweisgrenze für die Photoakustik, die nur durch die Brownsche-Molekularbewegung limitiert wird, auf $\approx 10^{-10}$cm^{-1}

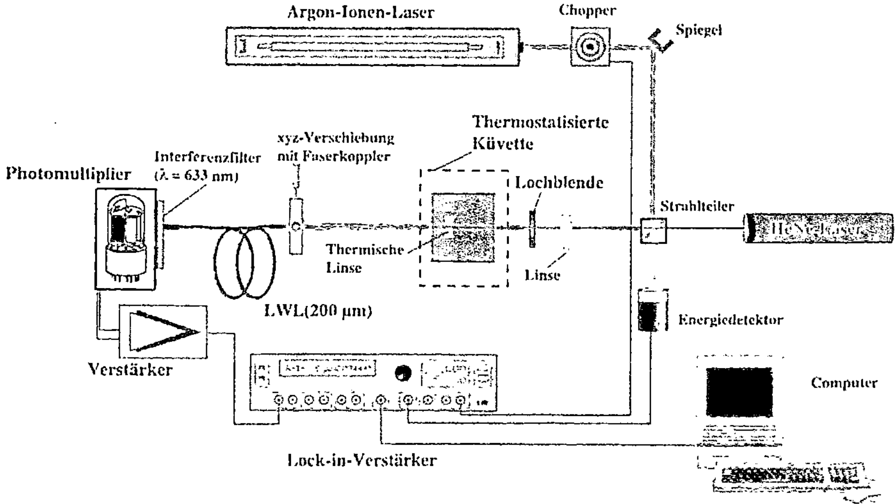

Abb. 24. TLS-Aufbau mit einem Lichtwellenleiter als begrenzender Apertur der Detektion

[379]. Eine Übersicht über analytische Anwendungen der Photoakustik findet sich z.B. in [380–382]. Für die photoakustische Detektion von gelösten Schadstoffen, besonders Schwermetallen, sind seit den 70er Jahre zahlreiche experimentelle Aufbauten beschrieben worden, so z.B. die Detektion von Lanthaniden [383] oder Schwermetalle wie z.B. Cadmium mit einer Nachweisgrenze von 20 ng l^{-1} nach Extraktion mit Dithizonat in Chloroform [384]. Die Gruppe um Kim hat sich besonders mit dem Nachweis der Lanthaniden und Actiniden befaßt und verschiedene Aufbauten für die Photoakustik an radioaktiven Lösungen beschrieben. Die Bestimmung typischer Kationen aus diesen Stoffgruppen war mit Nachweisgrenzen in der Größenordnung von einigen µg l^{-1} möglich. Durch eine zeitaufgelöste Beobachtung des photoakustischen Signals konnte auch die Anwesenheit von Kolloiden detektiert werden.

Die einfallende Laserstrahlung wird an diesen Partikeln in der Größenordnung der Wellenlänge gestreut, so daß dieses Signal am PZT vor dem eigentlichen photoakustischen Signal beobachtet werden kann [159, 385]. Für eine ähnliche Applikation, d.h. den Nachweis von Praesodynium in radioaktiven Lösungen, beschrieben Russo et al. einen Aufbau mit einer faseroptischen Übertragung der Anregung über 85 m. In einem Handschuhkasten konnten dann in einer Küvette mit einem PZT und einem Boxcar-Integrator Konzentrationen in der Größenordnung mg l^{-1} detektiert werden [386]. Die photoakustische Spektroskopie profitiert natürlich auch von Entwicklungen im Bereich der Laserdioden, so setzen Shida et al. eine Laserdiode bei 826 nm für den Nachweis von Phosphat in Wasser über die Bildung des Molybdänblau-Komplexes ein. Der Komplex wurde auf einem Filter abgeschieden, die Detektion der akustischen Wellen erfolgte in der Gasphase oberhalb des Filters. Mit einem differentiellen Mikrophon zwischen der Meßzelle und einer Referenzzelle konnte eine Nachweisgrenze von 3 µg l^{-1} erzielt werden [387]; ähnliche Ansätze mit NIR-Laserdioden wurden in [388] berichtet. Photoakustische Messungen an organischen Schadstoffen wurde ebenfalls von verschiedenen Autoren beschrieben, so gelangen Ogawa et al. der Nachweis von Pyren und Perylen in ng l^{-1}-Konzentrationen, die strahlungslose Desaktivierung wurde durch den Zusatz eines Quenchers (Nitromethan) verstärkt [389]. Adelhelm et al. demonstrierten mit einem ähnlichen Ansatz und einer faseroptischen Übertragung der Anregung die Detektion von 2,4-Dinitrophenol mit Nachweisgrenzen im µg l^{-1}-Bereich [390]. Der photoakustische Nachweis von Altölen und Treibstoff in wässerigen Lösungen konnte von der Gruppe um MacKenzie gezeigt werden. Die mit einer Laserdiode bei $\lambda \approx 904$ nm erzielten Nachweisgrenzen von 10 mg l^{-1} sind für Überwachungsaufgaben ausreichend [391, 392]. Eine interessante Möglichkeit der Bestimmung von Metallionen in wässerigen Lösungen wurde VanderNoot bzw. der Gruppe um Sawada vorgeschlagen [393–396]: Durch Bindung von Komplexbildner an Latexpartikel bzw. partikuläre Ionenaustauscher konnten Schwermetalle aus der Lösung an den Partikel gebunden werden. Nach Filtration gelang der absolute Nachweis von 50 pg Quecksilber mit Dithizon [393] bzw. von 40 µg Eisen mit einem Metalloxin [394, 395].

Für die Messung von gasförmigen Analyten ist die Photoakustik mittlerweile eine etablierte Methode. In Abhängigkeit des molekularen Absorptionsquerschnitts des Analyten und möglichen Matrixeinflüssen werden heute Nachweisgrenzen im ppm(v)- und ppb(v)-Bereich erreicht. Daneben ist auch eine hohe Zeitauflösung im Bereich einiger Sekunden möglich, eine Dynamik über fünf Größenordnungen läßt eine Detektion von industriellen Emissionen und ländlichen Hintergrundkonzentrationen mit einem Sensorsystem zu. Als Laserquellen werden neben Bleisalzlaserdioden im MIR-Bereich auch CO-Laser, die zwischen $5-6{,}5\,\mu m$ durchstimmbar sind, und CO_2-Laser für den Bereich $9-12\,\mu m$ verwendet. Beide Laser können nicht kontinuierlich durchgestimmt werden, allerdings kann durch die Verwendung von CO_2-Isotopen für den CO_2-Laser die Zahl der zur Verfügung stehenden Linien erhöht werden.

Für photoakustische Gaszellen wurde eine Vielzahl von Geometrien vorgeschlagen, die jeweils auf die Betriebsart, d.h. statisch oder im Durchfluß, und die Anregung, d.h. gepulst oder kontinuierlich, abgestimmt sind. Im Falle einer kontinuierlichen Anregung werden zumeist eigenresonante Zellen eingesetzt, so daß durch die stehende akustische Welle eine Verstärkung stattfindet. Interessant sind in diesem Zusammenhang die fensterlosen photoakustischen Zellen, die durch eine geschickte Geometrie von akustischen Quellen außerhalb der Zelle isoliert sind. Auf diese Weise werden Signalbeiträge der Fenster eliminiert und es können z.B. auch Aerosole ohne eine Gefahr der Adsorption an den Fenstern untersucht werden. Neuere Arbeiten versuchen auch NIR-Laserdioden für die photoakustische Bestimmung von Gasen zu nützen. Die Positionierung der Gaszelle in einem externen Resonator könnte hier die Empfindlichkeitsverluste durch die geringen NIR-Absorptionskoeffizienten teilweise ausgleichen [397]. Gepulste Anregungen im UV/VIS-Bereich beschränken sich zumeist auf kleine zwei- oder dreiatomige Moleküle wie SO_2, die aber aufgrund der hohen Absorptionskoeffizienten in ppb(v)-Konzentrationen detektiert werden können [398, 399]. Für eine weitere Übersicht sei hier nur auf die ausgezeichnete Monographie und Übersichtsartikel von Sigrist hingewiesen, die zahllose Applikationsbeispiele und eine umfassende Diskussion der Instrumentierung und der bisherigen Arbeiten auf diesem Teilgebiet der Photoakustik bieten [341, 400–402].

Für die Bestimmung der Konzentration von ultrafeinen Rußaerosolen konnten Petzold et al. einen photoakustischen Aufbau verwirklichen, der mit einer eigenresonanten Zelle eine Nachweisgrenze von $1{,}5\,\mu g\,m^{-3}$ Ruß gestattet (vgl. Abb. 25). Die Anregung mit einer Laserdiode bei $\lambda = 802$ nm erfolgte nach einer Kollimation und Strahlformung unterhalb der geometrischen Achse der zylindrischen Zelle. Die Detektion wurde mit einem Lock-in-Verstärker durch eine Mittelwertbildung über das gesamte Resonanzprofil verwirklicht, so daß Temperatureinflüsse kompensiert werden konnten. Die effektive Weglänge für die Absorption wurde durch eine Umlenkung des Laserstrahls mit einem Spiegel unter Drehung der Polarisationsebene verdoppelt. Durch die Verwendung von zwei senkrecht zueinander angeordneten Mikrophonen konnte ohne einen

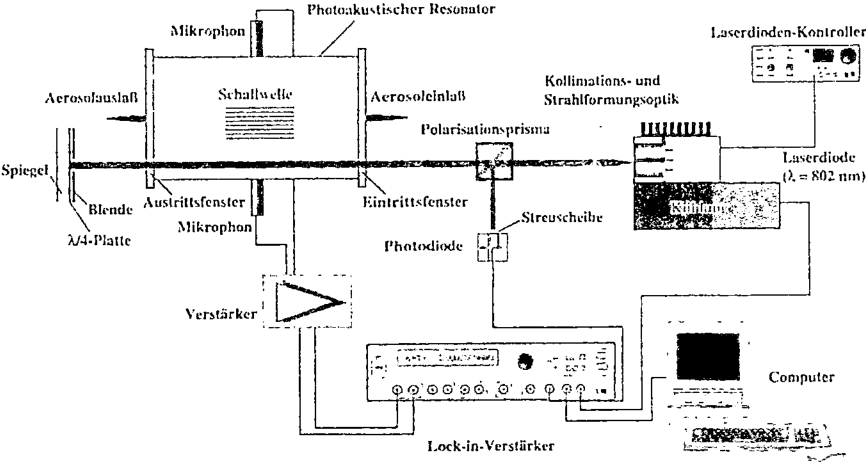

Abb. 25. Experimenteller Aufbau für die photoakustische Detektion von ultrafeinen Rußaerosolen mit einer eigenresonanten Zylinderzelle

Empfindlichkeitsverlust mit der zweiten azimuthalen Mode der zylindrischen Zelle bei 6,75 kHz gemessen werden. Auf diese Weise konnten nicht nur Signalbeiträge von externen Schallquellen minimiert werden, sondern die Zelle auch unter kontinuierlichen Bedingungen betrieben werden [403].

4.3 Molekulare Fluoreszenzspektroskopie

Seit der Etablierung von Laserstrahlquellen sind Anwendungen aus dem Bereich der molekularen Fluoreszenzspektroskopie bekannt, wobei die analytischen Applikationen durchaus einen beträchtlichen Anteil an den veröffentlichten Arbeiten haben. Aufgrund der spektralen Bandbreite der Emission von Molekülen in Lösung (5–10 nm bei Raumtemperatur), die eine signifikante Verringerung der Selektivität nach sich zieht, wird die Fluoreszenzspektroskopie seit den frühen Arbeiten zur laserinduzierten Fluoreszenz (LIF) von Richardson et al. [404] und Schwarz et al. [405] kaum noch ohne chromatographische Trennmethoden eingesetzt. Mehrkomponenten-Mischungen können aufgrund dieser Überlappung mit statischer Fluoreszenzspektroskopie nur in günstigen Fällen aufgelöst werden. Die laserinduzierte Fluoreszenz als analytische Methode findet heute besonders Anwendung im Bereich der Sensoren für Überwachungsaufgaben und Serienanalysen z. B. bei der Altlastenüberwachung. Für diesen Verwendungszweck, d. h. als Ergänzung für eine konventionelle Analytik, ist eine Limitierung der Nachweisgrenzen oder der Selektivität aufgrund der sonstigen Anforderungen an Sensorsysteme akzeptabel. Andererseits kann in einigen Applikationen die Linienbreite der Fluoreszenzanregung bzw. Emission so verringert werden, daß die geringe Linienbreite des Lasers bezüglich der Selektivität ausschlaggebend ist. Leider sind in diesen methodisch aufwendigeren Ansätzen die konkreten analytischen Aspekte im Vergleich zu Fragen der Grundlagenforschung häufig nur noch von sekundärer Bedeutung. Andere, indirekte Methoden zielen dagegen darauf ab, durch Veränderung des Analyten, d. h. Derivatisierung, oder Veränderung der lokalen Umgebung, wie z. B. mizellare Systeme, die statischen oder dynamischen Spektren signifikant zu modifizieren, so daß eine selektive Detektion möglich wird. Neuere Arbeiten zur Nutzung der mehrdimensionalen Eigenschaften der Fluoreszenz, häufig auch in Kombination mit Sensoren, geben Hoffnung die obigen Nachteile so auszugleichen. Für eine Übersicht früherer Arbeiten sei auf die einschlägige Literatur verwiesen [406–429].

Die Fluoreszenz eines Moleküls ist inhärent mehrdimensional, d. h. die Emission trägt eine Fülle von orthogonalen Informationen, die mit den chemischen Eigenschaften des Fluorophors und seiner Umgebung verknüpft sind. Die Auswertung von statischen Fluoreszenzspektren wie die Messung von Synchronspektren oder Anregungs-Emissions-Spektren (Excitation-Emission-Matrices, EEM) erlaubt z. B. die Bestimmung der Anzahl und der Konzentration der Fluorophore, den Rückschluß auf die Besonderheiten der lokalen Umgebung des Fluorophors, wie Polarität und pH-Wert, aber auch Rückschlüsse auf die Beweglichkeit und Stellung einer fluorophoren Gruppe in einem größeren Molekül. Mit dynamischen Methoden, z. B. Messungen der Lebensdauer und der Polarisation, können aus statischen Spektren die Beiträge unterschiedlicher Fluorophore beobachtet werden, es können Aussagen über die Kinetik von angeregten Zuständen gemacht werden, wie z. B. Wechselwirkungen mit Oberflächen und Fluoreszenzlöschung. Eine Kombination von dynamischen Fluoreszenzeigenschaften mit statischen Ansätzen erscheint für analytische Zwecke äußerst vielversprechend.

Aufgrund dieses synergistischen Effektes stehen eine Fülle von multivariaten Informationen über das angeregte Molekül und seine lokale Umgebung zur Verfügung, so daß auch Fluorophore in komplexen Matrizes ohne Trennung analytisch erschlossen werden können.

Die zeitaufgelöste Fluoreszenzspektroskopie ist dabei sicherlich die häufigste in der Praxis angewandte mehrdimensionale Methode und gehört zu den ältesten mehrdimensionalen Techniken. Grundsätzlich gibt es zwei Ansätze zur Bestimmung von Fluoreszenzlebensdauern, Anregung mit einer gepulsten Lichtquelle und Beobachtung in der Zeitdomäne oder Messung in der Frequenzdomäne mit einer modulierten Anregung. Beide Techniken haben in der letzten Dekade gleichermaßen Verbesserungen erfahren, besonders durch den Einsatz im GHz-Bereich modulierbarer Farbstofflaser und verbesserter Detektoren. Die verbleibenden Unterschiede haben ihre Ursache allein in der technologischen Äquivalenz oder der speziellen Implementierung; für eine Übersicht gepulster Techniken vgl. [408, 415, 430, 431], für Modulationstechniken [415, 432–435].

Als Strahlquelle für die Anregung der Fluoreszenz im UV-Bereich werden bevorzugt die schon in Abschn. 2.1 diskutierten kleinen Excimer-, Nd:YAG- oder Stickstofflaser eingesetzt, für VIS-Wellenlängen sind neben konventionellen Farbstofflasern auch frequenzvervielfachte Laserdioden oder Laserdioden-gepumpte Festkörperlaser möglich. Basile et al. erhielten z. B. mit einem Laserdioden-gepumpten, frequenzverdreifachten, Güte-geschalteten Nd:YLF-Laser (2,5 ns Pulsbreite, $\lambda = 349$ nm und 10 kHz Wiederholrate) mit zeitaufgelösten Fluoreszenzemissionsspektren ng l^{-1}-Nachweisgrenzen für Fluoreszenzstandards wie Chininsulfat und konnten darüber hinaus eine entsprechende ns-Zeitauflösung realisieren [436]. Stevenson et al. konnten zeigen, daß mit einem Farbstofflaser, welcher von einem gekapselten Stickstofflaser gepumpt wird, und einem 0,3 m-Monochromator mit PMT ein portables Sensorsystem für die Messung von synchronen Fluoreszenzspektren möglich ist [437, 438].

Laserdioden sind im NIR-Bereich bisher nur für die Fluoreszenzdetektion in Kombination mit chromatographischen Verfahren und einer entsprechenden Derivatisierung der Analyten mit NIR-Fluorophoren, z. B. Polymethinfarbstoffen [388], verwendet worden [388, 427, 439]. Als Fluoreszenzdetektoren stehen die in Abschn. 2.2 diskutierten Typen zur Verfügung, für die mehrdimensionale Fluoreszenz sind besonders intensivierte Diodenzeilen und ICCD-Kameras relevant. Angemerkt werden muß hier allerdings, daß für viele reale Proben die Nachweisgrenze zumeist durch die unspezifische Untergrundfluoreszenz bestimmt wird und nicht durch die Signal-zu-Rausch-Charakteristika der Detektoren limitiert wird [440]; die Dynamik des Detektors ist somit häufig ausschlaggebend. Eine ausführliche Diskussion der S/N-Charakteristika der verschiedenen Aufbauten und Systeme erübrigt sich hier daher.

Trotz der inhärent multivariaten Natur der Fluoreszenz sind bisher nur wenige chemometrische Verfahren im Zusammenhang mit der Fluoreszenzspektroskopie bekannt geworden. Gerade die traditionelle Fluoreszenzemissionsspektroskopie könnte analog zur NIR-Absorptionsspektroskopie von multivariaten Kalibrationsverfahren wie Partial-Least-Squares (PLS) [323], genetischen Algorithmen zur Auswahl der geeignetsten Wellenlängen und der Mustererkennung profitieren, um nur einige der möglichen Anwendungen zu nennen [441]. Der Einsatz von chemometrischen Verfahren für die Auswertung von Datensätzen aus mehrdimensionalen Fluoreszenzverfahren ist in Zukunft sicherlich unumgänglich, da z. B. schon eine einfache Visualisierung von zeitaufgelösten EEM (4-dimensionaler Datensatz) ohne eine entsprechende Projektionsmethode wie Faktorenanalyse nicht möglich ist [442]. Erste Ansätze für zweidimensional zeitaufgelöste Emissionsspektren wurden von verschiedenen Autoren aufgezeigt: So konnte die kanonische Korrelationsanalyse eingesetzt werden, um die spektrale Überlappung von EEM zu ermitteln [443]. Zur Bestimmung der Emissionsspektren und der Fluoreszenzlebensdauer einzelner Komponenten in Mischungen diente die Faktorenanalyse [444] und die Maximum-Entropy-Methode (MEM) [445, 446]; ähnliche Ansätze wurden für EEM berichtet [447]. Für die Kalibrierung konnten neben multivariaten Ansätzen auch Neuronale Netze [448] Verwendung finden.

Seit der Entwicklung des ersten Lichtwellenleiters (LWL) für Kommunikationszwecke 1970 von Corning Glass Works ist die Zahl der publizierten faseroptischen Sensoren für chemische Analyten in den unterschiedlichsten Matrizes kaum noch zu überblicken [449–455]. Die Kombination von Verfahren auf der Basis der laserinduzierten Fluoreszenz mit faseroptischen Sensoren erfreut sich in jüngster Zeit besonderer Popularität, da auf diese Weise Sensoren für eine schnelle On-line- und In-situ-Messung vor Ort zur Verfügung stehen. Mit der Fähigkeit einzelne Analyten als Leitkomponenten oder eine ganze Klasse von Analyten mit einer angemessenen Zeitauflösung zu erfassen, kann bei der Überwachung von Ökosystemen nicht nur eine Kostenreduktion, sondern auch eine direkte Rückkopplung und realistische Risikoabschätzung erfolgen. Eine In-situ-Analytik umgeht auch Artefakte bei der Probenahme, wie Veränderungen der Matrix oder Kontaminationen.

Die kommerzielle Verfügbarkeit faseroptischer Materialien mit hoher UV/VIS-Transparenz gestattet eine leistungsfähige Fernerkundung mit realistischen Faserlängen (30 m–100 m). Lichtwellenleiter bestehen prinzipiell aus einem Kernmaterial mit einem Brechungsindex n_1 und einer weiteren Schicht eines Materials (Cladding) mit einem Brechungsindex n_2. Zur Lichtleitung im Medium mit dem Brechungsindex n_1 muß die Bedingung der totalen inneren Reflexion, $n_1 > n_2$, erfüllt sein [456]. Als Kernmaterial wird zumeist Glas oder Quarz verwendet, als Materialien für das Cladding können entweder auch Quarz (hohe UV-Transmission) oder PTFE-ähnliche Polymere zur Anwendung gelangen. Für faseroptische Sensoren werden meist multimode-Fasern mit einem Stufenindex und Kerndurchmessern von 400–600 µm gewählt, diese gewährleisten bei Sensorsystemen für einen Einsatz vor Ort ausreichende Transmission und mechanische Flexibilität. Probleme beim Einsatz von LWL für die laserinduzierte Fluoreszenz entstehen bei der Verwendung von UV-Wellenlängen und hohen Pulsenergien. Bei einer Zerstörschwelle $< 1\,\mathrm{GW\,cm^{-2}}$ im UV-Bereich können mit gängigen Lasern bei ns- oder ps-Pulsbreiten im Bereich $< 300\,\mathrm{nm}$ je nach Wellenlänge nur 10–50 mJ zerstörungsfrei übertragen werden [457–463].

Weitere Probleme im UV-Bereich ergeben sich aus parasitären Fluoreszenzemissionen bei der Einkopplung bzw. an faseroptischen Schnittstellen, die Intensität dieser Signale können in der Größenordnung des eigentlichen analytischen Signals sein [464, 465]. Für zeitaufgelöste Messungen muß einerseits die Abhängigkeit des Brechungsindex von der Wellenlänge (intramodale Dispersion) berücksichtigt werden und die Pulsverbreiterung (intermodale Dispersion), die ein Puls endlicher Bandbreite mit einer wellenlängenabhängigen Gruppengeschwindigkeit durch die Materialdispersion erfährt. Mit einer für faseroptische Sensorsysteme typischen Zeitauflösung im ns-Bereich kann für Faserlängen $< 120\,\mathrm{m}$ die Pulsverbreiterung durch intermodale Dispersion vernachlässigt werden. Die Größe der intramodalen Dispersion hingegen führt schon bei Faserlängen $> 5\,\mathrm{m}$ zu einer signifikanten Verzerrung der orthogonalen Struktur der zeitaufgelösten Emissionsspektren, so daß dieser Effekt für eine quantitative Analyse nicht mehr ignoriert werden kann [466–468].

Die Sensorgeometrie von faseroptischen Sensoren für native Fluorophore werden heute durch zwei grundsätzliche Konfigurationen bestimmt: Die Anregung und Beobachtung der Fluoreszenz erfolgt mit einer einzelnen Faser oder die Anregung und Beobachtung wird mit zwei oder mehreren getrennten Fasern vorgenommen. Die erste Möglichkeit wird besonders durch die Trennung der Primärwellenlänge und der Fluoreszenzemission am Faserende erschwert. Hier gilt es, die erwähnten parasitären Fluoreszenzsignale vom Cladding oder Schutzmantel vom Signal zu unterscheiden. Der große Vorteil dieser Anordnung, die vollständige Überlappung des Raumwinkels, in welchem die Fluoreszenz angeregt bzw. beobachtet wird, kann daher nur für moderate Faserlängen und Signale mit hohem S/N-Verhältnis genutzt werden. Die alternative Konfiguration mit einer oder mehreren Beobachtungsfasern und einer Anregungsfaser hat den Nachteil, daß eine Überlappung der von den beiden Fasern beobachteten bzw. angeregten Konen erst in einem bestimmten Abstand erfolgt. In der Praxis haben sich parallele Anordnungen der Anregungs- und Beobachtungsfasern bzw. gewinkelte Anordnungen (10°–15°) bewährt, sog. bare-Fiber-Sensoren.

Die Möglichkeiten der Formung der Faserenden [469, 470], z.B. in Mikrolinsen, und Miniaturisierung bis in den µm-Bereich für Detektion in Zellen und kleinsten Volumina [471, 472] sind bisher für den Bereich der Sensoren noch nicht ausgeschöpft worden. Weiterhin besteht auch die Möglichkeit bildgebende Verfahren mit sogenannten Imaging-Faserbündeln mit einer chemischen Analyse zu verbinden. Ansätze dieser Art, z.B. für eine räumlich aufgelöste pH-Wert Messung, wurden von Walt et al. bekannt [473–475]. Eine Modellierung der Sensorgeometrie, d.h. des Überlappungsvolumens zwischen Anregungs- und Emissionsfaser, könnte in Zukunft ebenfalls zur Verbesserung der Sensoren bzgl. des Lichtdurchsatzes führen [476–478]. Sensoren auf der Basis von evaneszenten Wellen sind bisher hauptsächlich für Absorptionsmessungen bzw. Messung des Brechungsindexes publiziert worden [454]. Die Messung beruht hier auf einer Detektion der Wechselwirkung der elektromagnetischen Welle an der Grenzfläche (Evaneszente Welle) eines modifizierten Lichtwellenleiters, bei dem das Cladding durch ein aktives Substrat, z.B. einen pH-Indikator, ersetzt wurde. Wichtige Applikationsgebiete (vgl. z.B. [479]) mit der Fluoreszenzspektroskopie ist das Studium wässeriger Grenzschichten zur Differenzierung von Adsorbaten und gelösten Fluorophoren, z.B. im Falle von Fluoreszenzimmunoassays [480]. Ein eleganter Ansatz zur Immobilisierung von mehreren aktiven Substraten im Cladding stammt von Browne et al. [481]. Durch eine zeitaufgelöste Beobachtung der Fluoreszenz konnten unterschiedliche Substratregionen auf der Faser unterschieden werden, so daß ein intrinsischer Multiplexbetrtieb möglich ist.

Da die bisher bekannten faseroptischen Sensorsysteme fast ausschließlich auf Analyten mit nativer Fluoreszenz limitiert sind, konzentrieren sich die meisten publizierten Systeme auf die Detektion von aromatischen Verbindungen, wie den polyzyklischen aromatischen Kohlenwasserstoffen (PAK) oder Benzolderivaten [482]. Die umweltanalytische Relevanz dieser Verbindungen resultiert aus der Tatsache, daß die PAK inklusive Benzol die heute größte bekannte singuläre Klasse chemischer Karzinogene darstellen und über ihre intensive Fluoreszenz analytisch zugänglich sind.

Faseroptische Systeme für die PAK in den verschiedenen Kompartimenten wurden von einer Vielzahl von Autoren beschrieben, der Hauptanteil beruht dabei auf der zeitaufgelösten Fluoreszenz, um durch die zweite Dimension die geringe Selektivität der statischen Emissionsspektren zu verbessern. Für die Implementierung faseroptischer Sensorsysteme großer Reichweite auf der Basis der zeitaufgelösten Fluoreszenz weisen Methoden mit gepulsten Lasern eine Reihe von Vorteilen auf: Die Beobachtung der Fluoreszenz in der Zeitdomäne resultiert in einem intuitiv verständlichen Signal. Dies hat besonders für ein universal anwendbares Sensorsystem den Vorteil, daß auch unerfahrene Benutzer die beobachteten Signale interpretieren und systematische Fehler leichter identifizieren können. Die Erkennung und Modellierung unbekannter Zeitgesetze ist durch die Möglichkeit der direkten Visualisierung der Auswertungsstrategien ebenfalls vereinfacht. Nur gepulste Laser erlauben die Übertragung hoher Intensitäten, besonders im UV-Bereich, bei minimalen Anforderungen an die Infrastruktur zum Betrieb des Lasers und geringen Anschaffungs- und Betriebskosten.

In wässerigen Mischungen konnten Stevenson und Vo-Dinh für PAK mit laserinduzierten EEM auch mit geringen Pulsenergien (im Bereich von $1\,\mu J - 10\,\mu J$) ng l^{-1} – Nachweisgrenzen erzielen [437, 438]. Versuche einer Anreicherung und Modifikation der Emissionsspektren von PAK, speziell von Pyren, über Cyclodextrine wurden ebenfalls von Vo-Dinh et al. für ein faseroptisches Sensorsystem beschrieben [483]. Besonders die Gruppe um McGown konnte durch eine Vielzahl von Arbeiten die Vorteile von zeitaufgelösten Emissionsspektren bzw. zeitaufgelösten EEM auf der Basis der Phasenfluorimetrie demonstrieren [421, 429, 433, 434, 484, 485]. Neben der Kopplung mit chromatographischen Methoden [486, 487] bei einer gleichzeitigen Bestimmung der Retentionszeit, der Fluoreszenzlebensdauer und des Emissionsspektrums, stehen im Vordergrund dieser Arbeiten die Bestimmung von PAK-Mischungen in natürlichen Matrizes. So konnten für wässerige Mischungen mit phasenaufgelösten Emissionsspektren bis zu vier PAK in Mischungen mit Nachweisgrenzen zwischen 1 – 0.1 ppb bestimmt werden, die Differenzierung basiert primär auf den unterschiedlichen Lebensdauern [488, 489].

Neuere Arbeiten dieser Gruppe setzen sich besonders mit der Charakterisierung von Altölen und Rückständen aus der Treibstoffgewinnung auseinander. Die Fluoreszenzspektroskopie an diesen Matrizes und organischen Matrizes ähnlicher Komplexität (z. B. Huminstoffe), in denen mehr Chromophore als Fluorophore enthalten sind, wird dabei besonders durch Energietransfer und dynamische Fluoreszenzlöschung erschwert. Phänomenologisch machen sich diese Effekte durch eine entsprechende Rotverschiebung der kontinuierlichen Absorptionsspektren (Urbach-Phänomen) und durch eine Fluoreszenzabklingzeit, die mit der Anregungswellenlänge und der Konzentration variiert, bemerkbar. Der Anteil der Fluoreszenzemission aus stoßinduzierten Energietransferprozessen nimmt dabei kontinuierlich mit längeren Anregungswellenlängen ab; für eine Anregung im UV/VIS-Bereich sind ausschließlich dynamische Löschprozesse relevant. Systematische Arbeiten von Mullins et al. [490, 491] deuten auf die Möglichkeiten einer Modellierung dieser beiden Effekte mit einfachen Stoßprozessen hin. Die Analyse mit der phasenaufgelösten Fluoreszenz erlaubt Verteilungen von Lebensdauern in solchen Mischungen zu modellieren, zusätzlich können durch Variation der Anregungswellenlänge auch synchrone, phasenaufgelöste Spektren aufgenommen werden [492–494]. Die Anregung erfolgt dabei mit einem He–Cd-Laser bei $\lambda = 325$ nm, der durch eine Pockelszelle moduliert wird.

Schade et al. versuchten die PAK und Benzolderivate entsprechend ihren zeitaufgelösten Emissionsspektren in zwei Gruppen zu unterteilen und getrennt nachzuweisen [495–497]. Mit einem Multigas-Excimer-Laser (Stickstoff oder KrF) gelang der Nachweis von 0,5 mg 1^{-1} Öl in Wasser. Der Einsatz eines Ramanshifters mit einem frequenzverdreifachten Nd:YAG-Laser erlaubte über die Anregung bei 246 nm und 355 nm die Differenzierung zwischen den Benzolderivaten und mehrkernigen PAK. Mit einem faseroptischen Sensor bestehend aus zwei 5 m langen parallelen Quarzfasern konnte an einem industriellen Ölabscheider die Möglichkeit einer On-line-Überwachung demonstriert werden.

Chudyk und Kenny setzten zunächst einen Nd:YAG-Laser bei $\lambda = 266$ nm für den Nachweis von Benzolderivaten ein [498–500], untersuchten dann aber die Möglichkeiten der Messung von EEM mit einem Ramanshifter. Bei der Verwendung einer 40:60-Mischung von Wasserstoff und Methan konnten mit einem Nd:YAG-Laser bei $\lambda = 266$ nm gleichzeitig 14 Linien zwischen 257 nm und 400 nm mit Energien im Bereich einiger hundert µJ erzeugt werden [501–503]. Diese Linien können durch eine Aufspaltung mit einem Prismensatz in eine entsprechende Anzahl unabhängiger faseroptischer Sensoren eingekoppelt werden. Die einzelnen bare-Fiber-Sensoren befinden sich räumlich voneinander getrennt in einem Sensorkopf, die Anordnung entspricht somit einem Sensorarray. Für die gleichzeitige Beobachtung aller Sensoren ist neben einem Astigmatismus-korrigierten (Imaging-)Spektrographen ein entsprechender zweidimensionaler Detektor, d.h. eine CCD bzw. ICCD, notwendig, auf den sich alle Beobachtungsfasern abbilden lassen; Abbildung 26 zeigt einen entsprechenden Aufbau. Damit ist eine schnelle, simultane Messung der EEM möglich, frühere EEM-Systeme waren auf die Durchstimmung eines Farbstofflasers angewiesen. Dieser Ansatz läßt sich auf zeitaufgelöste EEM erweitern, so daß wie in Abb. 27 illustriert ein 4-dimensionaler Datensatz aus Anregungswellenlänge, Emissionswellenlänge, Zeit und der entsprechenden Intensität ermittelt werden kann. Aufgrund der breitbandigen Absorptionsbanden ist die diskontinuierliche Durchstimmbarkeit des Ramanshifters hier nicht von Bedeutung. Dieses multidimensionale System könnte auch eine verbesserte Charakterisierung der schon erwähnten komplexen organischen Matrizes, in denen die Kasha-Regel außer Kraft gesetzt ist, gestatten.

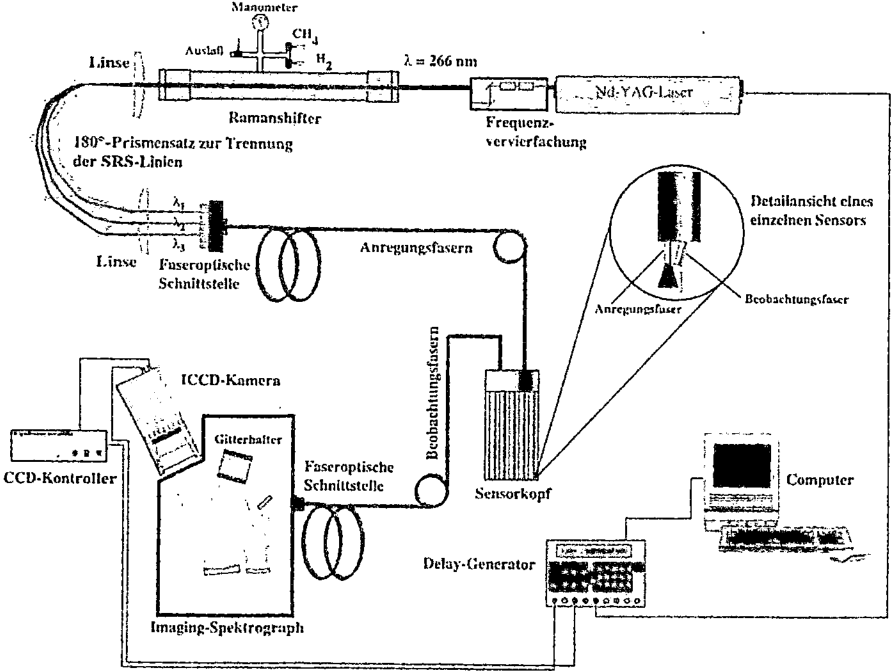

Abb. 26. Faseroptisches Sensorarray mit einem Ramanshifter und einer ICCD-Kamera für die Aufnahme von zeitaufgelösten Fluoreszenzanregungs- und Emissionsspektren

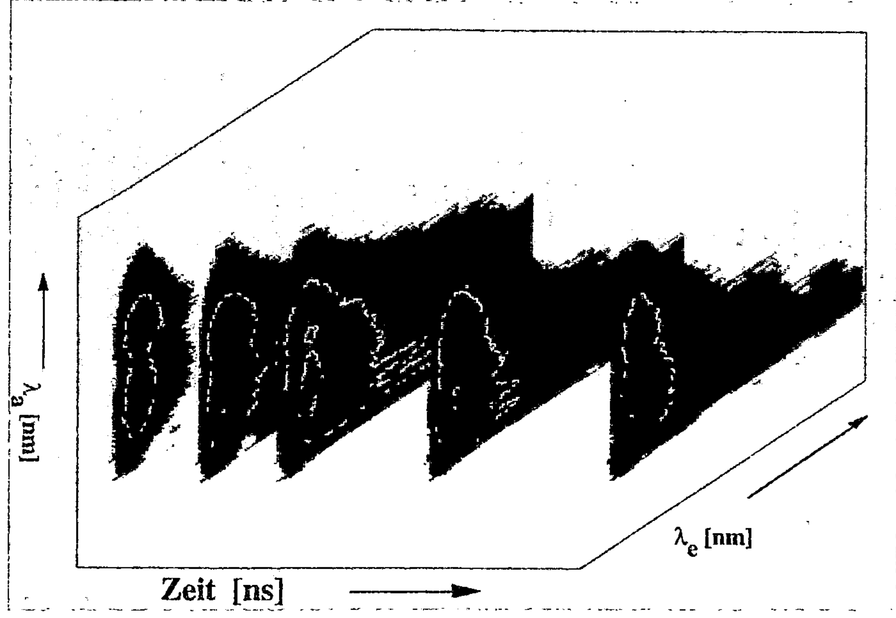

Abb. 27. Verallgemeinerte Datenstruktur eines zeitaufgelösten Fluoreszenzanregungs- und Emissionsspektrums (λ_a: Anregungswellenlänge; λ_b: Emissionswellenlänge)

Die Gruppe um Niessner demonstrierte mit dem in Abb. 28 dargestellten faseroptischen Sensorsystem für die Messungen von zeitaufgelösten Emissionsspektren, die Möglichkeiten einer stationären oder instationären Überwachung von aquatischen Systemen und den Einsatz für hydrogeologische Fragestellungen [145, 504–508]. Zur Anregung wurde ein gekapselter Stickstofflaser eingesetzt, die zeitaufgelöste Detektion der Fluoreszenz, welche mit einem bare-Fiber-Sensor angeregt wurde, erfolgte mit einem Photomultiplier und einem digitalen 500-MHz-Speicheroszilloskop.

Ein entsprechendes mobiles Gerät für die faseroptische Messung von Fluorophoren in aquatischen Systemen ist mittlerweile auch kommerziell erhältlich, Abb. 29 verdeutlicht den kompakten und robusten Aufbau. Durch eine Entfaltung des Fluoreszenzsignals von der Systemantwort ist eine zeitaufgelöste Detektion von Fluoreszenzemissionen mit ns-Abklingzeiten möglich. Abbildung 30 zeigt das zeitaufgelöste Emissionsspektrum einer Mischung von drei umweltrelevanten PAK, während Abb. 31 die durch Faktorenanalyse ermittelten statischen Emissionsspektren der einzelnen Komponenten wiedergibt. Die Lebensdauern der PAK konnten ebenfalls aus der Faktorenanalyse von Abb. 30 zurückgewonnen werden (Benzo[a]pyren: $\tau = 18,8\,\mathrm{ns}$, Fluoranthen: $\tau = 31,3\,\mathrm{ns}$, Pyren: $\tau = 127,3\,\mathrm{ns}$). Für einzelne PAK konnten mit dem Sensorsystem Nachweisgrenzen im Bereich $10\,\mathrm{ng\,l^{-1}}$ $-100\,\mathrm{ng\,l^{-1}}$ erzielt werden, für PAK-Mischungen konnten je nach Überlappung der zeitaufgelösten Spektren mit der Rangannihilierungs-Faktoren-

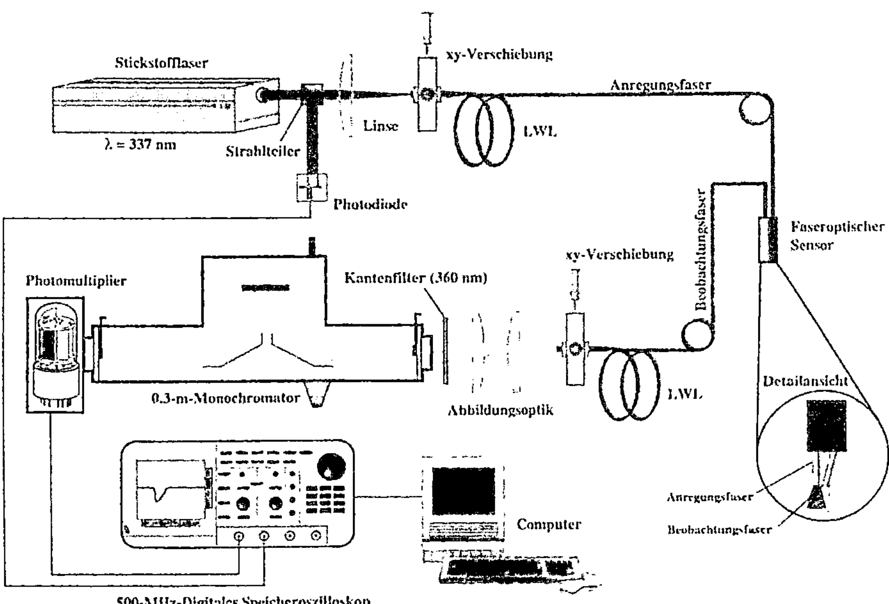

Abb. 28. Faseroptisches Sensorsystem für die Messung von zeitaufgelösten Fluoreszenzemissionsspektren

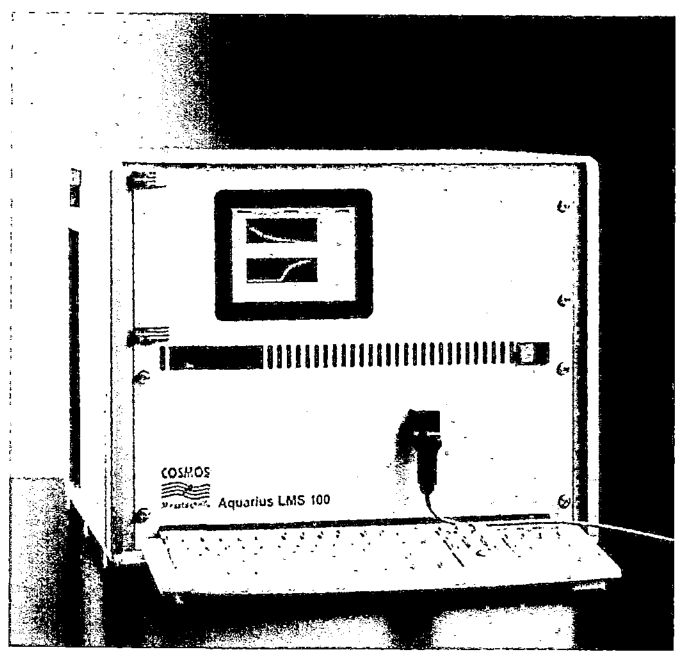

Abb. 29. Mobiles faseroptisches Sensorsystem (vgl. Abb. 28, mit Erlaubnis der Firma Cosmos Messtechnik, Obergünzburg, BRD)

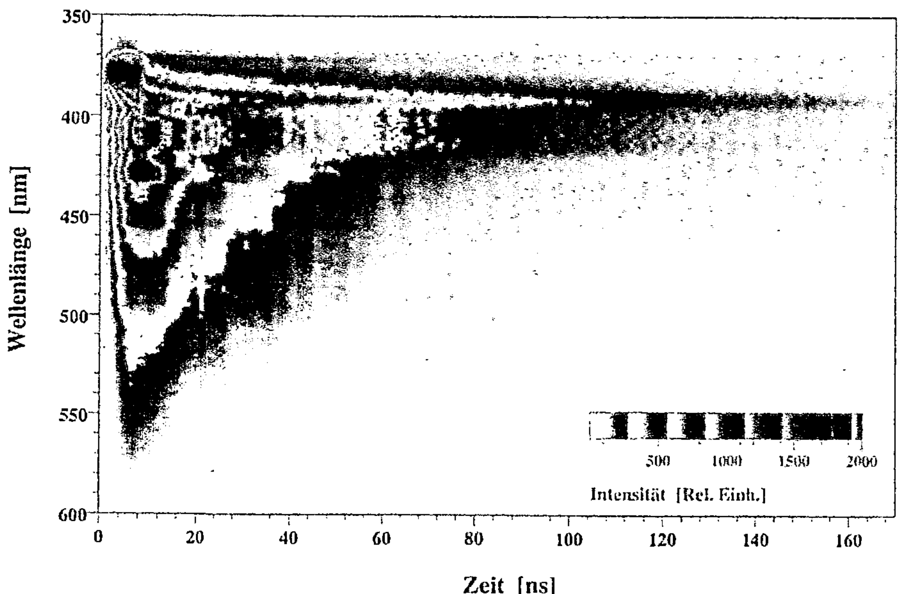

Abb. 30. Zeitaufgelöstes Fluoreszenzemissionsspektrum von Benz[a]pyren, Fluoranthen und Pyren

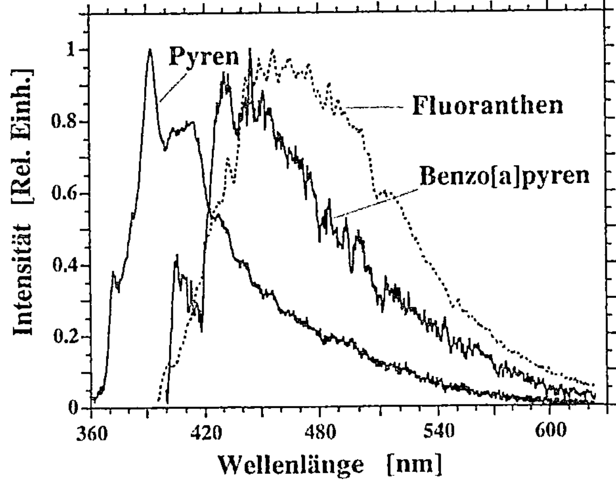

Abb. 31. Statische Emissionsspektren von Benzo[a]pyren. Fluoranthen und Pyren aus der Faktorenanalyse des zeitaufgelösten Fluoreszenzemissionsspektrum in Abb. 30

analyse (RAFA) [509–511] Nachweisgrenzen im Bereich 0,5 µg l^{-1} – 1 µg l^{-1} erreicht werden. Komplexe Mischungen wie die in Abb. 32 dargestellten Altöle unterschiedlicher Herkunft lassen sich zwar nicht mehr in einzelne Komponenten trennen, allerdings können sie mit Methoden der Mustererkennung von natürlichen Fluorophoren differenziert werden, so daß z. B. eine kritische Leckage in den Sickerwasserleitungen von Deponien erkannt werden kann [504]. Ähnliche Ansätze zur Erkennung von charakteristischen zeitaufgelösten Emissionsspektren wurden auch von anderen Autoren für Altöle berichtet [491, 512, 513].

Für die Bodenanalytik hat sich in der Praxis die Verwendung von Rammsonden mit faseroptischen Sensoren bewährt, die innerhalb des Bohrgestänges mitgeführt werden. Auf diese Weise konnten von verschiedenen Autoren Altlasten bis zu Tiefen von 60 m untersucht werden, Schwerpunkt sind hier besonders Treibstoffaltlasten [499, 514–520]. Qualitative Untersuchungen von Apitz et al. [519] verdeutlichen die Probleme, die hier durch die Fluoreszenz von Bodeninhaltsstoffen auftreten, und die vielfältigen Wechselwirkungen von PAK mit Boden, d. h. z. B. Löschung und Energietransfer.

Untersuchungen von Kumke et al. mit zeitaufgelösten Fluoreszenzemissionsspektren bestätigten die Schwierigkeiten, welche bei der Quantifizierung von PAK durch die Wechselwirkung mit dem Boden auftreten können. Die Emission wird dabei ausschließlich durch dynamische Löschung vermindert, der Huminstoffgehalt des Bodens hat dabei wie erwartet einen wesentlichen Einfluß auf die beobachtete Gesamtintensität [521].

Die PAK sind auch im Bereich der Abgasüberwachung von entsprechender Relevanz; erste Arbeiten zur On-line-Beobachtung von PAK in Abgasen, speziell zur Adsorption von PAK auf verschiedenen Aerosolsystemen, wurden von der Gruppe um Niessner vorgenommen [505, 508, 522–524]. Die Anwendung der zeitaufgelösten Fluoreszenz erlaubte dabei zum erstenmal eine On-line-Detektion von PAK adsorbiert auf Aerosolen mit Nachweis-

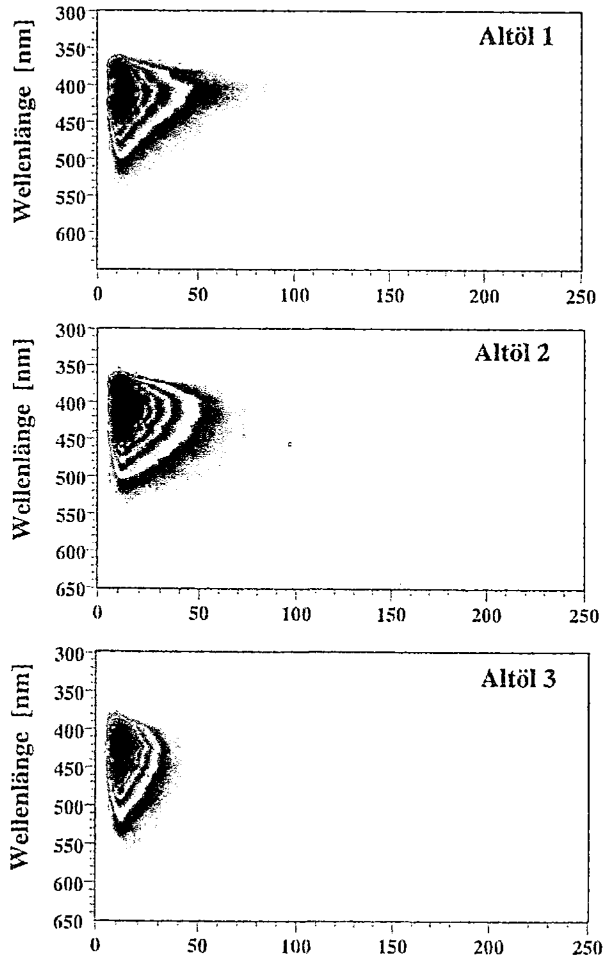

Abb. 32. Zeitaufgelöste Fluoreszenzemissionsspektren von drei Altölen unterschiedlicher Herkunft

grenzen zwischen 30–100 ng m^{-3}. Die Excimer-Kinetiken von PAK auf Aerosolen konnten ebenfalls analysiert werden, diese Prozesse sind mit der statischen Fluoreszenz nicht zugänglich. Abbildung 33 zeigt die Excimerbildung von Pyren auf NaCl-Aerosolen, deutlich sind unterschiedliche Abklingzeiten zu erkennen. Eine genauere Analyse der Daten aus Abb. 33 konnte sogar zeigen, daß die Excimerfluoreszenz zu einem späteren Zeitpunkt als die Monomerfluoreszenz einsetzt. Weitere Ergebnisse aus diesen Arbeiten deuten darauf hin, daß mittels Thermodesorption mit bescheidener Selektivität Gruppen von PAK zur Detektion quantitativ in die Gasphase überführt werden können und so eine Bestimmung von PAK auf Rußaerosolen, auf denen eine starke Fluoreszenzlöschung erfolgt, möglich wird. Von Funk et al. wurden erste Untersuchungen zur Fluoreszenz von repräsentativen Dioxinen

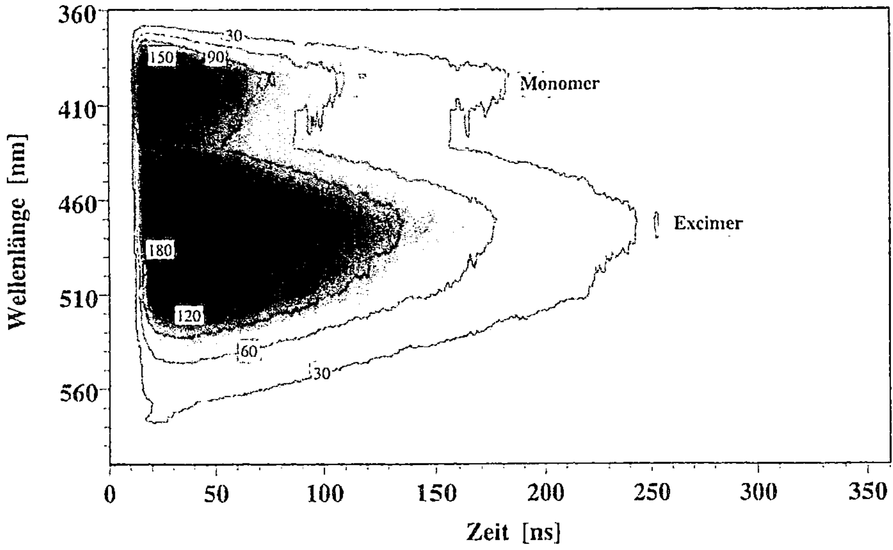

Abb. 33. Detektion der Excimerbildung von PAK auf Aerosolen mittels zeitaufgelöster Fluoreszenzspektroskopie (Pyren auf NaCl-Aerosol mit 100 nm Durchmesser)

und Furanen in der Gasphase beschrieben [525]. Die Fluoreszenz dieser Analyten wird erwartungsgemäß durch den Chlorierungsgrad wesentlich beeinflußt, so daß aufgrund der geringen Quantenausbeuten nur Nachweisgrenzen von 100 ng m^{-3} abgeschätzt wurden, was allerdings für Überwachungszwecke nicht ausreicht. Die Emissionen sind im Vergleich zu mehrkernigen PAK wie Benzo[a]pyren blauverschoben, eine Differenzierung könnte möglicherweise über EEM erreicht werden.

Die Fluoreszenzspektroskopie findet darüber hinaus auch bei einer Vielzahl von diagnostischen Messungen an Verbrennungsvorgängen in Flammen, Motoren und Turbinen Anwendung. Hier sind vor allen Dingen bildgebende Verfahren gefordert, die eine Aussage über die räumliche Verteilung von Spezies wie den PAK, OH-Radikalen, NO$_x$ und dem eigentlichen Treibstoff ermöglichen. Eine Übersicht über die umweltrelevanten Applikationen ist in diesem Rahmen nicht möglich, für eine Übersicht vgl. die Monographie von Eckbreth [526] und z. B. [527−533].

Die laserinduzierte Fluoreszenzspektroskopie hat natürlich auch im Bereich der Luftanalytik weitere Anwendung gefunden, besonders bei LIDAR-Techniken für die Untersuchung von Emissionsquellen z. B. durch Messung in Abgasfahnen. Analyten, die für die globale Klimaveränderung relevant sind, sind dabei zunehmend in den Vordergrund gerückt. Neben Aussagen über atmosphärische Schadstoffkonzentrationen haben LIDAR-Verfahren häufig auch konkreten ökonomischen Nutzen für die Verbesserung der langfristigen Wettervorhersagen bzw. zur Sicherung des Flugverkehrs. Die Technik kann dabei auf den unterschiedlichsten Plattformen, sei es auf Flugzeugen, Helikoptern oder Schiffen eingesetzt werden. Für einen Überblick über die verschiedenen LIDAR-Fluoreszenz-Ansätze sei hier nur auf einige Arbeiten hingewiesen, so die Monographie von Measures [416] und die Arbeiten von Bristow [534–536] Svanberg [420, 537, 538] und Schiff [539]. Schwerpunkt vieler Arbeiten ist dabei die Fernerkundung von Treibstoff oder Huminstoffen in Wasser [540–544].

Eine Möglichkeit zur Bestimmung von Analyten ohne native Fluoreszenz ist nur über eine Derivatisierung oder Komplexierung mit einem fluoreszierenden Reagenz möglich. Ansätze zur Verwendung von Antikörpern zur spezifischen Bindung [545] an faseroptische Sensoren dieser zweiten Generation wurden von Vo-Dinh vorgestellt [546–549], Schwerpunkt war hier die Detektion von Benzo[a]pyren und den entsprechenden Metaboliten. Die meisten Schwermetalle besitzen in wässeriger Lösung keine native Fluoreszenz, analytisch relevante Ausnahmen sind die Lanthaniden. Besonders das Uranylion wurde im Zusammenhang mit der Analytik von nuklearen Abfällen intensiv untersucht; mit einer zeitaufgelösten Beobachtung konnten verschiedene Autoren Nachweisgrenzen von einigen ng 1^{-1} berichten [550–553].

Ansätze zur Bestimmung von Schwermetallen mit fluoreszierenden Chelaten wurden von Caroll et al. [554] unternommen. Niessner et al. [555] beschrieben ein faseroptisches Sensorarray, welches auf der Verwendung von mehreren Komplexbildnern für die Bestimmung eines Analyt-spezifischen Musters beruht. Die Anregung erfolgte mit einem Stickstofflaser, die Emission von mehreren Sensoren wurde simultan durch die Abbildung der LWL auf eine CCD beobachtet. Hier sind gerade im Bereich der Fluoreszenzmarkierungsstoffe und der Sensorgeometrien noch erhebliche Entwicklungen möglich. So könnten z.B. Sol-Gele die Probleme der Immobilisierung solcher Reagenzien an LWL lösen [481, 556], andere Ansätze beruhen auf der Bildung Nanoliter-Reservoirs an Faserenden oder einer Vergrößerung der Oberfläche durch sphärische Faserspitzen [469].

Die Verwendung von Fluoreszenzspektren wird, wie oben schon diskutiert, durch die breitbandigen spektralen Attribute bei Raumtemperatur (5–50 nm) behindert. In festen Tieftemperaturmatrizes werden hingegen sehr scharfe Banden beobachtet, da die Diffusion von Molekülen im Wirtsgitter gehemmt wird, der Energietransfer limitiert ist, und dynamische Löschvorgänge dann wesentlich reduziert werden. Die inhomogene Linienverbreiterung durch unterschiedliche lokale Umgebungen wird durch die Einbettung in ein homogenes Lösungsmittel (zumeist Paraffine) bei tiefen Temperaturen reduziert. Wesentliche Voraussetzungen für diesen 1952 von E.V. Shpolskii entdeckten Effekt [557–561] sind: Die Temperaturen der Probe in der Matrix sollten im Bereich von 10–20 K liegen, was mit geschlossenem Heliumkryostaten heute sehr leicht möglich ist. Um den Lösungsmitteleffekt für eine verbesserte spektrale Auflösung (typische Bandbreiten 0,01–0,1 nm) weiter zu verringern, sollte die längste Dimension des Gastmoleküls und des Wirts übereinstimmen, da die Gastmoleküle mehrere Wirtsmoleküle substituieren. Die Konzentration der Analyten sollte möglichst gering sein, um Aggregatbildung zu vermeiden (Größenordnung $< 5 \cdot 10^{-6}$ mol 1^{-1}). Die Anregung muß aufgrund der schmalen Absorptionsbanden mit einem durchstimmbaren Farbstofflaser geringer Bandbreite erfolgen. Die Vorteile dieser Technik, die bisher fast ausschließlich für PAK in unterschiedlichsten Matrizes verwendet wurde, ist die große Selektivität, d.h. es können selbst Methylisomere unterschieden werden.

Die Nachweisstärke ist in der Größenordnung von einigen ppt für die PAK mit einem dynamischen Bereich von 5 Größenordnungen [558, 562–564]. Die Bestimmung erfolgt nur über interne Standards, da die Reproduzierbarkeit sehr stark mit der Probenart, der thermischen Genese und der Vorbereitung der Probe schwankt. Mit deuterierten Standards, die eine Rotverschiebung von ≈ 1 nm aufweisen, ist eine Reproduzierbarkeit in der Größenordnung von $\pm 10\%$ möglich. Verschiedene Autoren versuchten durch Automatisierung und geringe Probenmengen eine Routineanalytik mit der Shpolskii-Spektroskopie zu erreichen [557, 565]. Ariese et al. z.B. konnten mit einer Zelle mit μl-Volumen einen Kühlzyklus von < 1 s verwirklichen, die schnelle Abkühlung ist eine Voraussetzung für eine reproduzierbare Quantifizierung [566, 567]. In komplexen Matrizes wie Fischleber wurde damit die Bestimmung von PAK und PAK-Metaboliten im ng 1^{-1}-Bereich möglich. Der Gruppe um Velthorst gelang auch nach einfacher Extraktion von Boden und Sedimenten die Detektion des neu entdeckten Dibenzo[a,l]pyren, welches möglicherweise das karzinogenste bekannte PAK ist [568].

Für polare Analyten, die nicht in Paraffinmatrizes eingebettet werden können, ist die Tieftemperatur-Fluoreszenz mit Verringerung der Bandbreite (Fluorescence Line Narrowing, FLN) eine Alternative [559, 569–572]. Mit einer Anregung mit einer geringeren Bandbreite (0,1 cm^{-1}) als die inhomogene Linienverbreiterung (ca. 100 cm^{-1}) kann eine definierte Untermenge der Analyten entsprechend dem Energieunterschied zwischen dem niedrigsten elektronischen Zustand S_0 und einem vibronischen Zustand im angeregten Zustand S_1 untersucht werden. Diese Anregung kann allerdings nur einen kleinen Bruchteil der Analyten erfassen, typischerweise ist das Verhältnis in der Größenordnung von $1:10^4$. Die Emissionsbandbreite (homogene Linienbreite) ist abhängig von der Lebensdauer des angeregten Zustandes, so daß nur Zustände mit ns- und ps-Lebensdauern erfaßt werden können. Weiterhin hat die Entwicklung der angeregten Population einen wesentlichen Einfluß auf das Signal, d.h. während der Lebensdauer sollte keine Löschung oder Energietransfer stattfinden. Da aufgrund von intensiven Seitenbanden eine Kopplung an die Gitterschwingungen ebenfalls vermieden werden sollte, müssen die Temperaturen niedriger als in Shpolskii-Matrizes sein (< 20 K).

Die Emission enthält damit vibronische Informationen und ist so sehr selektiv im Vergleich zur konventionellen Fluoreszenzspektroskopie. Instrumentelle Voraussetzung ist hier ebenfalls ein durchstimmbarer Farbstofflaser mit der entsprechenden Bandbreite, ansonsten kann eine konventionelle Fluoreszenzdetektion erfolgen. Die Nachweisgrenzen sind im ppb-Bereich, allerdings sind bisher nur wenige analytische Arbeiten bekannt. Eine interessante Variante ist die von Vandenesse et al. beschriebene Möglichkeit der Off-line-Kopplung an eine Trennung mittels Flüssigkeitschromatographie-Dünn-schichtchromatographie. Auf diese Weise konnten Pyrene und mehrere Mono-, Di-, und Trichlorpyrene isomerenspezifisch nachgewiesen werden [571].

4.4 Laserinduzierte Photofragmentierung

Die laserinduzierte Photofragmentierung (LPF) hat sich besonders für Moleküle in der Gasphase bewährt, die keiner direkten Analyse mittels spektroskopischer Methoden wie der Fluoreszenz zugänglich sind oder mit alternativen Methoden nur unbefriedigende Nachweisgrenzen erlauben. LPF beruht auf der Fragmentierung des Analyten in kleinere, meist zwei- oder drei-atomige Moleküle oder Atome, die spektroskopisch besser über Absorption, Fluoreszenz oder Photoionisation bestimmt werden können [573]. Abbildung 34 verdeutlicht die einzelnen Schritte: Der Analyt wird zunächst durch einen einfachen oder Multiphotonen-Absorptionsprozess resonant mit der Laserwellenlänge λ_1 angeregt. Aus dem angeregten Zustand heraus erfolgt die

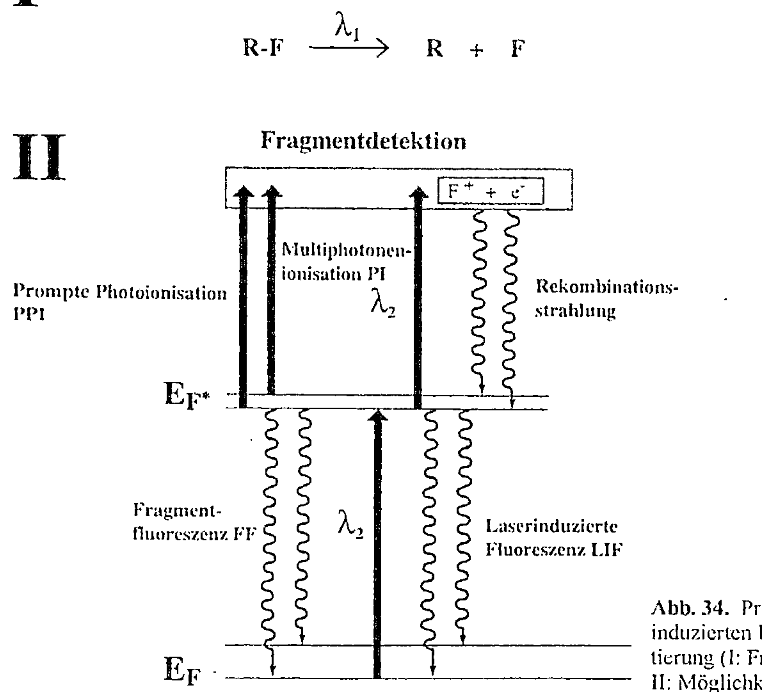

Abb. 34. Prinzip der laser-induzierten Photofragmen-tierung (I: Fragmentierung; II: Möglichkeiten zur Detektion der Fragmente)

Dissoziation in ein Fragment F mit einer internen Energieverteilung und ein entsprechendes Radikal R. Befindet sich das Fragment F in einem elektronischen Anregungszustand E_{F*} kann es aufgrund seiner nativen Fragment-Fluoreszenz (LPF/FF) detektiert werden. Eine andere Möglichkeit ist die Verwendung eines zweiten Lasers mit der Wellenlänge λ_2, welcher nach einer Zeitverzögerung den Nachweis des Fragmentes F mittels laserinduzierter Fluoreszenz (LPF/LIF) oder Multiphotoionisation (LPF/PI) erlaubt. In einigen Fällen kann auch mit einem einzigen Laser ($\lambda_1 = \lambda_2$) Fragmentierung und Anregung der Fluoreszenz bzw. prompte Photoionisation (LPF/PPI) erfolgen.

Trotz der Multiphotonen-Prozesse sollte der LPF-Prozeß nicht mit LIBS (vgl. Abschn. 3.2) verwechselt werden, die Energieflußdichten für LPF gestatten keinen Plasmadurchbruch. Die Produkte der Fragmentierung sind charakteristisch für den ursprünglichen Analyten und die zur Fragmentierung verwendete Wellenlänge λ_1, d. h. die spektrale Abhängigkeit der Fragmentierung kann ebenfalls analytisch genützt werden. Da die Fragmentierungsprozesse für bestimmte funktionelle Gruppen optimiert werden können, erlaubt LPF den selektiven Zugang zu Analytklassen, wie z. B. den chlorierten Kohlenwasserstoffen durch gezielte Spaltung der C–Cl-Bindung.

Wie von verschiedenen Autoren berichtet, ist der Prozeß auch spezifisch für Isomere und kann, da LPF Informationen über die neutralen Spezies einer Fragmentierung liefert, als komplementär zu einer massenspektrometrischen Detektion angesehen werden. Die Verteilung der Energiezustände der Molekülfragmente hat typischerweise für den elektronischen Grundzustand ein Maximum [573, 574], so daß mit Methoden, welche die Besetzung des Grundzustandes detektieren wie LPF/LIF bzw. LPF/PI, in vielen Fällen die Nachweisgrenzen besser sind als für LPF/FF. Da die Zeitkonstanten der Photoionisation (ps-Bereich) sich deutlich von den Geschwindigkeitskonstanten der Fluoreszenz (im Bereich einiger ns) unterscheiden, ist der LPF/PI-Ansatz prinzipiell weniger anfällig gegenüber Löschprozessen als die LPF/LIF-Technik. Eine massenspektrometrische Detektion in Kombination mit LPF/PI könnte daher die von Letokhov prognostizierte ultimative analytische Methode in Bezug auf Selektivität und Empfindlichkeit darstellen [575]. Der Einsatz einer solchen Kopplung in der Routineanalytik ist aufgrund der komplexen Instrumentierung auch weiterhin als unrealistisch einzustufen.

LPF/LIF ist daher von den diskutierten Möglichkeiten der Fragment-Detektion die am häufigsten angewendete Methode. Die eingesetzte Instrumentierung entspricht der für die Fluoreszenz in Abschn. 4.3 beschriebenen Meßtechnik. Für eine Detektion in der Gasphase kann ein Fluoreszenzuntergrund (z. B. durch Eintrittsfenster etc.) soweit reduziert werden, daß die S/N-Verhältnisse in diesem Falle nur durch Schottky-Rauschquellen beeinflußt werden.

Die bekanntesten Applikationen der Photofragmentierung sind im Bereich der atmosphärischen Spurengase [576–578] zu finden. So konnte die Gruppe um Bradshaw LPF/LIF-Nachweistechniken für NH_3, SO_2, und NO_2 entwickeln [579–581], die auch in realistischen Feldversuchen am Boden und in Flugzeugen Nachweisgrenzen im ppt(v)-Bereich mit einer Zeitauflösung von einigen Minuten erbrachte. Die Richtigkeit wurde im Vergleich mit konventionellen Methoden bestätigt [582, 583]. Wehry et al. berichtete in Arbeiten zum Mechanismus der LPF-Technik nicht nur von der Detektion von NH_3, Aminen und Nitrilen im ppb-Bereich auf der Basis der Detektion der charakteristischen NH-, CN- und C_2-Fragmente mit LPF/LIF [423, 584, 585], sondern konnte auch die Differenzierung von isomeren Verbindungen [586, 587], z.B. Nitrilen und Alkenen mit LPF/LIF bzw. LPF/FF demonstrieren. Die atmosphärischen Säuren HNO_2 [588] und HNO_3 [589, 590] konnten durch Nachweis des OH-Fragments ebenfalls erfolgreich mit LPF im ppt(v)-Bereich bestimmt werden. Die Arbeiten von Papenbrock und Stuhl zeigten, daß der LPF/FF-Ansatz mit anderen Techniken in Feldversuchen vergleichbar ist und besonders durch seine hohe Zeitauflösung besticht [590]. Ansätze für die Detektion von atmosphärisch relevanten Aerosolen, wie z.B. von ultrafeinen H_2SO_4-Tröpfchen, mittels LPF/LIF existieren ebenfalls [279, 591]. Simeonsson et al. [592–594] und verschiedene andere Autoren [595, 596] zeigten, daß auf der Basis der LPF/PI bzw. LPF/LIF-Detektion von NO bzw. NO_2 auch organische Verbindungen mit der NO_2-Gruppe, besonders Sprengstoffe wie TNT und RDX als Gase im ppb(v)-Bereich nachgewiesen werden können. Die On-line-Überwachung von Verbrennungsvorgängen ist ein weiterer Einsatzbereich der LPF-Technik. Die Klasse der chlorierten Kohlenwasserstoffe (CKW) ist z.B. nach Fragmentierung der C–Cl-Bindung bei $\lambda = 193$ nm mit einem ArF-Excimerlaser über die Zwei-Photonen-Absorption des Cl-Atoms bei $\lambda = 233$ nm und Beobachtung der Fluoreszenz des $Cl(^4S^0 - {}^4P)$-Multipletts bei 725 nm, 755 nm und 775 nm zugänglich [597–600]; analoge experimentelle Aufbauten für die LPF/PI-Bestimmung wurden für bromierte Verbindungen publiziert [601]. Andere Ansätze beruhen auf der LPF/FF-Bestimmung des C–Cl-Fragmentes, welches ebenfalls nach einer UV-Photodissoziation der CKW bei $\lambda = 193$ nm mit einem ArF-Excimerlaser entsteht [602, 603].

Aufgrund der korrosiven Wirkung von Alkalimetallsalzen auf Turbinensysteme in Kohlekraftwerken, besteht ein unmittelbarer Bedarf an einer On-line-Nachweistechnik für Alkalisalze wie NaCl, KCl etc. in den entsprechenden Prozeßgasen. Da die Alkalisalze im VUV-Bereich starke Absorptionsbanden aufweisen, ist die Fragmentierung mit der Primärwellenlänge des ArF-Excimerlasers bei $\lambda = 193$ nm möglich. Die Detektion erfolgt durch Beobachtung der Fragment-Fluoreszenz bei den Resonanzlinien von Na(I) und K(I); die Nachweisgrenzen sind im Bereich < 1 ppb [604–607]. Yeung et al. konnten diesen Ansatz auch für den Nachweis von Natrium und Kalium in Humanerythrocyten adaptieren, mit einer Durchflußzelle gelang der Nachweis von absolut 8 fg Natrium in einzelnen Zellen. Organische Metallverbindungen [608], wie z.B. Quecksilberorganyle [609], und die Hydride von Arsen und Phosphor [610, 611] sind ebenfalls über LPF/FF zugänglich.

4.5 Ramanspektroskopie

Seit der Verfügbarkeit von Ar-Ionen-Lasern ist der Begriff Ramanspektroskopie identisch mit einer Laser-Ramanspektroskopie, d.h. der Laser ist hier ein fester Bestandteil eines konventionellen Systems. Die Ramanspektroskopie mißt die Größe und Intensität von Frequenzverschiebungen aus der inelastischen Streuung von Licht an Materie [612]. Obwohl der Ramaneffekt eine Fülle an molekülspezifischen Informationen liefert und damit eine hohe Selektivität erlaubt, ist die analytische Bedeutung dieser Methode für die Umweltanalytik lange Zeit marginal gewesen. Neben der geringen Effizienz der Ramanstreuung war bislang die aufwendige Instrumentierung (Doppel- oder Dreifachmonochromatoren und stationäre Lasersysteme, wie Ar- oder Kr-Ionen-Laser mit hohen Anforderungen an die Infrastruktur) zur Differenzierung der Ramanphotonen von den elastisch gestreuten Photonen ein wesentliches Hindernis für einen Einsatz in der Routineanalytik. In der Praxis wird das Ramansignal häufig noch von einer Fluoreszenz des Analyten oder anderer Inhaltsstoffe überlagert, das Signal ist bei einer Anregung mit 488 nm oder 514 nm (Ar-Ionen-Laser) häufig um mehrere Größenordnungen intensiver als die Ramanstreuung.

Zwei Trends der letzten Jahre haben den Einsatz der Ramanspektroskopie in der Analytik für umweltrelevante Messung jedoch interessant gemacht: Die Verfügbarkeit von FT-Raman-Systemen und die Möglichkeit mit CCD-Detektoren, Laserdioden oder Festkörperlasern und holographischen Elementen kleine dispersive Ramanspektrometer zu realisieren.

1986 konnten Hirschfeld und Chase zum ersten Mal das Konzept der Fourier-Transform(FT)-Ramanspektroskopie im NIR-Bereich demonstrieren [613]. Die Anregung erfolgt bei gängigen kommerziellen FT-Raman-Instrumenten mit einem kontinuierlichen Nd:YAG-Laser, der Interferometerteil entspricht einem konventionellen FT-IR-System. Der wesentliche Vorteil bei einer Anregung mit $\lambda = 1064$ nm ist die Minimierung der Fluoreszenz und Photofragmentierung, natürlich können auch die bekannten Vorteile der Fourier-Spektroskopie (Jacquinot- und Fellget-Vorteil) genutzt werden. Neben der Anregung mit einem Nd:YAG-Laser kann die Anregung auch mit anderen NIR-Laserquellen erfolgen. So wurden von Wilson et al. die Möglichkeiten einer Anregung mit Laserdioden bei 780 nm, 835 nm und 920 nm mit der Anregung mit einem Nd:YAG-Laser verglichen [614]. Für repräsentative anorganische Proben konnten qualitativ gute FT-Ramanspektren aufgenommen werden, für organische Proben gelang nur für 920 nm und 1064 nm eine ausreichende Reduktion der Fluoreszenz. Probleme ergaben sich bei den ersten FT-Raman-Systemen zunächst aus der Filterung der Rayleighlinie, die den dynamischen Bereich beschränkt. Aufgrund des Fourier-Prinzips wird die Linie über das gesamte Spektrum verteilt und kann so Ramanlinien mit wesentlich geringerer Energie überdecken. Neben Doppelmonochromatoren mit subtraktiver Dispersion wurden hier in der ersten Gerätegeneration Bandpassfilter (bis 400 cm^{-1} relativ zur Rayleighlinie) oder Chevronfilter (bis 50 cm^{-1} relativ zur Rayleighlinie) eingesetzt, allerdings mit erheblichen Einbußen in der Transmission. Ein wichtiger Meilenstein war daher die Entwicklung von holographischen Filtern, die aus der Interferenz zweier kohärenter Laserstrahlen in einem photoaktivem Medium hergestellt werden können. Die entsprechenden Kantenfilter weisen für die Laserlinien im VIS/NIR-Bereich optische Dichten von 4,0–6,0 auf und erlauben die Messung von Stokes- und Anti-Stokes-Linien, welche zur Anregungslinie eine Verschiebung von nur $\pm$ 50 cm^{-1} aufweisen [615–618].

Die Transmission außerhalb des Filterbereiches ist zumeist $> 90\%$, so daß auch schwache Ramansignale registriert werden können. Eine bessere Filtermöglichkeit ist nur mit experimentell aufwendigeren Atomdampffiltern zu erreichen, diese gestatten eine Unterdrückung der Rayleighlinie mit einer optischen Dichte >10.

Neben den typischen Bleisulfid(PbS)detektoren aus FT-IR-Geräten sind heute vermehrt InGaAs- und hochreine Germaniumdetektoren mit deutlich verbesserten Signal-zu-Rauschen-Charakteristika im Einsatz [619]. Die InGaAs-Systeme können auch thermoelektrisch gekühlt werden, so daß kein Kryostat mehr nötig ist. In der Zukunft könnten sich auch aus den bisher nur für militärische Applikationen eingesetzten InSb-Vielkanaldetektoren (IR-Focal-Plane-Array, FPA) spektroskopische Anwendungsmöglichkeiten ergeben, die für den Bereich zwischen 1–20 µm in Größen von 1024 × 1024 Pixel hergestellt werden können. Lewis et al. konnten zeigen, daß mit einem FT-Betrieb eines FPA durch den Multiplex-Vielkanal-Vorteil ein schneller bildgebender Betrieb mit hoher räumlicher und spektraler Auflösung möglich wird [620, 621].

FT-Raman Messungen sind für eine Vielzahl von organischen und anorganischen Analyten anwendbar, so daß hier nur auf die entsprechenden Übersichten in der Literatur verwiesen werden kann [622–629], hervorzuheben sind hier besonders die Monographien von Schrader, Graselli und Hendra [327, 630, 631]. Eine empfindliche Detektion im ppm-Bereich ist dabei nur in Lösungen bzw. Festkörpern möglich, die Nachweisgrenzen für Gase sind aufgrund der geringen Anzahl von Streuzentren im Prozentbereich. Weiterhin hat hier die Anregung im NIR-Bereich keine Vorteile bzgl. der Fluoreszenzerniedrigung gegenüber konventionellen Ramanspektrometern, so daß FT-Raman für Gase wohl keine Zukunft haben wird [632]. Faseroptische Schnittstellen, die eine Übertragung der Anregung sowie auch der Ramanphotonen erlauben, können den Einsatz von FT-Ramanspektrometern in der Praxis besonders für eine Fernerkundung erleichtern [633–637].

Holographische Strahlteiler gestatten hier eine Diskriminierung der Anregungswellenlänge gegenüber den Ramanlinien aus der Faser [638, 639]. Abbildung 35 zeigt den prinzipiellen Aufbau eines faseroptischen Ramansensors. Daneben ist auch die Optimierung der Beobachtungsgeometrie und der Einkopplung in die Faser [464, 465, 640] für die S/N-Verhältnisse entscheidend. Eine Kopplung mit einem konventionellen Lichtmikroskop ist ebenfalls bei einer Anregung im NIR-Bereich möglich; mit Lasern kann in einer konfokalen Anordnung eine µm-Auflösung realisiert werden [626]. Mit den Entwicklungen im Bereich der CCD-Kameras, der Laserdioden und der holo-

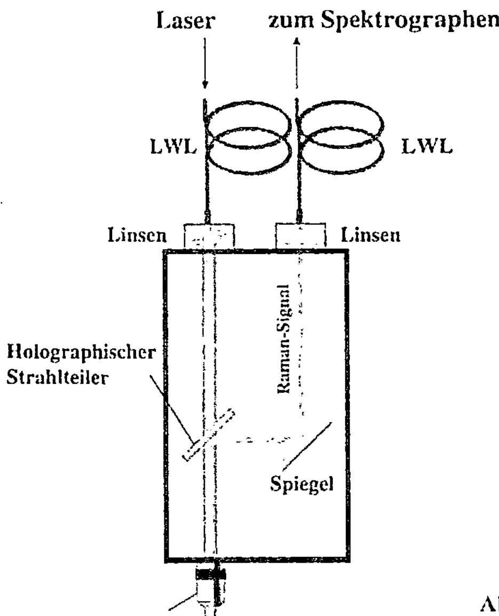

Abb. 35. Faseroptischer Ramansensor mit holographischem Strahlteiler

graphischen Filter sind heute besonders die dispersiven Ramanspektrometer für analytische Zwecke reizvoll. Neben den bereits diskutierten Vorteilen der Laserdioden sind auch Ti:Saphir-Laser als durchstimmbare NIR-Laserquelle sehr gut geeignet. So berichteten Doig et al. von einem Argon-Ionen gepumpten Ti:Saphir-Laser, der mit einer 76-MHz-Wiederholrate, Leistungen zwischen 1,5 W und 2,3 W und einer Pulsbreite von 2 ps im Bereich von 765−910 nm kontinuierlich durchgestimmt werden konnte. Über eine Frequenzvervielfachung ergaben sich im Bereich 205−400 nm Leistungen von 15−90 mW, die z.B. für die Resonanz-Ramanspektroskopie (s.u.) genutzt werden können [641]. Von Engert et al. stammen Untersuchungen mit einem Laserdioden-gepumpten Nd:YLF-Laser bei $\lambda = 1047$ nm bzw. frequenzverdoppelt bei $\lambda = 523$ nm; mit einer Wiederholrate von 10 kHz wurden Leistungen zwischen 10−200 mW erhalten [642]. Eine Reihe von Autoren beschrieben Systeme mit einem einfachen 0,3 m- oder 0,5 m-Monochromator, einem holographischen Filter für die Rayleighlinie und einer thermoelektrischen- oder mit flüssigem Stickstoff-gekühlten CCD-Kamera [622, 642−645]. Von Everall et al. bzw. der Gruppe um Pallister wurden Spektrometer mit einem holographischen Transmissionsgitter untersucht [644, 646, 647]. In Kombination mit einem CCD-Detektor und einem Laserdioden-gepumpten Nd:YAG-Laser kann so ein äußerst kompaktes System ohne bewegliche Teile und einem hohem Lichtdurchsatz (f/1.8) aufgebaut werden. Durch die Verwendung von zwei Hologrammen in einem Transmissionsgitter ist es möglich, ein Ramanspektrum zwischen (−1600−4500 cm^{-1} relativ zur Anregungslinie) in zwei Zeilen auf den CCD-Chip abzubilden [622, 647].

Von Pallister et al. wurde auch der Einsatz von zwei angepaßten holographischen Gittern als variabler Spektralfilter beschrieben. Mit einer Transmission von mehr als 70% gelang eine bildgebende Ramanspektroskopie von mineralischen Einschlüssen [646]. Mit Astigmatismus-korrigierten Spektrographen oder AOTF [31, 34, 648] haben auch die bildgebenden Verfahren z. B. mit konfokalen Mikroskopen [649–651] oder konfokalen faseroptischen Sensoren [647] an Popularität gewonnen. Morris et al. konnten zeigen, daß mit einem Lyot-Flüssigkristallfilter ein Bereich von -564 cm^{-1} bis 4052 cm^{-1} (relativ zur Anregung bei 514 nm) mit einem durchschnittlichen Bandpass von 7,6 cm^{-1} möglich ist; AOTF bieten dazu im Vergleich nur einen Bandpass von 50 cm^{-1}. Die Transmission betrug allerdings nur zwischen 6,7% und 16,3%, im NIR-Bereich ist jedoch eine deutliche Verbesserung zu erwarten [652]. Applikationen mit dispersiven Systemen wurden z. B. aus dem Bereich der Überwachung von nuklearen Abfällen bekannt, z. B. die Bestimmung des Wassergehaltes (Nachweisgrenze 1%) über die OH-Beugung und Streckschwingung [647] bzw. von anorganischen Salzen wie $NaNO_3$ [653]. In Kombination mit chemometrischen Verfahren gelang Cooper et al. mit einer NIR-Laserdiode bei $\lambda = 805$ nm eine Identifizierung von Treibstoffen, eine Bestimmung der Xylolisomeren war mit einer Genauigkeit von 0,1% mit Nachweisgrenzen von 1% möglich [654]; eine ähnliche Anwendung mit räumlich verteilten faseroptischen Sensoren wurde ebenfalls in [655] beschrieben. Mit Nachweisgrenzen von 34 ppm gelang Ewing et al. der faseroptische Nachweis von chlorierten Kohlenwasserstoffen durch Anreicherung in einer Polyethylenbeschichtung des Sensors [656]; durch eine Anreicherung in Tensiden konnten ähnliche Nachweisgrenzen von der Gruppe um Shi verzeichnet werden [657]. Einen kompakten faseroptischen Sensor zur Detektion von industriellen Farbstoffen in Abwässern stellten Gilmore et al. vor. Mit einer Laserdiode konnten bei $\lambda = 782$ nm Nachweisgrenzen im unteren ppm-Bereich erzielt werden [658].

Eine weitere Variante der Ramanspektroskopie, die für analytische Anwendungen genutzt werden kann, ist die Resonanz-Ramanspektroskopie (RR) [659, 660]. Die Resonanzanregung erfolgt in der Absorptionsbande des Moleküls, d. h. bei der natürlichen Frequenz der oszillierenden Elektronenwolke des Moleküls.

Dies resultiert in einem verstärkten induzierten Dipolmoment, was einen unmittelbaren Verstärkungsfaktor der Ramanstreuung von 10^3–10^5 zur Folge hat. Die Resonanz-Ramanquerschnitte in der Größenordnung von $\sigma_{RR} = 10^{-25}$ cm^2 mol^{-1} sr^{-1} sind dabei nahezu unabhängig von der lokalen Umgebung und vergleichbar mit Flureszenzprozessen. Voraussetzung ist allerdings, daß der elektronische Übergang erlaubt ist ($\varepsilon > 10^4$ l mol^{-1} cm^{-1}). Die Verstärkung ist selektiv und bevorzugt Schwingungen, welche stark mit dem resonanten elektronischen Übergang gekoppelt sind. Das RR-Spektrum spiegelt somit die Eigenschaften des Chromophors wider und wird durch benachbarte Gruppen wenig beeinflußt. In Mischungen von Analyten kann so die Selektivität der Ramanmessung durch eine variable Anregung bei verschiedenen Absorptionsbanden noch verbessert werden. Die Anregung erfolgt zumeist in den UV-Absorptionsbanden der Moleküle zwischen 200 nm und 250 nm, die beobachteten Spektren sind dann aufgrund der Stokes-Verschiebung frei von Fluoreszenzsignalen. Die Anregung konnte in der Vergangenheit nur durch frequenzverdoppelte Farbstofflaser, die mit einem Excimer- oder Nd:YAG-Laser gepumpt wurden, mit niedrigen Wiederholraten verwirklicht werden. Die hohe Pulsleistung zusammen mit der geringen mittleren Leistung hatte nicht nur schlechtere Nachweisgrenzen, sondern häufig auch Probleme mit photochemischen Zersetzungsprozessen zur Folge. Wiederholraten in MHz-Bereich konnten durch die Modenkopplung eines Nd:YAG-Lasers in Kombination mit einem Farbstofflaser erreicht werden, für den Bereich zwischen 215 nm und 227 nm wurden Leistungen von 2 mW berichtet [661]; alternativ bieten sich auch entsprechende Nd:YLF-Laser mit Modenkopplung an [662]. Mit der kommerziellen Verfügbarkeit eines innerhalb des Oszillators frequenzverdoppelten Ar-Ionen-Lasers steht mittlerweile eine Anregungsquelle mit Linien bei 228 nm, 238 nm, 244 nm, 248 nm und 257 nm mit Leistungen zwischen 30–300 mW für die RR zur Verfügung [663]. Mit diesem Laser ist auch die Konstruktion eines UV-RR-Mikroskops in erreichbare Nähe gerückt, weitere Linien sollen in Zukunft durch die Verwendung eines Kr-Ionen-Lasers zugänglich sein.

Die Detektion erfolgt üblicherweise mit einem Doppelmonochromator und einem solarblinden PMT, als Rayleighfilter sind bisher nur Filterlösungen bekannt [663]. Anwendung findet die RR besonders für qualitative Aussagen im Bereich biologischer Proben [659, 660], aber auch bei Polymeren [661, 664]. Die Möglichkeiten der quantitativen Auswertung mit der RR in der analytischen Chemie wurden z. B. von Vickers et al. beschrieben, für PAK konnten in Lösung und Destillationsrückständen Nachweisgrenzen im ppb-Bereich erzielt werden [665, 666]. Eine Aufklärung von DNA-PAK-Adduk-ten gelang ebenfalls durch selektive Anregung dieser Moleküle [660]. Ein interessanter analytischer Ansatz für die RR mit einem konfokalen Mikroskop wurde von Sijtsema et al. beschrieben: Der Resonanz-Ramaneffekt ist empfindlich genug, um Raman-Markierungsstoffe zur Analyse einzusetzen, d. h. der Analyt wird mit einem Molekül mit einem großen Resonanz-Raman-querschnitt derivatisiert [667]. Ein Vorteil im Vergleich zur Markierung mit Fluoreszenzfarbstoffen ist die geringere Bandbreite, d. h. es können mehr Markierungsstoffe gleichzeitig verwendet werden, und die Unempfindlich-keit des Ramansignals gegenüber Vorgängen in der lokalen molekularen Umgebung. Das Prinzip konnte am Beispiel der Markierung von Cholesterol mit Filipin demonstriert werden, eine Kombination mit Antikörpern erscheint ebenfalls äußerst reizvoll. Die RR hat für die Bestimmung gasförmiger Analyten deutlich Vorteile gegenüber der normalen Ramanspektroskopie (s. o.) und wird auch nicht wie die Fluoreszenz durch Löschprozesse beeinflußt; ähnliches gilt auch für die Ramanstreuung an Aerosolen. So detektierten Getty et al. z. B. in einer rußenden Flamme mit einem Nd:YAG-Laser gepump-ten Farbstofflaser bei $\lambda = 216$ nm mittels RR Benzol [668]. Im Falle von Aero-

solen können zwar morphologische Resonanzeffekte für die Detektion der
Zusammensetzung in μm-Tröpfchen eingesetzt werden, allerdings werden die
Nachweisgrenzen durch die Abhängigkeit von der Größe und dem Brechungsindex beschränkt [669–673]. Fung et al. erhielten hingegen mittels RR für verschiedene anorganische Aerosole mit μm-Durchmessern ppm-Nachweisgrenzen [674–676]. Die Aerosole wurden dafür in einer Quadrupolfalle
elektrostatisch fixiert, für die Anregung wurde ein Ar-Ionen-Laser eingesetzt.
Der Resonanz-Ramaneffekt unterdrückt auch die Mie-Streuung, so daß die
Spektren nicht durch morphologische Resonanzeffekte beeinflußt werden.

4.6 Oberflächenverstärkte Ramanspektroskopie

Die Beobachtung eines oberflächenverstärkten Ramaneffektes (Surface-
enhanced Raman, SER) von Pyridin auf „rauhen" Silberelektroden 1974
durch Fleischmann et al. [677] und die nachfolgenden quantitativen Untersuchungen von Jenmaire und Van Duyne [678] bzw. Albrecht und Creighton
[679], welche eine Erhöhung des Ramanquerschnittes von 10^5–10^7 pro
Molekül fanden, haben beträchtliche Hoffnungen bezüglich der diagnostischen Möglichkeiten dieser Methode zum Studium von Oberflächenphä-
nomenen, d. h. Metall-Adsorbatwechselwirkungen, geweckt [680– 686]. Darüber hinaus versprach die Verstärkung des normalen Ramaneffektes und
die auf Metalloberflächen beobachtete Löschung der häufig hinderlichen
Fluoreszenz der Analyten auch die Anwendbarkeit als analytische Technik
(Surface-enhanced Raman Spectroscopy, SERS) zur Spurenanalyse.
   Für die SER-Adsorbat-Substrat-Systeme sind prinzipiell mehrere Ver-
stärkungsmechanismen denkbar. Die Intensität der Ramanstreuung eines
Moleküls wird generell durch die Änderung der Polarisierbarkeit und die
elektrische Feldstärke bestimmt. Daher werden zwei grundsätzliche Theorien
zur Erklärung des Verstärkungsphänomens herangezogen, die auf einer lokalen Verstärkung des elektromagnetischen Feldes (EM-Theorie) beruhen und
der Veränderung der Polarisierbarkeit des Analyten durch die Adsorption
(Charge-Transfer(CT)-Theorie).
   Die EM-Theorie basiert auf der Vorstellung, daß das einfallende Licht in
den Metallpartikeln einen oszillierenden Dipol induziert, welcher seinerseits
ein sekundäres elektromagnetisches Feld erzeugt. Stimmt die Frequenz der
Anregung mit der Plasmafrequenz der Elektronen des Metalls überein, wird
dieses sekundäre Feld durch Resonanz weiterverstärkt, und der adsorbierte
Analyt erfährt ein um mehrere Größenordnungen verstärktes Feld. Für Partikel mit nm-Durchmessern oder „Antennen"-Strukturen auf Metalloberflächen (Lighting-Rod-Effekt) wird so eine dramatische Erhöhung des
lokalen elektromagnetischen Feldes beobachtet. Der EM-Effekt hat eine
Fernwirkung in der Größenordnung einiger Monolagen [684, 687], dies
konnte auch durch Experimente mit SER-aktiven Beschichtungen bestätigt
werden [688, 689].

Die Plasmafrequenz ist abhängig vom Metall und seiner Oberflächen-
struktur bzw. im Falle von Kolloiden vom Partikeldurchmesser und der Morphologie. Für die am häufigsten verwendeten Metalle Silber, Gold und Kupfer sind diese Frequenzen im VIS/NIR-Bereich [690−692]. Daher ist auch
eine Charakterisierung der Partikelgrößen bzw. der Morphologie dieser SER-
Substrate sehr gut über eine einfache Absorptionsmessung möglich.

Der bekannteste Mechanismus, welcher zu einer Änderung der Polarisierbarkeit führt, ist ein Charge-Transfer-Prozeß [693−695]. So ist für die
betrachteten Metallsubstrate durchaus ein Elektronentransfer vom Fermi-
Niveau oder einem Niveau mit niedriger Energie des Metalles auf ein adsor-
biertes Molekül mit einer Anregung im VIS/NIR-Bereich möglich (vgl. z.B.
die Untersuchungen von Creighton et al. [696] für die Übertragung eines
Elektrons in ein π^*-Orbital des Pyridin). Aufgrund der entsprechenden Oszil-
latorenstärke solcher CT-Übergänge wird eine signifikante Zunahme der
Polarisierbarkeit des adsorbierten Moleküls beobachtet und somit ein verstärktes Ramansignal. Der Anteil des CT-Mechanismus ist auch von der Anregungswellenlänge abhängig, so ist für Silberkolloide die CT-Verstärkung im
NIR-Bereich größer als im VIS-Bereich [697].

Andere Mechanismen, wie z.B. eine chemische Verstärkung durch Aus-
bildung einer Bindung zwischen Substrat und Analyt, tragen nach neueren
Erkenntnissen nur marginal zu den gesamten Verstärkungen bei. Beide
Erklärungsansätze (vgl. Abb. 36 für eine graphische Veranschaulichung)

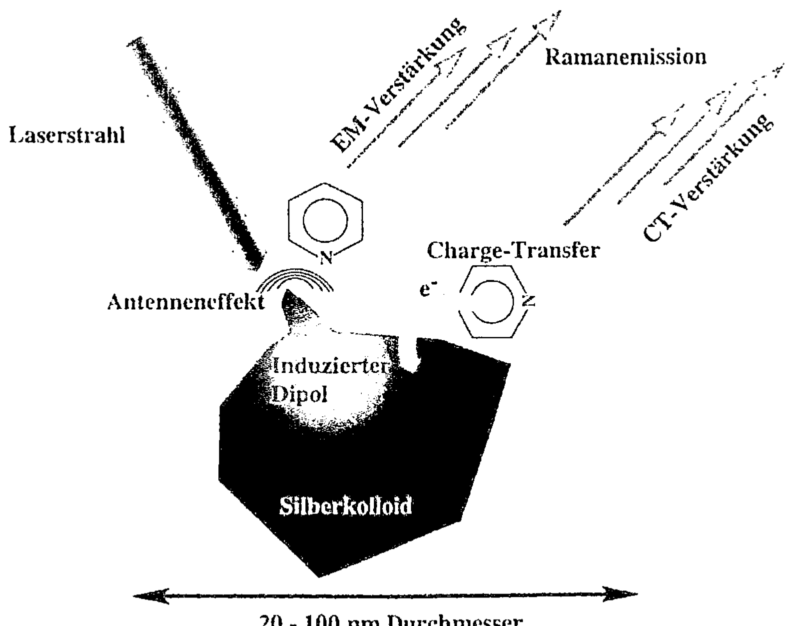

Abb. 36. Mechanismen der oberflächenverstärkten Ramanspektroskopie

haben ihre Meriten, so kann der EM-Mechanismus zur Erklärung der Fernwirkung, des Einflusses der Morphologie des SER-Substrats und der Rolle der dielektrischen Konstante des Metalles herangezogen werden. Der CT-Mechanismus hingegen erklärt z. B. den beobachteten spektralen SER-Hintergrund, welcher aus einer nicht-resonanten Elektron-Loch-Rekombination entsteht, und die besonders große Verstärkung für Moleküle der ersten Monolage.

Die Auswahlregeln für den oberflächenverstärkten Ramaneffekt sind prinzipiell analog zu den klassischen Regeln für konventionelle Ramanspektroskopie. Allerdings sind aufgrund der senkrechten Orientierung des lokalen elektromagnetischen Feldes Schwingungen bevorzugt, welche eine Veränderung der Polarisierbarkeit senkrecht zur Substratoberfläche bewirken. Zusammen mit der bekannten $1/r^3$-Abhängigkeit der elektromagnetischen Verstärkung für sphärische Partikel lassen sich über die relativen Intensitäten auch Aussagen über die Orientierung des Analyten auf der Oberfläche des Substrates machen [680, 698–700]. SER-Banden sind zumeist vollständig depolarisiert, da die Polarisierung sowohl von der Adsorption auf der Metalloberfläche als auch der Symmetrie des Moleküls abhängig ist.

Der SER-Effekt kann nicht für alle Moleküle beobachtet werden, die auch Raman-aktiv sind. SER-Signale sind von Molekülen mit ionischen, stark dipolaren oder polarisierbaren funktionalen Gruppen zu erwarten, so z. B. von Moleküle, die heterozyklische Stickstoffatome, Nitro- und Aminogruppen bzw. Carboxylgruppen enthalten [701, 702]. Darüber hinaus wurde auch eine starke SER-Aktivität für funktionale Gruppen mit Schwefel- und Phosphoratomen gefunden; allgemein somit für alle Gruppen, welche bevorzugt an Metalloberflächen adsorbiert werden. Die Größenordnung der Verstärkung ist von einer Reihe von Substratparametern abhängig: Die Präparation und der Morphologie des Substrates, dem Analyten, der Wechselwirkung Analyt-Metall bzw. in Lösungen dem Elektrolytgehalt. Der Adsorptionsprozeß ist nicht zeitinvariant, d. h. die Adsorbate unterliegen einer zeitlichen Veränderung, welche sich auch in dem analytischen Signal niederschlägt [703] und z. B. durch Messung der Transmission von Solen bestätigt wurde [704]. Die einfachsten Substrate für SERS sind metallische Hydrosole, welche nach verschiedenen Vorschriften präpariert werden können, wobei die wesentlichen Unterschiede in den Reagenzien bestehen, die zur Reduzierung des Metalls eingesetzt werden. Die ursprüngliche Anzahl der Keimbildner beeinflußt sowohl die Partikelgröße als auch ihre Verteilung und die Morphologie (z. B. sphärische Partikel oder lineare Aggregate). Hydrosole für SERS können aus den verschiedensten Metallen hergestellt werden, besonders Silber, Gold und Kupfer werden aufgrund der Plasmonresonanzen im VIS/NIR-Bereich favorisiert; zur Erzeugung und Charakterisierung von Kolloiden vgl. [705–710]. Silbersole sind dabei die am besten charakterisierten Sole; für eine umfassende Diskussion der optischen Eigenschaften von Silbersolen vgl. [711].

Die Herstellung von Silber-, Kupfer- und Goldsolen erfolgt zumeist durch Reduktion mit Natriumborhydrid oder Natriumcitrat [712–715]. Goldsole, die für SERS genützt werden können, sind für biochemische Anwendungen in einer reichen Vielfalt auch kommerziell erhältlich [716]. Eine in-situ-Photoreduktion von Silbernitrat oder Silberhalogenidsolen [717] durch Oxidation von organischen Zusatzstoffen oder dem Analyt selbst [718] ist ebenfalls möglich. Eine Photoreduktion wurde von Akbarian et al. [719] eingesetzt, um Goldkolloide in einer Sol-Gel-Matrix herzustellen, die Immobilisierung der Goldpartikel resultierte in einer verbesserten langfristigen Stabilität des Goldsols. Eine Präparation von Solen ist auch in organischen Lösungsmitteln möglich [720], so gelangen Garrell et al. der Nachweis von Butylamin in Acetonitril mittels SERS [721]. Eine Studie von Ruperez et al. konnte aufzeigen, daß organische Lösungsmittel ganz erheblichen Einfluß auf die Empfindlichkeit der Methode haben können, da sie in Konkurrenz zum Analyten auf der SER-aktiven Oberfläche adsorbiert werden können [722].

Eine Stabilisierung der Sole erfolgt zumeist durch einen hohen Elektrolytgehalt, welcher auch Matrixeffekte minimiert. Besonders der Zusatz von Anionen wie Cl^-, I^-, Br^-, oder OH^- führt zu einer Stabilisierung der Partikel, da die attraktiven Van-der-Waals-Kräfte durch die repulsiven Coulomb-Kräfte minimiert werden. Die Konzentration dieser Anionen kann die Adsorption des Analyten aber auch auf subtile Weise beeinflussen [723, 724]. So ist im Falle eines neutralen Analyten eine Signalverringerung infolge einer Agglomeration durch die verringerte Oberflächenladung des Sols möglich. Eine Signalverstärkung kann hingegen im Falle eines kationischen Analyten beobachtet werden, da dieser durch die Wechselwirkung mit den Anionen an der Oberfläche des Sols in größerem Umfang adsorbiert wird [725]. Weiterhin können diese Gleichgewichte durch eine Verdünnung verändert werden, was die beobachteten Signalverstärkungen für sehr verdünnte Analytlösungen zeigten.

Eine Adsorption von Ionen kann auch eine Veränderung der Elektronendichte des Metallpartikels (d.h. Verschiebung des Fermi-Niveaus) bewirken, so daß ein Charge-Transfer mit dem ebenfalls adsorbierten Analyten so erst entstehen kann [726]. Da SER-aktive Substanzen nur in möglichst niedrigen Konzentrationen eingesetzt werden sollten, um eine Destabilisierung der Sole [727] zu vermeiden, ist der dynamische Bereich der Methode meist auf zwei Größenordnungen beschränkt.

Seit der Entdeckung des SER-Effektes sind Silberelektroden [677–679, 695, 728] neben Silbersolen sicherlich die populärsten Substrate für SERS, besonders für grundlegende Arbeiten zu Elektrodenprozessen; einen guten Überblick über SERS an Elektroden geben Chang [729] und Kerker et al. [685]. Natürlich können auch andere Elektrodenmaterialien wie Gold [730] und Kupfer [731, 732] verwendet werden. Der Vorteil von Elektroden liegt in der einfachen Art ihrer Konditionierung durch definierte Oxidations-Reduktions-Zyklen. Die Verwendung von µm-Silberelektroden würde z.B. auch den Einsatz in einzelnen Zellen erlauben [733, 734].

Vornehmlich Arbeiten zur Theorie der Oberflächenverstärkung haben sich mit Silberfilmen auf Objektträgern und ähnlichen Trägermaterialien auseinandergesetzt. Die Beschichtung erfolgt im Vakuum auf ein gekühltes Trägermaterial, so daß keine Änderung der Morphologie während des Beschichtungsprozeß erfolgen kann [688, 735–737]. Die Studie von Senim et al. konnte zeigen, daß die Güte des Substrates empfindlich von den Parametern der Beschichtung abhängt, wie z.B. Vorbehandlung, Temperatur während der Beschichtung und der Geschwindigkeit der Beschichtung [738] und daher für Messungen im Routinebetrieb nicht anwendbar ist. Neuere Untersuchungen mit einem Raster-Kraftmikroskop deuten auf eine lösungsmittelinduzierte Änderung solcher Silberfilme hin, darüber hinaus hat für sehr dünne Ag-Schichten (5 nm) auch das Trägermaterial einen signifikanten Einfluß auf die Morphologie [739, 740].

Eine besonders einfache Methode für die Herstellung von SER-Substraten besteht im Ätzen einer Silberfolie mit konzentrierter Salpetersäure [741, 742]. Dieser Ansatz hat den Vorteil, daß eine Desorption des Analyten mit einem entsprechenden organischen Lösungsmittel möglich ist und die Oberfläche relativ einfach und schnell mit einer Reproduzierbarkeit von $\approx 10\,\%$ regeneriert werden kann [742, 743].

Laserna et al. untersuchten nicht nur die Möglichkeiten Silbersole auf Filtern abzuscheiden, sondern auch eine direkte Beschichtung der Filter im Vakuum mit Silber [744]. Eine ungleichmäßige Auftragung und Kapillarkräfte auf dem Filter resultierten in einer schlechten Reproduzierbarkeit [745], da eine Verteilung des Analyten über eine größere Fläche stattfand und die Retention in Abhängigkeit von der Substrat-Analyt-Wechselwirkung erfolgte. Dieser chromatographische Effekt konnte durch eine Aufweitung des Lasers und eine entsprechende Adaption der Beobachtungsgeometrie nur unzureichend ausgeglichen werden [746]. Mit Filtern hoher Porosität konnten mit einer Kolloid-Filtration reproduzierbare Ergebnisse erzielt werden, da es gelang, die abgeschiedene Kolloidmenge zu kontrollieren und eine definierte Koagulation der Partikel zu Aggregaten mit hoher SER-Aktivität zu erzielen [747].

Von der Gruppe von Vo-Dinh sind im Rahmen der Entwicklungen von faseroptischen Sensoren eine Reihe von Arbeiten zu Silber-beschichteten Partikeln auf geeigneten Trägermaterialien veröffentlicht worden. Dazu wurden Suspensionen von SiO_2-Partikeln (0,364 µm Partikeldurchmesser) auf Glasträgern durch Spin-Coating aufgebracht und nachfolgend mit Silber im Vakuum (60–100 nm Schichtdicke) beschichtet; analog erfolgte die Herstellung von Substraten aus Latex-Partikeln [748] bzw. TiO_2-Partikeln [749]. Die SER-Aktivität zeigte dabei eine deutliche Abhängigkeit von dem Partikeldurchmesser und der Belegung [748–751]. Unabhängige Untersuchungen von Schueler et al. [752] zur Charakterisierung von Silberfilmen auf Latex-Partikeln konnten die langfristige Stabilität dieser Substrate bestätigen. Probleme ergeben sich allerdings aus der Inhomogenität der Beschichtung, die zu einer geringeren Verstärkung (10^3–10^4) im Vergleich zu anderen Substraten führt.

Ein interessanter Ansatz zur Herstellung von Metallkolloiden ist die von Neddersen et al. beschriebene Laserablation von Metallfolien [725]. Mit einem gepulsten Nd:YAG-Laser konnten Sole mit verschiedenen Metallen

(Ag, Au, Pt, Cu) mit hoher SER-Aktivität produziert werden. Durch eine Variation der Laserenergie konnten auch die erzeugten Partikelverteilungen beeinflußt werden. Der Vorteil der Methode ist, daß so Kolloide ohne störende Anionen generiert werden können und die Konzentration nicht durch die Löslichkeitsprodukte der eingesetzten Edukte beeinflußt wird.

Freeman et al. [753, 754] konnten durch Self-Assembly Monolagen von monodispersen Gold- und Silberkolloiden mit Partikeldurchmessern von wenigen Nanometern auf Polymer-beschichteten Trägern herstellen. Die Partikel konnten über die funktionalen Gruppen des Polymers immobilisiert werden, so daß die Partikel diskret auf dem Träger verteilt waren und eine Aggregation ausgeschlossen werden konnte. Das Substrat wies nicht nur eine hohe SER-Aktivität auf, sondern konnte auch mit hoher Reproduzierbarkeit und einer sehr homogenen Verteilung der SER-aktiven Zentren hergestellt werden. Auf leitenden Substraten konnten die Monolagen auch elektrochemisch verändert werden, vergleichbar einer Gruppe von Mikroelektroden.

Gemischte Monolagen aus Silber- und Goldkolloiden konnten ebenfalls erfolgreich produziert werden, dabei erlaubt diese Kombination möglicherweise größere Verstärkungsfaktoren. Neuere Arbeiten von Chumanov et al. auf Quarzplatten, welche mit (3-Mecaptopropyl)-Trimethoxysilan beschichtet wurden, konnten die guten Eigenschaften von Self-Assembly-Strukturen bestätigen [755].

Während in den frühen Arbeiten zu SERS fast ausschließlich konventionelle Ramanaufbauten verwendet wurden, profitieren neuere experimentelle Ansätze durch die in Abschn. 4.5 beschriebenen Weiterentwicklungen im Bereich der normalen Ramanspektroskopie. So konnte z.B. die Gruppe um Vo-Dinh zeigen, daß eine Anregung und Beobachtung mit einem faseroptischen Sensor [748, 749] z.B. durch die Rückseite eines beschichteten SER-Substrats möglich ist.

Aufgrund der Zeitabhängigkeit der Signale ist die Verwendung eines Vielkanaldetektors eindeutig vorzuziehen, so daß eine zeitaufgelöste Beobachtung der SER-Linien aller Komponenten und der Basislinie erfolgen kann. Dies ist zum einen entscheidend für die Bestimmung des S/N-Verhältnisses, welches durch den SER-Hintergrund bestimmt wird, aber auch relevant für die Quantifizierung mit einem internen Standard. Im Fall von mehreren Analyten oder einer natürlichen Matrix muß mit einer kompetitiven Adsorption gerechnet werden, so daß eine sinnvolle Analyse nur mit einem inneren Standard möglich ist, der ähnliche Wechselwirkungen wie die Analyte mit dem Substrat aufweisen sollte. Die Erarbeitung eines allgemeinen Protokolls zur Quantifizierung mehrerer Komponenten in komplexen Matrizes steht weiterhin aus, hier besteht noch erheblicher Forschungsbedarf.

Abbildung 37 zeigt einen typischen experimentellen Aufbau für die Messung von SERS-Spektren: Die Anregung erfolgt mit einem Ar-Ionen-Laser bei 488 nm, die Detektion mit einer mit flüssigem Stickstoff gekühlten CCD-Kamera und einem 0,3 m-Spektrographen; die Rayleighlinie wurde mit einem holographischen Filter ausgeblendet. Die Herstellung der Silberkolloide

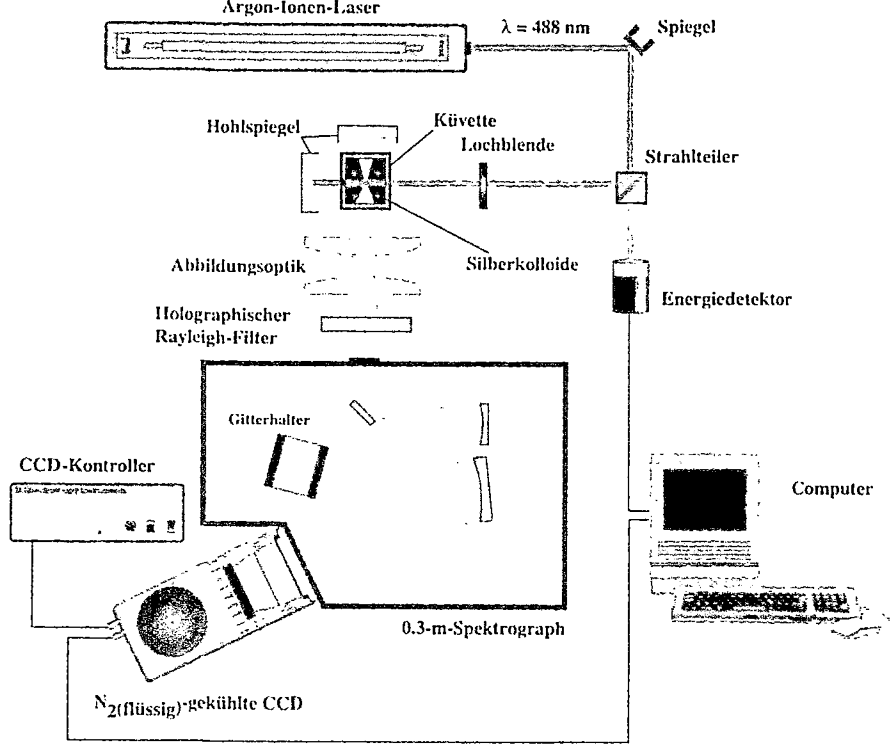

Abb. 37. Experimenteller Aufbau für SERS

erfolgte durch Laserablation entsprechend [725]. Abbildung 38 a verdeutlicht exemplarisch mit dem SERS-Spektrum von p-Aminobenzoesäure auf Silberkolloiden die Möglichkeiten eines CCD-Systems für SERS. Abbildung 38 a entspricht dem zweidimensionalen Abbild des Eingangsspalts des Spektrographen. Ein horizontaler Schnitt (Abb. 38 b) ergibt das entsprechende SERS-Spektrum in der konventionellen Darstellung, deutlich ist der typische spektrale SER-Hintergrund und die verbreiterten Banden zu erkennen.

In Kombination mit stigmatischen Spektrographen kann auch eine bildgebende oberflächenverstärkte Ramanspektroskopie realisiert werden, die für eine Kombination mit chromatographischen Trennverfahren auf Silberbeschichteten Papierfiltern oder Dünnschichtplatten interessant ist [756]. Für die Anregung werden neben den üblichen Ionen-Lasern vermehrt auch NIR-Quellen, d.h. Laserdioden und Titan:Saphir-Laser [15, 622, 645, 696], eingesetzt, eine Kombination mit FT-Ramanspektrometern ist ebenfalls möglich.

Obwohl das SER-Signal theoretisch proportional zur eingestrahlten Leistung ist, können aufgrund der geringen Photostabilität bzw. thermischen Effekte nur in wenigen Fällen Laserleistung >50–100 mW genutzt werden. Die Verwendung von NIR-Strahlquellen bringt für SERS allerdings nicht die-

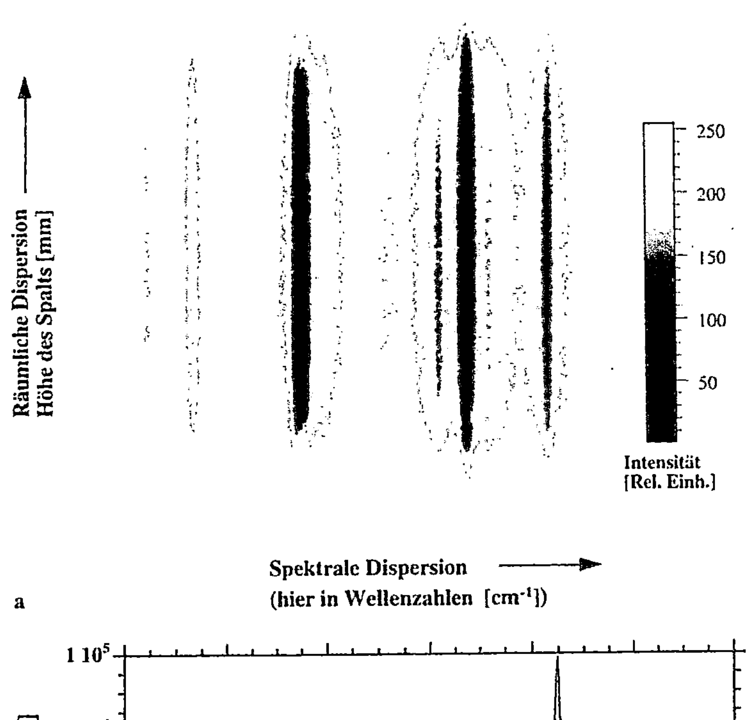

Abb. 38a, b. SERS-Spektrum von p-Aminobenzoesäure (c = 0.1 ppm) auf Silberhydrokolloiden (a Bild des Eingangsspalts des Spektrographen auf der CCD-Kamera; b Horizontaler Schnitt durch a)

selben Vorteile wie für die normale Ramanspektroskopie, da eine molekulare Fluoreszenz meistens sehr effizient durch die Adsorption auf Metallober-flächen gelöscht wird und die Anregung nicht völlig resonant mit der Plasma-frequenz stattfindet. Von einer Reihe von Autoren wurde die Verstärkung von Gold- und Silbersubstraten bei einer Anregung im NIR-Bereich untersucht. Die Gruppe um Angel untersuchte die Verstärkungseffekte für Pyridin auf Gold- und Kupferelektroden bei Anregung mit einem Nd:YAG-Laser bzw.

mit einer Laserdiode bei $\lambda = 785$ nm, für beide Substrate konnten Verstärkungsfaktoren zwischen 10^4 und 10^6 pro Molekül und eine ausreichende analytische Empfindlichkeit beobachtet werden [731, 757]; zu ähnlichen Resultaten gelangten auch andere Autoren mit einer FT-Raman-Anordnung [758, 759]. Kneipp et al. verwendeten einen Ti:Saphir-Laser bei $\lambda = 850$ nm für die Anregung von Adenin und Kristallviolett auf Gold- und Silbersolen [760]. Die charakteristische Größenverteilung dieser Sole wurde durch Zusatz von Chlorid verändert, so daß eine Anregung der Oberflächenplasmone im NIR möglich wurde (vgl. auch [761]).

Für Silbersole wurde eine Verstärkung in der Größenordnung von 10^8 gefunden, welche sich allerdings allein durch eine elektromagnetische Verstärkung nicht erklären ließ. Obwohl die Goldsole geringere SER-Verstärkungen (10^6) aufwiesen, sind sie aufgrund ihrer größeren Stabilität und chemischen Inertheit für analytische Messungen vorzuziehen. Die Anwendung auf die Detektion von Neurotransmittern [762] und Fluoreszenzfarbstoffe [763] konnte ebenfalls die analytische Empfindlichkeit einer NIR-Anregung demonstrieren. Aufgrund der Substrat-Problematik sind die bisherigen Anwendungen von SERS in der umweltanalytischen Routineanalytik beschränkt. Einen Überblick über die analytischen Anwendungen von SERS finden sich z.B. in [686, 701, 702, 764], eine Übersicht über analytische Anwendungen in der Biologie und Medizin geben z.B. [765–771].

Van Duyne et al. konnten schon 1986 zeigen [772], daß mit einer Ramanmikrosonde mit SERS eine absolute Empfindlichkeit im Attomol-Bereich erreicht werden kann; SERS kann somit als Methode für die Mikroanalyse eingesetzt werden. Neuere Untersuchungen von Kneipp et al. konnten diese Empfindlichkeiten bestätigen [773]. Mit einer resonanten SER-Anregung von Rhodamin 6G gelang die absolute Detektion von 30 Molekülen, unter den experimentellen Bedingungen entsprach dies einer Konzentration von 10^{-16} mol 1^{-1}. Unter günstigen Bedingungen läßt sich für geeignete Moleküle mit einer resonanten Anregung nahezu die Detektion eines einzelnen Moleküls realisieren.

Laserna et al. untersuchten die Möglichkeiten der Analyse von Mischungen mit SERS auf Silber-beschichtetem Filterpapier anhand von drei stickstoffhaltigen aromatischen Verbindungen [774]. Aufgrund des unterschiedlichen Adsorptionsverhaltens der Moleküle und der begrenzten Anzahl von Adsorptionsplätzen waren die beobachteten Spektren der ternären Mischung keine gewichtete Summe der Spektren der einzelnen Komponenten. Eine Quantifizierung war durch die Verwendung eines internen Standards mit Fehlern in der Größenordnung von $10-15\%$ möglich, das S/N-Verhältnis wurde durch die Intensität des Rekombinationshintergrundes bestimmt.

Die Gruppe um Vo-Dinh untersuchte eine Reihe von anthropogenen Schadstoffen, so z.B. aromatische polyzyklische Kohlenwasserstoffe (PAK) bzw. Nitro-PAK [775] und Nitroanilin [776], ihre Metaboliten [748], Fungizide [777] und Organophosphorverbindungen als Substitute für Giftgase [778]. Vo-Dinh et al. demonstrierten auch den empfindlichen Nachweis einer

Gensonde, d.h. eines SER-aktiven Farbstoffs mit einem charakteristischen Oligonukleotid. Auf diese Weise können mit einem Hybridisierungsverfahren unbekannte DNS- oder RNS-Bruchstücke identifiziert werden, ohne auf radioaktive Markierungsmethoden zurückgreifen zu müssen [779]. Storey et al. berichteten von Versuchen zur Detektion von leichtflüchtigen, chlorierten Kohlenwasserstoffen an Kupferelektroden.

Aufgrund der geringen Dynamik, der ppm-Nachweisgrenzen und der komplexen Elektrochemie an Kupferelektroden in Lösungen mit großen Salzgehalten erscheint eine Ausweitung dieses Verfahrens auf reale Wasserproben ohne Aufarbeitung der Proben problematisch [780]. Carrabba et al. [781] beschrieben den Nachweis organischer Schadstoffe in wässerigen Lösungen an einer Silberelektrode; aromatische Kohlenwasserstoffe konnten in ppm-Mengen nachgewiesen werden, ein Einfluß von aquatischen Huminstoffen auf die Spektren konnte nicht beobachtet werden. Den Einfluß von Cyanidionen auf die SER-Aktivität von Silberelektroden nutzen Shelton et al. für den Nachweis von Cyanid in wässerigen Lösungen [782]. Der dynamische Bereich von 10 ppb bis 100 ppm CN$^-$ und eine Nachweisgrenze von 8 ppb lassen die Methode für eine Überwachung von Prozeßflüssigkeiten und aquatischen Systemen attraktiv erscheinen. Barber et al. konnten Nikotin aus Tabakrauchextrakten im ppb-Bereich mit SERS auf Kupferelektroden nachweisen, die Nachweisgrenze betrug 7 ppb mit einem dynamischen Bereich von zwei Dekaden [48].

Die Empfindlichkeit von SERS läßt sich bei einer resonanten Anregung des Ramaneffektes (SERRS, Surface Enhanced Resonance Raman Spectroscopy) noch weiter steigern. So konnten Xi et al. Nitrit in Oberflächengewässern und Meerwasser durch Umsetzung mit einem Azofarbstoff in ppb-Konzentrationen nachweisen [783]. Ähnliche Nachweisgrenzen für resonante SERS-Techniken wurden auch von anderen Autoren für die unterschiedlichsten Farbstoffe gefunden (z.B. [784–787]).

Faseroptische Sensoren wurden von mehreren Gruppen vorgeschlagen, die Gruppe um Vo-Dinh realisierte einen mobilen Prototypen auf der Grundlage ihrer Silber-beschichteten SiO_2-Substrate, welcher für die in den oben erwähnten Analyten Anwendung fand. Die Nachweisgrenzen für einzelne Substanzen waren zumeist im ppm-Bereich, eine Anwendung auf reale Proben steht allerdings noch aus [779, 788–794]. Ähnliche Ansätze, die besonders die Vorteile der NIR-Anregung mit Laserdioden nutzen, gehen auf Angel et al. zurück [731, 757]. Eine Detektion von Analyten in dünnen Filmen kann auch mit planaren Wellenleitern erfolgen, die Einkopplung der Anregungswellenlänge erfolgt über ein entsprechendes Prisma, das SER-Signal wird senkrecht zur Oberfläche des Wellenleiters beobachtet. Die Filme bestehen aus einem Polymer mit einer funktionellen Gruppe, die mit dem Analyten wechselwirkt, während die Silberkolloide im Verlauf der Polymerisation in den Film inkorporiert wurden [795, 796].

Von Roth et al. stammt der Vorschlag SERS als Detektionsprinzip für die Gaschromatographie (GC) zu verwenden, d.h. die gasförmigen Analyten werden entweder in Silbersole eingeleitet oder auf Silber-beschichteten Kieselgelplatten aus der Dünnschichtchromatographie auskondensiert [797]. Carron et al. realisierten diesen Ansatz in einer Durchflußzelle mit einer Silberfolie als Substrat, die mit 1-Propanthiol modifiziert war. Die Zelle wurde parallel mit einem konventionellen GC-Detektor am Ausgang der GC-Säule betrieben, die Anregung und Beobachtung erfolgte über faseroptische Elemente. Die Differenzierung verschiedener Benzolderivate mittels SERS gelang dabei mit absoluten Nachweisgrenzen in der Größenordnung von 50 ng [798]. Die Verwendung von SERS als Detektionsprinzip für die Flüssigkeitschromatographie bzw. die Dünnschichtchromatographie wurde von verschiedenen Autoren vorgeschlagen.

So untersuchten Freeman et al. [799] die Möglichkeiten, Silbersol in einer Mischkammer nach einer Flüssigkeitschromatographie dem Eluenten beizumischen. Mit den gefundenen ppb-Nachweisgrenzen, einer Reproduzierbarkeit von 1% und der Möglichkeit Strukturinformationen zu erhalten, sind SERS-Detektoren eine interessante Alternative zu den konventionellen Detektoren in der Chromatographie, wie auch die Arbeiten anderer Gruppen für die unterschiedlichsten Analyten bestätigten [770, 800–805]. Die Trennmedien der Dünnschichtchromatographie (DC), wie Filterpapiere oder Al_2O_3-beschichtete Glasplatten, stellen ebenfalls gute Trägermaterialien für Silberkolloide dar, so daß sich eine Kombination mit SERS anbietet [756, 806–809]. Ein besonderer Vorteil der Kopplung mit der DC ist, daß eine Analyse nicht On-line erfolgen muß, da der Analyt stabil auf dem Medium fixiert ist, so daß auch längere Integrationszeiten für verbesserte S/N-Verhältnisse möglich sind.

Eine Reihe von Gruppen haben sich in jüngster Zeit mit der Ausweitung von SERS auf andere Stoffklassen durch eine Beschichtung des aktiven Substrates mit Polymerfilmen auseinandergesetzt. Diese Polymerbeschichtungen erlauben neben einer mechanischen und chemischen Stabilisierung der Substratoberfläche, auch die Nutzung der unterschiedlichen Affinitäten verschiedener Analyten zu dieser Beschichtung. Somit können sowohl Komplexbildungen als auch chromatographische Effekte genutzt werden. Eine Beschichtung mit mehreren Monolagen auf dem Substrat ist allerdings nur dann möglich, wenn der Analyt in dieses Material eindringen kann und so in die Nähe des Substrates gelangen kann. Dies ist von besonderer Bedeutung, da die Verstärkungseffekte mit dem Abstand zur Metalloberfläche erheblich abnehmen.

Pal et al. beschichteten z. B. mit Silber-bedampfte Aluminiumpartikel mit Polyvinylpyrrolidon [810]. Die Signalintensitäten variierten dabei mit der Permeabilität des Polymers für die verschiedenen Analyten, im Vergleich zum unbeschichteten Substrat konnte sogar noch eine Intensitätssteigerung und eine verbesserte Langzeitstabilität beobachtet werden. Anhand von binären Mischungen konnten auch die erweiterten Möglichkeiten für eine Multikomponentenanalyse mit beschichteten Substraten demonstriert werden.

Die Gruppe um Carron konnte mit Hilfe von Beschichtungen gute Erfolge für die Detektion der unterschiedlichsten Analyten erzielen. Erste Versuche wurden mit einer Octadecylthiol-beschichteten, aufgerauhten

Silberfolie durchgeführt, dabei wurden für Benzol und Xylol in wässerigen Lösungen ppm-Nachweisgrenzen beobachtet, mit der Möglichkeit unterschiedliche Isomere zu diskriminieren [811]. Mit einer 4-(2-Pyridylazo)-Resorcinol-Beschichtung auf einer aufgerauhten Silberfolie bzw. auf einem mit Silber-bedampften LWL [812] gelang durch Komplexierung der Nachweis von Blei, Cadmium und Kupfer in ppb-Konzentrationen [813]. Die Beschichtung konnte durch die S–S-Bindung des Resorcinol an das Substrat besonders stabilisiert werden, so daß selbst unter stark basischen oder sauren Bedingungen keine Desorption der Beschichtung festgestellt wurde. Ähnliche Experimente zur Detektion von Alkali- und Erdalkalimetallen wurden auch mit derivatisierten Kronenethern [814] und Erichromschwarz T [815] durchgeführt.

Mit Silber-bedampften Lichtwellenleitern konnten auch pH-Sensoren mit Cystamin-derivatisierten Indikatoren bzw. 4-Pyridinthiol verwirklicht werden. Eine Bindung der Indikatoren erfolgte hier wieder über die Disulfidgruppe des Cystamin bzw. über die Thiol-Funktion. Aufgrund der zusätzlichen Resonanzverstärkung gelang es, mit diesen Farbstoffen den pH-Wert für einen Bereich von pH 2 bis pH 8 mit guter Empfindlichkeit und Stabilität zu messen [816].

Hill et al. modifizierten mit Silber-bedampften Objektträger mit p-tert-Butylcalix[4]arentetrathiol, der Nachweis von Benzol und Chlorbenzol gelang mit ppm-Nachweisgrenzen, wobei eine Iodid-induzierte Verstärkung der Substrat-Analyt-Wechselwirkungen genutzt wurde [817]. Weitere Arbeiten untersuchten die Möglichkeiten SER-Substrate mit SiO_2 zu beschichten, um diese direkt oder nach einer chemischen Modifikation für die Adsorption von unterschiedlichen Analyten zu nutzen [818]. Untersuchungen von Wachter et al. hatten das Studium der Auswirkungen von verschiedenen anorganischen Beschichtung von SER-aktiven Mikrostrukturen zum Ziel, mit einer 10-nm-Schicht von SiO_2 konnten Hybridsubstrate mit einer guten Langzeitstabilität erzeugt werden [819, 820]. Die SER-aktiven Silberstrukturen wurden dabei nicht durch Wechselwirkungen mit den Analyten beeinflußt, so daß keine Alterung der morphologischen Veränderungen auftraten. Erste Versuche mit organischen Self-Assembly-Strukturen auf Silbersubstraten erwiesen sich ebenfalls als ausreichend robust für analytische Zwecke.

5 Zusammenfassung

Von den hier diskutierten spektroskopischen Verfahren mit Lasern werden in naher Zukunft viele Techniken in den unterschiedlichsten Modifikationen Eingang in die analytische Praxis finden. Laserquellen sind heute zu einem festen Bestandteil des analytischen Instrumentariums geworden.

Aufgrund der Komplexität natürlicher Matrizes und der geforderten Nachweisgrenzen, welche für viele umweltrelevante Analyten im ppb- und ppt-Bereich liegen, werden sich in Zukunft wohl nur wenige Verfahren im Labor ohne ergänzende Probenaufarbeitung und Trennung etablieren können. Ein vermehrter Einsatz von leistungsstarken laserspektroskopischen Verfahren zusammen mit chromatographischen Techniken ist somit zu erwarten. Aufgrund der Anforderung seitens der Chromatographie an Detektoren (Preis, Größe, Infrastruktur) kommen nur Laserdioden oder Laserdioden-gepumpte Festkörperlaser für den Einsatz in der analytischen Praxis in Frage. Das große Potential der Laserdioden als Detektor im Bereich der molekularen Spektroskopie schlägt sich auch in der Zahl der veröffentlichten Arbeiten nieder [388, 427, 439, 821, 822]. Bemerkenswert ist im Falle der Fluoreszenz-spektroskopie der Trend zum Einsatz der zeitaufgelösten Fluoreszenz [823], die sich von den bereits geschilderten multidimensionalen Ansätzen (vgl. Abschn. 4.3) am kostengünstigsten realisieren läßt. Dabei scheint sich die phasenaufgelöste Fluoreszenz als Methode der Wahl zu etablieren, nicht zuletzt aufgrund der hohen Modulationsfrequenzen mit Laserdioden, die eine für die Chromatographie wichtige quasi-kontinuierliche Beobachtung erlauben. Besonders die Arbeiten der Gruppe um Lakowicz konnte hier mit Laserdioden eine gute Zeitauflösung erreichen und Lebensdauern zwischen 220 ps und 1.7 ns bestimmen [415, 824–826].

Laserquellen werden nicht nur bezüglich der Nachweisgrenzen und der Selektivität zu signifikanten Verbesserungen führen, sondern auch einige chromatographische Verfahren erst für den Einsatz in der Routineanalytik qualifizieren. Als Beispiel sei die photothermische oder photoakustische Spektroskopie genannt, die vorteilhaft in Kombination mit der überkritischen Fluidchromatographie (Super Fluid Chromatography, SFC) eingesetzt werden könnte. Aufgrund der großen Volumenausdehnungskoeffizienten in überkritischen Medien wie CO_2 ist eine Verbesserung der Nachweisgrenzen für TLS, um zwei Größenordnungen zu erwarten [358]. Gleiches gilt für die Kapillarelektrophorese mit Probenvolumina < 1 nl, hier sind diese Methoden konventionellen Detektoren weit überlegen.

Im Bereich der elementanalytischen Detektoren für die Chromatographie ist die Laserdioden-Atomabsorption als GC-Detektor die aussichtsreichste Methode, die sich abzeichnenden technischen Möglichkeiten und Applikationslösungen werden mit der kommerziellen Verfügbarkeit von UV/VIS-Laserdioden noch weiter zunehmen.

Eine Alternative zu einer chromatographischen Trennung ist sicherlich die Kombination Laserionisation mit der Massenspektroskopie. Auf diese Weise konnten ohne eine Trennung der Analyten von der Matrix durch eine ein- oder mehrstufige resonante Ionisation bereits beachtliche Erfolge erzielt werden. Es bleibt allerdings abzuwarten, ob die aufwendige Instrumentierung solcher Ansätze sich für spezielle analytische Fragestellungen auch außerhalb von Forschungslaboratorien durchsetzen wird.

Daneben werden Laser in hohem Maße für chemische Sensoren an Bedeutung gewinnen, sei es als Strahlquellen für die direkte Fernerkundung oder in Verbindung mit faseroptischen Sensoren. Wesentliche Antriebskräfte dafür sind eine Intensivierung der Überwachung des menschlichen Lebensraums auf anthropogene Schadstoffe und die Einsicht, daß für Überwachungsaufgaben konventionelle Verfahren zu personal- und kostenintensiv sind. Chemische Sensoren stellen dabei allerdings im „Schadensfall" keinen Ersatz für die konventionelle Analytik dar, sondern sind als kostengünstige Ergänzung (z.B. Schnelltests und Vorerkundung) des analytischen Instrumentariums konzipiert. Die bereits kommerziell verfügbaren und hier zum Teil diskutierten Geräte geben schon einen Einblick in die vielfältigen Möglichkeiten, die sich in diesem Bereich mit Lasern eröffnen. So sind z.B. aufgrund der fast Matrix-unabhängigen Anwendungsmöglichkeiten auch in Zukunft eine Fülle von Applikationen für die Elementanalyse mit LIBS zu erwarten. Zukünftige Entwicklungen werden besonders von den Fortschritten der Lasertechnik profitieren. Dieser Trend zeichnet sich auch in den neueren Arbeiten von verschiedenen Gruppen ab, die auf mobile und preisgünstige Systeme abzielen [140, 141, 148]; erste Geräte sind nun auch kommerziell erhältlich. Darüber hinaus werden faseroptische Übertragungssysteme für die Plasmaemission [141, 148, 827, 828] und die Laserwellenlängen zur Flexibilität des Verfahrens beitragen.

Mit dem zunehmenden Einsatz von zweidimensionalen CCD-Kameras als Detektor werden Systeme mit Echelle-Spektrometern eine neue Popularität erfahren, da sie eine hohe spektrale Auflösung und eine große lineare Dispersion erlauben. Eine Integration der Plasmacharakteristika, d.h. der Elektronendichte und Temperatur, in die quantitative Auswertung könnte nicht nur eine Verbesserung der Nachweisgrenzen und Reproduzierbarkeit für unterschiedliche Proben erlauben, sondern auch eine Matrix-unabhängige Kalibrierung. Der Einsatz multivariater Kalibrierungsmethoden oder neuronaler Netze [829] aus dem Bereich der Chemometrie erscheint ebenfalls vielversprechend, da diese Verfahren dem Multielementcharakter der Methode gerecht werden.

Ähnlicher Popularität erfreut sich aufgrund der instrumentellen Fortschritte die mehrdimensionale Fluoreszenzspektroskopie mit faseroptischen Sensorsystemen, so daß in naher Zukunft eine Ausweitung über akademische Anwendungen hinaus in den Bereich der industriellen Applikationen und staatlichen Emissionsüberwachung abzusehen ist. Neuere Entwicklungen werden dabei eine extensive Nutzung von faseroptischen Sensorarrays für stationäre Kontrollaufgaben mit sich bringen, sei es in einem sequentiellen Betrieb mit einem faseroptischen Multiplexer für räumlich verteilte Sensoren oder im simultanen Betrieb mit einer CCD-Kamera, z.B. für zeitaufgelöste EEM. Weitere Fortschritte sind im Bereich der Sensorgeometrien und der Kombination mit konventionellen Gerätschaften zur Probennahme zu erwarten, wie z.B. die schon von verschiedenen Autoren berichtete Anpassung an hydraulische Rammsonden im Bereich der Geochemie. Die Ausweitung auf Analyten, welche keine native Fluoreszenz besitzen, wird davon abhängig sein, ob universale Methoden zur Implementierung einer „Sensorchemie" (z.B. Derivatisierung mit einem fluoreszierenden Reagenz) auf LWL entwickelt werden können.

Die Bearbeitung und Formung der Lichtwellenleiter wird ebenfalls neue Applikationsbereiche eröffnen, z. B. bildgebende Verfahren mit Lichtwellenleitern und der Einsatz von Sensoren mit Durchmessern im µm-Bereich. Nicht zuletzt kann eine breitere Anwendungsbasis für mehrdimensionale Ansätze auch durch methodische Fortschritte in der chemometrischen Auswertung erwartet werden.

Die Zukunft von SERS und „normaler" Ramanspektroskopie in der Umweltanalytik liegt in der Möglichkeit Analyten mikroanalytisch zu erfassen, welche durch Fluoreszenz- und Absorptionsmessungen bzw. normale Ramanspektroskopie nicht zugänglich sind. Obwohl mit SERS absolut sehr geringe Mengen detektiert werden können, sind die Konzentrationsnachweisgrenzen wohl auf den ppb-Bereich limitiert. Mit der kommerziell verfügbaren fortgeschrittenen Instrumentierung erscheinen faseroptische Sensorentwicklungen attraktiv, besonders mit NIR-SERS und der NIR-Ramanspektroskopie könnten kostengünstige, mobile Systeme für Überwachungsaufgaben konzipiert werden. Für eine analytische Anwendbarkeit von SERS unter praxisnahen Bedingungen wird allerdings ein uniformes Substrat benötigt, welches einfach, kostengünstig und mit hoher Reproduzierbarkeit hergestellt werden kann und auch langfristig stabil ist. Andere vorteilhafte Charakteristika wären die Möglichkeit die Anregungswellenlängen der Plasmonresonanz zu kontrollieren, und ein Substrat mit einer elektrochemischen Schnittstelle auszurüsten, so daß der Redoxzustand der Adsorbate kontrolliert werden kann. Von den bekannten Ansätzen erscheinen die neueren Versuche mit Self-Assembly-Strukturen am vielversprechendsten; ihre Stabilität und Flexibilität könnte in der Zukunft eine Anwendung auf die unterschiedlichsten Analyten erlauben.

Aufgrund der Vielzahl von zukünftigen Aufgaben für chemische Sensoren ist daher auch für LIBS, SERS und LIF mit weiteren kommerziellen Geräten und verstärkten Forschungsbemühungen zu rechnen. Mögliche Applikationen allgemeiner Natur sind z. B., innerbetriebliche Überwachungen von umweltrelevanten Analyten bzw. Arbeitsplatzhygiene, Überwachung von potentiellen Schadstoffquellen wie Mülldeponien oder thermischen Müllverwertungsanlagen, On-line- und In-situ-Erfassung von Altlasten sowie Bestimmung von zeitlichen und räumlichen Schadstoffgradienten in Ökosystemen.

Eine Erweiterung bekannter Sensorkonzepte könnte in Zukunft durch die Kombination von spektroskopischen Verfahren erfolgen, die sich in Anlehnung an andere „Hyphenated Methods" wie GC-MS oder ICP-MS vielleicht als „Hyphenated-Laser-Spectroscopy" bezeichnen lassen. Denkbar ist zum einen die Nutzung von einem Laser- und Detektorsystem für unterschiedliche Techniken: So kann mit austauschbaren faseroptischen Sensoren, ein Nd:YAG-Laser mit Frequenzvervielfachung in Kombination mit einer CCD-Kamera und einem Spektrographen mit unterschiedlichen Gittern für LIBS, Raman- und Fluoreszenzspektroskopie genutzt werden. Zum anderen werden Ansätze, die mehrere Laser verwenden, sicherlich von der Weiterentwicklung der Laserdioden und Laserdioden-gepumpten Festkörperlasern profitieren und für den Routineeinsatz attraktiv werden. Aussichtsreich erscheint in diesem Zusammenhang z. B. die LPF-Technik, welche aufgrund der guten Zeitauflösung und der Möglichkeit zur Identifizierung von Analytklassen zur Überwachung von Verbrennungsprozessen unterschiedlichster Art, auch in Kombination mit faseroptischen Elementen interessant ist. Da die Energieflußdichten für die Fragmentierung zumeist moderat sind (< 1 mJ), können in mobilen Geräten z. B. gekapselte ArF-Excimerlaser neben Laserdioden-gepumpten Systemen Anwendung finden. Die wesentlichen Applikationen werden in Zukunft weiterhin auf die Gasphase beschränkt sein. Vielversprechend ist die Möglichkeit, auch atmosphärische und industrielle Aerosole bestimmen zu können. Ähnliches gilt für LEI, obwohl die Anwendungen in der Literatur auf einzelne komplexe Proben mit geringen Spurengehalten beschränkt bleiben. Trotzdem besticht der Ansatz durch die sehr guten Nachweisgrenzen und den geringen Aufwand an optischer Meßtechnik, so daß eine zukünftige Akzeptanz in der Analytik entscheidend von einer entsprechenden technischen Realisierung abhängt. Analoges gilt auch für die Kombination der Laserablation mit AF: Hier könnte sich eine Fernerkundung mit faseroptisch erzeugten Plasmen und einer faseroptisch geführten Anregung und Beobachtung für Überwachungsaufgaben ebenfalls als geeignet erweisen.

Es scheint weiterhin absehbar zu sein, daß aufwendigere spektroskopische Verfahren mit Lasern in Zukunft für spezielle Problemstellungen, die absolute Nachweisgrenzen im Femto- und Attogrammbereich oder eine hohe Selektivität erfordern, verstärkt eingesetzt werden. Neue Möglichkeiten ergeben sich aus der oben schon diskutierten Kombination verschiedener spektroskopischer Verfahren.

Beispiele sind die Detektion von ultrafeinen Aerosolen in der Atmosphäre bzw. von Hydrokolloiden in wässerigen Systemen, die Bestimmung von Neurotoxinen in der Umwelt, oder die Analyse von Hintergrundkonzentrationen in Sedimenten und Bohrkernen. Letzteres wird im Zusammenhang mit der Beobachtung von Ökosystemen wichtig, welche frei von direkter anthropogener Beeinflussung sind und Hinweise auf zukünftige globale Veränderungen geben können. Zu diesen Techniken gehört z. B. die laserinduzierte Atomfluoreszenz, die Laserdioden-AAS oder die Tieftemperatur-Fluoreszenz. Im Falle der ersten beiden Methoden ist die Tatsache, daß die Verfahren keine inhärente Multielementfähigkeit besitzen für Analysen im pg- und fg-Bereich häufig nicht relevant, da diese Analytmengen zumeist eine elementspezifische Probenaufarbeitung erfordern. Die Photoakustik ist für Fragestellungen, in denen eine nicht-invasive Detektion Voraussetzung ist, sehr aussichtsreich, z. B. die Detektion von anthropogenen Schadstoffen in lebenden Pflanzen oder die tiefenaufgelöste Analyse von Porenwasser in Böden und anderen opaquen Systemen.

6 Trends

Neben den hier diskutierten bekannteren Methoden sollen abschließend auch einige zukunftsträchtige Ansätze aufgezeigt werden, allerdings kann aufgrund der vielfältigen und interdisziplinären Entwicklungen im Bereich der Laserspektroskopie auch hier nur eine subjektive Auswahl erfolgen.

Die Bemühungen im Rahmen des Human-Genom-Projektes empfindlich einzelne DNA-Fragmente zu detektieren und zu sequenzieren, hat in den letzten fünf Jahren zu einer Fülle von Arbeiten zur Fluoreszenzspektroskopie im NIR-Bereich geführt. Dabei wurden hauptsächlich NIR-Fluoreszenzfarbstoffe mit einem Emissionsmaximum zwischen 600 nm und 900 nm zur Derivatisierung von Analyten in Mehrkomponentengemischen eingesetzt und nachfolgend mit chromatographischen Verfahren getrennt. Probleme bei einer Detektion im UV/VIS-Bereich mit entsprechenden Farbstoffen ergeben sich aus den geforderten absoluten Nachweisgrenzen in geringen Volumina (z. B. mit der Kapillarelektrophorese) und parasitären Fluoreszenzsignalen, z. B. durch Verunreinigungen im Lösungsmittel oder durch Aperturen im Strahlengang. Die Detektion der NIR-Fluoreszenz wird hingegen kaum von solchen Emissionen behindert. Für die ultimative Detektion einzelner Moleküle (Single Molecule Detection, SMD) in Lösung ist eine Verringerung des Interaktionsvolumens auf eine Größenordnung $10^{-12}-10^{-15}\,1$ unbedingte Voraussetzung. Nur so kann die Rayleigh- und Ramanstreuung des Lösungsmittels so weit unterdrückt werden, daß innerhalb der photochemischen Lebensdauer (bei einer kontinuierlichen Anregung typischerweise einige ms im Bereich der Sättigung) des Fluoreszenzfarbstoffes unter Berücksichtigung der Detektionseffizienz einige tausend Fluoreszenzphotonen detektiert werden können. Von den rasanten Entwicklungen im Bereich der NIR-Laserquellen und NIR-Detektoren profitierte natürlich in diesem Zusammenhang auch die Instrumentierung für die NIR-Fluoreszenzspektroskopie, vgl. z. B. [830, 831]. Von den Gruppen um Keller [832–836] und Ramsey [837–840] wurde auf diese Weise die SMD-Grenze erreicht. Eine zeitaufgelöste Detektion der Fluoreszenzemission eines einzelnen Moleküls gelang ebenfalls [836, 841].

Mit der Verwendung eines Tropfengenerators statt einer Durchflußzelle konnten Ramsey et al. Detektionsgeschwindigkeiten, d. h. Volumenaustauschgeschwindigkeiten, von 5–10 kHz erzielen [837], welche für eine Anwendung unter realistischen Bedingungen notwendig sind. Im Durchfluß werden aufgrund des langsamen Austausches des Interaktionsvolumens geringere Detektionseffizienzen (< 0,001 %) erzielt [837]. Für eine Übersicht der Kopplung solcher SMD-Techniken an die Kapillarelektrophorese vgl. z. B. [842–849]. Abbildung 39 zeigt einen experimentellen SMD-Aufbau für die Detektion von NIR-Farbstoffen in einer Kapillare [846]: Die Anregung erfolgt mit einem Ar-Ionen-Laser gepumpten Ti:Saphir-Laser auf der Resonanzlinie von Rubidium bei $\lambda = 780\,023$ nm, so daß die Rayleighlinie mit einem Rb-Metalldampffilter mit einer optischen Dichte > 10 blockiert werden kann. Der Interferenzfilter bei 780 nm dient zur Unterdrückung einer schwachen

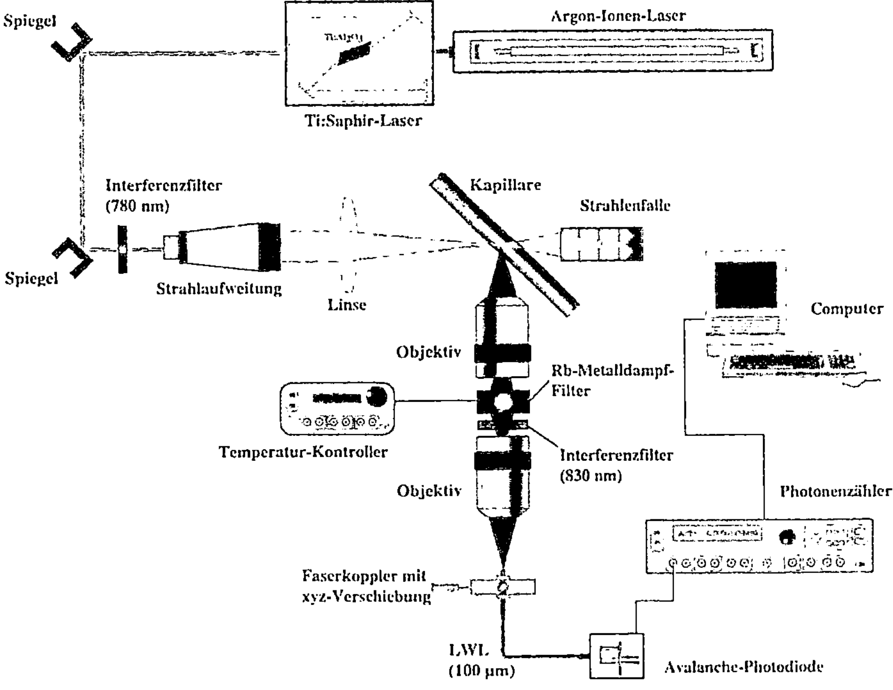

Abb. 39. Aufbau für die Detektion von einzelnen Molekülen eines NIR-Farbstoffes in einer Kapillare mittels NIR-Fluoreszenzspektroskopie

Fluoreszenz des Ti:Saphir-Kristalls. Der Strahldurchmesser beträgt nach der Aufweitung und anschließender Fokussierung 11 µm, das beprobte Volumen entspricht dann 1 pl. Die Detektion erfolgt über zwei Mikroskopobjektive und einer faseroptischen Kopplung mit einer Avalanche-Photodiode im Photonenzähl-Modus. Ein Interferenzfilter bei 830 nm dient zur Differenzierung der Fluoreszenz vom Ramansignal des Lösungsmittels.

Für eine Übersicht über die Charakteristika der NIR-Farbstoffe sei an dieser Stelle nur auf die Literatur verwiesen [831, 850–852]. NIR-Farbstoffe könnten in naher Zukunft auch als Markierungsstoff in umweltanalytischen Anwendungen eingesetzt werden, so liegt z.B. der Einsatz als hydrogeologischer Markierungsstoff nahe, sei es gelöst oder als Partikel [853, 854]. Denkbar wäre auch die Untersuchung von Stoffgradienten in Bodensystemen oder in Strömungen aquatischer Systeme [853]. Weitere Forschungsbemühungen in Richtung einer Synthese geeigneter Farbstoffe für fluoreszierende Komplexbildner [855] oder Immunoassays [856] in Kombination mit faseroptischen Sensoren sind ebenfalls zu erwarten.

Einen ähnlichen Ansatz (d.h. die Verbesserung der Nachweisgrenzen durch Reduzierung des Interaktionsvolumens) zur Detektion von einzelnen Molekülen mittels LIF wurde im Bereich der Raster-Nahfeldmikroskopie

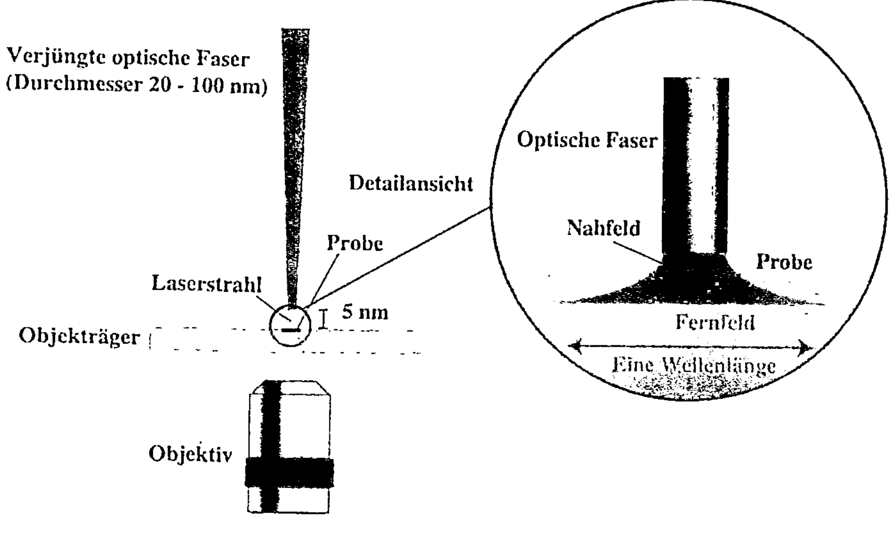

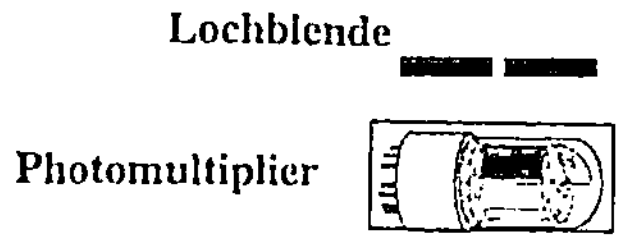

Abb. 40. Prinzip der Nahfeldmikroskopie in einer konfokalen Transmissionsgeometrie (nicht dargestellt ist der Schwerkraft-Rückkopplungsmechanismus zur Rasterung)

(Near Field Scanning Optical Microscopy, NSOM) gewählt. NSOM basiert auf der Erkenntnis, daß im Nahfeld sehr kleiner Aperturen die konventionelle Beugungsbegrenzung von Mikroskopen umgangen werden kann [857–860]. Der Lichtstrahl hat dort die Dimensionen der Apertur, und durch eine Rasterung einer Oberfläche entsteht aus solchen Punktaufnahmen ein Bild der Oberfläche. Als Aperturen bieten sich verjüngte optische Fasern mit einem Durchmesser von 20–100 nm an [861]. Der Abstand dieser Faser zur Oberfläche wird über eine Schwerkraftdetektion analog zu einem Kraftmikroskop geregelt. Die Anregung erfolgt kontinuierlich, üblicherweise mit einem Ar-Ionen-Laser, die erzielten Leistungsdichten sind im Bereich einiger mW und reichen zumeist für eine Sättigung der molekularen Absorptionsübergänge aus. Eine Beobachtung der Fluoreszenz erfolgt mit einem konventionellen Mikroskopobjektiv entweder in einer Transmissionsgeometrie oder in einer Reflexionsanordnung. Abbildung 40 verdeutlicht das Prinzip der Nahfeldmikroskopie mit einer konfokalen Transmissionsgeometrie für SMD-Ansätze [862] graphisch. Obwohl die Auflösung im Vergleich zum Kraftmikroskop um ein bis zwei Größenordnungen schlechter ist, können alle Kontrastverfahren aus der konventionellen Mikroskopie, wie z. B. Polarisation, durchgeführt werden. Weiterhin ist eine Analyse unter Normalbedingungen durchführbar und spezifische Wechselwirkungen im Nahfeld, d.h. evaneszente Moden, können zu einer Verstärkung der Fluoreszenz führen. Obwohl schon von verschiedenen Autoren das SMD-Potential dieser Technik demonstriert wurde [859, 862–865], fehlt es bisher an Anwendungen zu Fragestellungen der Umweltanalytik. Mögliche Applikationen könnten sich aus dem Einsatz von Fluoreszenzfarbstoffen (hier besonders NIR-Farbstoffe) zur Untersuchung von umweltrelevanten Matrizes auf molekularer Ebene ergeben, z.B. der Adsorption von PAK auf Aerosolen oder aquatischen Huminstoffen in Aquifersystemen.

Interessant in diesem Zusammenhang ist auch der Einsatz von konfokalen Mikroskopen mit Laserquellen für die Detektion von fluoreszierenden Analyten. Bei der konfokalen Mikroskopie wird ein kontinuierlicher Laser (zumeist Ar-Ionen-Laser) als Punktquelle beugungslimitiert auf das Interaktionsvolumen fokussiert. Die Beobachtung und Detektion erfolgt durch eine Lochblende, welche das observierte Volumen auf den ausgeleuchteten Punkt limitiert. Aufgrund dieser optischen Konjugation zwischen Beleuchtungs- und Beobachtungsapertur, trägt keine Information außerhalb der fokalen Ebene zum Signal bei. Typischerweise wird eine Auflösung von 0,3 µm erreicht, die Tiefenauflösung ist dabei in der Größenordnung von 0,5 µm. Durch Rasterung des Laserstrahls über die Oberfläche kann eine schichtweise Untersuchung von Festkörperoberflächen erfolgen, hier hat sich auch der Einsatz von zweidimensionalen Detektoren wie CCD-Kameras bewährt [866, 867]. Die Nachweisgrenzen werden wie im Falle von NSOM aufgrund von mW-Leistungsdichten im reduzierten Interaktionsvolumen durch die gleichzeitige Verringerung von parasitären Emission nicht beeinflußt, in einigen Fällen sogar wesentlich verbessert. Im Falle von sehr kleinen Volumina kann auch die SMD-Grenze erreicht werden [868]; mit Moden-gekoppelten Ar-Ionen-Lasern ist natürlich auch eine zeitaufgelöste Beobachtung der Fluoreszenz möglich [869, 870]. Mit einem Lichtwellenleiter als Ersatz für die Lochblende kann auch der kostspielige Einsatz eines konventionellen konfokalen Mikroskops umgangen werden. Darüber hinaus ist so ein flexibler Aufbau der konfokalen Beobachtung möglich, welcher der Geometrie der Probe angepaßt werden kann [871]. Eine Ausdehnung von konfokalen Beobachtungskonzepten auf andere faseroptische Sensoren erscheint ebenfalls sinnvoll.

Eine aussichtsreiche Entwicklung mit großem Anwendungspotential, die häufig zusammen mit Verfahren der Laserspektroskopie genutzt wird und daher hier erwähnt werden soll, ist die Verwendung des Lichtdrucks eines Laserstrahls zur Manipulation von mikroskopischen Objekten. Diese „optischen Pinzetten" wurden seit ihrer Entdeckung durch Ashkin 1970 [872–874] bisher nur für biochemische Applikationen, wie z.B. für die gezielte Verschmelzung von Zellen, eingesetzt.

Mittlerweile sind erste Veröffentlichungen aus dem Bereich der analytischen Chemie ebenfalls zu finden. Beispiele für mögliche Anwendung sind die räumliche Fixierung und simultane Untersuchung der chemischen

Zusammensetzung von Aerosolen [672, 875] oder das Studium von Ionenaustauschprozessen an μm-Partikeln [876–878]. Eine originelle Methode zur Trennung von Partikeln, d.h. eine „optische Chromatographie" wurde von Imasaka et al. [879] vorgeschlagen. Der Laser könnte so als universales Werkzeug zu einer Trennung und Reaktionsführung mit einer gleichzeitigen spektroskopischen Detektion genutzt werden.

7 Literatur

 1. Siegman AE (1986) Lasers. University Science Books, Mill Valley
 2. Hecht J (1992) The Laser Guide Book. McGraw-Hill, New York
 3. Demtröder W (1991) Laserspektroskopie. Springer Verlag, Berlin
 4. Koechner W (1996) Solid-State Laser Engineering. Springer Verlag, Berlin
 5. Mrochen M, Vogler K (1996) Laser Optoelektronik 28:28–41
 6. Wennberg PO, Cohen RC, Hazen NL, Lapson LB, Allen NT, Hanisco TF, Oliver JF, Lanham NW, Demusz JN, Anderson JG (1994) Rev Sci Instr 65:1858–1876
 7. Saito Y, Shimodaira K, Nomura A, Kano T (1995) Appl Opt 34:432–434
 8. Schütz M, Heitmann U, Hese A (1995) Appl Phys B 61:339–343
 9. Duarte FJ (1994) Appl Opt 33:3857–3860
10. Canva M, Georges P, Perelgritz JF, Brun A, Chaput F, Boilot JP (1994) J Phys IV 4:369–372
11. Canva M, Georges P, Perelgritz JF, Brum A, Chaput F, Boilot JP (1995) Appl Opt 34:428–431
12. Mantz AW (1995) Spectrochim Acta A 51:2211–2236
13. Angel SM, Kulp TJ, Vess TM (1991) Appl. Spectrosc 46:1085–1091
14. Angel SM, Myrick ML, Vess TM (1991) Proc. SPIE 1435:72–81
15. Angel SM, Carrabba M, Cooney TF (1995) Spectrochim Acta A 51:1779–1799
16. Fox RW, Weimer CS, Hollberg L, Turk GC (1993) Spectrochim Acta Rev 15:291–299
17. Franzke J, Schnell A, Niemax K (1993) Spectrochim Acta Rev 15:379–395
18. Higgins TV (1995) Laser Forcus World 4:65–76
19. Niemax K, Groll H, Schnürer-Patschan C (1993) Spectrochim Acta Rev 15:349–377
20. Niemax K, Zybin A, Schnürer-Patschan C, Groll H (1996) Anal Chem 68:351A–356A
21. Tino GM (1994) Phys Scr 51 T:58–66
22. Wenz H, Großkloß R, Demtröder W (1996) Laser Optoelektronik 28:58–62
23. Cooney TF, Skinner HT, Angel SM (1995) Appl Spectrosc 49:1846–1851
24. Dautet H, Deschamps P, Dion B, MacGregor AD, Macsween D, McIntryre RJ, Trottier C, Webb PP (1993) Appl Opt 32:3894–3900
25. Melle S, MacGregor A (1995) Laser Focus World 10:145–156
26. Kaufmann K (1994) Laser Focus World 9:99–105
27. Fagen SJ (1993) Laser Focus World 8:125–132
28. Isoshima T, Isojima Y, Hakomori K, Kikuchi K, Nagai K, Nakagawa H (1995) Rev Sci Instrum 66:2922–2926
29. Hueber DM, Stevenson CL, Vo-Dinh T (1995) Appl Spectrosc 49:1624–1631
30. Hühne M, Eschenauer U, Siesler HW (1995) Appl Spectrosc 49:177–180
31. Lewis EN, Treado PJ, Levin IW (1993) Appl Spectrosc 47:539–543
32. Tran CD, Furlan RJ (1992) Anal Chem 64:2775–2782
33. Tran CD, Furlan RJ (1993) Anal Chem 65:1675–1681
34. Treado PJ, Levin IW, Lewis EN (1992) Appl Spectrosc 46:1211–1216
35. Tran CD, Furlan RJ, Lu J (1994) Appl Spectrosc 48:101–106
36. Wang X (1992) Laser Focus World 28:173–180
37. Tran CD (1992) Anal Chem 64:971A–981A
38. Wang XL, Vaughan DE, Pelekhaty V, Crisp J (1994) Rev Sci Instr 65:3653–3656
39. Baldwin DP, Zamzow DS, D'Silva AP (1996) Appl Spectrosc 50:498–503
40. Hoppstock K, Harrison WW (1995) Anal Chem 67:3167–3171
41. Lawrence J, Niemax K (1988) Spectrochim Acta B 43:155–165

42. Pelly IZ (1994) Determination of Trace Elements by Atomic Absorption Spectrometry. In: Alfassi ZB (ed) Determination of Trace Elements. Verlag Chemie, Weinheim, pp 146–190
43. Welz B (1983) Atomabsorptionsspektrometrie. Verlag Chemie, Weinheim
44. Barshick CM, Shaw RW, Young JP, Ramsey JM (1995) Anal Chem 67:3814–3818
45. Schnürer-Patschan C, Zybin A, Groll H, Niemax K (1993) J Anal At Spectrom 8:1103–1107
46. Groll H, Niemax K (1993) Spectrochim Acta B 48:633–641
47. Farnsworth PB (1989) Spectrochim Acta B 44:729–735
48. Barber TE, List MS, Haas JW, Wachter EA (1994) Appl Spectrosc 48:1423–1427
49. Groll H, Schaldach G, Berndt H, Niemax K (1995) Spectrochim Acta B 50:1293–1298
50. Zybin A, Schnürer-Patschan C, Niemax K (1993) Spectrochim Acta 48 B:1713–1718
51. Schnürer-Patschan, Niemax K (1995) Spectrochim Acta B 50:963–969
52. Zybin A, Schnürer-Patschan C, Niemax K (1995) J Anal At Spectrom 10:563–567
53. Drake SA, Tyson JF (1993) J Anal At Spectrom 8:145–209
54. Bilhorn RB, Poneroy RS, Denton MB (1992) Computerized Multichannel Atomic Emission Spectroscopy. In: Jures PC (ed) Computer-Enhanced Analytical Spectroscopy. Plenum Press, New York, pp 281–316
55. Barnard TW, Crockett MI, Ivaldi JC, Lundberg PL (1993) Anal Chem 65:1225–1230
56. Barnard TW, Crockett MI, Ivaldi JC, Lundberg PL, Yates DA, Levine PA, Sauer DJ (1993) Anal Chem 65:1231–1239
57. Florek S, Becker-Roß H, Florek T (1996) Fresenius J Anal Chem 355:269–271
58. Sweedler JV, Ratzlaff KL, Denton MB (1994) Charge-Transfer Devices in Spectroscopy. VCH Publishers, New York
59. Mao XL, Shannon MA, Fernandez AJ, Russo RE (1995) Appl Spectrosc 49:1054–1062
60. Parigger C, Plemmons DH, Lewis JWL (1995) Appl Opt 34:3325–3330
61. Walker AL, Curry DL, Fannin HB (1994) Appl Spectrosc 48:333–337
62. Zhao XZ, Shen LJ, Niemax K (1992) Appl Phys B 55:327–330
63. Sdorra W, Niemax K (1990) Spectrochim Acta B 45:917–926
64. Whitlock RR, Frick GM (1994) J Mater Res 9:2868–2872
65. Kozlov BN, Pilyugin II, Schhebelin VG, Bulgakov AV, Mayorov AP, Predtechnskii MR (1995) Mikrochim Acta 120:111–119
66. Griem HR (1964) Plasma Spectroscopy. McGraw Hill, New York
67. Anderson DR, McLeod CW, English T, Smith AT (1995) Appl Spectrosc 49:691–701
68. Lenk A, Witke T (1995) Fres J Anal Chem 353:333–336
69. Eiden GC, Anderson JE, Nogar NS (1994) Microchem J 50:289–300
70. Hwang ZW, Teng YY, Li KP, Sneddon J (1991) Appl Spectrosc 45:435–441
71. Qiu W, Watson J, Thompson DS, Deans WF (1994) Opt Laser Technol 26:157–166
72. Von Allmen M, Blatter A (1994) Laser-Beam Interactions with Materials. Springer Verlag, Berlin
73. Costela A, Figuera JM, Florido F, Garciamoreno I, Collar EP, Sastre R (1995) Appl Phys A 60:261–270
74. Ihlemann J, Scholl A, Schmidt H, Wolffrottke B (1995) Appl Phys A 60:411–417
75. Sdorra W, Brust J, Niemax K (1992) Mikrochim Acta 108:1–10
76. Simeonsson JB, Miziolek AW (1994) Appl Phys B 59:1–9
77. Tambay R, Singh R, Thareja RK (1992) J Appl Phys 72:1197–1199
78. Kuzuya M, Matsumoto H, Takechi H, Mikami O (1993) Appl Spectrosc 47:1659–1664
79. Hwang ZW, Teng YY, Li KP, Sneddon J (1992) Anal Lett 25:2143–2156
80. Lee YI, Thiem TL, Kim GH, Teng YY, Sneddon UJ (1992) Appl Spectrosc 46:1597–1604
81. Simeonsson JB, Miziolek AW (1993) Appl Opt 32:939–947
82. Hwang ZW, Teng YY, Li KP, Sneddon J (1991) Spectrosc Lett 24:1173–1184
83. Kagawa K, Matsuda Y, Yokoi S, Nakajima S (1988) J Anal Atom Spectrom 3:415–419
84. Kagawa K, Kawai K, Tani M, Kobayashi T (1994) Appl Spectrosc 48:198–205
85. Kurniawan H, Nakajima S, Butabara JE, Marpaung M, Okamoto M, Kagawa K (1995) Appl Spectrosc 49:1067–1072
86. Geertsen A, Lacour JL, Mauchien P, Sjöström S (1995) Spectrochim Acta B 50:456–464
87. Geertsen C, Briand A, Chartier F, Lacour JL, Mauchien P, Sjöström S, Mermet JM (1994) J Anal At Spectrom 9:17–22
88. Nemet B, Kozma L (1995) Spectrochim Acta B 50:1869–1888
89. Autin M, Briand A, Mauchien P, Mermet JM (1993) Spectrochim Acta 48 B:851–862

90. Russo RE (1995) Appl Spectrosc 49 : A14–A24
91. Beenen GJ, Piepmeier EH (1984) Appl Spectrosc 38 : 851–857
92. Iida Y (1990) Spectrochim Acta B 45 : 1353–1367
93. Stoffels E, Van de Weijer P, Van der Mullen J (1991) Spectrochim Acta B 46 : 1459–1470
94. Owens M, Majidi V (1991) Appl Spectrosc 45 : 1463–1467
95. Gu HP, Lou QH, Cheung NH, Chen SC, Wang ZY, Lin PK (1994) Appl Phys B 58 : 143–148
96. Kuzuya M, Mikami O (1992) J Anal At Spectrom 7 : 493–493
97. Ko JB, Sdorra W, Niemax K (1989) Fresenius J Anal Chem 335 : 648–651
98. Quentmeier A, Sdorra W, Niemax K (1990) Spectrochim Acta B 45 : 537–546
99. Richner P, Wunderli S (1993) J Anal Atom Spectrom 8 : 45–49
100. Chen G, Yeung ES (1988) Anal Chem 60 : 2258–2263
101. Pang HM, Yeung ES (1990) Appl Spectrosc 44 : 1218–1220
102. Griem HR (1983) Phys Rev A 28 : 1596–1601
103. Majidi V, Joseph MR (1992) CRC Crit Rev Anal Chem 23 : 143–162
104. Adrain RS, Watson J (1984) J Phys D: Appl Phys 17 : 1915–1940
105. Radziemski LJ (1994) Microchem J 50 : 218–234
106. Ahmad I, Goddard BJ (1993) J Fiz Mal 14 : 43–54
107. Morgan CG (1975) Rep Prog Phys 38 : 621–665
108. Hein SJ, Piepmeier EH (1988) Trends Anal Chem 7 : 137–142
109. Sneddon J (1988) Trends Anal Chem 7 : 222–226
110. Moenke-Blankenburg L (1989) Laser Micro Analysis. John Wiley & Sons, New York
111. Miller JC (1994) Laser Ablation. Springer Verlag, Berlin
112. Radziemski LJ, Cremers DA (1989) Laser-Induced Plasmas and Applications. Marcel
     Dekker, New York
113. Sabsabi M, Cielo P (1995) Appl Spectrosc 49 : 499–507
114. Sabsabi M, Cielo P (1995) J Anal Atom Spectrom 10 : 643–647
115. Thiem TL, Salter RH, Gardner JA, Lee YI, Sneddon J (1994) Appl Spectrosc 48 : 58–64
116. Aguilera JA, Aragon C, Campos J (1992) Appl Spectrosc 46 : 1382–1387
117. Aragon C, Aguliera JA, Campos J (1993) Appl Opt 47 : 606–608
118. Gonzalez A, Ortiz M, Campos J (1995) Appl Spectrosc 49 : 1632–1635
119. Leis F, Sdorra W, Ko JB, Niemax K (1989) Mikrochim Acta II : 185–199
120. Sdorra W, Quentmeier A, Niemax K (1989) Mikrochim Acta II : 201–208
121. Niemax K, Sdorra W (1990) Appl Opt 29 : 5000–5006
122. Hiddemann L, Uebbing J, Ciocan A, Dessenne O, Niemax K (1993) Anal Chim Acta
     283 : 152–159
123. Ciocan A, Uebbing J, Niemax K (1992) Spectrochim Acta B 47 : 611–617
124. Uebbing J, Ciocan A, Niemax K (1992) Spectrochim Acta B 47 : 601–610
125. Uebbing J, Brust J, Sdorra W, Leis F, Niemax K (1991) Appl Spectrosc 45 : 1419–1423
126. Lorenzen CJ, Carlhoff C, Hahn U, Jogwich M (1992) J Anal At Spectrom 7 : 1029–1035
127. Carlhoff C (1991) Laser Optoelektronik 23 : 50–52
128. Grant KJ, Paul GL, O'Neill JA (1991) Appl Spectrosc 45 : 701–705
129. Grant KJ, Paul GL, O'Neill JA (1990) Appl Spectrosc 44 : 1711–1714
130. Nemet B, Kozma L (1995) J Anal Atom Spectrom 10 : 631–636
131. Laserna JJ, Cabalin LM (1993) Anal Chim Acta 289 : 113–120
132. Franzke D, Klos H, Wokaun A (1992) Appl Spectrosc 46 : 587–592
133. Lee YI, Sneddon J (1994) Analyst 119 : 1441–1443
134. Kagawa K, Hattori I, Ishikane M, Ueda M, Kurniawan H (1995) Anal Chim Acta 299 :
     393–399
135. Hardjoumoto W, Munechika H, Kurniawan H, Hattori I, Kobayashi T, Kagawa K (1992)
     Optics & Laser Technology 24 : 273–277
136. Kurniawan H, Kagawa K, Okamoto M, Ueda M, Kobayashi T, Nakajima S (1996) Appl
     Spectrosc 50 : 299–305
137. Panne U, Clara M, Haisch C, Niessner R (1996) In preparation
138. Anderson DR, McLeod CW, Smith TA (1994) J Anal Atom Spectrom 9 : 67–72
139. Ottesen DK (1991) Appl Spectrosc 46 : 593–596
140. Yamamoto KY, Cremers DA, Ferris MJ, Foster LE (1996) Appl Spectrosc 50 : 222–233
141. Marquardt BJ, Goode SR, Angel SM (1996) Anal Chem 68 : 977–981
142. Häkkanen HJ, Korppi-Tommola JEI (1995) Appl Spectrosc 49 : 1721–1728

143. Wisbrun R, Niessner R, Schröder H (1993) Anal Methods Instrum 1:17–22
144. Wisbrun R (1993) PhD thesis, Technische Universität München, München
145. Schröder H, Schechter I, Wisbrun R, Niessner R (1994) Detection of Heavy Metals in Environmental Samples Using Laser Spark Analysis. In: Laude LD (ed) Excimer Lasers. Kluwer Academic Publishers, Amsterdam, pp 269–287
146. Wisbrun R, Schechter I, Niessner R, Schröder H, Kompa KL (1994) Anal Chem 66: 2964–2975
147. Jensen LC, Langford SC, Dickinson JT, Addleman RS (1995) Spectrochim Acta B 50: 1501–1519
148. Theriault GA, Lieberman SH (1995) Prox SPIE 2504:75–83
149. Schechter I, Wisbrun R, Niessner R, Schröder H, Kompa KL (1994) Proc SPIE 2093:310–321
150. Cremers DA, Radziemski LJ, Loree TR (1984) Appl Spectrosc 38:721–729
151. Wachter JR, Cremers DA (1987) Appl Spectrosc 41:1042–1048
152. Knopp R, Scherbaum FJ, Kim JI (1996) Fres J Anal Chem 355:16–20
153. Boiron MC, Dubessy J, Andre N, Briand A, Lacour JL, Mauchien P, Mermet JM (1991) Geochim Cosmochim Acta 55:917
154. Nyga R, Neu W (1993) Opt Lett 18:747–749
155. Doukas AG, Zweig AD, Frisoli JK, Birngruber R, Deutsch TF (1991) Appl Phys B 53:237–245
156. Kitamori T, Yokose K, Suzuki K, Sawada T, Goshi Y (1988) Jpn J Appl Phys 27:L983
157. Kitamori T, Yokose K, Sakagami M, Sawada T (1989) Jpn J Appl Phys 28:1195
158. Nakamura M, Kitamori T, Sawada T (1991) Anal Sci 7:563–564
159. Kim JI, Stumpe R, Kleinze R (1990) Laser-induced photoacoustic spectroscopy for the speciation of transuranic elements in natural aquatic systems. In: Topics in Current Chemistry Volume 157, Berlin, pp 129–179
160. Esenaliev RO, Karabutov AA, Podymova NB, Letokhov VS (1994) Appl Phys B 59:73–81
161. Sacchi CA (1991) J Opt Soc Am B 8:337–345
162. Golovyov VV, Letokhov VS (1993) Appl Phys B 57:417–423
163. Fujimoto JG, Lin WZ, Ippen EP, Puliafito CA, Steinert RF (1985) Invest Ophthalmol Vis Sci 26:1771–1777
164. Docchio F, Avigo A, Palumbo R (1991) Europhys Lett 15:69–73
165. Nordstrom RJ (1995) Appl Spectrosc 49:1490–1499   .
166. Casini M, Harith MA, Palleschi V, Salvetti A, Singh DP, Vaselli M (1991) Laser Part Beam 9:633–639
167. Cremers DA, Radziemski LJ (1983) Anal Chem 55:1252–1256
168. Haisch C, Niessner R, Matveev OI, Panne U, Omenetto N (1995) Fres J Anal Chem 356:21–26
169. Lushnikov AA, Negin AE (1993) J Aerosol Sci 24:707–735
170. Chang RK, Eickmans JH, Hsieh WF, Wood CF, Zhang JZ, Zheng JB (1988) Appl Opt 27:2377–2385
171. Biswas A, Latifi H, Shah P, Radziemski LJ, Armstrong RL (1987) Opt Lett 12:313–315
172. Borets-Pervak IY, Vorob'ev VS (1993) Quantum Electron 23:224–230
173. Pinnick RG, Bsiwas A, Pendleton JD, Armstrong RL (1992) Appl Opt 31:311–317
174. Ng KC, Ayala NL, Simeonsson JB, Winefordner JD (1992) Anal Chim Acta 269:123–128
175. Parigger C, Lewis JWL (1993) Opt Comm 12:163–173
176. Poulain DE, Alexander DR (1995) Appl Spectrosc 49:569–579
177. Eickmans JH, Hsieh WF, Chang RK (1987) Appl Opt 26:3721–3725
178. Cremers DA, Radziemski LJ (1985) Appl Spectrosc 39:57–63
179. Arnold SD, Cremers DA (1995) Amer Ind Hyg Assn J 56:1180–1186
180. Ottensen DK, Baxter LL, Radziemski LJ, Burrows JF (1991) Energ Fuel 5:304
181. Essien M, Radziemski LJ, Sneddon J (1988) J Anal Atom Spectrom 3:985–988
182. Radziemski LJ, Loree TR, Cremers DA, Hoffman NM (1983) Anal Chem 55:1246–1252
183. Ottesen DK, Wang JCF, Radziemski LJ (1989) Appl Spectrosc 43:967–976
184. Radziemski LJ, Cremers DA, Loree TR (1983) Spectrochim Acta B 38:349–355
185. Zhang H, Singh JP, Yueh Y, Cook RL (1995) Appl Spectrosc 49:1617–1623
186. Peng LW, Flower WL, Hencken KR, Johnsen HA, Renzi RF, French NB (1995) Process Cont Qual 7:39–49

187. Harano A, Kinoshita J, Itou K, Kitamori T, Sawada T, Koda S (1993) J Spectrosc Soc Japan
     42:94-101
188. Alkemade CTJ (1962) Proceedings of the Xth Colloqium Spectroscopicum Internationale.
     Spartan Books, Maryland, pp 143-170
189. Winefordner JD, Vickers TJ (1964) Anal Chem 36:161-165
190. Fraser LM, Winefordner JD (1971) Anal Chem 43:1683-1696
191. Butcher DJ, Dougherty JP, Preli FR, Walton AP, Wie GT, Irwin RL, Michel RG (1988) J Anal
     At Spectrom 3:1059-1078
192. Bolshov MA (1985) Laser Atomic Fluorescence Analyis. In: Letokhov VS (ed) Laser Analy-
     tical Spectrochemistry. Adam Hilger, Bristol, pp 52-97
193. Sjöström S, Mauchien P (1993) Spectrochim Acta Rev 15:153-180
194. Sjöström S (1990) Spectrochim Acta Rev 13:407-465
195. Winefordner JD, Omenetto N (1986) Laser-Excited Atomic and Ionic Fluorescence in Flames
     and Plasmas. In: Piepmeier H (ed) Analytical Applications of Lasers. John Wiley & Sons,
     New York, pp 31-73
196. Omenetto N (1989) Spectrochim Acta B 44:131-146
197. Graedel TE, Crutzen PJ (1993) Atmospheric Change. Freeman and Company, New York
198. Greenfield S (1995) Trends Anal Chem 14:435-442
199. Greenfield S (1995) J Anal At Spectrom 10:183-186
200. Greenfield S (1994) J Anal Atom Spectrom 9:565-592
201. Butcher DJ, Dougherty JP, McCaffrey JT, Preli FR, Walton AP, Michel RG (1987) Prog Analyt
     Spectrosc 10:395-506
202. Omenetto N, Smith BW, Hart LP (1986) Fresenius J Anal Chem 324:683-697
203. Bolshov MA (1977) Spectrochim Acta B 32:279-287
204. Olivares DR, Hieftje GM (1978) Spectrochim Acta B 36:1059-1079
205. Olivares DR, Hieftje GM (1978) Spectrochim Acta B 33:79-99
206. Piepmeier EH (1972) Spectrochim Acta B 27:431-443
207. Vera JA, Stevenson CL, Smith BW, Omenetto N, Winefordner JD (1989) J Anal At Spectrom
     4:619-623
208. Leong M, Vera J, Smith BW, Omenetto N, Winefordner JD (1988) Anal Chem 60:1605-1610
209. Petrucci GA, Beissler H, Matveev O, Cavalli P, Omenetto O (1995) J Anal At Spectrom
     10:885-890
210. Sneddon J (1992) Sample Introduction in Atomic Spectroscopy. In: Sneddon J (ed) Advances
     in Atomic Spectroscopy. JAI Publisher, Greenwich, pp 81-124
211. Borer MW, Hieftje GM (1991) Spectrochim Acta Rev 14:463-486
212. Preli FR, Dougherty JP, Michel RG (1987) Anal Chem 59:1784-1789
213. Goforth D, Winefordner JD (1986) Anal Chem 58:2598-2602
214. Lonardo RF, Yuzefovsky AI, Irwin RL, Michel RG (1996) Anal Chem 68:514-521
215. Katskov DA, Mccrindle RI, Schwarzer R, Marais P (1995) Spectrochim Acta B 50:
     1543-1555
216. Omenetto N, Human HGC (1984) Spectrochim Acta B 39:1333-1343
217. Leong MB, Dsilva AP, Fassel VA (1986) Anal Chem 58:2594-2598
218. Hueber D, Smith BW, Madden S, Winefordner JD (1994) Appl Spectrosc 48:1213-1217
219. Berthoud T, Mauchien P, Vian A, Le Provost P (1987) Appl Spectrosc 41:913-918
220. Omenetto N, Smith BW, Hart LP, Cavalli P, Rossi G (1985) Spectrochim Acta B 40:
     1411-1422
221. Human HGC, Omenetto N, Cavalli P, Rossi G (1984) Spectrochim Acta B 39:1345-1363
222. Omenetto N, Human HGC, Cavalli P, Rossi G (1984) Spectrochim Acta B 39:115-117
223. Broekaert JAC (1995) Appl Spectrosc 49:12A-19A
224. Marcus RK, Harville TR, Mei Y, Shick CR (1994) Anal Chem 66:A902-A911
225. Broekaert JAC (1995) Mikrochim Acta 120:21-38
226. Walden WO, Harrison WW, Smith BW, Winefordner JD (1994) J Anal Atom Spectrom
     9:1039-1043
227. Smith BW, Omenetto N, Winefordner JD (1984) Spectrochim Acta 39B:1389-1393
228. Womack JB, Gessler EM, Winefordner JD (1991) Spectrochim Acta 46B:301-308
229. Glick M, Smith BW, Winefordner JD (1990) Anal Chem 62:157-161
230. Davis CL, Smith BW, Bolshov MA, Winefordner JD (1995) Appl Spectrosc 49:907-916
231. Pesklak WC, Piepmeier EH (1994) Microchem J 50:253-280

232. Oki Y, Furukawa K, Maeda M (1995) Bunko Kenkyu 44:10–16
233. Bruhn CG, Ambiado FE, Cid JH, Woerner R, Tapia J, Garcia R (1995) Anal Chim Acta 306:183–192
234. Oki Y, Tashiro E, Maeda M, Honda C, Hasegawa Y, Futami H, Izumi J, Matsuda K (1993) Anal Chem 65:2096–2101
235. Oki Y, Tashiro E, Maeda M, Honda C, Hasegawa Y, Futami H, Izumi J, Matsuda K (1993) Anal Chem 65:2096–2101
236. Vera JA, Leong MB, Omenetto N, Smith BW, Womack B, Winefordner JD (1989) Spectrochim Acta B 44:939–948
237. Smith BW, Farnsworth PB, Cavalli P, Omenetto N (1990) Spectrochim Acta 45 B:1369–1373
238. Yuzefovsky AI, Lonardo RF, Michel RG (1995) Anal Chem 67:2246–2255
239. Farnsworth PB, Smith BW, Omenetto N (1990) Spectrochim Acta B 45:1151–1166
240. Goltz DM, Chakrabarti CL, Sturgeon RE, Hughes DM, Gregoire DC (1995) Appl Spectrosc 49:1006–1016
241. Marunkov A, Chekalin N, Enger J, Axner O (1994) Spectrochim Acta B 49:1385–1410
242. Masera E, Mauchien P, Lerat Y (1995) J Anal At Spectrom 10:137–144
243. Boutilier GD, Pollard BD, Winefordner JD, Chester TL, Omenetto N (1978) Spectrochim Acta B 33:401–415
244. Alkemade CTJ, Snelleman W, Boutilier GD, Winefordner JD (1980) Spectrochim Acta B 35:261–270
245. Alkemade CTJ, Snelleman W, Boutilier GD, Pollard BD, Winefordner JD, Chester TL, Omenetto N (1978) Spectrochim Acta B 33:383–399
246. Fujiwara K, Omenetto N, Bradshaw JB, Bower JN, Nikdel S, Winefordner JD (1979) Spectrochim Acta B 34:317–329
247. Fujiwara K, Ullman AH, Bradshaw JB, Pollard BD, Winefordner JD (1979) Spectrochim Acta B 34:137–150
248. Dawson JB, Snook RD, Price WJ (1993) J Anal At Spectrom 8:517–537
249. Su GE, L. IR, Liang Z, Michel RG (1992) Anal Chem 64:1710–1720
250. Dougherty JP, Preli FR, McCaffrey JT, Seltzer MD, Michel RG (1987) Anal Chem 59:1112–1119
251. Alkemade TJ (1986) Detection of small Numbers of Atoms and Molecules. In: Piepmeier H (ed) Analytical Applications of Lasers. John Wiley & Sons, New York, pp 107–163
252. De Galan L, Samaey GF (1970) Anal Chim Acta 50:39–50
253. Omenetto N (1991) Mikrochim Acta 2:277–285
254. Alkemade CTJ (1981) Appl Spectrosc 35:1–14
255. Winefordner JD, Stevenson C (1993) Spectrochim Acta B 48:757–767
256. Winefordner JD, Smith BW, Omenetto N (1989) Spectrochim Acta 44 B:1397–1403
257. Smith BW, Glick MR, Spears KN, Winefordner JD (1989) Appl Spectrosc 43:376–414
258. Noble D (1995) Anal Chem 67:A545–A549
259. Apatin VM, Arkhangelskii BV, Bolshov MA, Ermolov VV, Koloshnikov VG, Kompanetz ON, Kuznetsov NI, Mikhailov EL, Shishkovskii VS, Boutron CF (1989) Spectrochim Acta B44:253–262
260. Bolshov MA, Koloshnikov VG, Rudnev SN, Bouton CF, Görlach U, Patterson CC (1992) J Anal At Spectrom 7:99–104
261. Bolshov MA, Boutron CF, Ducroz FM, Gorlach U, Kompanetz ON, Rudniev SN, Hutch B (1991) Anal Chim Acta 251:169–175
262. Boutron CF, Bolshov MA, Koloshnikov VG, Patterson CC, Barkov NI (1990) Atmos Environ 21A:1797–1800
263. Bolshov MA, Boutron CF, Zybin AV (1989) Anal Chem 61:1758–1762
264. Bolshov MA, Rudnev SN, Candelone JP, Boutron CF, Hong S (1994) Spectrochim Acta B 49:1445–1452
265. Bolshov MA, Boutron CF (1994) Analysis 22:M44–M46
266. Bolshov MA, Rudnev SN, Brust J (1994) Spectrochim Acta B 49:1437–1444
267. Candelone JP, Bolshov MA, Rudniev SN, Hong S, Boutron CF (1994) J Phys I 4:661–664
268. Cheam V, Lawson G, Lechner J, Desrosiers R, Nriagu J (1996) Fresenius J Anal Chem 355:332–335
269. Cheam V, Lechner J, Desrosiers R, Sekerka I, Nriagu J, Lawson G (1993) Intern J Environ Anal Chem 53:13–27

270. Cheam V, Lechner J, Sekerka I, Desrosiers R, Nriagu J, Lawson G (1992) Anal Chim Acta 269:129–136
271. Cheam V, Lechner J, Sekerka I, Desrosiers R (1994) J Anal Atom Spectrom 9:315–320
272. Cheam V, Lechner J, Desrosiers R, Azcue J, Rosa F, Mudroch A (1996) Fresenius J Anal Chem 355:336–339
273. Cheam V, Lechner J, Desrosiers R, Sekerka I (1996) Intern J Environ Anal Chem 63:153–165
274. Axner O, Chekalin N, Ljunberg P, Malmsten Y (1993) Intern J Environ Anal Chem 53:185–193
275. Yuzefovsky AI, Lonardo RF, Wang MH, Michel RG (1994) J Anal Atom Spectrom 9:1195–1202
276. Remy B, Verhaeghe I, Mauchien P (1990) App Spectros 44:1633–1638
277. Enger J, Malmsten Y, Ljungberg P, Axner O (1995) Analyst 120:635–641
278. Liang ZW, Wei GT, Irwin RL, Walton AP, Michel RG (1990) Anal Chem 62:1452–1457
279. Omenetto N, Panne U (1996) Fresenius J Anal Chem 355:227–232
280. Beissler H, Petrucci G, Bächmann K, Panne U, Cavalli P, Omenetto N (1996) Fres J Anal Chem 355:345–347
281. Dougherty JP, Costello JA, Michel RG (1988) Anal Chem 60:336–340
282. Heitmann U, Sy T, Hese A, Schoknecht G (1994) J Anal Atom Spectrom 9:437–442
283. Pagano ST, Smith BW, Winefordner JD (1994) Talanta 41:2073–2078
284. Butcher DJ, Irwin RL, Takahashi J, Su GZ, Wei GT, Michel RG (1990) Appl Spectrosc 44:1521–1533
285. Green RB (1986) Laser-enhanced Ionization in Flames. In: Piepmeier EH (ed) Analytical Applications of Lasers. John Wiley & Sons, New York, pp 75–107
286. Travis JC, Turk GC, Green RB (1982) Anal Chem 54:1006A–1018A
287. Su KD, Lin KC (1994) Appl Spectrosc 48:241–247
288. Magnusson I (1987) Spectrochim Acta B 42:1113–1123
289. Axner O, Ljungberg P, Malmsten Y (1992) Appl Phys B 54:144–155
290. Curran FM, Lin KC, Leroi GE, Hunt PM, Crouch SR (1983) Anal Chem 55:2382–2387
291. Saloman EB (1991) Spectrochim Acta 46 B:319–378
292. Saloman EB (1990) Spectrochim Acta 45 B:37–83
293. Wang SC, Lin KC (1994) Anal Chem 66:2180–2186
294. Axner O, Rubinsztein-Dunlop H (1989) Spectrochim Acta B 44:835
295. Turk GC, Travis JC (1990) Spectrochim Acta B 45:409–419
296. Su KD, Lin KC, Luh WT (1992) Appl Spectrosc 46:1370–1375
297. Madden SP, Hueber DM, Smith BW, Winefordner JD, Turk GC (1995) Appl Spectrosc 49:1137–1141
298. Turk GC (1992) Anal Chem 64:1836–1839
299. Lin KC (1994) J Chin Chem Soc 41:293–308
300. Turk GC, DeVoe JR, Travis JC (1982) Anal Chem 54:643–645
301. Axner O, Lindgren I, Magnusson I, Rubinsztein-Dunlop H (1985) Anal Chem 57:773–776
302. Omenetto N, Berthoud T, Cavalli P, Rossi G (1985) Anal Chem 57:1256–1261
303. Axner O (1990) Spectrochim Acta B 45:561–579
304. Epler KS, O'Haver TCO, Turk GC, MacCrehan WA (1988) Anal Chem 60:2062–2066
305. Chekalin NV, Marunkov Ag, Pavlutskaya VI, Bachin SV (1991) Spectrochim Acta B 46:551–558
306. Smith BW, Petrucci GA, Badini RG, Winefordner JD (1993) Anal Chem 65:118–122
307. Chekalin NV, Pavlutskaya VI, Vlasov II (1991) Spectrochim Acta B 46:1701–1709
308. Chekalin NV, Khalmanov A, Marunkov AG, Vlasov II, Malmstein Y, Axner O, Dorofeev VS, Glukhan E (1995) Spectrochim Acta B 50:753–761
309. Coche M, Berthoud T, Mauchien P, Camus P (1989) Appl Spectrosc 43:646–650
310. Sjöström S, Magnusson I, Lejon M, Rubinsztein-Dunlop H (1988) Anal Chem 60:1629–1631
311. Magnusson I, Sjöström S, Lejon M, Rubinsztein-Dunlop (1987) Spectrochim Acta B 42:713–718
312. Butcher DJ, Irwin RL, Sjöström S, Walton AP, Michel RG (1991) Spectrochim Acta B 46:9–33
313. Harris TD (1983) Laser Intracavity Enhanced Spectroscopy. In: Kliger DS (ed) Ultrasensitive Laser Spectroscopy. Academic Press, New York, pp 398–434

314. Piepmeier EH (1986) Intracavity-Enhanced Spectroscopy. In: Piepmeier EH (ed) Analytical Applications of Lasers. John Wiley & Sons, New York, pp 431–450
315. Bukarov VS, Isaevich AV, Misakov PY, Raikov SN (1994) Microchem J 50:365–373
316. Bukarov VS, Misakov PY, Raikov SN (1996) Fresenius J Anal Chem 355:883–886
317. Unger E, Patonay G (198) Anal Chem 61:1425–1427
318. McClure WF (1994) Anal Chem 66:43A–53A
319. Dempsey RJ, Davis DG, Buice RG, Lodder RA (1996) Appl Spectrosc 50:18A–34A
320. Lin J, Brown CW (1994) Trend Anal Chem 13:320–326
321. Reeves JB (1995) Appl Spectrosc 49:181–187
322. DiFoggio R (1995) Appl Spectrosc 49:67–75
323. Martens H, Naes T (1989) Multivariate Calibration. John Wiley & Sons, Chichester
324. Downey G (1994) Analyst 119:2367–2375
325. Murray I, Cowe IA (1992) Making Light Work: Advances in Near Infrared Spectroscopy. Verlag Chemie, Weinheim
326. Burns DA, Ciurcak EW (1992) Handbook of Near-Infrared Analysis. Marcel Dekker, New York
327. Schrader B (1995) Infrared and Raman Spectroscopy. Verlag Chemie, Weinheim
328. Wienke D, Buydens L (1995) Trend Anal Chem 14:398–406
329. Wienke D, Vandenbroek W, Buydens L (1995) Anal Chem 67:3760–3766
330. Van den Broek W, Wienke D, Melssen WJ, Decrom C, Buydens L (1995) Anal Chem 67:3753–3759
331. Werle P, Scheumann B, Schandl J (1994) Opt Eng 33:3093–3105
332. Hayward JE, Cassidy DT, Reid J (1989) Appl Phys B 48:25–29
333. Tacke M (1995) Infrared Phys Technol 36:447–463
334. Werle P (1994) J Phys IV 4:9–12
335. Schiff HI, Mackay GI, Bechara J (1994) The Use of Tunable Diode Laser Absorption Spectroscopy for Atmospheric Measurements. In: Sigrist MW (ed) Air Monitoring by Spectroscopic Techniques. John Wiley & Sons, New York, pp 27–84
336. Werle P, Mücke R, Slemr F (1993) Appl Phys B 57:131–139
337. Tacke M, Grisar R (1995) Laser Optoelektronik 27:51–56
338. Loewenstein M (1988) J Quant Spectrosc Radiat Transfer 40:249–256
339. Ebert V, Hemberger R, Meienburg W, Wolfrum J (1993) Ber Bunsenges Phys Chem 97:1527–1534
340. Grant WB, Kagann RH, McClenny WA (1992) J Air Waste Manage Assoc 42:18–30
341. Meyer PL, Sigrist MW (1990) Rev Sci Instrum 61:1779–1807
342. Zanzottera E (1990) CRC Crit Rev Anal Chem 21:279–319
343. Armerding W, Herbert A, Spiekermann M, Walter J, Comes FJ (1991) Fresenius J Anal Chem 340:654–660
344. Platt U (1994) Differential Optical Absorption Spectroscopy. In: Sigrist MW (ed) Air Monitoring by Spectroscopic Techniques. John Wiley & Sons, New York, pp 27–84
345. Svanberg S (1994) Differential Absorption LIDAR. In: Sigrist MW (ed) Air Monitoring by Spectroscopic Techniques. John Wiley & Sons, New York, pp 27–84
346. Krska R, Keller R, Schiessel U, Tacke M, Katzir A (1993) Appl Phys Lett 63:1858–1870
347. Göbel R, Krska R, Kellner R, Kastner J, Lambrecht A, Tacke M, Katzir A (1995) Appl Spectrosc 49:1174–1177
348. Blair DS, Burgess LW, Brodsky AM (1995) Appl Spectrosc 49:1536–1645
349. Sensfelder E, Bürck J, Ache HJ (1995) Fresenius J Anal Chem 354:848–851
350. Rosencwaig A (1980) Photoacoustics and Photoacoustic Spectroscopy. John Wiley & Sons, New York
351. Coufal H, McClelland JF (1988) J Mol Struct 173:129–140
352. Coufal H (1990) Fresenius J Anal Chem 337:835–842
353. Tam AC (1983) Photoacoustics: Spectroscopy and other applications. In: Kliger DS (ed) Ultrasensitive Laser Spectroscopy. Academic Press, New York, pp 1–99
354. Patel CKN, Tam AC (1981) Rev Mod Phys 53:517–550
355. Georges J (1994) Talanta 41:2015–2023
356. Chartier A, Bialkowski SE (1995) Anal Chem 67:2672–2684
357. Thöny A, Sigrist MW (1995) Rev Sci Instrum 66:227–231
358. Snook RD, Lowe RD (1995) Analyst 120:2051–2068

359. Nickolaisen SL, Bialkowski SE (1986) Anal Chem 58:215–220
360. Xu M, Tran CD (1990) Anal Chim Acta 235:445–449
361. Tam AC (1991) Proc SPIE 1435:114–127
362. Chirtoc M, Bicanic D, Lubbers M, Arnscheidt B, Pelzl J (1995) J Mol Struct 348:459–472
363. Kawabata Y, Yasunaga KI, Imasaka T, Ishibashi N (1993) Anal Chem 65:3493–3496
364. Hand DP, Freeborn S, Hodgson P, Carolan TA, Quan KM, Mackenzie HA, Jones J (1995) Opt Lett 20:213–215
365. Spanner G, Niessner R (1996) Fresenius J Anal Chem 355:327–328
366. Spanner G, Niessner R (1996) Fresenius J Anal Chem 354:306–310
367. Spanner G, Niessner R (1993) Anal Methods Instrum 1:208–212
368. Adelhelm K, Faubel W, Ache HJ (1990) Fresenius J Anal Chem 338:259–264
369. Gordon JP, Leite CC, Moore RS, Porto SPS, Whinnery JR (1954) J Appl Phys 36:3–8
370. Pao YH (1977) Optoacoustic Spectroscopy and Detection. Academic Press, New York
371. Sell JA (1989) Photothermal Investigations of Solids and Fluids. Academic Press, Boston
372. Ramis-Ramos G (1993) Anal Chim Acta 283:623–634
373. Abroskin AG, Belyaeva TV, Filichkina VA, Ivanova EK, Proscurnin MA, Savostina VM, Barbalat YA (1992) Analyst 117:1957–1962
374. Power JF (1990) Appl Opt 29:52–63
375. Rojas D, Silva RJ, Spear JD, Russo RE (1991) Anal Chem 63:1927–1932
376. Langford CH, Gutzman DW (1992) Anal Chim Acta 256:183–201
377. Power JF, Langford CH (1988) Anal Chem 60:842–846
378. Plumb DM, Harris JM (1992) Appl Spectrosc 46:1346–1353
379. Rosengren LG (1975) Appl Opt 14:1960–1976
380. Kitamori T, Sawada T (1991) Spectrochim Acta Rev 14:275–302
381. Lachaine A, Pottier R, Russel DA (1993) Spectrochim Acta Rev 15:125–151
382. Perkampus HH (1985) Photo-Akustik-Spektroskopie im UV-VIS-Spektralbereich. In: Fresenius W (ed) Analytiker Taschenbuch Volume 5. Berlin, Springer Verlag, pp 93–134
383. Sawada T, Oda S, Shimizu H, Kamada H (1979) Anal Chem 51:688–690
384. Oda S, Sawada T, Kamada H (1978) Anal Chem 50:865–867
385. Klenze R, Kim JI, Wimmer H (1991) Radiochim Acta 52/53:97–103
386. Russo RE, Rojas D, Robouch P, Silva RJ (1990) Rev Sci Instrum 61:3729–3732
387. Shida J, Takahashi H, Oikawa K (1994) Talanta 41:1861–1864
388. Imasaka T (1993) Anal Sci 9:329–344
389. Ogawa T, Ideta K, Inoue T (1994) Microchem J 49:244–248
390. Adelhelm K, Faubel W, Ache HJ (1992) Fiber optic modified laser induced photoacoustic spectroscopy for the detection of organic pollutants in solutions. In: Bicanic D (ed) Photoacoustic and Photothermal Phenomena III. Springer-Verlag, Berlin, pp 41–45
391. Hodgson P, Quan KM, MacKenzie HA, Freeborm SS, Hannigan J, Johnston EM, Greig F, Binnie TD (1995) Sens Actuators B 29:339–344
392. MacKenzie HA, Christion GB, Hodgson P, Blanc D (1993) Sens Actuators B 11:213–220
393. VanderNoot VA, Lai EPC (1992) Anal Chem 64:3187–3190
394. Hsueh YM, Harata A, Kitamori T, Sawada T (1990) Anal Sci 6:67–70
395. Hsueh YM, Harata A, Kitamori T, Sawada T (1990) Anal Sci 6:71–75
396. Yoshinaga A, Hsieh YM, Sawada T, Gohshi Y (1989) Anal Sci 5:147–149
397. Feher M, Jiang Y, Maier JP, Miklos A (1994) Appl Opt 33:1655–1658
398. Cvijin PV, Gilmore DA, Leugers MA, Atkinson GH (1987) Anal Chem 59:300–304
399. Williamson CKJ, Pastel RL, Sausa RC (1996) Appl Spectrosc 50:205–210
400. Sigrist MW, Bernegger S, Meyer PL (1989) Infrared Phys 29:805–814
401. Sigrist MW (1994) Analyst 119:525–531
402. Sigrist MW (1994) Air Monitoring by Spectroscopic Techniques. John Wiley & Sons, New York
403. Petzold A, Niessner R (1995) Appl Phys Lett 66:1285–1287
404. Richardson JH, Larson KM, Haugen GR, Johnson DC, Clarkson JE (1980) Anal Chim Acta 116:407–411
405. Schwarz FP, Wasik SP (1976) Anal Chem 48:524–528
406. Bright FV (1995) Appl Spectrosc 49:A14–A19
407. Baeyens WRG, De Keukelaire D, Korkidis K (1991) Luminescence Techniques in Chemical and Biochemical Analysis. Marcel Dekker, New York

408. Brückner V, Feller KH, Grummt UW (1990) Applications of Time-Resolved Optical Spectroscopy. Elsevier, Amsterdam
409. Demtröder W (1990) Fresenius J Anal Chem 337:830–834
410. Dovichi NJ (1990) Rev Sci Instrum 61:3653–3667
411. Goldberg MC (1989) Luminescence Applications in Biological, Chemical, Environmental and Hydrological Sciences. American Chemical Society, Washington
412. Guilbault GG (1990) Practical Fluorescence. Marcel Dekker, New York
413. Kliger DS (1983) Ultrasensitive Laser Spectroscopy. Academic Press, New York
414. Lakowicz JR (1983) Principles of Fluorescence Spectroscopy. Plenum Press, New York
415. Lakowicz JR (1992) Topics in Fluorescence Spectroscopy: Vol 1–3. Plenum Press, New York
416. Measures RM (1988) Laser Remote Chemical Analysis. John Wiley & Sons, New York
417. Omenetto N (1983) Laser-Fluorescence Techniques. In: Camagni P, Sandroni S (ed) Optical Remote Sensing of Air Pollution. Elsevier Science Publishers, Amsterdam, pp 329–350
418. Piepmeier EH (1986) Analytical Applications of Lasers. John Wiley & Sons, New York
419. Schulman SG (1988) Molecular Luminescence Spectroscopy. Methods and Applications. Part I & II. John Wiley & Sons, New York
420. Svanberg S (1988) Appl Phys B 46:271–282
421. Warner IM, McGown LB (1991) Advances in Multidimensional Fluorescence. Jai Press, Greenwich
422. Warner IM, McGown LB (1992) Anal Chem 64:343R–352R
423. Wehry EL (1981) Modern Fluorescence Spectroscopy. Plenum Press, New York
424. Wolfbeis OS (1993) Fluorescence Spectroscopy. New Methods and Applications Springer Verlag, Berlin
425. Warner IM, Patonay G, Thomas MP (1985) Anal Chem 57:463A–483A
426. Hieftje GM, Hanselman DS, Mahoney PP, Sesi NN, Shanks KE, Hobbs SE, Burden DL (1995) Mikrochim Acta 120:3–19
427. Imasaka T (1995) Fresenius J Anal Chem 355:216–221
428. Hofstraat JW, Gooijer C, Velthorst NH (1993) Laser-Excited Molecular Fluorescence in Analytical Sciences. In: Schulman SG (ed) Molecular Luminescence Spectroscopy. Methods and Applications. Part III. John Wiley & Sons, New York, pp 323–443
429. Taonay G, Warner IM (1991) Introduction to Multidimensional Luminescence. In: Warner IM, McGown LB (eds) Advances in Multidimensional Luminescence. Jai Press, Greenwich, pp 2–30
430. Demas JN (1983) Excited State Lifetime Measurements. Academic Press, New York
431. Ware WR (1983) Technique of Pulse Fluorometry. In: Cundall RB, Dale RE (ed) Time-Resolved Fluorescence Spectroscopy in Biochemistry and Biology. Plenum Press, New York, pp 23–57
432. Bright FV (1989) Anal Chem 61:309–313
433. McGown LB, Bright FV (1987) CRC Crit Rev Anal Chem 18:245–297
434. McGown LB (1989) Anal Chem 61:839A–847A
435. Lakowicz JR, Laczko G, Cherek H (1984) Biophys J 46:463–477
436. Basile F, Cardamone A, Grinstead KD, Miller KJ, Lytle FE, Caprara A, Clark CD, Heritier JM (1993) Appl Spectrosc 47:207–210
437. Stevenson CL, Vo Dinh T (1995) Anal Chim Acta 303:247–253
438. Stevenson CL, Vo Dinh T (1993) Appl Spectrosc 47:430–435
439. Imasaka T, Nobuhiko I (1990) Anal Chem 62:363A–371A
440. Matthews TG, Lytle FE (1979) Anal Chem 51:563–565
441. Henrion R, Henrion G (1996) Multivariate Datenanalyse. Springer Verlag, Berlin
442. Norgaard L (1995) Talanta 42:1305–1324
443. Tu XM, Burdick DS, Millican DW, McGown LB (1989) Anal Chem 61:2219–2224
444. Millican DW, McGown LB (1992) Appl Spectrosc 46:28–33
445. Shaver JM, McGown LB (1996) Anal Chem 68:9–17
446. Shaver JM, McGown LB (1996) Anal Chem 68:611–620
447. Rossi TR, Warner IM (1986) Anal Chem 58:810–815
448. Andrews JM, Lieberman SH (1994) Anal Chim Acta 285:237–246
449. Hirschfeld T, Deaton T, Milanovich F, Klainer S (1983) Opt Eng 22:527–531
450. Hirschfeld T, Callis JB, Kowalski BR (1984) Science 226:321–318

451. Klainer SM, Koutsandreas JD, Eccles L (1988) Monitoring Ground Water and Soil Contamination by Remote Fiber Spectroscopy. In: Pawlowsk L, Mentasti F, Lacy W (eds) Chemistry for Protection of the Environment 1987. Elsevier, Amsterdam, pp 293–306
452. Steinberg SM, Poziomek EJ, Engelmann WH (1994) Chemosphere 28:1819–1857
453. Arnold MA (1992) Anal Chem 64:1015A–1025A
454. Wolfbeis OS (1991) Fiber Optic Chemical Sensors and Biosensors. CRC Press, Boca Raton
455. Peterson JI (1989) Proc SPIE 990:2–17
456. Allard FC (1990) Fiber Optics Handbook. McGraw Hill, New York
457. Fabian H, Grzesik U, Wörner K, Klein K (1991) Proc-SPIE 1531:168–173
458. Hillrichs G, Dressel M, Hack H, Kunstmann R, Neu W (1992) Appl Phys B 54:208–215
459. Karlitschek P, Hillrichs G, Klein KF (1995) Opt Commun 116:219–230
460. Allison SW, Gillies GT, Magnuson DW, Pagano TS (1985) Appl Opt 24:3140–3145
461. Pine R, Salimbeni R, Vannini M (1987) Appl Opt 26:4185–4189
462. Sowoda U, Kahlert HJ, Basting D (1988) Laser Optoelektronik 20:32–35
463. Campell M, Zheng R, Ledingham KWD (1994) Meas Sci Technol 5:726–730
464. Myrick ML, Angel SM, Desiderio R (1990) Appl Spectrosc 29:1333–1344
465. Angel SM, Myrick ML (1990) Appl Opt 29:1350–1352
466. Alaruri S, Brewington A, Bijak G (1994) Appl Spectrosc 48:228–231
467. Carroll MK, Hieftje GM (1991) Appl Spectrosc 45:1053–1056
468. Panne U, Lewitzka F, Niessner R (1993) Fresenius J Anal Chem 346:560–562
469. Kaltenbach MS, Barber AS, Diaz GV, Arnold MA (1991) Anal Lett 24:2123–2145
470. Shriver-Lake LC, Anderson GP, Golden JP, Ligler FS (1992) Anal Lett 25:1183–1199
471. Tan W, Shi ZY, Smith S, Birnbaum D, Kopelman R (1992) Science 258:778–781
472. Rosenzweig Z, Kopelman R (1995) Anal Chem 67:2650–2654
473. Pantano P, Walt DR (1995) Anal Chem 67:481A–487A
474. Bronk KS, Michael KL, Pantano P, Walt DR (1995) Anal Chem 67:2750–2757
475. Bronk KS, Walt DR (1994) Anal Chem 66:3519–3520
476. Komives C, Schultz JS (1992) Talanta 39:429–441
477. Zhu ZY, Yappert MC (1992) Appl Spectrosc 46:919–924
478. Zhu ZY, Yappert MC (1992) Appl Spectrosc 46:912–918
479. Toriumui M, Masuhara H (1991) Spectrochim Acta Rev 14:353–377
480. Lundgren JS, Bekos EJ, Wang R, Bright FV (1994) Anal Chem 66:2422–2440
481. Browne CA, Tarrant DH, Olteanu MS, Mullens JW, Chronister EL (1996) Anal Chem 68:2289–2295
482. Vo-Dinh T (1989) Chemical Analysis of Polycyclic Aromatic Compounds. John Wiley & Sons, New York
483. Alarie JP, Vo-Dinh T (1991) Talanta 38:529–534
484. Warner IM, McGown LB (1982) CRC Crit Rev Anal Chem 13:155–222
485. McGown LB (1988) Prog Anal Spectrosc 11:383–415
486. Cobb WT, McGown LB (1990) Anal Chem 62:186–189
487. Smalley MB, McGown LB (1995) Anal Chem 67:1371–1376
488. Nithipatikom K, McGown LB (1986) Anal Chem 58:2469–2473
489. Millican DW, McGown LB (1990) Anal Chem 62:2242–2247
490. Mullins OC, Zhu Y (1992) Appl Spectrosc 46:1992
491. Wang X, Mullins Oc (1994) Appl Spectrosc 48:977–984
492. McGown LB, Hemmingsen SL, Shaver JM, Geng L (1995) Appl Spectrosc 49:60–66
493. Shaver JM, McGown LB (1995) Appl Spectrosc 49:813–818
494. Shaver JM, McGown LB (1994) Appl Spectrosc 48:755–760
495. Schade W, Bublitz J (1993) Laser Optoelektronik 25:41–48
496. Bublitz J, Dickenhausen M, Grätz M, Todt S, Schade W (1995) Appl Opt 34:3223–3233
497. Schade W, Bublitz J (1996) Environ Sci Technol 30:1451–1458
498. Kenny JE, Jarvis GB, Chudyk WA, Pohlig KO (1987) Anal Instrum 16:423–445
499. Lin J, Hart SJ, Wang W, Namytchkine D, Kenny JE (1995) Proc SPIE 2504:59–67
500. Chudyk WA, Carrabba MM, Kenny JE (1985) Anal Chem 57:1237–1242
501. Jarvis GB, Mathew S, Kenny JE (1994) Appl Opt 33:4938
502. Taylor TA, Jarvis GB, Xu H, Bevilacqua AC, Kenny JE (1993) Anal Instrum 21:141–162

503. Taylor TA, Xu H, Kenny JE (1991) Laser fluorescence EEM instrument for in-situ ground-water screening. Proceedings 2. Int. Symposium of Filed Screening for Hazardous Wastes and Toxic Chemicals, pp 797–803
504. Haaszio S, Baumann T, Niessner R (1996) Vom Wasser 86:391–405
505. Panne U, Lewitzka F, Niessner R (1992) Analusis 20:533–541
506. Panne U, Niessner R (1992) Proc SPIE 1714:136–141
507. Panne U, Niessner R (1993) Sens Actuators 13:288–292
508. Niessner R, Panne U, Schröder H (1990) Anal Chim Acta 255:231–243
509. Sanchez E, Ramos LS, Kowalski BR (1987) J Chromatgr 385:151–164
510. Sanchez E (1987) PhD thesis, University of Washington, Seattle
511. Wang Y, Borgen OS, Kowalski BR (1993) J Chemometrics 7:117–130
512. Quinn MF, Joubian S, Al-Bahrani F, Al-Aruri S, Alameddine O (1988) Appl Spectrosc 42:406–410
513. Ritenour-Hertz PM, McGown LB (1991) Appl Spectrosc 45:73–79
514. McGinnis WC, Davey M, Wu KD, Lieberman SH (1995) Proc SPIE 2367:2–16
515. Knowles DS, Lieberman SH (1995) Proc SPIE 2504:297–307
516. Lieberman SH, Inman SM, Theriault GA (1989) Proc SPIE 1172:94–98
517. Inman SM, Thibado P, Theriault GA, Lieberman SH (1990) Anal Chim Acta 239:45–51
518. Apitz SE, Theriault GA, Lieberman SH (1992) Proc SPIE 1637:241–254
519. Apitz SE, Borbridge LM, Bracchi K, Lieberman SH (1992) Proc SPIE 1716:139–147
520. Lieberman SH, Theriault GA, Cooper SS, Malone PG, Olsen RS, Lurk PW. Rapid, subsurface in situ field screening of petroleum hydrocarbon contamination using laser induced fluorescence over optical fibers. In Second International Symposium – Field Screening Methods for Hazardous Wastes and Toxic Chemicals. 1991. Las Vegas, NV:
521. Kumke MU, Löhmannsröben HG, Roch T (1994) Analyst 119:997–1001
522. Niessner R, Robers W, Krupp A (1991) Fresenius J Anal Chem 341:207–213
523. Lewitzka F, Niessner R (1995) Aerosol Sci Technol 23:454–464
524. Niessner R, Krupp A (1991) Part Part Syst Charact 8:23–28
525. Funk DJ, Oldenborg RC, Dayton DP, Lacosse JP, Draves JA, Logan TJ (1995) Appl Spectrose 49:105–114
526. Eckbreth AC (1988) Laser Diagnostics for Combustion Temperature and Species. Abacus Press, Cambridge
527. Eckbreth AC, Bonczyk PA, Verdieck JF (1978) Appl Spectrosc Rev 13:15–164
528. Baer DS, Chang HA, Hanson RK (1992) J Opt Soc B 9:1968–1978
529. Hanson RK, Seitzman JM, Paul PH (1990) Appl Phys B 50:
530. Winter M, Melton LA (1990) Appl Opt 29:4574–4577
531. Ni T, Melton LA (1991) Appl Spectrosc 45:938–943
532. Seitzman JM, Hanson RK, Debarber PA, Hess CF (1994) Appl Opt 33:4000–4012
533. Palmer JL, Hanson RK (1996) Appl Opt 35:485–499
534. Bristow MPF, Bundy DH, Edmonds CM, Ponto PE, Frey BE, Small LF (1985) Int J Remote Sens 6:1707–1734
535. Bristow M, Nielsen D, Bundy D, Furtek R (1981) Appl Opt 20:2889–2906
536. Bristow MPF (1978) Remote Sens Environ 7:105–127
537. Svanberg S (1992) Atomic and Molecular Spectroscopy. Springer Verlag, Berlin
538. Andersson PS, Montan S, Svanberg S (1987) Appl Phys B44:19–28
539. Schiff HI (1992) Ber Bunsenges Phys Chem 96:296–306
540. Donard OFX, Lamotte M, Belin C, Ewald M (1989) Mar Chem 27:117–136
541. Dudelzak AE, Babichenko SM, Poryvkina LV, Saar KJ (1991) Appl Opt 30:453–458
542. Hengstermann T, Reuter R (1990) Appl Opt 29:3218–3227
543. Houghton WM, Exton RJ, Gregory RW (1983) Remote Sens Environ 13:17–32
544. O'Neil RA, Buja-Bijunas L, Rayner DM (1980) Appl Opt 19:863–870
545. Hemmilä I (1985) Clin Chem 31:359–370
546. Sepaniak MJ, Tromberg BJ, Vo-Dinh T (1988) Prog Anal Spectrosc 11:481–509
547. Vo-Dinh T, Tromberg BJ, Griffin GD, Ambrose KR, Sepaniak MJ, Gardenhire EM (1987) Appl Spectrosc 41:735–738
548. Alarie JP, Bowyer JR, Sepaniak MJ, Hoyt AM, Vo-Dinh T (1990) Anal Chim Acta 236:237–244
549. Vo-Dinh T, Nolan T, Cheng YF, Sepaniak MJ, Alarie JP (1990) Appl Spectrosc 44:128–132

550. Berthoud T, Decambox P, Kirsch B, Mauchien P, Moulin C (1989) Anal Chim Acta 220:235–241
551. Decambox P, Mauchien P, Moulin C (1991) Appl Spectrosc 46:116–118
552. Ishibashi K, Sakamaki S, Imasaka T, Ishibashi N (1989) Anal Chim Acta 219:181–190
553. Moilin C, Rougefault S, Hamon D, Mauchien P (1993) Appl Spectrosc 47:2007–2012
554. Carroll MK, Bright FV, Hieftje GM (1989) Anal Chem 61:1768–1772
555. Müller-Ackermann E, Panne U, Niessner R (1995) Anal Methods Instrum 2:182–188
556. Yang L, Saavedra SS (1995) Anal Chem 67:1307–1314
557. de Lima CG (1986) CRC Crit Rev Anal Chem 16:176–221
558. Gooijer C, Ariese F, Hofstraat JW, Velthorst NH (1994) Trends Anal Chem 13:53–61
559. Hofstraat JW, Gooijer C, Velthorst NH (1988) Highly Resolved Molecular Luminescence Spectroscopy. In: Schulman SG (ed) Molecular Luminescence Spectroscopy. Methods and Applications: Part II. John Wiley & Sons, New York, pp 283–400
560. Garrigues P, Budzinski H (1995) Trends Anal Chem 14:231–239
561. Shpolskii EV, Girdzhiyauskaite EA (1958) Opt Spektrosk 4:620–632
562. Matsuzawa S, Garrigues P, Budzinski H, Bellocq J, Shimizu Y (1995) Anal Chim Acta 312:165–177
563. Weeks SJ, Gilles SM, D'Silva AP (1991) Appl Spectrosc 45:1093–1100
564. Garrigues P, Ewald M (1983) Anal Chem 55:2155–2159
565. Fachinger C, Jarosz J, Martin-Bouyer M, Paturel L, Saber L, Vial M (1990) Anal Chim Acta 233:207–211
566. Ariese F (1993) PhD thesis, Freie Universität Amsterdam, Amsterdam
567. Ariese F, Kok SJ, Verkaik M, Hoornweg GP, Gooijer C, Velthorst NH, Hofstraat JW (1992) Proc SPIE 1716:212–222
568. Kozin IS, Gooijer C, Velthorst NH (1995) Anal Chem 67:1623–1626
569. Jankowiak R, Small GJ (1989) Anal Chem 61:1023A–1032
570. Wehry EL (1986) Cryogenic Molecular Fluorescence Spectrometry. In: Piepmeier EH (ed) Analytical Applications of Lasers. John Wiley & Sons, New York, pp 211–271
571. Vandenesse RJ, Vinkenburg IH, Jonker RHJ, Hoornweg GP, Gooijer C, Brinkman UAT, Velthorst NH (1994) Appl Spectrosc 48:788–795
572. Kok SJ, Posthumus R, Bakker I, Gooijer C, Brinkman U, Velthorst NH (1995) Anal Chim Acta 303:3–10
573. Schinke R (1993) Photodissociation Dynamics. University Press, Cambridge
574. Okabe H (1978) Photochemistry of Small Molecules. John Wiley & Sons, New York
575. Letokhov VS, Bekov GI (1985) Laser Atomic Photoionisation Spectral Analysis. In: Letokhov VS (ed) Laser Analytical Spectrochemistry. Adam Hilger, Bristol, pp 98–151
576. Rodgers MO; Asai K, Davis DD (1980) Appl Opt 19:3597–3605
577. Halpern JB, Jackson WM, McCrary V (1979) Appl Opt 18:590–592
578. Lee SC, Stanton BJ, Wehry EL (1991) Anal Chem 63:744–746
579. Schendel JS, Stickel RE, Van Dijk CA, Sandholm ST, Davis DD, Bradshaw JD (1990) Appl Opt 29:4924–4937
580. Bradshaw JD, Rodgers MO, Davis DD (1984) Appl Opt 23:2134–2145
581. Bradshaw JD, Rodgers MO, Davis DD (1982) Appl Opt 21:2493–3810
582. Bradshaw JD, Rodgers MO, Sandholm ST, Kesheng S, Davis DD (1985) J Geophys Res 90:861–873
583. Sandholm ST, Bradshaw JD, Dorriss KS, Rodgers MO, Davis DD (1990) J Geophys Res 95:155–161
584. Jinkins JG, Wehry EL (1989) Appl Spectrosc 43:861–865
585. Lee SC, Stanton BJ, Elridge BA, Wehry EL (1992) Anal Chem 64:268–274
586. Stanton BJ, Monroe ET, Wehry EL (1995) Anal Chim Acta 299:301–308
587. Stanton BJ, Monroe ET, Wehry EL (1994) Appl Spectrosc 48:616–619
588. Rodgers MO, Davis DD (1989) Environ Sci Technol 12:945–953
589. Papenbrock T, Stuhl F (1990) J Atmos Chem 10:451–469
590. Papenbrock T, Stuhl F (1991) Atmos Environ 25 A:2223–2228
591. Jin YG, Zhou HC, Suto M, Lee LC (1990) J Photochem Photobiol A 52:255–270
592. Lemire GW, Simeonsson JB, Sausa RC (1993) Anal Chem 65:529–533
593. Simeonsson JB, Lemire GW, Sausa RC (1993) Appl Spectrosc 47:1907–1912
594. Simeonsson JB, Lemire GW, Sausa RC (1994) Anal Chem 66:2272–2278

595. McQuaid MJ, Miziolek AW, Sausa RC, Merrow CN (1991) J Phys Chem 95:2713–2718
596. Zhu J, Lustig D, Sofer I, Lubman DM (1990) Anal Chem 62:2225–2232
597. Selwyn GS, Baston LD, Sawin HH (1987) Appl Phys Lett 51:898–900
598. Sappey AD, Jeffries JB (1989) Appl Phys Lett 55:1181–1184
599. Jeffries JB, Raiche GA, Jusinski LE (1992) Appl Phys B 55:76–83
600. Heaven M, Miller TA, Freeman RR (1982) Chem Phys Lett 86:458–462
601. Simeonsson JB, Sausa RC (1994) Spectrochim Acta B 49:1545–1555
602. Cool TA, Williams BA (1990) Hazard Waste Hazard Mater 7:21–39
603. McEnally CS, Sawyer RF, Koshland CP, Lucas D (1994) Appl Opt 33:3977–3984
604. Cheung NH, Yeung ES (1993) Appl Spectrosc 47:882–886
605. Chadwick BL, Domazetis G, Morrison RJS (1995) Anal Chem 67:710–716
606. Oldenbourg RC, Baughcum SL (1986) Anal Chem 58:1430–1436
607. Hartinger KT, Monkhouse PB, Wolfrum J (1993) Ber Bunsenges Phys Chem 97:1731–1734
608. Schendel J, Wehry EL (1988) Anal Chem 60:1759–1762
609. Rodgers MO, Bradshaw JD, Davis DD (1982) Opt Lett 7:369–361
610. Ni T, Lu Q, Ma S, Kong F (1986) Chem Phys Lett 126:417–420
611. Donnelly VM, Karlicek RF (1982) J Appl Phys 53:6399–6407
612. Ferraro JR, Nakamoto K (1994) Introductory Raman Spectrocopy. Academic Press, Boston
613. Hirschfeld T, Chase B (1986) Appl Spectrosc 40:133
614. Wilson HMM, Pellow-Jarman MV, Bennett B, Hendra PJ (1996) Vibr Spectrosc 10:89–104
615. Schoen CL, Sharma SK, Helsley CE, Owen H (1993) Appl Spectrosc 47:305–308
616. Pelletier MJ, Reeder RC (1991) Appl Spectrosc 45:1533–1536
617. Yang B, Morris MD, Owen H (1991) Appl Spectrosc 45:765–770
618. Everall N (1992) Appl Spectrosc 46:745–748
619. Barbillat J, Da Silva E, Hallaert JL (1993) J Raman Spectrosc 24:53–62
620. Lewis EN, Treado PJ, Reeder RC, Story GM, Dowrey AE, Marcott C, Levin IW (1995) Anal Chem 67:3377–3381
621. Treado PJ, Levin IW, Lewis EN (1994) Appl Spectrosc 48:607–615
622. Chase B (1994) Appl Spectrosc 48:14A–19A
623. Williams KPJ, Mason SM (1990) Trends Anal Chem 9:119–127
624. Chase B (1987) Anal Chem 59:881A–889A
625. Hendra PJ, Wilson H, Wallen PJ, Wesley IJ, Bentley PA, Arruebarrenabaez M, Haigh JA, Evans PA, Dyer CD, Lehnert R, Pellowjarman MV (1995) Analyst 120:985–991
626. Schrader B, Baranovic G, Keller S, Sawatzki J (1994) Fresenius J Anal Chem 349:4–10
627. Moss S (1994) Analusis 22:M17–M22
628. Baranska H, Labudzinska A, Terpinski J (1987) Laser Raman Spectroscopy. Analytical Applications. Ellis Horwood, Chichester
629. Gardiner DJ, Graves PR (1989) Practical Raman Spectroscopy. Springer Verlag, Berlin
630. Grasselli JG, Bulkin BJ (1991) Analytical Raman Spectroscopy. John Wiley & Sons, New York
631. Hendra PJ, Jones CH, Warnes GM (1991) Fourier Transform Raman Spectroscopy. Ellis Horwood, Chichester
632. Dyer CD, Hendra PJ (1992) Analyst 117:1393–1399
633. Williams KPJ (1990) J Raman Spectrosc 21:147–151
634. Lewis EN, Kalasinsky VF, Levin IW (1988) Anal Chem 60:2658–2661
635. Schwab SD, McCreery RL (1984) Anal Chem 56:2199–2204
636. Fleischmann M, Hendra P (1983) Anal Chem 55:148–150
637. Gantner E, Steinert D (1990) Fresenius J Anal Chem 338:2–8
638. Dao NQ, Jouan M, Huy NQ, Da Silva E (1993) Analusis 21:219–220
639. Huy NQ, Jouan M, Dao NQ (1993) Appl Spectrosc 47:2013–2016
640. Ma JY, Li YS (1994) Appl Spectrosc 48:1529–1531
641. Doig SJ, Prendergast FG (1995) Appl Spectrosc 49:247–252
642. Engert C, Deckert V, Kiefer W, Umapathy S, Hamaguchi H (1994) Appl Spectrosc 48:933–936
643. Deckert V, Kiefer W (1992) Appl Spectrosc 46:322–328
644. Battey DE, Slater JB, Wludyka R, Owen H, Pallister DM, Morris MD (1993) Appl Spectrosc 47:1913–1919
645. Kim M, Owen H, Carey PR (1993) Appl Spectrosc 47:1780–1783

646. Pallister DM, Govil A, Morris MD, Colburn WS (1994) Appl Spectrosc 48:1015–1020
647. Everall N, Owen H, Slater J (1995) Appl Spectrosc 49:610–615
648. Morris HR, Hoyt CC, Treado PJ (1994) Appl Spectrosc 48:857–866
649. Govil A, Pallister DM, Morris MD (1993) Appl Spectrosc 47:75–79
650. Williams KPJ, Pitt GD, Batchelder DN, Kip BJ (1994) Appl Spectrosc 48:232–235
651. Barbillat J, Dhamelincourt P, Delhaye M, Da Silva E (1994) J Raman Spectrosc 25:3–11
652. Morris HR, Hoyt CC, Miller P, Treado PJ (1996) Appl Spectrosc 50:805–811
653. Lombardi DR, Wang C, Sun B, Fountain AW, Vickers TJ, Mann CK, Reich FR, Douglas JG, Crawford BA, Kohlasch FL (1994) Appl Spectrosc 48:875–883
654. Cooper JB, Flecher PE, Vess TM, Welch WT (1995) Appl Spectrosc 49:586–592
655. Marteau P, Zanier-Szydlowski N, Aoufi A, Hotier G, Cansell F (1995) Vib Spectrosc 9:101–109
656. Ewing KJ, Bilodeau T, Nau G, Schneider I, Aggarwal ID (1994) Appl Opt 33:6323–6327
657. Shi XL, Parus SJ, Pennell KD, Morris MD (1995) Appl Spectrosc 49:1146–1150
658. Gilmore DA, Gurka D, Denton MB (1995) Appl Spectrosc 49:508–512
659. Asher SA (1993) Anal Chem 65:59A–66A
660. Asher SA (1993) Anal Chem 65:201A–210A
661. Williams KPJ, Klenerman D (1992) J Raman Spectrosc 23:191–196
662. Leonard JD, Katagiri G, Gustafson TL (1994) Appl Spectrosc 48:489–492
663. Asher SA, Bormett RW, Chen XG, Lemmon DH, Cho N, Peterson P, Arrigoni M, Spinelli L, Cannon J (1993) Appl Spectrosc 47:628–633
664. Chadha S, Ghiamati E, Manoharan R, Nelson WH (1992) Appl. Spectrosc 46:1176–1181
665. Rumelfanger R, Asher SA, Perry MB (1988) Appl Spectrosc 42:267–272
666. Asher SA (1984) Anal Chem 56:720–724
667. Sijtsema NM, Duindam JJ, Puppels GJ, Otto C, Greve J (1996) Appl Spectrosc 50:545–551
668. Getty JD, Westre SG, Bezabeh DZ, Barrall GA, Burmeister MJ, Kelly PB (1992) Appl Spectrosc 46:620–625
669. Fung KH, Tang IN (1989) J Colloid Interface Sci 130:219–224
670. Schweiger G (1990) J Aerosol Sci 21:483–509
671. Buehler MF, Allen TM, Davis EJ (1991) J Colloid Interface Sci 146:79–89
672. Schaschek K, Popp J, Kiefer W (1993) J Raman Spectrosc 24:69–75
673. Taflin DC, Davis EJ (1990) J Aerosol Sci 21:73–86
674. Fung KH, Tang IN (1992) J Aerosol Sci 23:301–307
675. Fung KH, Tang IN (1992) Appl Spectrosc 46:159–162
676. Tang IN, Fung KH (1989) J Aerosol Sci 20:609–617
677. Fleischmann M, Hendra PJ, McQuillan AJ (1974) Chem Phys Lett 26:163–166
678. Jeanmaire DL, Van Duyne RP (1977) J Electroanal Chem 84:1–20
679. Albrecht MG, Creighton JA (1977) J Am Chem Soc 99:5215–5217
680. Aroca R, Kovacs GJ (1991) Vib Spectra Struct 19:55–112
681. Rojas R, Claro F (1993) J Chem Phys 98:998–1006
682. Garrell RL (1989) Anal Chem 61:401A–411A
683. Otto A, Mrozek I, Grabhorn H, Akemann W (1992) J Phys Condens Matter 4:1143–1212
684. Otto A (1991) J Raman Spectrosc 22:743–752
685. Kerker M, Thompson BJ (1990) Selected Papers on Surface-enhanced Raman Scattering. SPIE, Bellingham
686. Chang RK, Furtak TE (1982) Selected Papers on Surface-Enhanced Raman Scattering. Plenum Press, New York
687. Gersten J, Nitzan A (1980) J Chem Phys 73:3023–3037
688. Murray CA, Allara DL, Rhinewine M (1980) Phys Rev Lett 46:57–60
689. Tsen M, Sun L (1995) Anal Chim Acta 307:333–340
690. Moskovits M (1978) J Chem Phys 69:4159–4161
691. Kerker M, Wang DS, Chew H (1980) Appl Opt 19:4159–4173
692. Gersten J, Nitzan A (1981) J Chem Phys 75:1139–1152
693. Adrian FJ (1982) J Chem Phys 75:1139–1152
694. Ueba H (1983) Surf Sci 131:347–366
695. Kudelski A, Bukowska J, Jackowska K (1994) J Raman Spectrosc 25:153–158
696. Creighton JA (1986) Surf Sci 173:665–672
697. Hildebrandt P, Epding A, Vanhecke F, Keller S, Schrader B (1995) J Mol Struct 349:137–140

698. Hallmark VM, Campion A (1985) J Chem Phys 84:2933–2941
699. Hallmark VM, Campion A (1985) J Chem Phys 84:2942–2944
700. Creighton JA (1988) The Selection Rules for Surface-Enhanced Raman Spectroscopy. In: Clark JH, Hester RE (eds) Spectroscopy of Surfaces. John Wiley & Sons, Chichester, pp 37–89
701. Laserna JJ (1993) Anal Chim Acta 283:607–622
702. Seki H (1986) J Electron Spectrosc Relat Ph 39:289–310
703 Schneider S, Grau H, Halbig P, Nickel U (1993) Analyst 118:689–694
704. Montes R, Contreras C, Ruperez A, Laserna JJ (1992) Anal Chem 64:2715–2719
705. Evans DF, Wennerström H (1994) The Colloidal Domain. VCH Publishers, New York
706. Vold MJ, Vold RD (1983) Colloid and Interface Chemistry. Addison-Wesley, Reading
707. Henglein A (1993) Isr J Chem 33:77–88
708. Nakao Y, Kaeriyama K (1986) J Colloid Interface Sci 110:82–87
709. Cook JC, Cuypers CMP, Kip BJ, Meier RJ (1993) J Raman Spectrosc 24:609–619
710. Sheng R, Zhu L, Morris MD (1986) Anal Chem 58:1116–1119
711. Kerker M (1985) J Colloid Interface Sci 105:297–314
712. Creighton JA, Blatchford CG, Albrecht MG (1979) Faraday Trans II 75:790–798
713. Silman O, Bumm LA, Callaghan R, Blatchford CG, Kerker M (1983) J Phys Chem 87:1014–1024
714. Sanchez-Cortes S, Garcia-Ramos JV (1990) J Raman Spectrosc 21:679–682
715. Angebranndt MJ, Winefordner JD (1992) Talanta 39:569–572
716. Angel SM, L. MM, Milanovich FP (1990) Appl Spectrosc 44:335–336
717. Kneipp K, Kneipp H (1993) Spectrochim Acta A 49:167–172
718. Ahern AM, Garrell RL (1987) Anal Chem 59:2813–2816
719. Akbarian F, Dunn BS, Zink JI (1995) J Phys Chem 99:3892–3784
720. Clarkson J, Campbell C, Rospendowski BN, Smith WE (1991) J Raman Spectrosc 22:771–775
721. Garrell RL, Schultz RH (1985) J Colloid Interface Sci 105:483–491
722. Ruperez A, Laserna JJ (1994) Appl Spectrosc 48:291–295
723. Liang EJ, Engert C, Kiefer W (1995) Vib Spectrosc 8:425–444
724. Fu S, Zhang P (1992) J Raman Spectrosc 23:93–97
725. Neddersen J, Chumanov G, Cotton TM (1993) Appl Spectrosc 47:1959–1964
726. Kneipp K (1994) Spectrochim Acta A 50:1023–1030
727. Jolivet JP, Gzara M, Mazieres J, Lefebvre J (1985) J Colloid Interface Sci 107:429–441
728. Kudelski A, Bukowska J (1995) Spectrochim Acta A 51:573–578
729. Chang RK (1987) Ber Bunsenges Phys Chem 91:296–305
730. Gao P, Patterson ML, Tadayyoni MA, Weaver JM (1985) Langmuir 1:173–176
731. Angel SM, Katz LF, Archibald DD, Lin LT, Honigs DE (1988) Appl Spectrosc 42:1327–1331
732. Oblonsky LJ, Devine TM, Ager JW, Perry SS, Mao XL, Russo RE (1994) J Electrochem Soc 141:3312–3317
733. Zhelyaskov VR, Milne ET, Hetke JF, D. MM (1995) Appl Spectrosc 49:1793–1795
734. Todd EA, Morris MD (1993) Anal Chem 47:855–857
735. Murray CA, Bodoff S (1985) Phys Rev B 32:671–688
736. Weitz DA, Garoff S, Gersten JI, Nitzan A (1983) J Chem Phys 78:5324–5338
737. Wood TH, Klein MV (1979) J Vac Sci Technol 16:459–461
738. Semin DJ, Rowlen KL (1994) Anal Chem 55:4224–4331
739. Roark SE, Semin DJ, Rowlen KL (1996) Anal Chem 68:473–480
740. Roark SE, Rowlen KL (1994) Anal Chem 66:261–270
741. Xue G, Dong J (1991) Anal Chem 63:2393–2397
742. Ruperez A, Laserna JJ (1994) Anal Chim Acta 291:147–153
743. Ruperez A, Laserna JJ (1995) Analusis 23:91–93
744. Laserna JJ, Sutherland WS, Winefordner JD (1990) Anal Chim Acta 237:439–450
745. Sutherland WS, Winefordner JD (1991) J Raman Spectrosc 22:541–549
746. Sutherland WS, Laserna JJ, Winefordner JD (1991) Spectrochim Acta 47A:329–337
747. Sutherland WS, Winefordner JD (1992) J Colloid Interface Sci 148:129–141
748. Vo-Dinh T, Miller GH, Bello J, Johnson R, Moody RL, Alak A (1989) Talanta 36:227–234
749. Bello JM, Stokes DL, Vo-Dinh T (1989) Anal Chem 61:1779–1783

750. Alak AM, Vo-Dinh T (1989) Anal Chem 61:656–660
751. Moody RL, Vo-Dinh T, Fletcher WH (1987) Appl Spectrosc 41:966–970
752. Schueler PA, Ives JT, DeLaCroix F, Lacy WB, Becker PA, Li J, Caldwell KD, Drake B, Harris JM (1993) Anal Chem 65:3177–3186
753. Freeman RG, Grabar KC, Allison KJ, Bright RM, Davis JA, Guthrie AP, Hommer MB, Jackson MA, Smith PC, Walter DG, Natan MJ (1995) Science 267:1629–1632
754. Grabar KC, Freeman RG, Hommer MB, Natan MJ (1995) Anal Chem 67:735–743
755. Chumanov G, Sokolov K, Gregory BW, Cotton TM (1995) J Phys Chem 99:9466–9471
756. Cabalin LM, Laserna JJ (1995) Anal Chim Acta 310:337–345
757. Angel SM, Myrick ML (1989) Anal Chem 61:1648–1652
758. Roth E, Hope GA, Schweinsberg DP, Kiefer W, Fredericks PM (1993) Appl Spectrosc 47:1794–1800
759. Wentrup-Byrne E, Sarinas S, Fredericks PM (1993) Appl Spectrosc 47:1192–1197
760. Kneipp K, Dasari RR, Wang Y (1994) Appl Spectrosc 48:951–957
761. Sanchez-Cortes S, Garciaramos JV, Morcillo G, Tinti A (1995) J Colloid Interface Sci 175:358–368
762. Kneipp K, Wang Y, Dasari RR, Feld MS (1995) Spectrochim Acta A 51:481–487
763. Kneipp K, Roth E, Engert C, Kiefer W (1993) Chem Phys Lett 207:450–454
764. Koglin E, Schwuger MJ (1992) Faraday Discuss 94:213–220
765. Cotton TJ, Kim JH, Holt RE (1992) Adv Biophys Chem 2:115–147
766. Rohr TE, Cotton T, Fan N, Tarcha PJ (1989) Anal Biochem 182:388–398
767. Nabiev I, Chouropa I, Manfait M (1994) J Raman Spectrosc 25:13–23
768. Cotton TM, Kim J, Chumanov GD (1991) J Raman Spectrosc 22:729–742
769. Sequaris JM, Fritz J, Lewinsky H, Koglin E (1985) J Colloid Interface Sci 105:417–425
770. Pothier NJ, Force RK (1994) Appl Spectrosc 48:421–425
771. Todd EA (1994) Appl Spectrosc 48:545–548
772. Van Duyne RP, Haller KL, Altkorn RI (1986) Chem Phys Lett 126:190–196
773. Kneipp K, Wang Y, Dasari RR, Feld MS (1995) Appl Spectrosc 49:780–784
774. Laserna JJ, Campiglia AD, Winefordner JD (1989) Anal Chem 61:1697–1701
775. Enlow PD, Buncick M, Warmack RJ, Vo-Dinh T (1986) Anal Chem 58:1119–1123
776. Li Y, Vo-Dinh T, Stokes DL, Wang Y (1992) Appl Spectrosc 46:1354–1357
777. Narayanan VA, Begun GM, Stokes DL, Sutherland WS, Vo-Dinh T (1992) J Raman Spectrosc 23:281–286
778. Alak AM, Vo-Dinh T (1987) Anal Chem 59:2149–2153
779. Vo-Dinh T, Houck K, Stokes DL (1994) Anal Chem 66:3379–3383
780. Storey JME, Shelton RD, Barber TE, Wachter EA (1994) Appl Spectrosc 48:1265–1271
781. Carrabba MM, Edmonds RB, Rauh RD (1987) Anal Chem 59:2559–2563
782. Shelton RD, Haas JW, Wachter EA (1994) Appl Spectrosc 48:1007–1010
783. Xi K, Sharmam K, Taylor GT, Muenow DW (1992) Appl Spectrosc 46:819–826
784. Munro CH, Smith WE, White PC (1995) Analyst 120:993–1003
785. Liang EJ, Göttges D, Kiefer W (1994) Appl Spectrosc 48:1088–1094
786. Persaud I, Grossman WEL (1993) J Raman Spectrosc 24:107–112
787. Brandt ES (1993) Appl Spectrosc 47:85–93
788. Sutherland WS, Alarie JP, Edwards A, Tran DC, Hurwitz M, Selph W, Margalith E, Vo-Dinh T (1995) Analusis 23:45–48
789. Sutherland WS, Alarie JP, Stokes DL, Vo-Dinh T (1994) Instrum Sci Technol 22:231–239
790. Narayanan VA, Bello JM, Stokes DL, Vo-Dinh T (1991) J Raman Spectrosc 22:327–331
791. Bello JM, Vo-Dinh T (1990) Applied Spectrosc 44:63–69
792. Bello JM, Narayanan VA, Sokes DL, Vo-Dinh T (1990) Anal Chem 62:2437–2441
793. Wachter EA, Haas JW, James DR, Gammage RB, Ferrell TL, Vo-Dinh T (1990) Proc SPIE 1336:256–262
794. Helmenstine AM, Li YS, Vo-Dinh T (1993) Vib Spectrosc 4:359–364
795. Ellahi SB, Hester RE (1995) Anal Chem 67:108–113
796. Ellahi S, Hester RE (1994) Analyst 119:491–195
797. Roth E, Kiefer W (1994) Appl Spectrosc 48:1193–1195
798. Carron KT, Kennedy BJ (1995) Anal Chem 67:3353–3356
799. Freeman RD, Hammaker RM, Meloan CE, Fateley WG (1988) Appl Spectrosc 42:456–460
800. Berthod A, Laserna JJ, Winefordner JD (1987) Appl Spectrosc 41:1137–1141

801. Cabalin LM, Ruperez A, Laserna JJ (1993) Talanta 40:1741–1747
802. Ni F, Thomas L, Cotton TM (1989) Anal Chem 61:888–894
803. Pothier NJ, Force RK (1990) Anal Chem 62:678–680
804. Taylor GT, Sharma SK, Mohanan K (1990) Appl Spectrosc 44:635–640
805. Ni F, Sheng R, Cotton TM (1990) Anal Chem 62:1958–1963
806. Soper SA, Ratzlaff KL, Kuwana T (1990) Anal Chem 62:1438–1444
807. Sequaris JL, Koglin E (1987) Anal Chem 59:525–527
808. Tran CD (1984) Anal Chem 56:824–826
809. Berthod A, Laserna JJ, Winefordner JD (1988) J Pharmaceut Biomed Anal 6:599–608
810. Pal A, Stokes DL, Alarie JP, Vo-Dinh T (1995) Anal Chem 67:3154–3159
811. Carron K, Peitersen L, Lewis M (1992) Environ Sci Technol 26:1950–1954
812. Mullen KI, Carron KT (1991) Anal Chem 63:2196–2199
813. Crane LG, Wang DX, Sears LM, Heyns B, Carron K (1995) Anal Chem 67:1572–1574
814. Heyns JB, Sears LM, Corcoran RC, Carron KT (1994) SERS study of the interaction of alkali
     metal ions with a thiol-derivatized dibenzo-18-crown-6, Anal Chem 66:1572–1574
815. Carron K, Mullen K, Lanquette M, Angersbach H (1991) Appl Spectrosc 45:420–423
816. Mullen KI, Wang D, Crane LG, Carron KT (1992) Anal Chem 64:930–936
817. Hill W, Wehling B, Gibbs CG, Gutsche CD, Klockow D (1995) Anal Chem 67:3187–3192
818. Hill W, Rogalla D, Klockow D (1993) Anal Methods Instrum 1:89–96
819. Storey JME, Barber TE, Shelton RD, Wachter EA, Carron KT, Jiang Y (1995) Spectrosc
     10:20–25
820. Wachter EA, Storey JME, Sharp SL, Carron KT, Jiang Y (1995) Appl Spectrosc 49:193–199
821. Mank AJG, Denijs H, Lingeman H, Brinkman U, Velthorst NH, Gooijer C (1996) Appl
     Spectrosc 50:28–34
822. Imasaka T (1993) Spectrochim Acta Rev 15:329–348
823. Szmacinski H, Lakowicz JR (1994) Lifetime-based Sensing. In: Lakowicz JR (ed) Topics in
     Fluorescence Spectroscopy Volume 4. Plenum Press, New York, NY 10013, pp 295–334
824. Thompson RB, Frisoli JK, Lakowicz JR (1992) Anal Chem 64:2075–2078
825. Lakowicz JR, Szmacinski H, Nowaczyk K, Berndt K, Johnson ML (1993) Fluorescence Life-
     time Imaging and Application to Ca-Imaging. In: Wolfbeis OS (ed) Fluorescence Spectros-
     copy: New Methods and Applications. Springer Verlag, Berlin, pp 129–148
826. Lakowicz JR, Gryczynski I, Laczko G, Joshi N, Johnson ML (1991) Pract Spectrosc
     12:141–177
827. Cremers DA, Barefield JE, Koskelo AC (1995) Appl Spectrosc 49:857–860
828. Cremers DA (1987) Appl Spectrosc 41:572–578
829. Osterheld AL, Morgan WL, Larsen JT, Young BKF, Goldstein WH (1994) Phys Rev Lett
     73:1505–1508
830. Birch DJS, Hungerford G (1994) Instrumentation for Red/Near-infrared Fluorescence. In:
     Lakowicz JR (ed) Topics in Fluorescence Spectroscopy Volume 4. Plenum Press, New York,
     pp 377–416
831. Thompson RB (1994) Red and Near-infrared Fluorometry. In: Lakowicz JR (ed) Topics in
     Fluorescence Spectroscopy Volume 4. Plenum Press, New York, pp 151–181
832. Keller RA, Ambrose WP, Goodwin PM, Jett JH, Martin JC, Wu M (1996) Appl Spectrosc
     50:12A–32A
833. Soper SA, Shera EB, Martin JC, Jett JH, Hanhn JH, Nutter HL, Keller RA (1991) Anal Chem
     63:432–437
834. Ambrose WP, Goodwin PM, Martin JC, Keller RA (1993) Phys Rev Lett 72:160–163
835. Nguyen DC, Keller RA, Trkula M (1987) J Opt Soc Am B 4:138–143
836. Wilkerson CW, Goodwin PM, Ambrose WP, Martin JC, Keller RA (1993) Appl Phys Lett
     62:2030–2032
837. Barnes MD, Whitten WB, Ramsey JM (1995) Anal Chem 67:A418–A423
838. Dale JM, Yang M, Whitten WB, Ramsey JM (1994) Anal Chem 66:3431–3435
839. Barnes MD, Ng KC, Whitten WB, Ramsey JM (1993) Anal Chem 65:2360–2365
840. Whitten WB, Ramsey JM (1991) Anal Chem 63:1027–1031
841. Ishikawa M, Watanabe M, Hayakawa T, Koishi M (1995) Anal Chem 67:511–518
842. Castro A, Shera EB (1995) Appl Opt 34:3218–3222
843. Li LQ, Davis LM (1995) Appl Opt 34:3208–3217
844. Chen DY, Dovichi NJ (1996) Anal Chem 68:690–696

845. Castro A, Shera EB (1995) Anal Chem 67:3181–3186
846. Lee YH, Maus RG, Smith BW, Winefordner JD (1994) Anal Chem 66:4142–4149
847. Haab BB, Mathies RA (1995) Anal Chem 67:3253–3260
848. Soper SA, Mattingly QL, Vengunta P (1993) Anal Chem 65:740–747
849. Williams DC, Soper SA (1995) Anal Chem 67:3427–3432
850. Shealy DB, Lohrmann R, Ruth JR, Narayanan N, Sutter SL, Casay GA, Evans L Patonay G (1995) Appl Spectrosc 49:1815–1820
851. Patonay G, Mantoine MD (1991) Anal Chem 63:321A–327A
852. Casay GA, Shealy DB, Patonay G (1994) Near-infrared Fluorescence Probes. In: Lakowicz JR (ed) Topics in Fluorescence Spectroscopy Volume 4. Plenum Press, New York, pp 183–222
853. Northrup MA, Kulp TJ, Angel SM (1991) Anal Chim Acta 255:275–282
854. Niehren S, Kinzelbach W, Seeger S, Wolfrum J (1995) Anal Chem 67:2666–2671
855. Valeur B (1994) Principles of Fluorescent Probe Design for Ion Recognition. In: Lakowicz JR (ed) Topics in Fluorescence Spectroscopy Volume 4. Plenum Press, New York, pp 21–48
856. Williams RJ, Narayanan N, Casay GA, Lipowska M, Strekowski L, Patonay G, Peralta JM, Tsang VCW (1994) Anal Chem 66:3102–3107
857. Harris TD, Grober RD, Trautman JK, Betzig E (1994) Appl Spectrosc 48:14A–21A
858. Lewis A, Lieberman K (1991) Anal Chem 63:625A–638A
859. Basche T (1994) Angew Chem 106:1805–1807
860. Betzig E, Harootunian A, Lewis A, Isaacson M (1986) Appl Opt 25:1890–1900
861. Valaskovic GA, Holton M, Morrison GH (1995) Appl Opt 34:1215–1228
862. Tarrach G, Bopp MA, Zeisel D, Meixner AJ (1995) Rev Sci Instrum 66:3569–3575
863. Lieberman K, Harush S, Lewis A, Kopelman R (1990) Science 247:59–61
864. Betzig E, Trautman JK, Harris TD, Weiner JS, Kostelak RL (1991) Science 251:1468–1470
865. Lieberman K, Lewis A (1992) Ultramicroscopy 42–44:399–407
866. Moss MC, Veiro JA, Singleton S, Gregory DP, Birmingham JJ, Jones CL, Cummins PG, Cummins D, Miller RM, Sheppard RC, Howard VC, Bhaskar N (1993) Analyst 118:1–9
867. Richards-Kortum R, Durkin A, Zeng J (1994) Appl Spectrosc 48:350–355
868. Nie SM, Chiu DT, Zare RN (1995) Anal Chem 67:2849–2857
869. Wang XF, Kitajima S, Uchida T, Coleman DM, Minami S (1990) Appl Spectrosc 44:25–29
870. Sasaki K, Koshioka M, Masuhara H (1991) Appl Spectrosc 45:1041–1045
871. Delaney PM, Harris MR, King RG (1994) Appl Opt 33:573–577
872. Ashkin A (1970) Phys Rev Lett 24:156–159
873. Ashkin A, Dziedzic JM, Bjorkholm JE, Chu S (1986) Optics Lett 11:288–290
874. Ashkin A, Dziedzic JM (1987) Science 235:1517–1520
875. Roll G, Kaiser T, Schweiger G (1996) J Aerosol Sci 27:105–117
876. Lankers M, Popp J, Kiefer W (1994) Appl Spectrosc 48:1166–1168
877. Kim HB, Hayashi M, Nakatani K, Kitamura N, Sasaki K, Hotta JI, Masuhara H (1996) Anal Chem 68:409–414
878. Kitamura N, Hayashi M, Kim HB, Nakatani K (1996) Anal Sci 12:49–54
879. Imasaka T, Kawabata Y, Kaneta T, Ishidzu Y (1995) Anal Chem 67:1763–176

III. Basisteil

Basisteil

Um den Umfang des Basisteils zugunsten der wissenschaftlichen Beiträge begrenzt zu halten, wird bei einem Teil der nachstehenden Tabellen auf einen der vorausgegangenen Bände verwiesen, wenn sich der Inhalt in der Zwischenzeit nicht oder nur unwesentlich geändert hat. Die Übersicht über neu erschienene Monographien, die Liste der krebserzeugenden Stoffe und die Liste der Organisationen werden dagegen – aktualisiert – in jedem Band wiederholt.

Literatur (Monographien)

Fortsetzung der Übersicht über neu erschienene Monographien auf dem Gebiet der Analytischen Chemie und ihren Teilbereichen. Berücksichtigt sind – ohne Anspruch auf Vollständigkeit erheben zu wollen – Publikationen der führenden Verlage seit 1995. Die Inhaltsangabe umfaßt alle recherchierten Sachgebiete, auch solche, unter denen im vorliegenden Band keine Neuerscheinungen genannt sind.

Inhalt

1 Analytik allgemein

Amelinckx S (Hrsg) (1996) Handbook of Microscopy; Vol 1: Methods. VCH, Weinheim
Amelinckx S (Hrsg) (1996) Handbook of Microscopy; Vol 2: Applications. VCH, Weinheim
Crompton TR (1996) Determination of Anions – A Guide for the Analytical Chemist. Springer,
    Berlin, Heidelberg
Gheladi PLM (1996) Multivariate Image Analysis. Wiley, Chichester
Gottwald W (1996) Instrumentell-analytisches Praktikum. In: Die Praxis der Labor- und Produk-
    tionsberufe, Band 4b. VCH, Weinheim
Günzler H, Bahadir AM, Borsdorf R, Danzer K, Fresenius W, Galensa R, Huber W, Linscheid M,
    Lüderwald I, Schwedt G, Tölg G, Wisser H (Hrsg) (1996) Analytiker Taschenbuch Band 15.
    Springer, Berlin Heidelberg

Günzler H, Bahadir AM, Borsdorf R, Danzer K, Fresenius W, Galensa R, Huber W, Linscheid M,
    Lüderwald I, Schwedt G, Tölg G, Wisser H (Hrsg) (1997) Analytiker Taschenbuch, Band 16.
    Springer, Berlin Heidelberg
Hurst WJ (Hrsg) (1995) Automation in the Laboratory. VCH, Weinheim
Otto M (1995) Analytische Chemie. VCH, Weinheim
Reisfeld R, Jorgensen CK (Eds) (1996) Optical and Electronic Phenomena in Sol-Gel Glasses and
    Modern Application. Springer, Berlin Heidelberg
Skoog DA, Leary JJ, Brendel D (1996) Instrumentelle Analytik – Grundlagen, Geräte, Anwendun-
    gen. Springer, Berlin Heidelberg

1.1 Analyse organischer Verbindungen

Schreier P, Bernreuther A, Huffer M (1995) Analysis of Chiral Organic Molecules. De Gruyter,
    Berlin

1.2 Analyse der Elemente und anorganischer Verbindungen

1.3 Flow Injection Analysis

1.4 Chemometrie, Automation

Adams MJ (1995) Chemometrics in Analytical Spectroscopy. In: Barnett NW (Ed) RCS Analytical
    Spectroscopy Monographs. Royal Society, Cambridge
Einax J (1995) Chemometrics in Environmental Chemistry – Applications. Springer, Berlin Hei-
    delberg
Einax J (1995) Chemometrics in Environmental Chemistry – Statistical Methods. Springer, Berlin
    Heidelberg
Huber L (1996) Validierung computergesteuerter Analysensysteme. Ein Leitfaden für Praktiker.
    Springer, Berlin Heidelberg
Lohninger H (1996) INSPECT – A Program System for Scientific and Engineering Data Analysis.
    Springer, Berlin Heidelberg

1.5 Sensoren

1.6 Immunoassays

1.7 Thermoanalyse

Höhne GWH, Hemminger W, Flammersheim H-J (1996) Differential Scanning Calorimetry – An
    Introduction for Practitioners. Springer, Berlin Heidelberg

1.8 Qualitätssicherung, Akkreditierung, Zertifizierung, GLP

CITAC Document (1995) International Guide to Quality in Analytical Chemistry – An Aid to
    Accreditation. In: Valid Analytical Measurement, Ref No 1226. Royal Society, Cambridge
Crosby NT (1995) General Principles of Good Sampling Practice. In: Valid Analytical Measure-
    ment, Ref No 1254. Royal Society, Cambridge
Günzler H (1996) Accreditation and Quality Assurance in Analytical Chemistry. Springer, Berlin
    Heidelberg
Hardcastle W (1996) Statistics Software Qualification – Reference Data Sets. In: Valid Analytical
    Measurement, Ref No 1259. Royal Society, Cambridge
Hering E, Steparsch W, Linder M (1996) Zertifizierung nach DIN EN ISO 9000. VDI, Düsseldorf
Huber L (1996) Validierung computergesteuerter Analysensysteme. Ein Leitfaden für Praktiker.
    Springer, Berlin Heidelberg

Koch KH (1996) Industrielle Prozeßanalytik. Überwachung – Optimierung – Qualitätssicherung –
    Wirtschaftlichkeit. Springer, Berlin Heidelberg
Kohl H (1996) Qualitätsmanagement im Labor – Praxisleitfaden für Industrie, Forschung, Handel
    und Gewerbe. Springer, Berlin Heidelberg
Parkany M (Ed) (1995) Quality Assurance and Total Quality Management for Analytical
    Laboratories. Royal Society, Cambridge
Parkany M (Ed) (1996) The Use of Recovery Factors in Trace Analysis. Royal Society, Cambridge
Prichard E, Mackay G, Points J (Eds) (1996) Trace Analysis – A Structured Approach to Obtaining
    Reliable Results. In: Valid Analytical Measurement, Ref No 1252. Royal Society, Cambridge
Sargent M, MacKay G (1995) Guidelines for Achieving Quality in Trace Analysis. In: Valid
    Anaytical Measurement, Ref No 1251. Royal Society, Cambridge
Walker R, Lawn RE, Jones AE, Thompson M (1997) Proficiency Testing in Analytical Chemistry:
    In: Valid Analytical Measurement, Ref No 1260. Royal Society, Cambridge

2 Chromatographie allgemein

2.1 Gas-Chromatographie

Gottwald W (1995) GC für Anwender. In: Praxis der instrumentellen Analytik. VCH, Weinheim
Gruber U, Klein W (1995) GC für Anwender. VCH, Weinheim
Hübschmann H-J (1996) Handbuch der GC/MS. VCH, Weinheim
Oehme M (1996) Praktische Einführung in die GC/MS Analytik mit Quadrupolen. Hüthig,
    Heidelberg

2.2 Flüssig-Chromatographie (HPLC)

Barceló D (1996) Applications of LC/MS in Environmental Chemistry. Elsevier, Amsterdam
Galensa R (1995) Lebensmittel- und Umweltanalytik mit der HPLC. VCH, Weinheim
Gu T (1995) Mathematical Modeling and Scale-up of Liquid Chromatography. Springer, Berlin
    Heidelberg
Katz ED (1996) High Performance Liquid Chromatography: Principles and Methods in Bio-
    technology. Wiley, Chichester New York

2.3 Dünnschicht-Chromatographie

Kraus L, Koch A, Hoffstetter-Kuhn S (1996) Dünnschichtchromatographie. Springer, Berlin
    Heidelberg

2.4 Ionen-Chromatographie

2.5 Superkritische Fluid-Chromatographie (SFC), -Extraktion (SFE)

Berger TA (1995) Packed Column SFC. In: Smith RM (Series Ed) RSC Chromatographic Mono-
    graphs. Royal Society, Cambridge

2.6 Kapillar-Elektrophorese, Gel-Elektrophorese

Altria KD (Hrsg) (1996) Capillary Electrophoresis Guidebook. Humana Press, Totowa New Jersey

2.7 Flow Injection Analysis (FIA)

3 Elektrochemische Analysenmethoden

Haase H-J (1996) Elektrochemische Stripping-Analyse – Eine Einführung für Praktiker. VCH,
    Weinheim
Michov B (1996) Elektrophorese – Theorie und Praxis. De Gruyter, Berlin, New York
Wang J (1995) Analytical Electrochemistry. VCH, Weinheim
Westermeier R (1996) Electrophoresis in Practice. Part A: Fundamentals and Proteins. VCH, Wein-
    heim
Westermeier R (1996) Electrophoresis in Practice. Part B: DNA. VCH, Weinheim

4 Molekülspektroskopie allgemein

Andrews DL (Ed) (1995) Frontiers in Analytical Spectroscopy. Royal Society, Cambridge
Bialkowski SE (1996) Photothermal Spectrocopy Methods for Chemical Analysis. Vol 134 in
    Winefordner JD (ed) Chemical Analysis. Wiley, New York
Davidson G (1995) Spectroscopic Properties of Inorganic and Organometallic Compounds
    (Review, Vol 28). Royal Society, Cambridge
George WO, Steele D (Eds.) (1995) Computing Applications in Molecular Spectroscopy. Royal
    Society, Cambridge
Havel HA (1996) Spectroscopic Methods for Determining Protein Structure in Solution. VCH,
    Weinheim
Hollas JM (1995) Moderne Methoden in der Spektroskopie. Vieweg, Braunschweig Wiesbaden
Shah J (1996) Ultrafast Spectroscopy of Semiconductors and Semiconductor Nanostructures.
    Springer, Berlin Heidelberg

4.1 Schwingungsspektroskopie (IR, Raman)

Günzler H, Heise HM (1996) IR-Spektroskopie – Eine Einführung; 3. Auflage. VCH, Weinheim
Mantsch HH, Chapman D (Eds) (1996) Infrared Spectroscopy of Biomolecules. Whiley-Liss, New
    York
Nyquist RA, Kagel RO, Putzig CL, Leugers MA (1996) Handbook of Infrared and Raman Spectra
    of Inorganic Compounds and Organic Salts; Vol 1: Infrared and Raman Spectral Atlas of
    Inorganic Compounds and Organic Salt – Text and Explanations. Academic Press, London
Nyquist RA, Kagel RO, Putzig CL, Leugers MA (1996) Handbook of Infrared and Raman Spectra
    of Inorganic Compounds and Organic Salts; Vol 2: Infrared and Raman Spectral Atlas of
    Inorganic Compounds and Organic Salt – Raman Spectra Charts. Academic Press, London
Nyquist RA, Kagel RO, Putzig CL, Leugers MA (1996) Handbook of Infrared and Raman Spectra
    of Inorganic Compounds and Organic Salts; Vol 3: Infrared and Raman Spectral Atlas of
    Inorganic Compounds and Organic Salt – Infrared Spectra Charts. Academic Press, London
Nyquist RA, Kagel RO, Putzig CL, Leugers MA (1996) Handbook of Infrared and Raman Spectra
    of Inorganic Compounds and Organic Salts; Vol 4: Infrared Spectra of Inorganic Compounds.
    Academic Press, London
Schrader B (Hrsg) (1995) Infrared and Raman Spectroscopy. VCH, Weinheim
Stuart B (1996) Modern Infrared Spectroscopy. Wiley, Chichester New York

4.2 Elektronenspektroskopie (UV, VIS)

Denton MB, Fields R, Hanley Q (Eds) (1996) Recent Developments in Scientific Optical Imaging.
    Royal Society, Cambridge
Hüfner S (1996) Photoelectron Spectroscopy – Principles and Applications. Springer, Berlin
    Heidelberg
Thomas MJK (1996) Ultraviolet and Visible Spectroscopy. 2nd Edition. Wiley, Chichester

4.3 Photometrie

4.4 Fluoreszenz-, Lumineszenzspektroskopie

4.5 Photoakustische Spektroskopie

4.6 Massenspektrometrie

Barceló D (1996) Applications of LC/MS in Environmental Chemistry. Elsevier, Amsterdam
Evans EH, Giglio JJ, Castillano TM, Caruso JA (1995) Inductively Coupled and Microwave Induced Plasma Sources for Mass Spectrometry. In: Barnett NW (Ed.) RCS Analytical Spectroscopy Monographs. Royal Society, Cambridge
Hübschmann H-J (1996) Handbuch der GC/MS. VCH, Weinheim
Lehmann WD (1996) Massenspektrometrie in der Biochemie. Spektrum, Heidelberg
Oehme M (1996) Praktische Einführung in die GC/MS Analytik mit Quadrupolen. Hüthig, Heidelberg

4.7 NMR-Spektroskopie

Belton PS, Delgadillo I, Gil AM, Webb GA (1995) Magnetic Resonance in Food Science. Royal Society, Cambridge
Braun S, Kalinowski H-O, Berger S (1996) 100 and More Basic NMR Experiments. A Practical Course. VCH, Weinheim
Evans JNS (1994) Biomolecular NMR Spectroscopy. University Press, Oxford
Grant DM, Harris RK (Eds) (1996) Encyclopedia of Nuclear Magnetic Resonance; Vol 1: Historical Perspectives. Wiley, Chichester
Gruber U, Klein W (1995) NMR-Spektroskopie für Anwender. VCH, Weinheim
Lowe DJ (1995) ENDOR and EPR of Metalloproteins. Springer, Berlin Heidelberg
Webb GA (Ed) (1996) Nuclear Magnetic Resonance, Vol 25 (Review). Royal Society, Cambridge

4.8 ESR- u. EPR-Spektroskopie

4.9 Elektronenmikroskopie

4.10 Laserspektroskopie

4.11 Kristallstrukturanalyse

5 Atomspektroskopie allgemein, Elementanalyse

Dunemann L, Begerow J (1995) Kopplungstechniken zur Elementspeziesanalytik. VCH, Weinheim

5.1 Atomabsorptionsspektroskopie (AAS)

5.2 Optische Emissionsspektroskopie (OES, AES, ICP-AES, GD)

Demtröder W (1996) Laser Spectroscopy – Basic Concepts and Instrumentation. Springer, Berlin Heidelberg

5.3 Röntgenspektroskopie

Jenkins R, Snyder R (1996) Introduction to X-Ray Powder Diffractometry. Wiley, Chichester
Johansson SAE, Campbell JL, Malquist KG (1995) Particle-Induced X-Ray Emission Spectrometry (PIXE); in: Winefordner JD (ed) Chemical Analysis. Wiley, Chichester New York

5.4 Röntgenfluoreszenzanalyse

Hahn-Weinheimer P, Hirner A, Weber-Diegenbach K (1995) Röntgenfluoreszenzanalytische Methoden, Grundlagen und praktische Anwendung in den Geo-, Material- und Umweltwissenschaften. Vieweg, Braunschweig Wiesbaden

5.5 Mößbauer-Spektroskopie

5.6 Aktivierungsanalyse

6 Analyse bestimmter Matrices

6.1 Lebensmittelanalytik

Belton PS, Delgadillo I, Gil AM, Webb GA (1995) Magnetic Resonance in Food Science. Royal Society, Cambridge
Food and Drug Administration (1995) FDA Bacteriological Analytical Manual (BAM), 8th Edition. AOAC, Gaithersburg
Galensa R (1995) Lebensmittel- und Umweltanalytik mit der HPLC. VCH, Weinheim
Gray R, McMurray CH, Steward E, Pearce J (Eds) (1996) Detection Methods for Irradiated Food – Current Status. Royal Society, Cambridge
Greenfield H (1995) Quality and Assessibilty of Food Related Data – Proceedings of conference in nutrition data. AOAC, Gaithersburg
Scott DA (Ed) (1996) Biosensors for Food Analysis. Royal Society, Cambridge
Southgate DAT (1995) Dietary Fibre Analysis in: Belton PS (Series Ed) RSC Food Analysis Monographs. Royal Society, Cambridge

6.2 Umweltanalytik

Barceló D (1996) Applications of LC/MS in Environmental Chemistry. Elsevier, Amsterdam
Baumbach G (1996) Air Quality Control. Springer, Berlin Heidelberg
Einax J (1995) Chemometrics in Environmental Chemistry – Applications. Springer, Berlin Heidelberg
Einax J (1995) Chemometrics in Environmental Chemistry – Statistical Methods. Springer, Berlin Heidelberg
Galensa R (1995) Lebensmittel- und Umweltanalytik mit der HPLC. VCH, Weinheim
Hahn-Weinheimer P, Hirner A, Weber-Diegenbach K (1995) Röntgenfluoreszenzanalytische Methoden, Grundlagen und praktische Anwendung in den Geo-, Material- und Umweltwissenschaften. Vieweg, Braunschweig Wiesbaden

6.3 Pestizidanalyse, Agrochemikalien

Kurtz DA, Slerritt JH, Stanker L (Eds) (1995) New Frontiers in Agrochemical Immunoassay. AOAC, Gaithersburg
Meloan CE (Ed) (1996) Pesticides Laboratory Training Manual. AOAC, Gaithersburg
Oka H, Nakazawa H, Harada K, MacNeil JD (Eds) (1995) Chemical Analysis for Antibiotics Used in Agriculture. AOAC, Gaithersburg

Stan H-J (1995) Analysis of Pesticides in Ground and Surface Water I: Progress in Basic Multi-Residue Methods. Springer, Berlin Heidelberg
Stan H-J (1995) Analysis of Pesticides in Ground and Surface Water II: Latest Developments and State-of-the-Art of Multiple Residue Methods. Springer, Berlin Heidelberg

6.4 Klinisch-toxikologische und forensische Analytik

6.5 Microbiologie, Biochemie, Naturstoffanalyse

Angyal G (Ed) (1996) Methods for the Microbiological Analysis of Selected Nutrients. AOAC, Gaithersburg
Dart RK (1996) Microbiology for the Analytical Chemist. Royal Society, Cambridge
Havel HA (Hrsg) (1996) Spectroscopic Methods for Determining Protein Structure in Solution. VCH, Weinheim
Lehmann WD (1996) Massenspektrometrie in der Biochemie. Spektrum, Heidelberg
Mantsch HH, Chapman D (Eds) (1996) Infrared Spectroscopy of Biomolecules. Whiley-Liss, New York
Sebedio J-L, Perkins EG (Eds) (1995) New Trends in Lipid and Lipoprotein Analyses. AOAC, Gaithersburg

6.6 Analyse von Pharmazeutica

6.7 Analyse von kosmetischen Präparaten

6.8 Analyse von Drogen

6.9 Polymeranalytik

Tsuruta T (Ed) (1996) Polymer Analysis/Polymer Physics, in: Advances in Polymer Sciences, Vol 128. Springer, Berlin Heidelberg

6.10 Wasseranalytik, Tenside

Crompton TR (1996) Analysis of Solids in Natural Water. Springer, Berlin Heidelberg
Fachgruppe Wasserchemie in der GDCh (1996) Deutsche Einheitsverfahren zur Wasser-, Abwasser- und Schlammuntersuchung; 34. Lieferung (1996) VCH, Weinheim
Fachgruppe Wasserchemie in der GDCh (1996) Deutsche Einheitsverfahren zur Wasser-, Abwasser- und Schlammuntersuchung; 35. Lieferung (1996) VCH, Weinheim
Fachgruppe Wasserchemie in der GDCh (Hrsg) (1995) Vom Wasser; 85. Band 1995. VCH, Weinheim
Fachgruppe Wasserchemie in der GDCh (Hrsg) (1996) Vom Wasser; 86. Band 1996. VCH, Weinheim
Fachgruppe Wasserchemie in der GDCh (Hrsg) (1996) Vom Wasser; 87. Band 1996. VCH, Weinheim
Stan H-J (1995) Analysis of Pesticides in Ground and Surface Water I: Progress in Basic Multi-Residue Methods. Springer, Berlin Heidelberg
Stan H-J (1995) Analysis of Pesticides in Ground and Surface Water II: Progress in Basic Multi-Residue Methods. Springer, Berlin Heidelberg

6.11 Materialanalyse

Hahn-Weinheimer P, Hirner A, Weber-Diegenbach K (1995) Röntgenfluoreszenzanalytische Methoden, Grundlagen und praktische Anwendung in den Geo-, Material- und Umweltwissenschaften. Vieweg, Braunschweig Wiesbaden

6.12 Oberflächen-, Grenzflächenanalyse

Magonov SN, Whangbo M-H (1996) Surface Analysis with STM and AFM. Experimental and
Theoretical Aspects of Image Analysis. VCH, Weinheim

6.13 Explosivstoffe

Die relativen Atommassen der Elemente

Die vollständige Tabelle der relativen Atommassen der chemischen Elemente
ist in in Band 15, Seite 330 ff. abgedruckt Die nächste IUPAC-Generalver-
sammlung, bei der Änderungen bekannt gegeben werden können, findet erst
wieder in 1997 statt.

Krebserzeugende Arbeitsstoffe

Im Basisteil vorausgegangener Bände (bis Band 14) wurden die MAK-Werte
der für den Analytiker wichtigsten Stoffe auszugsweise aufgeführt bzw. Veränderungen und Ergänzungen mitgeteilt. Die Herausgeber sind bei einem
ihrer letzten Treffen zur Ansicht gekommen, daß im Rahmen der Arbeits-
sicherheit die vollständige MAK-Werte-Liste jedem Mitarbeiter zugänglich
ist und deshalb künftig auf eine Wiedergabe im Analytiker Taschenbuch ver-
zichtet werden kann. Die Liste wird jährlich von der Senatskommission der
DFG zur Prüfung gesundheitsschädlicher Arbeitsstoffe bekannt gegeben. Die
Mitteilung 32 vom 1. Juli 1996 enthält die bei Drucklegung dieses Bandes des
Analytiker Tachenbuches neueste Liste der MAK- und BAT-Werte 1996[1].

Wegen ihres besonders hohen Gefahrenpotential werden dagegen die
krebserzeugenden Arbeitsstoffe weiterhin an dieser Stelle, und zwar in jedem
Band vollständig, aufgeführt. Sie sind Teil der oben zitierten Mitteilung 32
der Senatskommission für gesundheitsschädliche Arbeitsstoffe, Teil III[1].

Die Änderungen gegenüber der Liste 1995 sind durch einen Stern (*)
gekennzeichnet.

A) Eindeutig als krebserzeugend ausgewiesene Arbeitsstoffe

A 1) Stoffe, die beim Menschen erfahrungsgemäß bösartige Geschwülste zu erzeugen vermögen:

4-Aminodiphenyl
Arsentrioxid und Arsenpentoxid, arsenige Säure, Arsensäure und ihre Salze, z. B. Bleiarsenat,
Calciumarsenat
Asbest (Chrysotil, Krokydolith, Amosit, Anthophyllit, Aktinolith, Tremolit) als Feinstaub und
asbesthaltiger Feinstaub

---

[1] Deutsche Forschungsgemeinschaft, Senatskommission zur Prüfung gesundheitsschädlicher
Arbeitsstoffe (1996) Mitteilung 32: MAK-und BAT-Werte-Liste 1996. VCH, Weinheim

Benzidin und seine Salze
Benzol
Bis(chlormethyl)ether (Dichlordimethylether)
Buchenholzstaub
4-Chlor-o-toluidin
α-Chlortoluole: Gemisch aus α-Chlortoluol, α,α-Dichlortoluol, α,α,α-Trichlortoluol und Benzoylchlorid
Dichlordiethylsulfid
Eichenholzstaub
Erionit (Faserstaub)
Faserstäube
N-Methyl-bis(2-chlorethyl)amin
Monochlordimethylether
2-Naphthylamin
Nickel (in Form atembarer Stäube/Aerosole von Nickelmetall, Nickelsulfid und sulfidischen Erzen, Nickeloxid und Nickelcarbonat, wie sie bei der Herstellung und Weiterverarbeitung auftreten können)
Pyrolyseprodukte aus organischem Material
Trichlorethen *
Vinylchlorid
Zinkchromat

A2) Stoffe, die bislang nur im Tierversuch sich nach Meinung der Kommission eindeutig als krebserzeugend erwiesen haben, und zwar unter Bedingungen, die der möglichen Exposition des Menschen am Arbeitsplatz vergleichbar sind, bzw. aus denen Vergleichbarkeit abgeleitet werden kann:

Acrylamid
Acrylnitril
1-Allyloxy-2,3-epoxypropan
o-Aminoazotoluol
6-Amino-2-ethoxynaphthalin
2-Amino-4-nitrotoluol
Antimontrioxid
p-Aramid (Faserstaub)
Attapulgit (Faserstaub)
Auramin
    Auraminhydrochlorid
Beryllium und seine Verbindungen
Bromethan
1,3-Butadien
2,4-Butansulton
Cadmium und seine Verbindungen, Cadmiumchlorid, Cadmiumoxid, Cadmiumsulfat, Cadmiumsulfid und andere bioverfügbare Verbindungen (in Form atembarer Stäube/Aerosole)
p-Chloranilin
p-Chlorbenzotrichlorid
1-Chlor-2,3-epoxypropan (Epichlorhydrin)
Chlorfluormethan (R 31)
N-Chlorformyl-morpholin
α-Chlortoluol (s. auch α-Chlortoluole)
Chrom(VI)-Verbindungen (in Form von Stäuben/Aerosolen; ausgenommen sind die in Wasser praktisch unlöslichen, wie z.B. Bleichromat, Bariumchromat) (aber Zinkchromat Abschnitt A1)
Cobalt und seine bioverfügbaren Verbindungen (in Form atembarer Stäube/Aerosole)
Dawsonit (Faserstaub)
2,4-Diaminoanisol
4,4'-Diaminodiphenylmethan
Diazomethan

1,2-Dibrom-3-chlorpropan
1,2-Dibromethan
Dichloracetylen
3,3'-Dichlorbenzidin
1,4-Dichlor-2-buten
1,2-Dichlorethan
1,3-Dichlor-2-propanol
1,3-Dichlorpropen (cis- und trans-)
α,α-Dichlortoluol
Diethylsulfat
Diglycidylresorcinether
1,4-Dihydroxybenzol
3,3'-Dimethoxybenzidin (o-Dianisidin)
3,3'-Dimethylbenzidin (o-Tolidin)
Dimethylcarbamidsäurechlorid
3,3'-Dimethyl-4,4'-diaminodiphenylmethan
1,1-Dimethylhydrazin
1,2-Dimethylhydrazin
Dimethylsulfamoylchlorid
Dimethylsulfat
Dinitrotoluole (Isomerengemische)
1,2-Epoxybutan
1,2-Epoxypropan
Ethylcarbamat
Ethylenimin
Ethylenoxid
Faserstäube
Glasfasern (Faserstaub)
Glycidyltrimethylammoniumchlorid
Hexamethylphosphorsäuretriamid
Hydrazin
Hydrazobenzol
Iodmethan
Kaliumtitanat (Faserstaub)
Keramikfasern (Faserstaub)
p-Kresidin
2-Methoxyanlin (o-Anisidin)
4,4'-Methylen-bis(2-chloranilin)
4,4'-Methylen-bis(N.N-dimethylanilin)
Nickeltetracarbonyl
5-Nitroacenaphthen
2-Nitroanisol
4-Nitrobiphenyl
2-Nitronaphthalin
2-Nitropropan
N-Nitrosodi-n-butylamin
N-Nitrosodiethanolamin
N-Nitrosodiethylamin
N-Nitrosodimethylamin
N-Nitrosodi-i-propylamin
N-Nitrosodi-n-propylamin
N-Nitrosoethylphenylamin
N-Nitrosomethylethylamin
N-Nitrosomethylphenylamin
N-Nitrosomorpholin
N-Nitrosopyrrolidin
2-Nitrotoluol
4,4'-Oxydianilin

Pentachlorphenol
Phenylglycidylether
1,3-Propansulton
β-Propiolacton
Propylenimin
Pyrolyseprodukte aus organischem Material
Siliciumcarbid (Faserstaub)
Steinwolle (Faserstaub)
2,3,7,8-Tetrachlordibenzo-p-dioxin
Tetranitromethan
4,4'-Thiodianilin
o-Toluidin
2,4-Toluylendiamin
2,3,4-Trichlor-1-buten
α,α,α-Trichlortoluol
2,4,5-Trimethylanilin
4-Vinyl-1,2-cyclohexendiepoxid
N-Vinyl-2-pyrrolidon

B) Stoffe mit begründetem Verdacht auf krebserzeugendes Potential

Acetaldehyd
Acetamid
3-Amino-9-ethylcarbazol
Anilin
Bitumen
Bleichromat
    Bleichromatoxid
Brommethan
1,4-Butansulton
2-Butenal (-trans)
1-n-Butoxy-2,3-epoxypropan
1-tert-Butoxy-2,3-epoxypropan
Calcium-Natrium-methaphophat (Faserstaub)
2-Chloracrylnitril
Chlordan
Chlordecon
Chlorethan
Chlorierte Biphenyle (technische Produkte)
Chlormethan
3-Chlor-2-methylpropen
1-Chlor-2-nitrobenzol
1-Chlor-4-nitrobenzol
Chlorparaffine (bestimmte technische Produkte)
3-Chlorpropen (Allylchlorid)
Chlorthalonil
5-Chlor-o-toluidin
Chromcarbonyl
Cyclohexanon
3,3'-Diaminobenzidin und sein Tetrahydrochlorid
1,1'-Dichlorethen (Vinylidenchlorid)
Dichlormethan
1,2-Dichlormethoxyethan
1,2-Dichlorpropan
2,2-Dichlor-1,1,1-trifluorethan
Diethylcarbamidsäurechlorid
1,1-Difluorethen
Diglycidylether

N,N-Dimethylanilin
Dimethylhydrogenphosphit
Dinitrobenzol (alle Isomeren)
Dinitronaphthaline (alle Isomeren)
1,4-Dioxan
Diphenylmethan-4,4′-diisocyanat (in Form atembarer Aerosole)
Ethylen
Ethylenthioharnstoff (Imidazolin-2-thion)
Faserstäube
Formaldehyd
2-Furylmethanal
Halloysit (Faserstaub)
Heptachlor
1,1,2,3,4,4-Hexachlor-1,3-butadien
Holzstaub (außer Buchen- und Eichenholzstaub)
N-(2-Hydroxyethyl)-3-methyl-chinoxalincarboxamid-1,4-dioxid (Olaquindox)
Isopropylöl (Rückstand bei der Isopropylalkohol-Herstellung)
Kühlschmierstoffe, die Nitrit oder nitritliefernde Verbindungen und Reaktionspartner für Nitros-
    aminbildung enthalten
Magnesium-Oxid-Sulfat (Faserstaub)
N-Methylolchloracetamid
N-Methyl-N,2,4,6-tetranitroanilin
Michlers Keton
Naphthalin
Nemalith (Faserstaub)
2-Nitro-4-aminophenol
1-Nitronaphthalin
2-Nitro-p-phenylendiamin
Nitropyrene (Mono-, Di-, Tri-, Tetra-) (Isomere)
Ozon
Peroxyessigsäure
o-Phenylendiamin
m-Phenylendiamin
p-Phenylendiamin
Phenylhydrazin
N-Phenyl-2-naphthylamin
„Polymeres MDI" (in Form atembarer Aerosole)
iso-Propylglycidylether
Pyrolyseprodukte aus organischem Material
Schlackenwolle (Faserstaub)
Sepiolith (Faserstaub)
1,1,2,2-Tetrachlorethan
Tetrachlorethen
Tetrachlormethan
Thioharnstoff
p-Toluidin
Tribrommethan (Bromoform)
1,2,4-Trichlorbenzol *
1,1,2-Trichlorethan
Trichlorethen
Trichlormethan (Chloroform)
3,5,5-Trimethyl-2-cyclohexen-1-on
Trimethylphosphat
2,4,7-Trinitrofluorenon
2,4,6-Trinitrotoluol (und Isomeren in technischen Gemischen)
Vinylacetat
2,4-Xylidin

Akronyme

Liste der wichtigsten Akronyme aus dem Bereich der instrumentellen Analytik.
Außer analytischen Methoden sind auch Akronyme von Gremien und Institutionen sowie von Begriffen verzeichnet, die auf dem Gebiet der Qualitätssicherung und der Akkreditierung analytischer Laboratorien von Bedeutung sind, da deren Vielfalt in den vergangenen Jahren zu einer fast unübersehbaren Fülle von Akronymen geführt hat. Nähere Angaben zu den Gremien finden sich bei [1].

Begriffe, Methoden, Gremien, Institutionen

Akronym	Bedeutung, deutsch	Bedeutung, englisch
AA	Aktivierungsanalyse	Activation Analysis
AAS	Atomabsorptionsspektrophotometrie	Atomic Absorption Spectrophotometry
ACP	Wechselstrompolarographie	Alternating Current Polarography
AEM	Analytische Elektronenmikroskopie	Analytical Electron Microscopy
AES	Augerelektronenspektroskopie	Auger Electron Spectrometry
AES	Atomemissionsspektrometrie	Atomic Emission Spectrometry
AFS	Atomfluoreszenzspektrometrie	Atomic Fluorescence Spectrometry
API	Atmosphärendruck Ionisation	Atmospheric Pressure Ionization
ARM	Mikroskopie mit atomarer Auflösung	Atomic Resolution Microscopy
ARUPS	Winkelaufgelöste Photoelektronen-spektroskopie	Angular Resolved UV-Photoelectron Spectroscopy
ASV	Inversvoltammetrie an der Anode	Anodic Stripping Voltammetry
ATR	Abgeschwächte Totalreflexion	Attenuated Total Reflectance
AVLIS	Laser-Isotopentrennung an Atom-plasmen	Atomic Vapor Laser Separation
BIXE	Durch Beschuß induzierte Röntgen-strahlemission	Bombardement Induced X-ray Emission
CA	Stoßaktivierung	Collision Activation
CARS	Kohärente Antistokes Raman-spektroskopie	Coherent Antistokes Raman Spectroscopy
CAT	Spektrenakkumulation	Computer Averaged Transients
CCC	Gegenstrom-Chromatographie	Counter Current Chromatography
CD	Zirkulardichroismus	Circular Dichroism
CE	Kapillarelektrophorese	Capillary Electrophoresis
CEC	Kapillar-Elektrochromatographie	Capillary Electrochromatography
CFS	Kohärente Vorwärtsstreuung	Coherent Forward Scattering
CGE	Kapillar-Gel-Elektrophorese	Capillary Gel Electrophoresis
CI	Chemische Ionisation	Chemical Ionization
CID	Stoßinduzierter Zerfall	Collision Induced Dissociation

---

[1] Günzler H (Hrsg) (1994) Akkreditierung und Qualitätssicherung in der Analytischen Chemie. Springer, Berlin Heidelberg.

Akronym	Bedeutung, deutsch	Bedeutung, englisch
CIDNP	Chemisch induzierte dynamische Kernpolarisation	Chemically Induced Dynamic Nuclear Polarization
CITAC	Internationale Zusammenarbeit für Rückführbarkeit in der Analytischen Chemie	Co-operation on International Traceability in Analytical Chemistry
CL	Chemilumineszenz	Chemical Luminescence
CMP	Kapazitiv gekoppelte Mikrowellen-plasma	Capacitively Coupled Microwave Plasma
CP	Kreuzpolarisation	Cross Polarization
CP-MAS	Kreuzpolarisierungsrotation um den magischen Winkel	Cross-Polarization-Magic-Angle-Spinning
CPAA	Aktivierungsanalyse mittels geladener Teilchen	Charged Particle Activation Analysis
CRM	Zertifiziertes Referenzmaterial	Certified Reference Material
CS-AAS	AAS mit Kontinuumstrahler	Continuous Sorce AAS
CSV	Inversvoltammetrie an der Kathode	Cathodic Stripping Voltammetry
CV-AAS	Kaltdampf-AAS	Cold Vapor AAS
CW	Variable Frequenzmethode	Continuous Wave
CZE	Kapillarzonenelektrophorese	Capillary Zone Electrophoresis
DAD	(Photo-)Diodenarray-Detektor	(Photo)Diode Array Detector
DADI	Ionenenergiespektroskopie zum Nachweis metastabiler Zerfälle	Direct Analysis of Doughter Ions
DAR	Deutscher Akkreditierungsrat	German Accreditation Council
DC	Dünnschichtchromatographie	Thin Layer Chromatography
DCCC	Tropfen-Gegenstrom-Chromatographie	Droplet Counter-Current-Chromatography
DCI	Direkte Chemische Ionisation	Direct Chemical Ionization
DCP	Gleichstromplasma	Direct Current Plasma
DEPT	Verzerrungsfreie Verstärkung durch Polarisierungstransfer	Distorsionless Enhancement by Polarization Transfer
DINZERT	Deutscher Zertifizierungsrat	German Certification Council
DME	Quecksilber-Tropfelektrode	Dropping Mercury Electrode
DNMR	Dynamische NMR-Spektroskopie	Dynamic Nuclear Magnetic Resonance
DOSS	Doppel-Optik-Simultan-Spektroskopie	Dual Optic Simultaneous Spectrometry
DPASV		Differential Pulse Anodic Stripping Valtammetry
DPCS (DPCSV)		Differential Pulse Cathodic Stripping Valtammetry
DPP	Differential-Pulse-Polarographie	Differential Pulse Polarography
DQS	Deutsche Gesellschaft zur Zertifizierung von Qualitätssicherungs-systemen mbH	German Society for Certification of Quality Assurance Systems
DRIFT	IR-Spektroskopie mit diffus reflektierter Strahlung	Diffuse Reflectance Infrared Fourier Transform Spectrometrie

Akronym	Bedeutung, deutsch	Bedeutung, englisch
DSC	Differentialkalorimetrie	Differential Scanning Calorimetry
DTA	Differentialthermoanalyse	Differential Thermal Analysis
DUVAS	UV-Spektrometer mit Aufzeichnung der 1. Ableitung	Derivative UV-Absorption Spectrometer
EA-MS	Elektronenanlagerungs-Massenspektrometrie	Electron Attachment Mass Spectrometry
EAC	Europäische Organisation zur Akkreditierung von Zertifizierungsstellen	European Accreditation of Certification
EAL	Europäische Organisation zur Akkreditierung von Laboratorien	European Co-operation for Accreditation of Laboratories
ECD	Elektroneneinfangdetektor	Electron Capture Detector
EDX	Energiedispersive Röntgenspektroskopie	Energy Dispersive X-ray Spectroscopy
EDXRF	Energiedispersive Röntgenfluoreszenzspektroskopie	Energy Dispersive X-ray Fluorescence
EELS	Elektronen-Energieverlust Spektrometrie	Electron Energy Loss Spectrometry
EI	Elektronenstoßionisation	Electron Impact Ionization
EIC	Chromatographie mittels elektrostatischer Wechselwirkung	Electrostatic Interaction Chromatography
ELS	Energieverlustspektroskopie	Energy Loss Spectroscopy
EM	Elektronenmikroskopie	Electron Microscopy
EMP	Elektronenmikrosonde	Elektron Microprobe Analysis
ENDOR	Elektron-Kern-Doppelresonanz	Electron Nuclear Double Resonance
EOTC	Europäische Organisation für Prüfung und Zertifizierung	European Organization for Testing and Certification
EPMA	Elektronenstrahl-Mikroanalyse (Mikrosonde)	Electron Probe Microanalysis
EQS	Europäische Organisation zur Zertifizierung von Qualitätssicherungssystemen	European Committee for Quality System Assessment and Certification
ES	Emissionsspektroskopie	Emission Spectroscopy
ESCA	Elektronenspektroskopie für die chemische Analyse	Electron Spectroscopy for Chemical Analysis
ESD	Elektronenstimulierte Desorption	Electron Stimulated Desorption Spectroscopy
ESR	Elektronenspinresonanz-Spektroskopie	Electron Spin Resonance
ETA	Elektrothermoanalyse	Electrothermal Analysis
ETA-AAS	AAS mit elektrothermischer Atomisierung	Electrothermal Atomization AAS
EURACHEM	Forum für Fragen der Akkreditierung von Analytischen Laboratorien	Co-operation for Analytical Chemistry in Europe
EUROLAB	Organisation für Prüflaboratorien in Europa	Organization for Testing in Europe
EUROMET	Europäische Organisation der metrologischen Institute	European Collaboration in Measurement Standards

Akronym	Bedeutung, deutsch	Bedeutung, englisch
EXAFS	Feinstruktur der Absorptionsbanden im Röntgenspektrum (Nahordnung)	Extended X-ray Absorption Fine Structure
F-AAS	Flammen-AAS	Flame AAS
FAB	Ionisierung durch Atombeschuß	Fast Atom Bombardement
FANES	Nicht-thermische Ofen-AAS	Furnace Atomization Non-thermal Emission Spectrometry
FD	Felddesorption	Field Desorption
FEM	Feldelektronenmikroskopie	Field Electron Microscopy
FI	Feldionisation	Field Ionization
FIA	Fließinjektionsanalyse	Flow Injection Analysis
FIA	Fluoreszenzindikator-Analyse	Fluorescence Indicator Analysis
FID	Flammenionisationsdetektor	Flame Ionization Detector
FILS	Feldionisation Laserspektroskopie	Field Ionization Laser Spectroscopy
FIM	Feldionenmikroskopie	Field Ion Microscopy
FMEA	Fehlermöglichkeits- und Einflußanalyse	Failure Mode and Effects Analysis
FMR	Ferromagnetische Resonanz	Ferromagnetic Resonance
FOCS	Faseroptik (Lichtleiter) mit chemischen Sensoren	Fibre Optics Chemical Sensors
FTIR	Fouriertransform IR-Spektroskopie	Fourier Transform Infrared Spectroscopy
FTMS	Fouriertransform-Massenspektrometrie	Fourier Transform Mass Spectrometry
FTNMR	Fouriertransform-NMR-Spektroskopie	Fourier Transform NMR Spectroscopy
FTS	Fouriertransform Spektroskopie	Fourier Transform Spectroscopy
GC	Gas-Chromatographie	Gas Chromatography
GC-GC	Glaskapillaren-Gas-Chromatographie	Glass Capillary Gas Chromatography
GC-IR	Gas-Chromatographie-IR-Spektroskopie-Kopplung	Gas Chromatography Infrared Spectroscopy Coupling
GC-MS	Gas-Chromatographie-Massenspektrometrie-Kopplung	Gas Chromatography Mass Spectrometry Coupling
GD-MS	Glimmlampen-Massenspektrometrie	Glow Discharge Mass Spectrometry
GDOES	Optische Emissionsspektroskopie mit Glimmlampenanregung	Glow Discharge Optical Emission Spectroscopy
GF-AAS	Graphitrohr-AAS	Graphit Furnace AAS
GIR	Reflexionsspektroskopie mit streifendem Lichteinfall	Grazing Incidence Reflection
GLC	Gas-Flüssig-Absorptions-Chromatographie	Gas Liquid Chromatography
GPC	Gelpermeations-Chromatographie	Gel Permeation Chromatography
GSC	Gas-Adsorptions-Chromatographie	Gas-Solid-Chromatography
HDC	Partikelgrößen-Verteilungs-Chromatographie	Hydrodynamic Chromatography
HEED	Hochenergie-Elektronenbeugung	High Energy Electron Diffraction
HEIS	(Hochenergie) Ionenstreuung	High Energy Ion Scattering

Akronym	Bedeutung, deutsch	Bedeutung, englisch
HHPN	Hydraulische Hochdruckzerstäubung	Hydraulic High Pressure Nebulisation
HIC	Hydrophobe Wechselwirkungs-Chromatographie	Hydrophobic Interaction Chromatography
HORSES	Nichtlineare Ramaneffekte	Higher Order Raman Spectral Excitation Studies
HPCGE	Kapillargelelektrophorese	High Performance Capillary Gel Electrophoresis
HPLC	Hochleistungs-Flüssig-Chromatographie	High Performance Liquid Chromatography
HPPLC	Hochdruck-Planar-Flüssig-Chromatographie	High Pressure Planar Liquid Chromatography
HPTLC	Hochleistungs-Dünnschicht-Chromatographie	High Performance Thin Layer Chromatography
HR	Hochauflösung	High Resolution
HRE	Hyper-Raman-Effekt	Hyper Raman Effect
HREELS	Hochauflösende Elektronenenergie-Verlust-Spektroskopie	High Resolution EELS
HRMS	Hochauflösendes Massenspektrometer	High Resolution Mass Spectrometry
HT	Hochtemperatur	High Temperature
IBSCA	Ionenstrahl-Spektralanalyse	Ion Beam Spectrochemical Analysis
ICAP	Induktiv gekoppeltes Argon-Plasma	Inductively Coupled Argon Plasma
ICAP-AES	Atomemissionsspektrometrie mit ICAP	ICAP Atomic Emission Spectrometry
ICISS	Rückstoß-Ionenstreuungs-Spektroskopie	Impact Collision Ion Scattering Spectroscopy
ICLAS	Intracavity-Laser-Absorptions-spektroskopie	Intracavity Laser Absorption Spectroscopy
ICP	Induktiv gekoppeltes Plasma	Inductively Coupled Plasma
ICP-ETE	ICP-OES mit elektrothermischer Verdampfung	ICP-OES with Electro Thermal Evaporation
ICP-FTS	Induktiv gekoppeltes Plasma-FTS	Inductively Coupled Plasma FTS
ICP-OES	OES mit induktiv gekoppeltem Plasma	Inductively Coupled Plasma OES
ICR	Ionencyclotron-Resonanz	Ion Cyclotron Resonance
IDMS	Isotopenverdünnungs-Massen-spektrometrie	Isotope Dilution Mass Spectrometry
IEC	Ionenaustausch-Chromatographie	Ion Exchange Chromatography
IEE	Induzierte Elektronenemission	Induced Electron Emission
IKES	Ionenenergie-Spektroskopie zur Analyse metastabiler Zerfälle	Ion Kinetic Energy Spectroscopy
ILAC	Internationale Konferenz für die Akkreditierung von Laboratorien	International Laboratory Accreditation Conference
IMA	Ionenstrahl-Mikroanalyse	Ion Probe Microanalysis
IMS	Ionenmobilitätsspektrometrie	Ion Mobility Spectrometry
IMS	Isotopen-Massenspektrometer	Isotope Mass Specrometer

Akronym	Bedeutung, deutsch	Bedeutung, englisch
INADEQUATE	Doppelquantentransfer-Experiment mit natürlicher ^{13}C-Häufigkeit	Incredible Natural Abundance Double Quantum Transfer Experiment
INDOR	Internukleare Doppelresonanz	Internuclear Double Resonance
INEPT		Insensitive Nuclei Enhancement by Polarization Transfer
INS	Unelastische Neutronenstreuung	Inelastic Neutron Scattering
IR(IRS)	Infrarotspektroskopie	Infrared Spectroscopy
IRRAS	Infrarot-Reflexions-Absorptions-Spektroskopie	Infrared Reflection Absorption Spectroscopy
IRS	Innere Reflexionsspektrometrie	Internal Reflectance Spectroscopy
ISFET	Ionensensitiver Feldeffekt-Transistor	Ion Sensitive Field Effect Transistor
ISS	Ionenstreuungs-Spektroskopie	Ion Scattering Spectroscopy
KRIPES	K-aufgelöste inverse Photoelektronen-spektroskopie	K-resolved Inverse Photoemission Spectroscopy
LAAS	Laser Atomabsorptionsspektroskopie	Laser Atomic Absorption Spectrometry
LASER	Laser	Light Amplification by Stimulated Emission of Radiation ·
LC	Flüssig-Chromatographie	Liquid Chromatography
LC-MS	Flüssig-Chromatographie-Massen-spektrometrie-Kopplung	Liquid Chromatography Mass Spectrometry Coupling
LD-MS	Laser-Desorptions-Massen-spektrometrie	Laser Desorption Mass Spectrometry
LEAFS	Laser-angeregte Atomfluoreszenz	Laser Excited Atomic Fluorecence Spectrometry
LEED	Beugung langsamer Elektronen	Low Energy Electron Diffraction
LEERM	Elektronenmikroskop mit langsamen Elektronen	Low Energy Electron Reflection Microscope
LEI	Laser-verstärkte Ionisations-spektrometrie	Laser Enhanced Ionization
LEIS	Niederenergetische Ionenstreuung	Low Energy Ion Scattering
LIDAR	Atmosphärische Laser-Spektralanalyse	Light Detection and Ranging
LIF	Laser-Induzierte Fluoreszenz-Spektroskopie	Laser Induced Fluorescence
LRMA	Laser-Raman-Mikroanalyse	Laser Raman Microanalysis
MAS	Rotation um den magischen Winkel	Magic Angle Spinning
MAS-ETE	Molekülabsorption mit elektro-thermischer Verdampfung	Molecular Absorption with Electro-thermal Evaporation
MASER	(Mikrowellenlaser)	Microwave Amplification by Stimulated Emission of Radiation
MATR	Vielfach-ATR	Multiple Attenuated Total Reflection IR-Spectroscopy
MECC	Micellenchromatographie	Micell Electro Capillary Chromatography
MEIS	Mittelenergetische Ionenstreuung	Medium Energy Ion Scattering
MEKC	Micellarelektrokinetische Chromato-graphie	Micellary Electrokinetic Chromatography

Akronym	Bedeutung, deutsch	Bedeutung, englisch
MES	Mößbauerspektroskopie	Mößbauer Effect Spectroscopy
MID	Nachweis selektierter Ionen	Multiple Ion Detection
MIKES	Ionenenergiespektroskopie zum Nachweis metastabiler Zerfälle	Mass Analyzed Ion Kinetics Spectrometry
MIP	Mikrowelleninduziertes Plasma	Microwave Induced Plasma
MOLE	Ramanspektroskopie mit Laser Mikrosonde	Molecular Optics Laser Examiner
MONES-ETE	Nichtthermische Molekül-Emissions-spektrometrie mit elektrothermischer Verdampfung	Molecule non-thermal Emission Spectrometry with Electrothermal Evaporation
MORD	Magnetooptische Rotationsdispersion	Magneto Optical Rotatory Dispersion
MOS	Metalloxidischer Halbleiter	Metal Oxide Semiconductor
MOSFET	Metalloxid Halbleiter-Feldeffekt-transistor	Metal Oxide Semiconductor Field Effect Transistor
MPD	Mikrowellen-Plasmadetektor	Microwave Induced Plasma Detector
MPI	Multiphotonen-Ionisierung	Multiple Photon Ionisation
MS	Massenspektrometrie	Mass Spectrometry
MTS	Matrix-Spurentrennung	Matrix Trace Separation
MW	Mikrowelle	Microwave
NAA	Neutronen-Aktivierungsanalyse	Neutron Activation Analysis
NCI	Negative Ionen bei Chemischer Ionisation	Negative Ions with Chemical Ionisation
NEI	Negative Ionen bei Elektronenstoß-Ionisation	Negative Ions with Electron Impact Ionisation
NEXAFS	Bandkanten-Röntgen-Feinstruktur-Spektrometrie	Near Edge X-ray Absorption Fine Structure (Spectrometry)
NIRA (NIR)	Nah-Infrarotspektroskopie	Near Infrared Analysis
NIRS	Nahinfrarot-Reflexionsspektroskopie	Near Infrared Reflection Spectroscopy
NMR	Kernmagnetische Resonanz-spektroskopie	Nuclear Magnetic Resonance
2D-NMR	Zweidimensionale NMR-Spektro-skopie	Two-dimensional NMR Spectroscopy
NOE	Kern-Overhauser-Effekt	Nuclear Overhauser Effect
NQR	Kern-Quadrupol-Resonanz	Nuclear Quadrupole Resonance
OES	Optische Emissionsspektralanalyse	Optical Emission Spectroscopy
OMA	Optischer Vielkanal Analysator	Optical Multichannel Analyzer
OPLC	Überdruck-Schicht-Chromatographie	Over-Pressure Layer Chromatography
ORD	Optische Rotationsdispersion	Optical Rotatory Dispersion
PAD	Puls-Amperometrie	Pulsed Amperometric Detection
PARS	Photoakustische Ramanspektroskopie	Photoacoustic Raman Spectroscopy
PAS	Photoakustische Spektroskopie	Photo Acoustic Spectroscopy
PC	Papierchromatographie	Paper Chromatography
PDMS	Plasmadesorptions-Massen-spektrometrie	Plasma Desorption Mass Spectrometry

Akronym	Bedeutung, deutsch	Bedeutung, englisch
PESIS	Photoelektronenspektroskopie innerer Elektronen	Photoelectron Spectroscopy of Inner Shell Electrons
PFIMS	Pyrolyse-Feldionisations-Massenspektrometrie	Pyrolysis Field Ionization Mass Spectrometry
PFT	Puls Fourier Transformation	Pulse Fourier Transform
PGC	Pyrolyse Gas-Chromatographie	Pyrolysis Gas Chromatography
PID	Photoionisationsdetektor	Photo Ionization Detector
PIXE	Partikel-induzierte Röntgen-Emissionsspektroskopie	Particle Induced X-ray Emission
PRM	Primäres Referenzmaterial	Primary Reference Material
PRM	Primäre Referenzmethode	Primary Reference Method
QA	Qualitätssicherung	Quality Assurance
QM	Qualitätsmanagement	Quality Management
QMS	Quadrupol-Massenspektrometer	Quadrupol Mass Spectrometer
QS	Qualitätssicherung	Quality Assurance
RBS	Rutherford Rückstreuung	Rutherford Back Scattering
REED	Energiedispersive Röntgenemissionsanalyse	Energy Dispersion X-ray Emission Spectroscopy
REM	Raster-Elektronenmikroskopie	Reflection Electron Microscopy
RFA	Röntgenfluoreszenz-Spektralanalyse	X-ray Fluorescence Analysis
RFF	Fluoreszenzmessung mit Lichtleitern	Remote Fibre Fluorescence
RFWD	Wellenlängendispersive Röntgenfluoreszenzanalyse	Wavelength Dispersive X-ray Fluorescence Spectroscopy
RHEED	Hochenergie-Elektronenstreuung in Reflexion	Reflection High Energy Electron Diffraction
RIKE	Raman-induzierter Kerr-Effekt	Raman Induced Kerr Effect
RIM	Substanznachweis über Ionenreaktionen	Reaktant Ion Monitoring
RIMS	Resonanzionisations-Massenspektrometrie	Resonance Ionization Mass Spectrometry
RIS	Element-(Molekül-)spezifische Laser-Ionisation	Resonance Ionization Spectroscopy
RM	Referenzmaterial	Reference Material
RPLC	Umkehrphasen-Flüssigkeits-Chromatographie	Reversed Phase Liquid Chromatography
RRS	Resonanz-Ramaneffekt	Resonance Raman Scattering
RSI	Interferometrie aufgrund der Brechzahländerung	Refractively Scanned Interferometry
RTM	Rastertunnelmikroskopie	Scanning Tunneling Microscopy
RTS	Rastertunnelspektroskopie	Scanning Tunneling Spectroscopy
SAM	Raster-Auger-Mikroskopie	Scanning Auger Microscopy
SCE	Gesättigte Calomel-Elektrode	Saturated Calomel Electrode
SCRS		Stokes Coherent Raman Spectroscopy („Scissors")
SEC	Größenausschlußchromatographie	Size Exclusion Chromatography

Akronym	Bedeutung, deutsch	Bedeutung, englisch
SEM	Raster-Elektronenmikroskopie	Scanning Electron Microscopy
SERS	Oberflächenverstärkte Raman-spektroskopie	Surface Enhanced Raman Spectroscopy
SEXAFS	Oberflächen-EXAFS	Surface EXAFS
SFC	Überkritische Fluid-Chromatographie	Supercritical Fluid Chromatography
SFE	Superkritische Fluid-Extraktion	Supercritical Fluid Extraction
SID	Einzelionen-Registrierung	Single Ion Detection/Selected Ion Detection
SID	Oberflächen-Ionisierung	Surface Induced Dissociation
SIM	Einzelionen-Nachweis	Selected Ion Monitoring
SIM-AAS	Simultane Multielement-AAS mit Kontinuumstrahler	Atomic Absorption Using a Continuous Source
SIMS	Sekundärionen-Massenspektrometrie	Secondary Ion Mass Spectrometrie
SNMS	Neutralteilchen-Emission durch fokussierte Strahlung (MS)	Sputtered Neutral Mass Spectrometry
SPC	Statistische Prozeßkontrolle	Statistical Process Control
SPE	Festphasenextraktion	Solid Phase Extraction
SPME	Festphasen-Mikroextraktion	Solid Phase Micro Extraction
SSMS	Funken-Massenspektrometrie	Sparc Source Mass Spectrometry
STEM	Registrierende Transmissions-Elektronenmikroskopie	Scanning Transmission Electron Microscopy
STM	Raster-Tunnel-Mikroskopie	Scanning Tunneling Microscopy
STS	Raster-Tunnel-Spektroskopie	Scanning Tunneling Spectroscopy
SWV	Rechteckwellen-Polarographie	Sqare Wave Voltammetry
TCD	Wärmeleitfähigkeitsdetektor	Thermal Conductivity Detector
TDS	Thermische Desorptionsspektroskopie	Thermal Desorption Spectroscopy
TEELS	Transmissions-Energieverlust-Spektrometrie	Transmission Electron Energy Loss Spectrometry
TEM	Transmissions-Elektronenmikroskopie	Transmission Electron Microscopy
TGA	Thermogravimetrische Analyse	Thermogravimetric Analysis
TGGE	Temperaturgradienten Gel-Elektrophorese	Thermal Gradient Gel Electrophoresis
THEED	Hochenergie-Elektronenstreuung in Transmission	Transmission High Energy Electron Diffraction
THEELS	Hochenergie-Elektronenverlust-Spektrometrie in Transmission	Transmission High Energy Electron Loss Spectrometry
TID	Thermoionischer Detektor	Thermal Ionisation Detector
TLC	Dünnschicht-Chromatographie	Thin Layer Chromatography
TPA	Zweiphotonenabsorption	Two Photon Absorption
TQM	Umfassendes Qualitätsmanagement	Total Quality Management
TRFA	Totalreflexions-Röntgenfluoreszenz-Analyse	Total Reflection X-ray Fluorescence Analysis
TXRF	Totalreflexions-Röntgenfluoreszenz	Total Reflection X-ray Fluorescence
UPS	UV-Photoelektronen-Spektroskopie	Ultraviolet Photoelectron Spectroscopy

Akronym	Bedeutung, deutsch	Bedeutung, englisch
UR	Ultrarot- (= Infrarot)Spektroskopie	Infrared Spectroscopy
URAS	Ultrarotabsorptionsschreiber	
UV (UVS)	Ultraviolett-Spektroskopie	Ultraviolet Spectroscopy
VIS	Spektroskopie im sichtbaren Spektralbereich	Visible Spectroscopy
WELMEC	Westeuropäische Organisation der Institute des gesetzlichen Meßwesens	Western Europe Legal Metrology Co-operation
WLD	Wärmeleitfähigkeits-Detektor	Thermal Conductivity Detector
XAES	Auger-Elektronenspektroskopie mit Röntgenstrahl-Anregung	X-ray Induced Auger Electron Spectroscopy
XANES	Feinstruktur der Absorptionsbande im Röntgenspektrum	X-ray Absorption Near Edge Structure
XPS	Röntgen-Photoelektronen-Spektroskopie	X-ray Photoelectron Spectroscopy
XRD	Röntgenbeugung	X-ray Diffraction
XRF	Röntgenfluoreszenz-Analyse	X-ray Fluorescence Analysis
XRS	Röntgenspektroskopie	X-ray Spectroscopy
ZAAS	Zeeman-AAS	Zeeman AAS
ZRM	Zertifiziertes Referenzmaterial	Certified Reference Material

Organisationen der Analytischen Chemie im deutschsprachigen Raum

Internationale Organisationen

International Union of Pure and Applied Chemistry (IUPAC)
    Analytical Division
    President: Professor Dr. M. Grasserbauer, TU Wien
Federation of European Chemical Societies (FECS)
    Division on Analytical Chemistry (DAC)
    President: Professor Dr. R. Kellner, TU Wien
EURACHEM – Co-operation for Analytical Chemistry in Europe
    Chairman: Dr. Maire Walsh, State Chemist, State Laboratory, Dublin, Irland
EUROLAB – Organization for Testing in Europe
    Chairman: Prof. Dr. Claes Bankvall, Swedish National Testing and Research Institute, Bôras, Sweden

Nationale Organisationen

Deutschland

Gesellschaft Deutscher Chemiker

Fachgruppe „Analytische Chemie"
Vorsitzender: Prof. Dr. Georg-A. Hoyer, Schering AG, Berlin
mit folgenden Arbeitskreisen:

Arbeitskreis Mikro- und Spurenanalyse der Elemente (A.M.S.El.)
    Vorsitzender: Dr. E. Hoffmann, ISAS-LSMU, Berlin
Arbeitskreis Archäometrie
    Vorsitzender: Prof. Dr. G. Schulze, Techn. Universität Berlin
Arbeitskreis Chemosensoren
    Vorsitzender: Prof. Dr. W. Göpel, Universität Tübingen
Arbeitskreis Chromatographie
    Vorsitzender: Prof. Dr. H. Engelhardt, Universität Saarbrücken
Deutscher Arbeitskreis für Angewandte Spektroskopie (DASp)
    Vorsitzender: Prof. Dr. J.A.C. Broekaert, Universität Dortmund
Diskussionsgruppe Analytik im Umweltschutz (DAU)
    Vorsitzender: Prof. Dr. A. Kettrup, GSF – Forschungszentrum für Umwelt
    und Gesundheit, München
Arbeitskreis Kristallstrukturanalyse von Molekülverbindungen (KSAM)
    Vorsitzender: Dr. E.F. Paulus, Hoechst AG, Frankfurt/M.
Arbeitskreis Chemometrik und Labordatenverarbeitung
    Vorsitzender: Prof. Dr. K. Danzer, Universität Jena
Arbeitskreis Elektrochemische Analysenmethoden
    Vorsitzende: Dr. R. Naumann, Merck KGaA, Darmstadt
Arbeitskreis Radioanalytik mit Hochleistungsstrahlenquellen
    Vorsitzender: Prof. Dr. A. Knöchel, Universität Hamburg

Die Fachgruppe „Analytische Chemie" hält auf dem Gebiet der analytischen
Chemie engen Kontakt mit folgenden Gesellschaften, Arbeitskreisen und
Fachgruppen:

Arbeitsgemeinschaft Massenspektrometrie der Deutschen Physikalischen
    Gesellschaft, der GDCh und der Deutschen Bunsengesellschaft
    Vorsitzender: Prof. Dr. M. Linscheid, ISAS, Dortmund
Chemikerausschuß der Gesellschaft Deutscher Metallhütten- und Bergleute
    (GDMB)
    Vorsitzender: Dr. D. Hirschfeld, Krupp GmbH, Essen
Chemikerausschuß des Vereins Deutscher Eisenhüttenleute (VDEh)
    Vorsitzender: Dr. G. Staats, Dillingen (Saar)
Deutsche Gesellschaft für Klinische Chemie e.V.
    Präsident: Prof. Dr. F. Bidlingmaier, Universität Bonn

EURACHEM/Deutschland – Arbeitskreis in der Gesellschaft Deutscher Chemiker
  Vorsitzender: Dr. R. Fischbach, Wiesbaden
EUROLAB-Deutschland – Verein Deutscher Prüflaboratorien e.V.
  Vorsitzender: Prof. Dr.-Ing.Dr.h.c. H. Czichos, BAM, Berlin
GDCh-Fachgruppe Magnetische Resonanzspektroskopie
  Vorsitzender: Prof. Dr. B. Blümich, RWTH Aachen
GDCh-Fachgruppe Nuklearchemie
  Vorsitzender: Prof. Dr. G. Marx, FU Berlin
GDCh-Fachgruppe Waschmittelchemie
  Dr. Chr. Grugel, Niedersächs. Min. für Ernährung, Landwirtschaft und Forsten, Hannover
GDCh-Fachgruppe Wasserchemie
  Vorsitzender: Prof. Dr. F.H. Frimmel, TU Karlsruhe, DVGW-Forschungsstelle am Engler-Bunte-Institut
GDCh-Fachgruppe Umweltchemie und Ökotoxikologie
  Vorsitzender: Prof. Dr. E. Bayer, Universität Tübingen
Gesellschaft für Mineralstoff und Spurenelemente e.V. (GMS)
  Präsident: Prof. Dr. W. Fresenius, Institut Fresenius, Taunusstein
Lebensmittelchemische Gesellschaft, Fachgruppe in der GDCh
  Vorsitzender: Prof. Dr. H. Steinhart, Universität Hamburg
Senatskommission zur Prüfung gesundheitsschädlicher Arbeitsstoffe der Deutschen Forschungsgemeinschaft, Arbeitsgruppe „Analytische Chemie"
  Leiter: Prof. Dr. J. Angerer, Zentralinstitut für Arbeits- und Sozialmedizin, Erlangen

Österreich

Gesellschaft Österreichischer Chemiker
  Austrian Society for Analytical Chemistry (ASAC)
  Präsident: Prof. Dr. M. Grasserbauer, Techn. Universität Wien

Schweiz

Sektion Analytische Chemie der Neuen Schweizerischen Chemischen Gesellschaft
  Vorsitzender: Prof. Dr. H.M. Widmer, CIBA-Geigy, Basel, Schweiz

Springer
und
Umwelt

Springer